EPLAN 工程设计系列丛书

张福辉 ◎ 编著

EPLAN Electric P8 教育版实用教程

第2版

人 民 邮 电 出 版 社
北 京

图书在版编目（CIP）数据

EPLAN Electric P8 教育版实用教程 / 张福辉编著
. -- 2版. -- 北京 : 人民邮电出版社, 2020.7（2023.8重印）
（EPLAN工程设计系列丛书）
ISBN 978-7-115-53474-3

Ⅰ. ①E… Ⅱ. ①张… Ⅲ. ①电气设备－计算机辅助
设计－应用软件－教材 Ⅳ. ①TM02-39

中国版本图书馆CIP数据核字(2020)第088287号

内 容 提 要

本书遵循面向项目设计的流程，介绍了利用EPLAN Electric P8软件进行电气项目设计的步骤，强调了“面向图形”和“面向对象”的工程设计方法。在内容上，本书首先介绍知识重点、术语以及软件工具菜单的命令路径，然后介绍利用软件的功能和特点进行设计的操作步骤，最后给出某一功能在实际工程案例中的具体用法，以开阔读者的设计思路、提高读者的应用水平。为了帮助广大读者树立工程理念，本书重点介绍了ISO/IEC 81346标准。本书旨在引导读者清晰地理解EPLAN Electric P8软件的设计思想、数据结构和功能特点；引导读者应用先进的工程设计理念和方法，快速实现原理图设计，并掌握自动生成工程报表的方法；引导读者在积累和建立标准化和模块化的电路方案后，利用工具EPLAN Cogineer实现自动化出图。

本书结合了作者多年的客户项目实施经验和EPLAN培训教学经验，含有大量的电气专业术语、操作步骤及工程应用案例，适合广大EPLAN爱好者、企业工程设计人员以及大专院校和职业技术院校相关专业的师生使用。

◆ 编　　著　张福辉
责任编辑　楼雪樵
责任印制　王　郁　焦志炜

◆ 人民邮电出版社出版发行　　北京市丰台区成寿寺路 11 号
邮编　100164　　电子邮件　315@ptpress.com.cn
网址　https://www.ptpress.com.cn
三河市中晟雅豪印务有限公司印刷

◆ 开本：787×1092　1/16
印张：16.75　　　　2020 年 7 月第 2 版
字数：434 千字　　　　2023 年 8 月河北第10次印刷

定价：56.00 元

读者服务热线：(010)81055256　印装质量热线：(010)81055316
反盗版热线：(010)81055315
广告经营许可证：京东市监广登字 20170147 号

本书使用说明

□ 关于本书

本书是为了让读者学会使用 EPLAN Electric P8 教育版电气设计软件而编写的。

□ 前提条件

读者在学习本书之前，应该具备以下知识或经验。

- 电气工程电工基础知识和术语或机电一体化设计经验。
- 电气及自动化系统设计知识。
- Windows 操作系统使用经验。

□ 编写原则

本书基于《EPLAN Electric P8 教育版使用教程》（第 1 版），进行了结构化的调整，是一本面向电气及自动化系统项目设计任务和过程编写的培训用书，并不是专注于介绍软件的某一特点或功能的说明用书。本书编写过程中强调的逻辑是阐述项目设计中与任务相关联的术语和理论，指明完成任务所需要的命令路径和操作步骤，用实际工程项目中的具体案例进行有效的诠释，读者可以通过学习每一个具体应用实例来操作和体验这些步骤。学完本书后，读者将掌握为完成一个指定项目设计任务而采取的方法以及所需要的菜单、命令和选项。

□ 软件版本

本书所使用的软件版本是 EPLAN Education 2.8（教育版）。

FOREWORD 前言

EPLAN 是工程领域的计算机辅助工程（Computer Aided Engineering，CAE）软件，其功能强大、操作灵活，使用者需要具有一定的专业知识和设计经验。

“EPLAN 高效工程设计平台”是以 EPLAN Electric P8 电气设计软件为核心的平台，其中 EPLAN Electric P8 是面向电气及自动化系统集成设计的软件；EPLAN Fluid 是解决液压、气动、冷却和润滑设计的软件；EPLAN Preplanning 是用于项目前期规划、预设计及自控仪表过程控制的软件；EPLAN Pro Panel 是盘柜 3D 设计仿真软件，用于实现元件的 3D 布局、线缆的自由布线、钻孔和线缆加工信息处理；EPLAN Cogineer 是基于 EPLAN 宏文件库的标准化复用，它可以根据流程自定义规则和参数，快速自动生成原理图。这些产品共同构成了“EPLAN 高效工程设计平台”。

本书以 EPLAN Education 2.8（教育版）软件为基础，详细介绍了 EPLAN Electric P8 2.8 版本软件的功能以及使用该软件进行电气工程设计的工程方法、思路、技巧和步骤。值得一提的是，EPLAN Electric P8 2.8 较之前版本在功能上进行了多项改进，更加突出了软件在技术上的巨大进步与创新，从而更好地满足工程设计和管理的需要。

本书是在《EPLAN Electric P8 教育版使用教程》（第 1 版）的基础上进行修改编写的，保持了上一版本理论知识阐述方面的精髓，着重在编写逻辑和结构上进行了合理调整。本书依旧从电气项目的规划入手，按照项目设计的顺序和流程这个主线展开，每一章按照固定的结构讲解，便于读者学习和理解。每章包括五个部分：“基础知识”介绍了本章涉及的 EPLAN 理论和术语；“常用命令速查”概述了与术语及操作对应的命令路径；“操作步骤”较详细地描述了完成任务所需要的步骤；“工程上的应用”结合了具体的项目来说明本章理论在实际中的应用；“思考题”可帮助读者对本章知识进行全方位的回顾和总结。

为了帮助广大读者高效学习，本书提供了配合学习的项目示例和相关操作视频。这些内容可以通过扫描书中的二维码获得。本书的相关配套资源也可登录人邮教育社区（www.ryjiaoyu.com）获取。

由于水平有限，书中难免存在疏漏和不足，恳请读者和专家批评指正。

张福辉

本书作者张福辉毕业于澳大利亚新南威尔士大学，获得电气工程硕士学位。从事电气工程及自动化系统设计和项目管理实施近 30 年，所涉行业包括石油化工、汽车、冶金、电子、机械制造等。一直致力于电气 CAE 在中国的推广、普及和与工程设计具体应用相结合的工作，走访和培训上百家企业，实施的咨询项目包括中烟技术中心标准化项目、厦门 ABB 低压项目、中压和通用汽车全球标准化项目、中冶赛迪电气平台标准化建设项目、宁波海天塑机集团电气设计及生产制造自动化项目等。希望引导客户按标准化、自动化和集成化的思路，实现“工业 4.0”愿景下的自动化工程设计及管理。

CONTENTS

目录

CONTENTS

目录

CONTENTS

目录

CONTENTS

第 1 章

绪论

本章学习要点

- EPLAN 面向高效工程设计解决方案的产品组成。
- EPLAN 教育版与商业版的区别。
- EPLAN 教育版对软硬件的要求。
- EPLAN 教育版的安装及目录含义。
- EPLAN 教育版正确应用的数据准备。

1.1 EPLAN 面向高效工程设计解决方案的产品

在市场竞争日益激烈及“工业化 4.0”驱动的环境下，工程设计面临诸多挑战。“时间短、成本低、质量高”是企业追求的永恒主题，企业如何响应“工业化 4.0”倡导的弹性生产，满足个性化需求，运用 IT 技术和自动化技术，把设计生产成本降到最低，快速反应市场，缩短上市周期，以最小的花费，获取高质量的设计产品？ EPLAN “高效工程设计”将助力企业改变工程设计理念，提升设计效率，实现设计及生产制造自动化。

EPLAN 是工程领域中真正的计算机辅助工程（Computer Aided Engineering，CAE）软件。CAE 是指利用计算机对机械、电气、仪表等自动化产品或工程进行设计、分析、仿真、制造和数据管理的过程。EPLAN 是真正的工程设计和管理软件，其功能强大、操作灵活，使用者需要具有专业的知识背景和设计经验。EPLAN 软件开发的宗旨是“由工程师设计，为工程师服务”。

EPLAN“高效工程设计”的平台以 EPLAN Electric P8 电气设计为核心平台，同时将流体、工艺流程、仪表控制、柜体设计及制造、线束设计等多种专业的设计和管理统一集成到同一平台上，实现了跨专业、多领域的集成设计，如图 1-1 所示。在此平台上，无论做哪个专业的设计，都使用同一个图形编辑器，调用同一个元件库，使用同一个翻译字典，共同调用相同的应用程序接口（Application Programming Interface，API）函数进行二次开发。可以说，它是一款面向自动化系统集成和工厂自动化设计的全方位解决方案的软件。

图 1-1　EPLAN“高效工程设计”解决方案产品

EPLAN 平台软件产品以 EPLAN Electric P8 为基础平台，实现跨专业的工程设计。EPLAN 平台软件包括 EPLAN Electric P8、EPLAN Fluid、EPLAN Pre Planning、EPLAN Pro Panel 等工程设计软件。

EPLAN Electric P8 是面向电气和自动化工程师的设计和管理软件。电气设计师可以用它来设计电气原理图，利用电气逻辑进行错误检查，自动生成工程项目所需的各类报表。强大的创新功能和友好的用户界面，极大地提高了电气工程设计质量，降低了项目成本。EPLAN Electric P8 不是一个简单的绘图工具。利用传统机械制图软件进行电气设计时，不可避免地会出现大量重复、低效的工作。而利用 EPLAN Electric P8，设计师可以专注于设计本身，不用再将宝贵的时间浪费在电缆编号、设备命名、交互参考、查找错误以及设备、电缆清单的统计上了。

EPLAN Fluid 是面向液压、气动、冷却和润滑系统设计的软件。EPLAN Fluid 独特的逻辑和自动化功能使液压动力系统设计完成得更快、更好。EPLAN Fluid 可以单独使用，也可以作为 EPLAN Electric P8 的附加功能模块，实现两个产品之间的无缝整合，使液压动力系统设计中的机械元件和 EPLAN Electric P8 设计中对应的电气元件实现交互参考。

EPLAN Pre Planning 是应用于仪表自控、过程设计工程的设计和管理软件。从符合工艺要求的 P&ID 的图纸的绘制，到根据具体情况的仪表的选择，再到仪表回路图、规格书和安装图的生成，实现了一个完整的自动化仪表过程检测和控制系统。置身于 EPLAN 革命性的工作平台，协同 EPLAN Electric P8 电气设计软件，可实现跨专业的无缝设计整合。

EPLAN Pro Panel 是基于 EPLAN 平台的一款用于机箱机柜与器件安装布置的 3D 仿真软件。利用 EPLAN Pro Panel，设计者可以快速设计机箱机柜，并在其空间内定义安装面，放置母线系统、电缆线槽、安装导轨，放置元件；根据生产商提供的元件信息，生成便于生产的数控机床钻孔数据（Numerical Control Machine，NC）。基于评估原理图逻辑，EPLAN Pro Panel 可以自动进行安装布线设计，生成便于安装的接线表和安装路径；还可以输出标准的生产数据，便于与标准的生产机器进行数据对接；支持导入、导出标准的 3D 文件，实现与 3D 软件的快速沟通。目前，EPLAN Pro Panel 支持 EPLAN Electric P8 和 EPLAN Fluid 的平台安装。

1.2 EPLAN 教育版与商业版的区别

商业版的 EPLAN Electric P8、EPLAN Fluid、EPLAN Pre Planning 和 EPLAN Pro Panel 都

需要得到许可才能被激活使用。

EPLAN 教育版能够满足广大爱好者和中等教育以上院校师生的日常学习和教学使用，此版本还可完成非商业用途的项目测试。

EPLAN 教育版完全具备 EPLAN 软件平台的特点，可以实现电气工程、流体工程与仪表过程控制 3 个不同专业的协同工作。在同一平台下，这 3 个专业使用完全相同的数据库，而且都可以应用 EPLAN Pro Panel 进行三维箱柜的设计。EPLAN 特有的数据格式可以满足各种设计需求，而且毫无限制。EPLAN 教育版的数据进行了特别的优化和处理，它非常适用于教学与培训。

EPLAN 教育版包含完整的 EPLAN Electric P8、EPLAN Fluid、EPLAN Pre Planning 和 EPLAN Pro Panel 的功能，而仅仅需要一个 EPLAN Education 许可。

EPLAN 教育版采用特殊的数据格式，设计的项目数据无法与 EPLAN 商业版的项目数据进行沟通，减少了输出功能，打印项目时有水印显示。

1.3 EPLAN Education 2.8 版本介绍

EPLAN 每年都会发布一个新的版本，目前 EPLAN 平台的版本是 EPLAN Education 2.8，相较于以往版本，整个平台和产品功能都得到提升和改进，主要表现在以下 15 个方面。

- 数据结构继续得到优化和改善，当用 EPLAN Education 2.8 版本打开低版本项目时，系统首先备份一个低版本项目，然后把项目升级到新版本的数据结构。
- 软件许可采取在线激活，不需要硬件加密狗。
- 用户界面友好，采用 Windows 7 以上操作系统风格，按钮锐化。
- 支持 4K 分辨率显示器显示，拥有浮动的菜单飞出技术，同时可以固定菜单窗口。
- 导航器可以分组显示在一个窗口中，以标签形式呈现，这些导航器以颜色区分。
- 项目管理中，只读数据以不同的颜色显示。在打开的项目中，用户很容易区别出哪些是只读数据，可以通过复选框直接创建备份项目。
- 部件管理预筛选器使用户可以通过筛选器很容易地访问部件信息。
- 宏变量多达 26 个，有 11 种表现形式，占位符数量没有限制，每个宏内置 176 个变量。
- 用户可以在设备导航器中看到机械设备，设备功能的逻辑类型设置为默认，同时会被高亮显示。
- 端子管理中增加了新列来显示附件信息，图形化显示跳线，系统可以自动识别端子的自动跳线和手动跳线。
- 在 PLC 系统设计中，用户可以为一个 PLC 卡分配最多 128 个 CPU 名称。
- EPLAN PLC 设计中增加 AML 格式导入导出，便于 EPLAN 与 PLC 编程软件的信息交换。
- 增加基于 WebServer 的 EPLAN Smart Wiring 智能接线，指导生产车间智慧接线。
- 增加基于参数化配置的 EPLAN Cogineer 自动图纸生成器，并且用户可以应用 Excel 导出配置信息。
- 增加基于网页的在线帮助系统，并带有视频教程。

1.4 系统要求

EPLAN 平台现仅支持 64 位版本的 Windows 操作系统：Windows 7、Windows 8.1 和 Windows 10。

1.4.1 硬件要求

安装 EPLAN 平台对工作站配置的要求如下（推荐方案）。

- 处理器：Intel Core i5（或 i7）及兼容多核，主频 2.4 GHz 以上。（建议选择 CPU 核数较少的高速计算机，而不是选择 CPU 核数较多、速度较慢的计算机。）
- RAM：8 GB。
- 硬盘：500 GB。
- 显示器 / 分辨率：建议采用双显示器，至少为 1 280 像素 ×1 024 像素，推荐采用 1 920 像素 ×1 080 像素。
- 3D 显示：冶天（Array Technology Industry，ATI）或英伟达（NVIDIA）图形显示卡，具有最新的 OpenGL 驱动程序。NVIDIA Quadra 600 相当的图形显示卡应用于 EPLAN Pro Panel。

安装 EPLAN 平台对网络的要求如下（推荐方案）。

- 建议使用 Microsoft Windows 网络。
- 服务器的网络传输速率：1 Gbit/s。
- 客户端计算机的网络传输速率：100 Mbit/s。
- 建议等待时间：小于 1 ms。

1.4.2 软件要求

总体而言，安装 EPLAN Education 2.8 需要 Microsoft Windows 64 位操作系统和 Microsoft.net 4.5.2 支持。

安装 EPLAN Education 2.8 对工作站配置的要求如下。

- Microsoft Windows 7 SP1（64 位）Professional、Enterprise、Ultimate 版本。
- Microsoft Windows 8.1（64 位）Pro、Enterprise 版本。
- Microsoft Windows 10（64 位）Pro、Enterprise 版本。

安装 EPLAN Education 2.8 对服务器配置的要求如下。

- Microsoft Windows Server 2012（64 位）。
- Microsoft Windows Server 2012 R2（64 位）。
- Microsoft Windows Server 2016（64 位）。

安装 EPLAN Education 2.8 对 Citrix 服务器配置的要求如下。

- Terminal-Server with Citrix XenApp 7.15 and Citrix Desktop 7.15 。

安装 EPLAN Education 2.8 对微软 Office 产品配置的要求如下。

- Microsoft Office 2010（32 位和 64 位）。
- Microsoft Office 2013（32 位和 64 位）。

- Microsoft Office 2016（32 位和 64 位）。

微软 Office 产品主要用于 EPLAN 部件管理、项目管理和词典库的数据库管理。

常用命令速查

主程序安装：安装盘根目录 \setup.exe。

.Net 工具：安装盘根目录 \Services\Net Feamework4.5.2。

ELM 许可管理：安装盘根目录 \ELM\ License Manager (x64)\ setup.exe。

提示

1. 建议按默认设置，将主程序安装在 C 盘。

2. 由于系统主数据是用户主数据，是用户日常维护的主数据，含有自定义的符号、图框、表格等数据，最为重要的是含有日常设计的项目数据，因此，建议改变其安装路径，将其安装在除 C 盘以外的其他盘下，避免在 Ghost 系统的时候项目数据和主数据丢失。

3. 如果许可有英文和中文两种版本，可以按多语言版本进行安装，这时需要在“语言模块”窗口中选择英文和中文。

4.“激活”选项决定了安装目录的语言显示。若选择“英文”，安装目录会以英文显示，例如，“Administration”“Macros”“Projects”“Symbols”“Forms”“PlotFrames”；若选择“中文”，安装目录会以中文显示，例如，“管理”“宏”“项目”“符号”“表格”“图框”。

5.“激活”选项建议安装目录的语言显示为英文，因为人们都习惯于安装路径目录为英文描述。在 EPLAN 的高级应用中，人们习惯调用英文路径。例如，在调用一个脚本的时候，若脚本中的路径用英文描述，而安装目录用中文描述，就会造成脚本无法加载。

1.5 EPLAN 教育版的安装

EPLAN Electric P8 教育版是基于 Windows 平台的应用程序，安装它就像安装 Microsoft Office 程序一样。安装的过程描述如下。

（1）执行 EPLAN Education 2.8 教育版安装光盘上的 setup.exe 文件，启动安装程序，如图 1-2 所示。

名称	修改日期	类型
Connector for Cogineer (x64)	2019/3/21 19:09	文件夹
Connector for eVIEW (x64)	2019/3/21 19:09	文件夹
Download Manager (x64)	2019/3/21 19:09	文件夹
Education (x64)	2019/3/21 19:09	文件夹
ELM	2019/5/20 14:43	文件夹
License Client (Win32)	2019/6/24 15:42	文件夹
License Client (x64)	2019/6/24 15:42	文件夹
Platform (x64)	2019/3/21 19:10	文件夹
Platform Gui (x64)	2019/3/21 19:10	文件夹
Services	2019/3/21 19:56	文件夹
Setup	2019/3/21 19:11	文件夹
Setup Manager (x64)	2019/3/21 19:11	文件夹
Trial Education Add-on (x64)	2019/3/21 19:11	文件夹
setup	2018/12/15 17:29	应用程序

图 1-2　EPLAN 教育版安装光盘上的 setup.exe 文件

（2）进入程序选择对话框，请选择“Education（x64）”，得到图 1-3 所示的界面。按照图示要求填写注册信息，完成后单击“发送”按钮。因为 EPLAN 确认后，要把 EPLAN Education 程序的有效码发到用户的邮箱，所以请输入有效的 E-mail 地址。

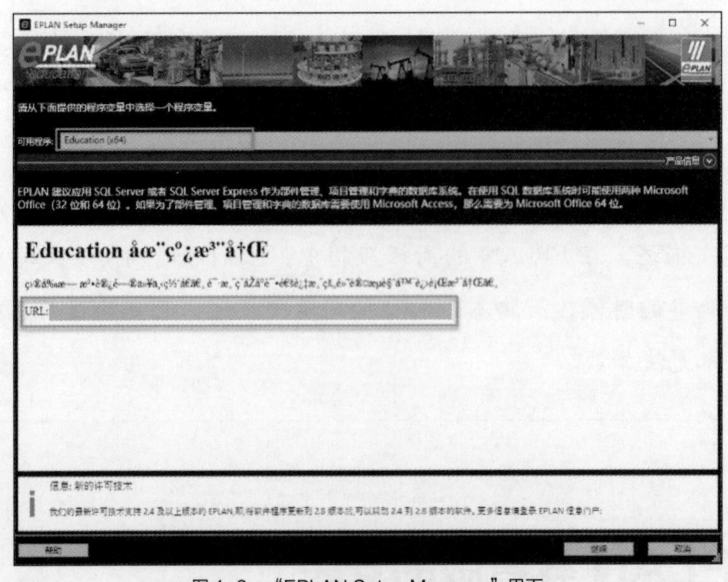

图 1-3　“EPLAN Setup Manager”界面

在安装注册过程中，上述注册页面出现，请复制图 1-3 所示界面中的注册网址，粘贴到 IE 浏览器中，在网页上完成上述相同步骤的注册，注册页面如图 1-4 所示。

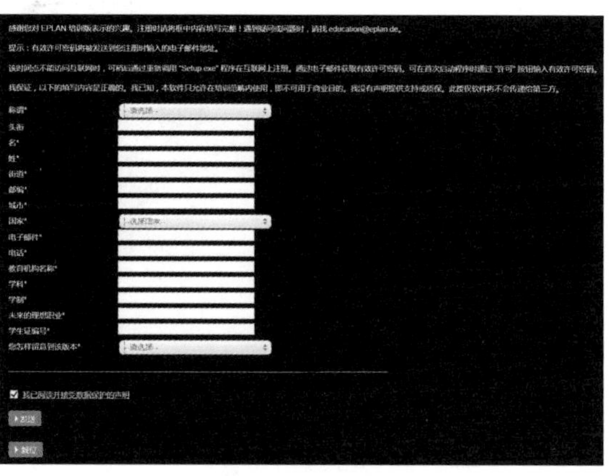

图 1-4 注册页面

（3）继续安装，来到下一个安装界面。选中许可证协议中的“我接受该许可证协议中的条款”，并单击“继续”按钮，如图 1-5 所示。

（4）选择安装路径，如图 1-6 所示。

图 1-5 接受许可证协议

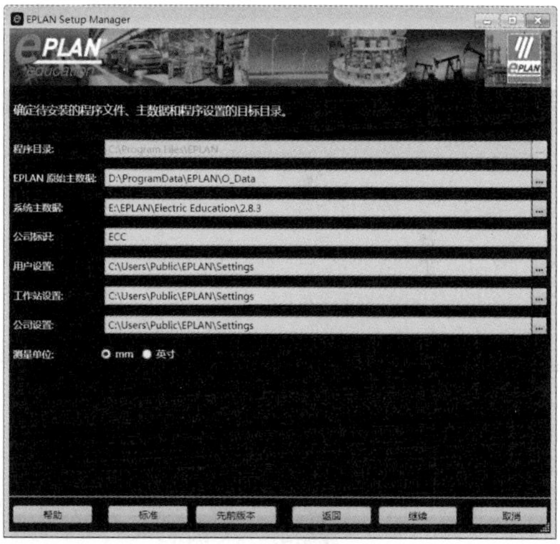

图 1-6 选择安装路径

图 1-6 所示界面中各项的含义如下。

- 程序目录：EPLAN 主程序的安装目录，是 EPLAN 的核心程序。
- EPLAN 原始主数据：包括 EPLAN 初始的符号、图框、表格、字典和部件等主数据。
- 系统主数据：用户所需的主数据（企业主数据），包括用户设计项目所需的符号、图框、表格、字典和部件等主数据。
- 公司标识：用户完全自定义，可以是公司名称的缩写或者自己名称的缩写。
- 用户设置：存放用户设置信息。
- 工作站设置：存放工作站设置信息。
- 公司设置：存放公司设置信息。
- 测量单位：可以选择“mm”和“英寸”。当选择“mm”时，系统自动安装国际电工委员会（International Electro Technical Commission，IEC）标准；当选择“英寸”时，系统自动安装工业联合委员会（Joint Industrial Council，JIC）标准。

（5）进入安装界面，如图 1-7 所示。

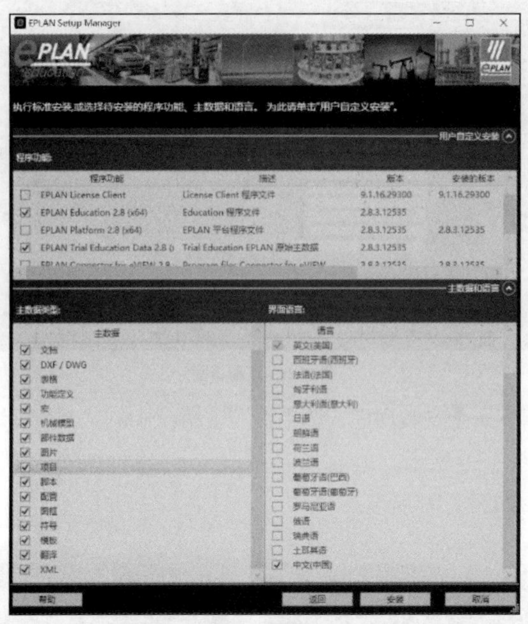

图 1-7 主数据和安装版本选择

展开“用户自定义安装”，可以了解要安装哪些 EPLAN 平台程序。

展开“主数据和语言”，选择主数据和安装的语言版本。

在主数据选择窗口内，选中所需安装的主数据，例如：“权限管理”“文档”“表格”等选项。

在界面语言选择窗口，选择要安装的语言版本，例如：“中文（中国）”或“英文（美国）”。

（6）单击“安装”按钮进入安装进程，直至安装完成，如图 1-8 所示。

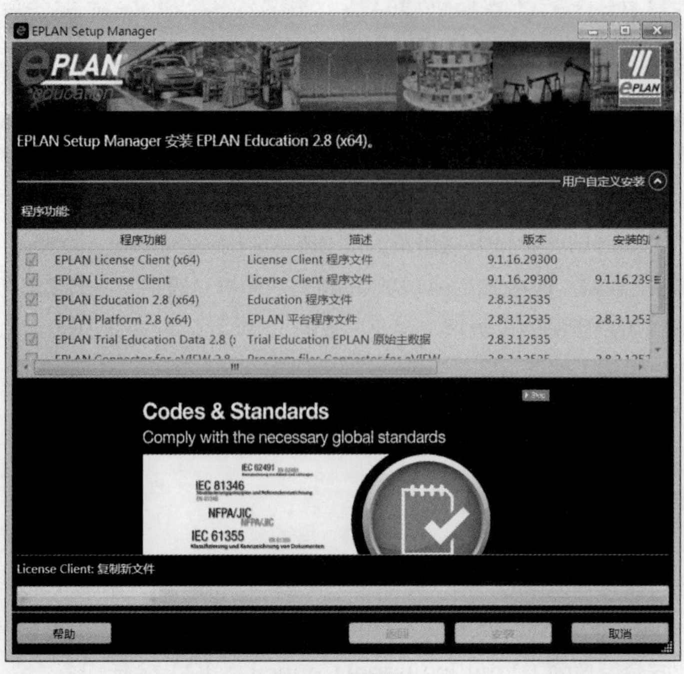

图 1-8 安装进程

（7）单击“完成”按钮，结束安装，如图 1-9 所示。

图 1-9　安装结束界面

1.6 EPLAN 教育版的激活

在成功注册 EPLAN 教育版后，EPLAN 公司会向用户注册的时候填写的 E-mail 邮箱发一封信，信中提供了 EPLAN 教育版的信息，并且包含一个虚拟的加密狗号和 EID（Entitlement ID）有效码，此有效码需要在线激活。

下面是 E-mail 中包含的 EPLAN 教育版信息的样例，可供参考。

Customer：150607795
EPLAN Software & Services
Contact：Frank Zhang
License：EPLSNI2TB2
EPLAN Education Single Licence 2.8
Module：EPLAN Pages unlimited
Module：EPLAN Data Portal 2.8
Module：EPLAN EDZ Format 2.8
Module：EPLAN eCl@ss Import 2.8
Language：English
Language：Chinese
Valid until：18/08/2019

双击桌面上 EPLAN 教育版的程序图标，弹出图 1-10 所示的“选择许可”对话框，选择【单机许可】>【在线激活许可】，打开“在线激活许可”对话框。

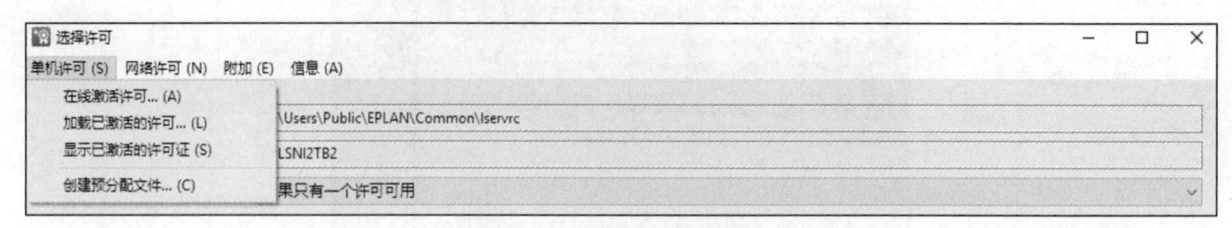

图 1-10　“选择许可”对话框

复制 E-mail 中的 EID 码，粘贴到“在线激活许可”对话框中的文本框中，如图 1-11 所示，单击“确定”按钮，进入在线激活状态。

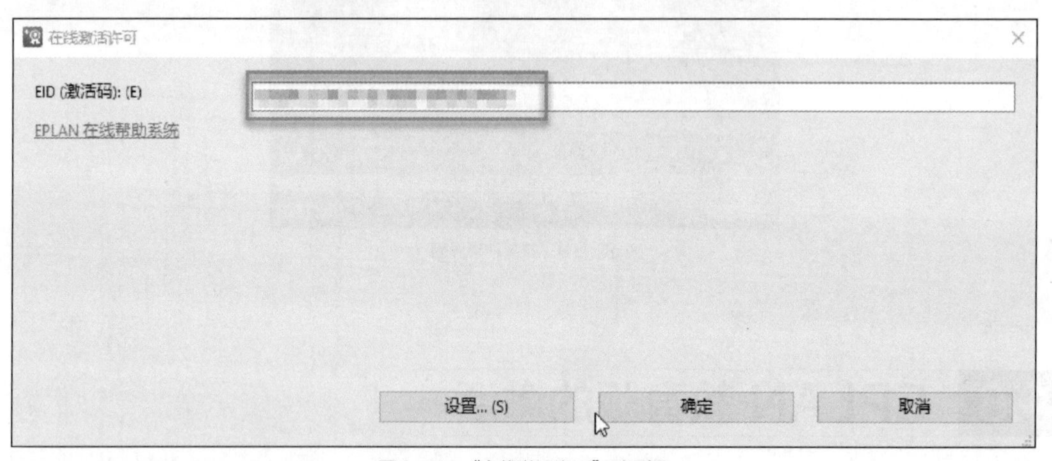

图 1-11　“在线激活许可”对话框

如图 1-12 所示，在线激活可能需要花几分钟时间，具体时间长短取决于用户的网络环境。

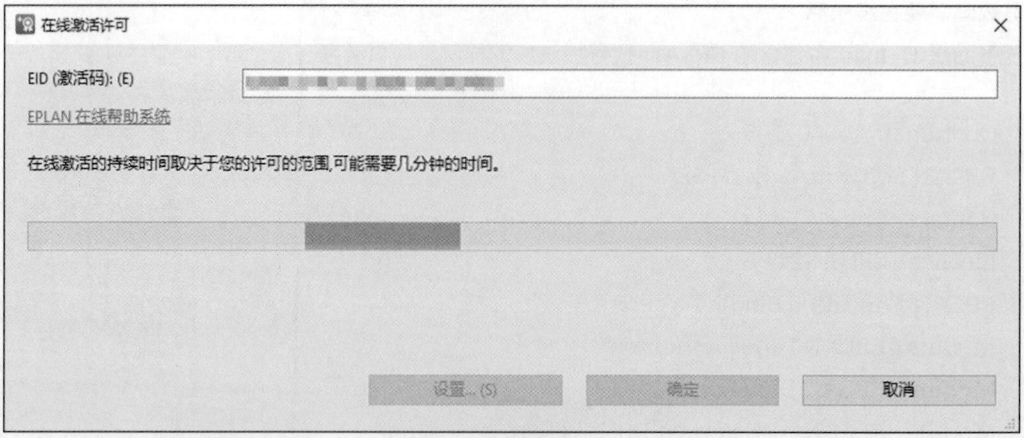

图 1-12　在线激活过程

成功激活许可后，弹出“激活许可”对话框，如图 1-13 所示。

单击“Close”按钮关闭“激活许可”对话框，回到“选择许可”对话框，如图 1-14 所示，其中显示了许可文件存放的位置、序列号（即虚拟加密狗号）、选择模式、EPLAN 教育版及其许可包含的模块和到期日期。单击“确定”按钮，启动 EPLAN 教育版。

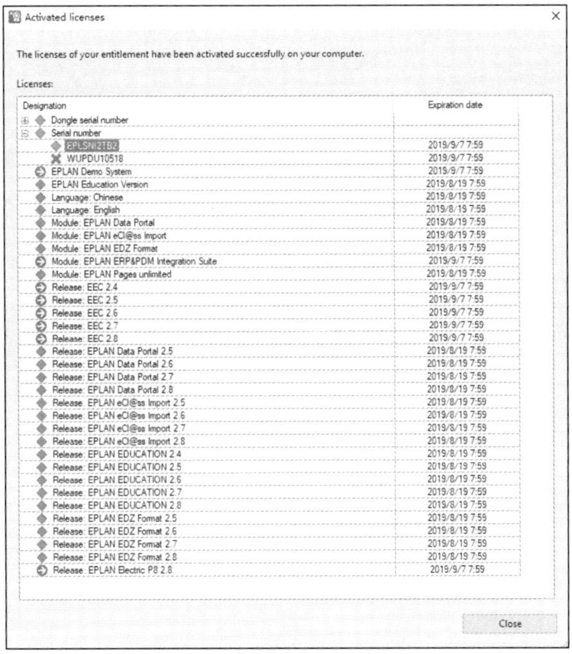

图 1-13 “激活许可”对话框

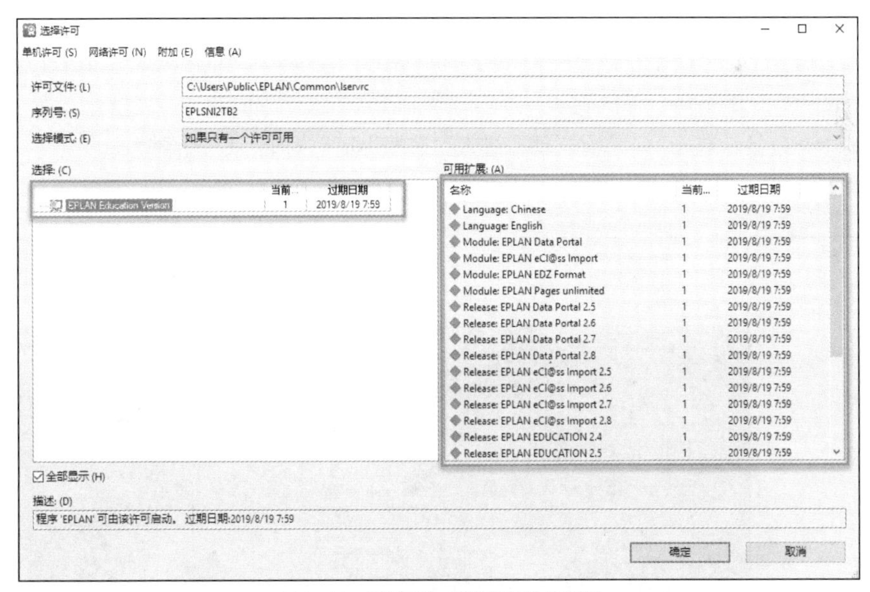

图 1-14 激活后的“选择许可”对话框

1.7 EPLAN 教育版的启动

第一次启动 EPLAN 教育版，按“Shift”键并双击桌面上 EPLAN 教育版的程序图标，弹出图 1-15 所示的“选择许可”对话框，在“选择模式”下拉列表中选择“如果只有一个许可可用”，单击“确定”按钮启动 EPLAN 教育版。

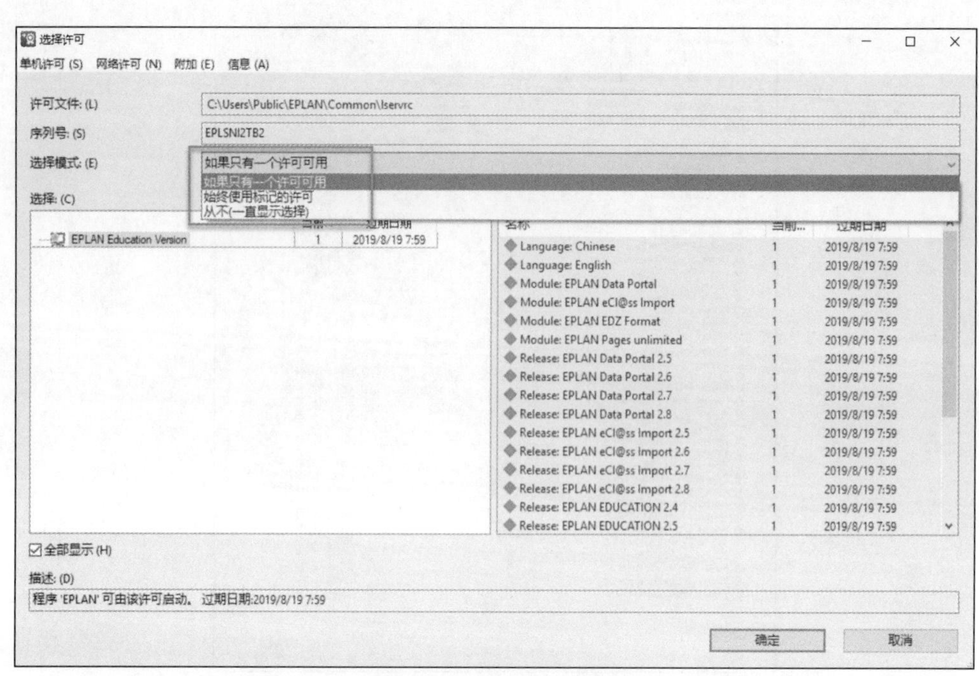

图 1-15　“选择许可”对话框

各模式选项的含义如下。

- 如果只有一个许可可用：只有一个许可可供选择，下次启动，直接进入 EPLAN 程序界面。
- 始终使用标记的许可：每次启动，直接进入 EPLAN 程序界面。
- 从不（一直显示选择）：每次启动，进入“选择许可”对话框，选择模式。

EPLAN 教育版启动后，进入 EPLAN 教育版的主界面，如图 1-16 所示。

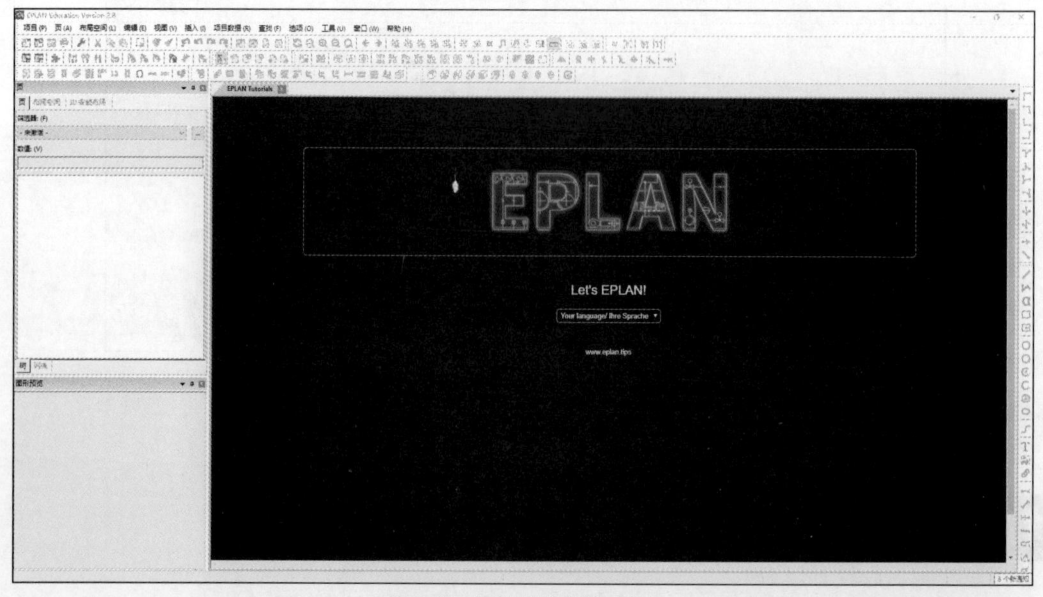

图 1-16　EPLAN 教育版主界面

单击【选项】>【设置】>【用户】>【管理】>【目录】，检查主数据和项目数据的默认路径与在安装过程中输入的路径是否一致，如图 1-17 所示，若一致，则说明安装正确。

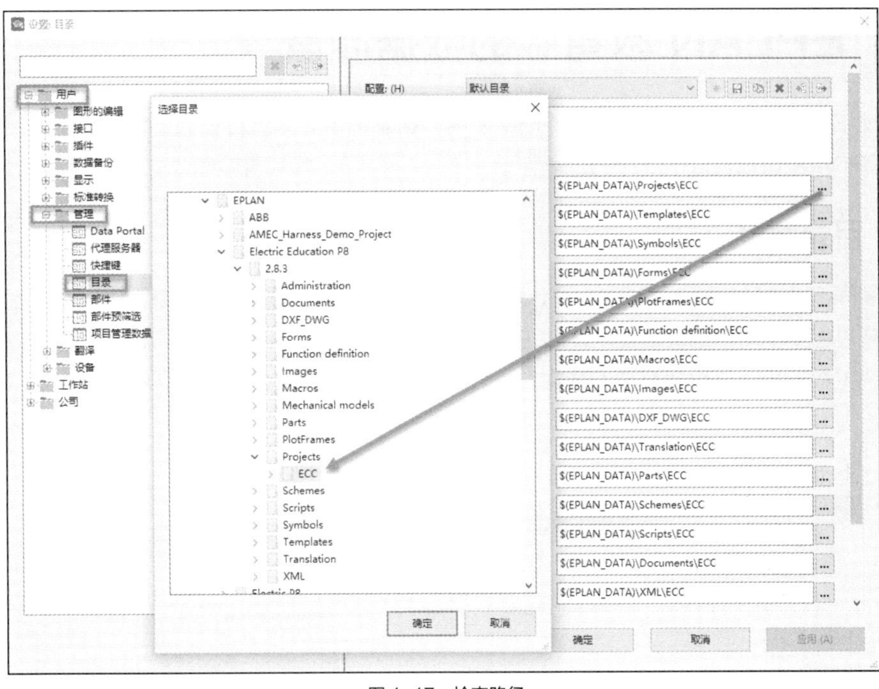

图 1-17　检查路径

1.8 EPLAN 教育版的退出

通过【项目】>【退出】命令或主界面右上角的“×”按钮，关闭 EPLAN 教育版，如图 1-18 所示。

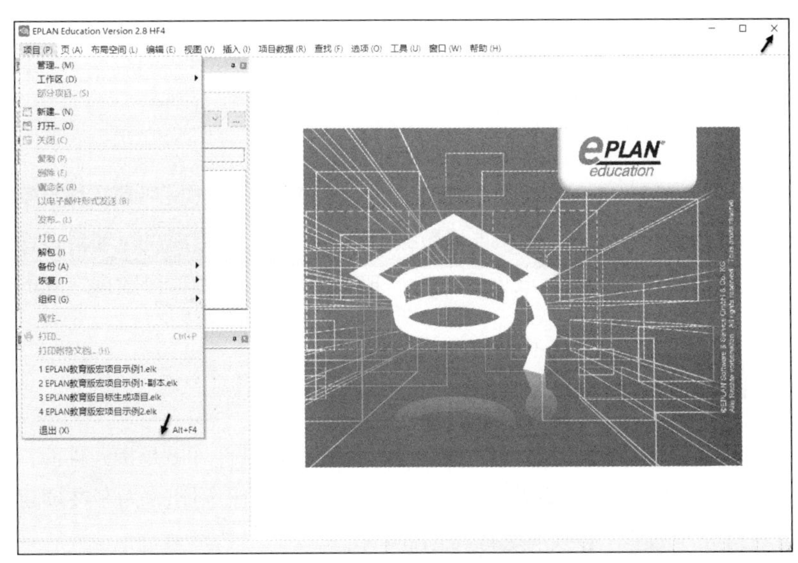

图 1-18　EPLAN 教育版的退出

若通过异常的操作关闭 EPLAN 教育版，则下次启动 EPLAN 教育版时，系统会给出项目异常关闭需要修复的提示。

1.9 EPLAN 教育版的数据准备

为了使 EPLAN Education 2.8 能够正常使用，在系统中必须进行适当的设置，为项目设计进行必要的准备。用户可以从以下 3 个方面着手。

1.9.1 目录路径

在安装完 EPLAN Education 2.8 后，系统的默认目录路径就是在安装过程中设置的路径。例如，用户在安装过程中输入了系统路径“D:\EPLAN\EPLAN Education 2.8”，用户代码为 ECC，这样所有的系统主数据和项目数据都被安装在“D:\EPLAN\EPLAN Education 2.8\2.8.3”下，如图 1-19 所示。

图 1-19 目录路径

单击【选项】>【设置】>【用户】>【管理】>【目录】，设置和选择默认目录路径。

默认目录路径是指 EPLAN 主数据和项目数据保存的位置，当用户进行项目设计时，它决定了用户从哪里获取系统数据及往哪里存放项目。关于 EPLAN 主数据和项目数据之间的关系，下一章会进行详细说明。

1.9.2 部件库

工程师设计工程项目的同时需要对元件进行选型。EPLAN 部件库就是指元件库，可以在部件库中按专业（机械、流体、电气、过程控制）分类进行元件的管理和创建。为了在项目设计过程中快速链接到部件库进行元件选型，必须指定有效的部件库。

单击【选项】>【设置】>【用户】>【管理】>【部件】，进行部件库的指定和创建。EPLAN 的部件管理是 mdb（Microsoft Access 格式），选择“ESS_part001.mdb”作为部件库，如图 1-20 所示。

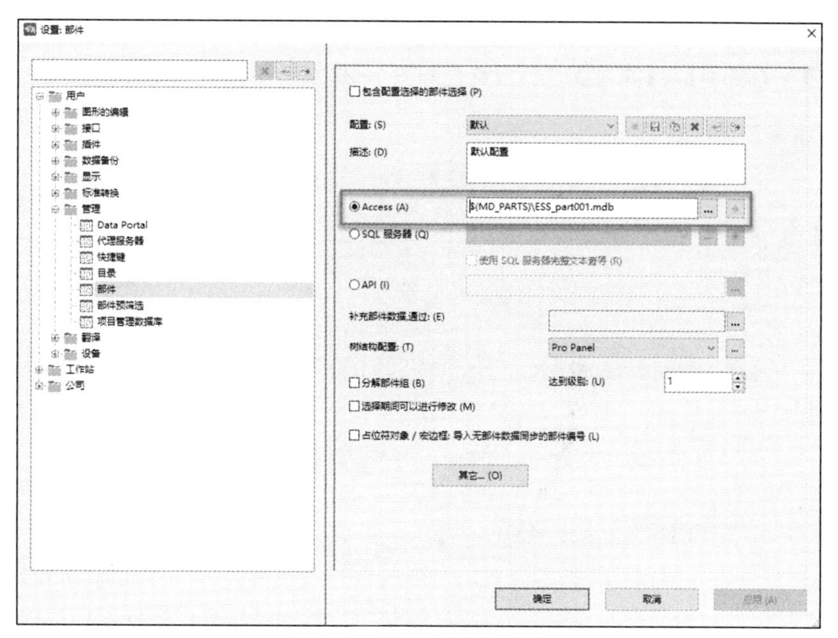

图 1-20 “设置：部件”对话框

1.9.3 翻译字典及源语言

EPLAN 属性中有部分属性字段是多语言的，即项目中文本的描述可以用中文作为源语言描述。在设计国际化项目的时候，需要将项目的描述语言自动转换。例如，用中文描述的项目语言，如果项目应用到美国，就需要将中文翻译成英文，这就需要翻译库的支持。EPLAN 的翻译库与部件管理一样，都是 mdb（Microsoft Access 格式）。由于每个行业都有特定的行业术语，因此需要将这些术语导入 / 导出并进行编辑。

通过【设置】>【用户】>【翻译】>【字典】进行翻译库的选择和创建。“设置：字典”对话框如图 1-21 所示。这样，可将源语言自动翻译成目标语言。

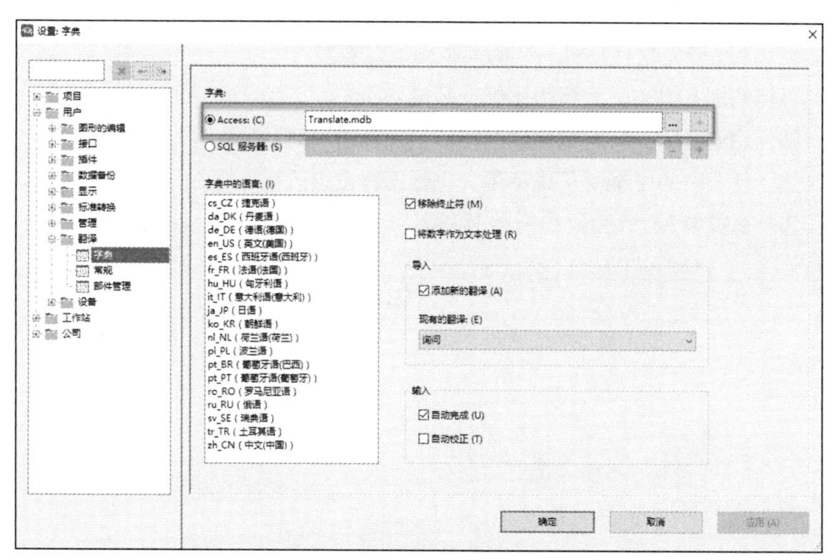

图 1-21 “设置：字典”对话框

用户在中文环境下设计项目时，项目的描述文本是中文，所以应该设置“源语言”为中文。通过【设置】>【用户】>【翻译】>【常规】进行设置，如图 1-22 所示。

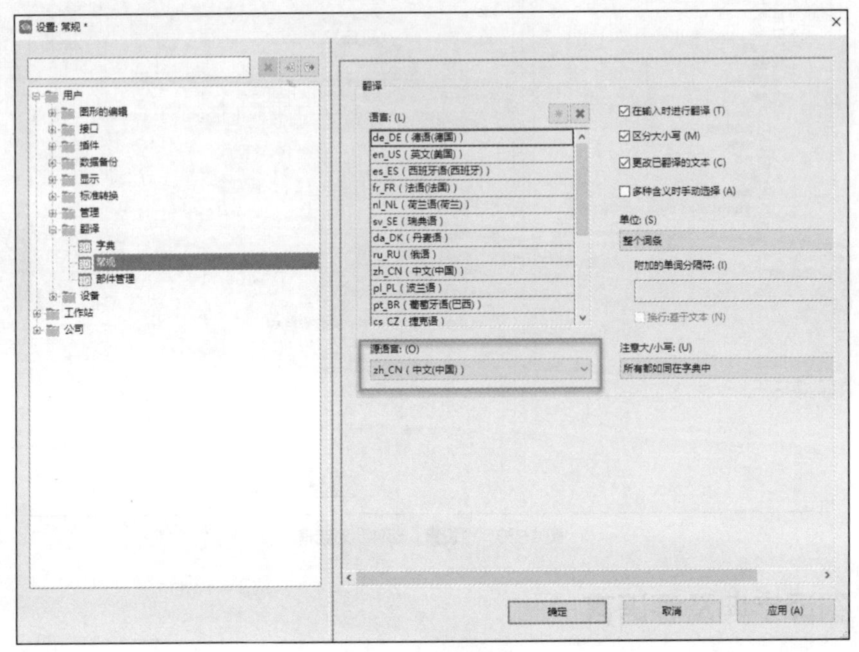

图 1-22　源语言设置

思考题

1. EPLAN 教育版的安装对软件和硬件的要求分别是什么?
2. EPLAN 教育版与 EPLAN 商业版有什么差异?
3. 怎样判别 EPLAN 教育版正确安装成功?
4. 如何启动 EPLAN 教育版以弹出“选择许可”对话框?
5. 为了使 EPLAN 能够正确使用，需要怎样设置运行环境?
6. 为什么需要 Microsoft Office 插件?

第 2 章 EPLAN 的数据结构

02

本章学习要点

- 电气制图的基本要素。
- 理解 EPLAN 的数据结构。
- EPLAN 的系统主数据。
- 项目数据。
- 同步数据。
- 获取外部供应商数据。

2.1 基础知识

2.1.1 电气制图 3 要素

电气工程师在设计图纸时，经常采用线条图形（即电气符号）代表物理上存在的电气设备。例如，用长方形代表一个线圈，用圆形代表一个电动机。当然，这些符号的画法是符合国际标准的，否则，电气工程师之间无法用符号进行有效的沟通。同时，电气制图是在一定的区域内绘制而成的，这个工作区域是用图框来定义的。项目图纸中的目录表、材料表、端子图表、电缆图表等图纸统称为表格。传统的 CAD 设计中，这些表格都是来回对应原理图查找，一个一个手动统计出来的，比较费力，还容易产生错误。

符号是在电气或电子电路原理图上用来表示各种电气和电子设备的图形（如导线、电池、电阻、晶体管、电机、断路器、按钮、指示灯等）。因为使用习惯和传统的不一样，这些符号的表示方法因国家的不同而不同。现在，在很大程度上，已经实现了国际标准化。

图框是电气工程制图中图纸上限定绘图区域的线框。完整的电气图框通常由边框线、图框线、标题栏和会签栏组成。标题栏用于确定图样名称、图号、制图者和审核者等信息，一般由更改区、签字区、名称及代号区和其他区域组成。会签栏是相关专业设计人员会审图纸时签名用的。电气图纸幅面一般规定用 0、1、2、3、4 图纸或 A0、A1、A2、A3、A4 图纸。为了确定图中内容、位置及用途，往往需要对含有复杂内容的图纸进行分区，图幅分区的方法如下：将图纸中相互垂直的两边各自加以等分，竖边方向用大写拉丁字母编号，横边方向用阿拉伯数字编号，编号的顺序应从与标题栏相对的左上角开始，分区数应为偶数。

表格是指电气工程项目设计中，根据评估项目原理图图纸，提供的所绘制的项目需要的各种工程图表。项目的封页、目录表、材料清单、接线表、电缆清单、端子图表、PLC 总览表等都属于表格的范畴。

2.1.2 EPLAN 系统主数据和项目数据的关系

EPLAN 的数据结构中含有系统数据和项目数据。当新建一个 EPLAN 项目时，首先要选择一个项目模板。选择模板完成后，EPLAN 系统根据模板的要求，将指定标准的符号库、图框，用于生成报表的表格从系统主数据中复制到项目数据中。

当一个外来项目中含有与系统主数据不一样的符号、图框、表格的时候，可以用项目数据同步系统主数据，这样可以得到这些数据，便于在其他项目中应用。一般来说，系统主数据是企业内部标准化的数据，不允许未得到授权的人进行修改，因此，这个逆向操作不建议用户使用。

系统主数据和项目数据的关系如图 2-1 所示。一般来说，系统主数据永远大于项目数据，它们之间的关系是双向同步。

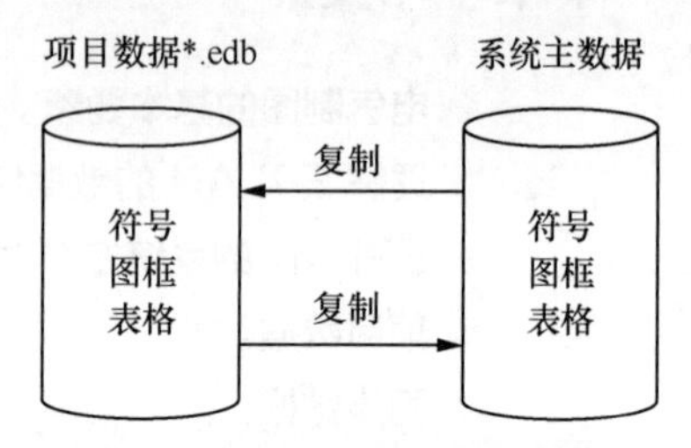

图 2-1　系统主数据与项目数据的关系

2.1.3 EPLAN 的系统主数据

在 EPLAN Electric P8 软件中，EPLAN 的系统主数据是指符号、图框和表格。这是 EPLAN 设计的核心主数据。除此之外，系统主数据还包括部件库、翻译库、项目结构标识符、设备标识符集、宏电路和符合设计要求的各种规则与配置。

图 2-2 所示是安装后的 EPLAN 系统主数据和项目数据在硬盘上的存放位置，本机安装在“D:\EPLAN\Electric Education P8\2.8.3”。在这个存放位置中的数据除了 Projects 文件夹中的数据外，都可以认为是 EPLAN 的系统主数据。

本地磁盘 (E:) › EPLAN › Electric Education P8 › 2.8.3 ›

名称	修改日期	类型
Administration	2019/8/3 14:32	文件夹
Documents	2019/8/3 14:33	文件夹
DXF_DWG	2019/8/3 14:40	文件夹
Forms	2019/8/3 14:33	文件夹
Function definition	2019/8/3 14:33	文件夹
Images	2019/8/3 14:33	文件夹
Macros	2019/8/3 14:33	文件夹
Mechanical models	2019/8/3 14:40	文件夹
Parts	2019/8/3 14:33	文件夹
PlotFrames	2019/8/3 14:33	文件夹
Projects	2019/8/3 14:40	文件夹
Schemes	2019/8/3 14:33	文件夹
Scripts	2019/8/3 14:33	文件夹
Symbols	2019/8/3 14:40	文件夹
Templates	2019/8/3 14:40	文件夹
Translation	2019/8/3 14:40	文件夹
XML	2019/8/3 14:33	文件夹

图 2-2　EPLAN 系统主数据和项目数据的存放位置

EPLAN 系统主数据的含义如下。

- Administration（管理）：含有权限管理文件。
- Documents（文档）：含有 PDF 格式的文档（产品选型手册）和 Excel 表格。
- DXF_DWG：含有 DXF 或 DWG 格式的文件。
- Forms（表格）：含有多种类型和样式的表格，属于系统主数据。
- Function definition（功能定义）：含有功能定义的文件。
- Images（图片）：含有多种图片文件。
- Macros（宏）：含有各种类型的宏、窗口宏、符号宏和页面宏。
- Mechanical models（机械模型）：含有相关的机械数据。
- Parts（部件）：含有 Mircrosoft Access 格式的部件数据库和相关的导入 / 导出控制文件。部件管理的格式为“*.mdb”。
- PlotFrames（图框）：含有符合各种标准的图框，属于系统主数据。
- Schemes（配置）：含有预定义或用户定义的各种配置，如工作区域、过滤器、排序设置。
- Scripts（脚本）：含有相关格式的脚本（“*.cs”和“ *.vb”格式）。
- Symbols（符号）：含有符合各种标准的符号，属于系统主数据。
- Templates（模板）：含有项目模板、基本项目模板和导出项目数据的交换文件。
- Translation（翻译）：含有 Mircrosoft Access 格式的翻译字典数据库。翻译字典数据库的格式为“*.mdb”。
- XML：含有 XML 格式的文件。

（1）通过【工具】>【主数据】>【符号库】>【打开】打开一个符号库，如图 2-3 所示。

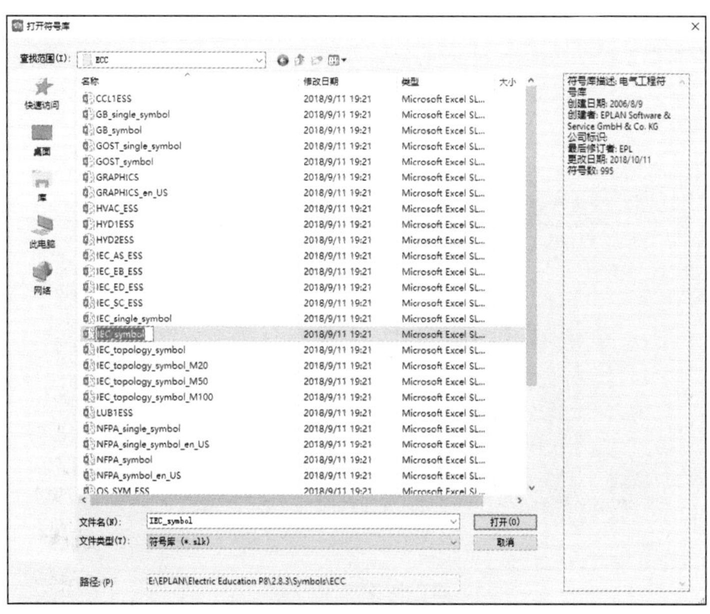

图 2-3 EPLAN 符号库

EPLAN 中的符号库符合国际标准，分为单线图和原理图符号库。符号库符合 GB（国标）、IEC（国际标准）、NFPA（美国标准）和 GOST（俄罗斯标准）4 大标准。对应 4 大标准的符号库分别为 GB_symbol、IEC_symbol、NFPA_symbol 和 GOST_symbol，对应的单线图符号库分别为 GB_ single_symbol、IEC_single_symbol、NFPA_single_symbol 和 GOST_single_symbol。

（2）通过【工具】>【主数据】>【图框】>【打开】打开一个图框，如图 2-4 所示。

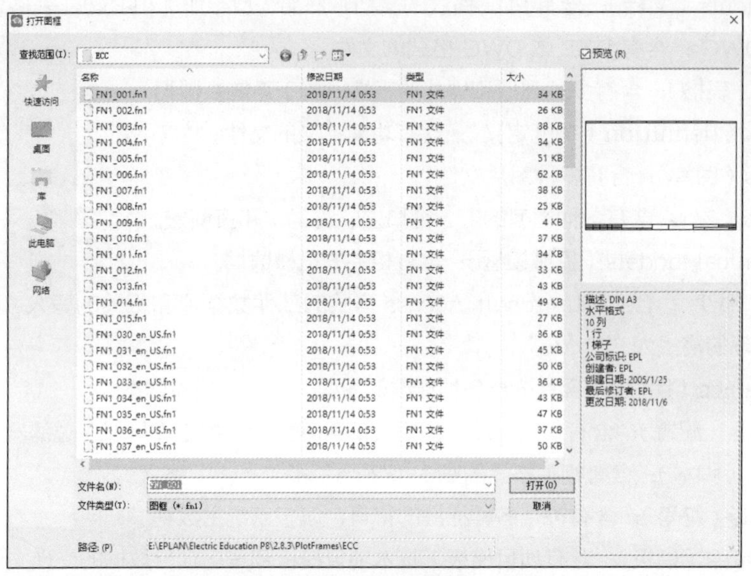

图 2-4　EPLAN 图框

EPLAN 内置了符合国际标准的图框。图框符合 GB、IEC、NFPA 和 GOST 标准，对应标准的图框有 GB_A0_001.fn1、FN1_001.fn1、FN1_030_en_US.fn1 和 GOST_A4_title_page.fn1。

（3）通过【工具】>【主数据】>【表格】>【打开】打开一个表格，如图 2-5 所示。

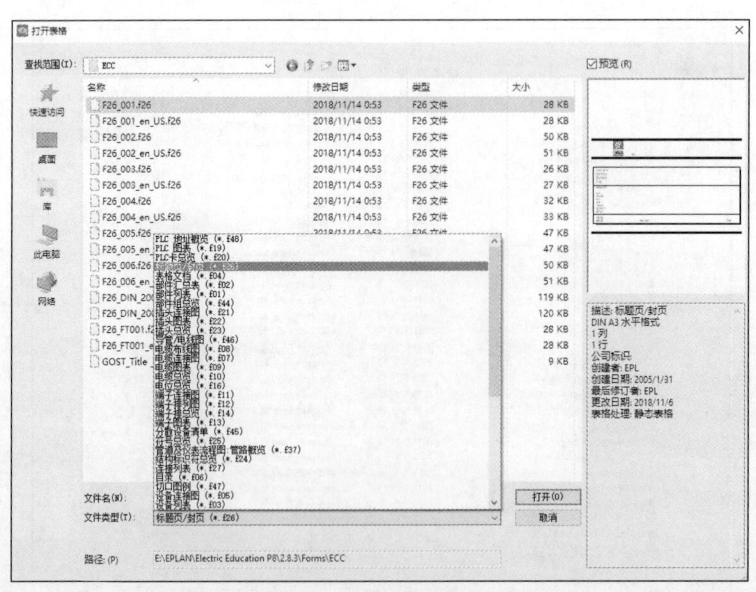

图 2-5　EPLAN 表格

EPLAN 中包含了符合国际标准的 48 种类型的表格模板，根据具体项目图纸要求，选择生成项目报表图纸。用户也可以通过自定义的方式修改表格模板，以满足个性化需求。

（4）EPLAN 内置的部件库包含了机械、流体、电气工程的元件库，名称为“ESS_part001.mdb”，通过【工具】>【部件】>【管理】打开部件库，如图 2-6 所示。

图 2-6　EPLAN 部件管理

2.1.4　项目数据

EPLAN 项目是以文件夹的形式保存在硬盘上的。文件名为“*.edb”，同时还有一个对应的链接文件“*.elk”。其中，“*.edb”是项目的主体，它是文件夹形式的项目数据。一个名为 ESS_Sample_Project_Trial 的项目是由 ESS_Sample_Project_Trial.elk 和 ESS_Sample_Project_Trial.edb 组成的。图 2-7 所示是保存在硬盘默认路径下的 EPLAN 项目，其中含有项目文件夹，这是用户默认存放项目的文件夹。

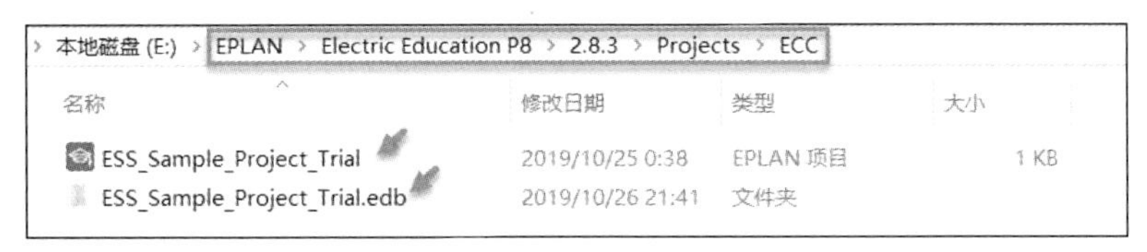

图 2-7　硬盘上的 EPLAN 项目

常用命令速查

【工具】>【主数据】>【符号库】

【工具】>【主数据】>【符号】

【工具】>【主数据】>【图框】

【工具】>【主数据】>【表格】

【工具】>【主数据】>【标识字母】

【工具】>【主数据】>【同步当前项目】

【工具】>【部件】>【同步当前项目】

提示

1. 提倡维护公司级系统主数据，系统主数据永远大于项目数据。

2. 部件库可以应用 Microsoft Access 和 SQL 进行管理。

3. 通过项目数据与系统主数据的同步，可以提取项目中的符号、图框和表格主数据。

4. 通过部件项目数据与部件系统主数据的同步，可以提取项目部件信息。

5. 在企业的标准主数据管理过程中，不建议用项目数据同步系统数据。

2.2 操作步骤

2.2.1 同步主数据

用户可以抽象地认为 EPLAN Electric P8 教育版中有两个数据池：一个是系统主数据池；另外一个是项目主数据池。在实际的软件中，可以通过【工具】>【主数据】>【同步当前项目】查看项目主数据和系统主数据的关系。在图 2-8 所示的对话框中，左侧窗口显示的是项目主数据，右侧窗口显示的是系统主数据。

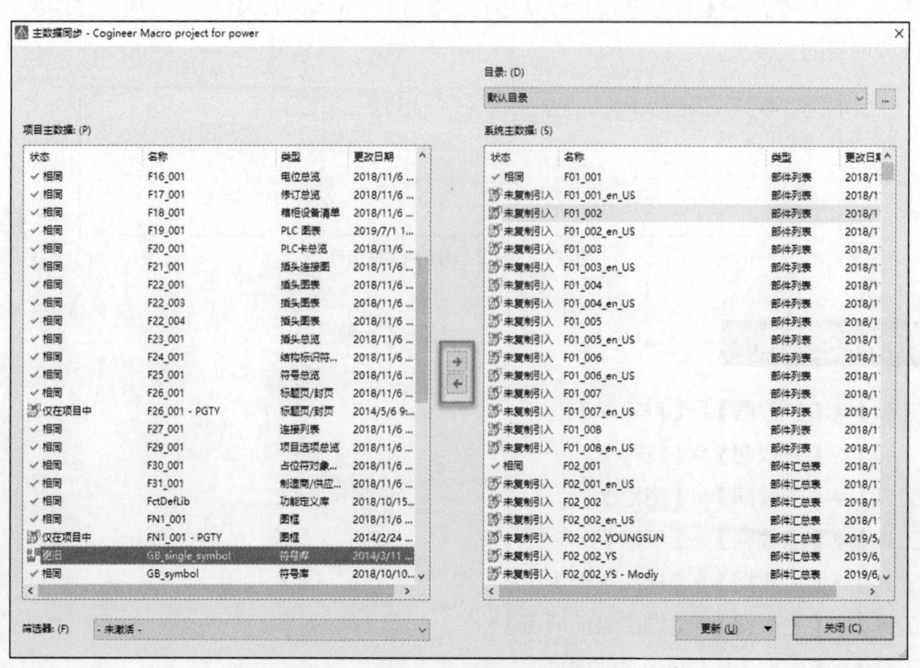

图 2-8 系统主数据与项目主数据的同步

在项目主数据的状态栏中，有“新的”“相同”“仅在项目中”3种状态。“新的”表示项目主数据比系统主数据新。“相同”表示项目主数据与系统主数据一致。“仅在项目中”表示此数据仅仅在此项目主数据中，系统主数据中没有。

在系统主数据的状态栏中，有“相同”和“未复制引入”两种状态。“相同”表示系统主数据与项目主数据一致。“未复制引入”表示此数据仅仅在系统主数据中，项目主数据中还没有使用。

选中项目主数据窗口的数据，通过“向右复制”可将数据由项目主数据复制到系统主数据。

选中系统主数据窗口的数据，通过“向左复制”可将数据由系统主数据复制到项目主数据。

2.2.2 同步部件数据

EPLAN的部件管理是系统数据，当在项目设计选型后，部件信息被写在项目中，即从系统部件库中复制到项目中。和EPLAN的主数据意义相似，用户可以抽象地认为EPLAN Electric P8教育版中部件有两个数据池：一个是部件系统主数据池；另外一个是项目部件数据池。在实际的软件中，可以通过【工具】>【部件】>【同步当前项目】查看部件系统主数据和项目部件数据的关系。在“部件同步－ESS_Sample_Project_Trial”对话框中，左侧窗口显示的是项目部件数据，右侧窗口显示的是部件系统主数据，如图2-9所示。

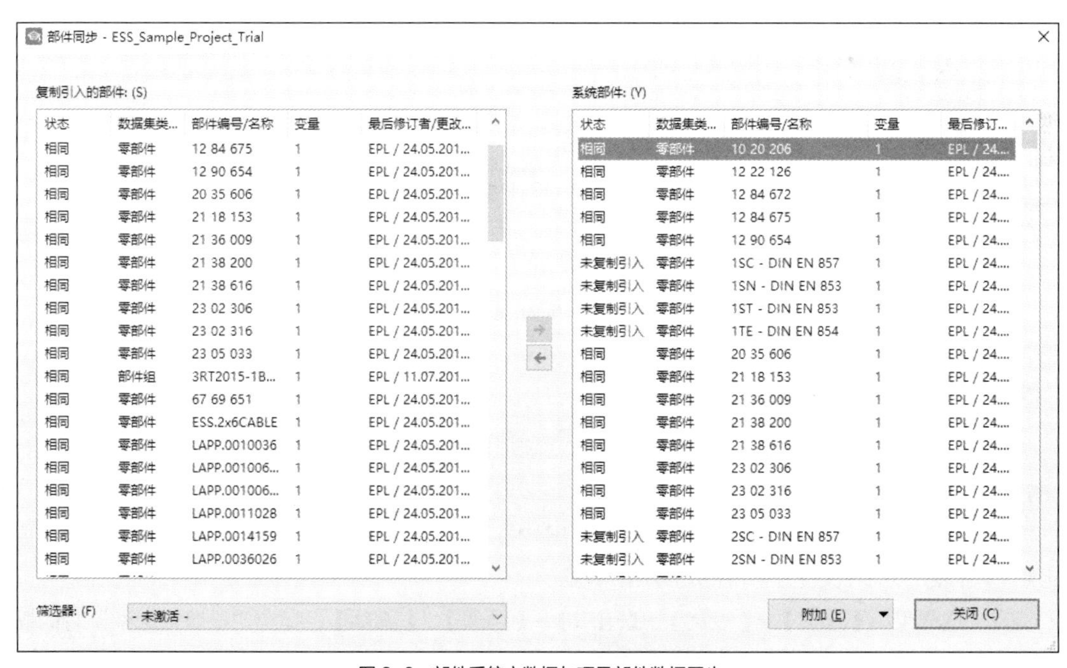

图2-9 部件系统主数据与项目部件数据同步

部件系统主数据与项目部件数据的同步关系和系统主数据与项目主数据的同步关系是一致的，请参考系统主数据与项目主数据的同步关系。

2.3 工程上的应用

2.3.1 在服务器上集中管理主数据

企业在落实 EPLAN 应用实施时所要考虑的第一件事就是将 EPLAN 有效地与企业内部的 IT 架构相结合，正确安装运行软件，保证数据的统一管理。建立公司级管理的主数据，这些主数据要存储在服务器上，通过网络设置建立权限管理，在客户端的 EPLAN 目录路径再把所使用的主数据指向服务器。典型的 EPLAN 许可和主数据的网络管理如图 2-10 所示。

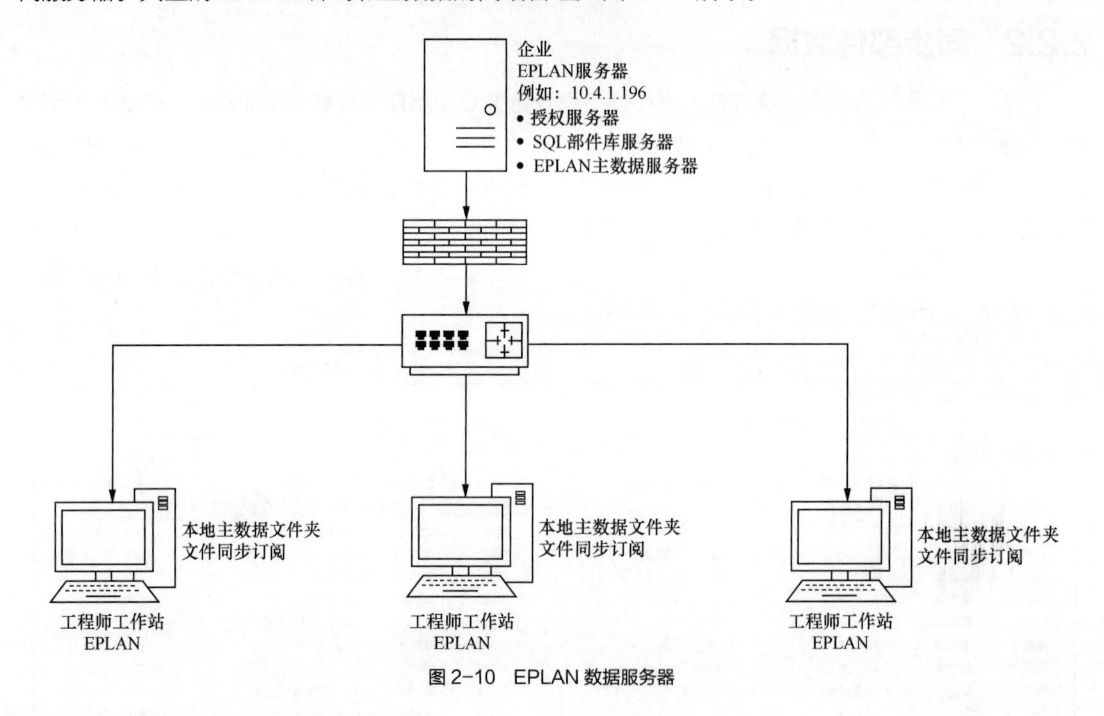

图 2-10　EPLAN 数据服务器

2.3.2 提出项目部件信息

EPLAN 项目中含有已经选型的元件信息，实际项目设计中通过提取项目中的部件信息来丰富公司的元件的种类和数量。

（1）选择菜单【项目】>【打开】，弹出“打开项目”对话框，选择项目“ESS_Sample_Project_Trial”，项目被打开并在页导航器中显示。

（2）选择菜单【选项】>【设置】>【用户】>【管理】>【部件】，弹出“设置：部件”对话框，单击对话框右侧的“Access”单选按钮并选择新建数据库。

（3）弹出“生成新建数据库”对话框，输入“Sample Project 部件库”，单击“打开”按钮。

（4）回到“设置：部件”对话框，单击“确定”按钮。

（5）选择菜单【工具】>【部件】>【管理】，弹出“部件管理：Sample project 部件库.mdb”对话框，单击“列表”标签，此时数据库为空，没有数据，单击“关闭”按钮。

（6）选择菜单【工具】>【部件】>【同步当前项目】，弹出“部件同步 -ESS_Sample_Project_Trial”对话框，如图 2-11 所示，此时右侧系统部件没有数据，单击左侧窗口，按“Ctrl+A”

组合键全选数据，单击“向右推移”按钮，系统进行同步完成后，单击“关闭”按钮。

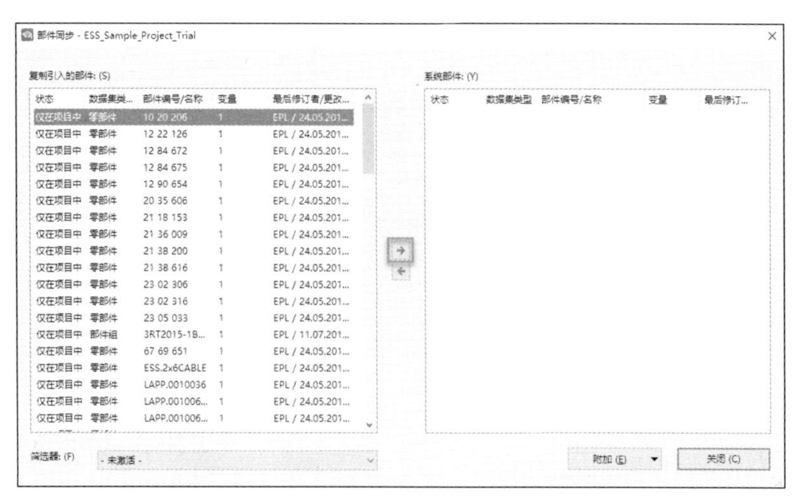

图 2-11　将项目中的部件数据同步到部件系统数据

（7）选择菜单【工具】>【部件】>【管理】，弹出“部件管理：Sample project 部件库 .mdb”对话框，单击“列表”标签，部件被复制到部件库中。

2.3.3　提出项目中的表格

假设“ESS_Sample_Project_Trial”项目是一个供应商的项目，在企业的服务器上没有项目的封页表格模板，通过同步可以提取这个表格到企业的主数据中，并为企业所用。

（1）在页导航器中选择项目“ESS_Sample_Project_Trial”。

（2）选择菜单【工具】>【主数据】>【同步当前项目】，弹出“主数据同步 -ESS_Sample_Project_Trial”对话框，单击图 2-12 所示的“仅在项目中　F26_004_Sample project.f26 标题页 / 封页”，单击“向右推移”按钮，弹出“主数据同步”对话框，单击“确定”按钮，再单击“关闭”按钮。

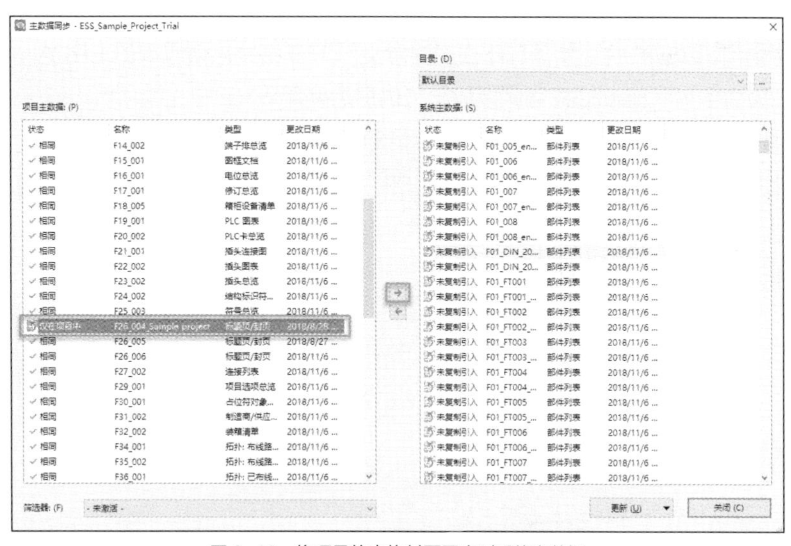

图 2-12　将项目的表格封页同步到系统主数据

（3）选择菜单【工具】>【主数据】>【表格】>【打开】，如图 2-13 所示，表格“F26_004_Sample project.f26”已经存放在系统主数据中，此表格原来在供应商项目中，现在可以被本企业设计人员所使用。

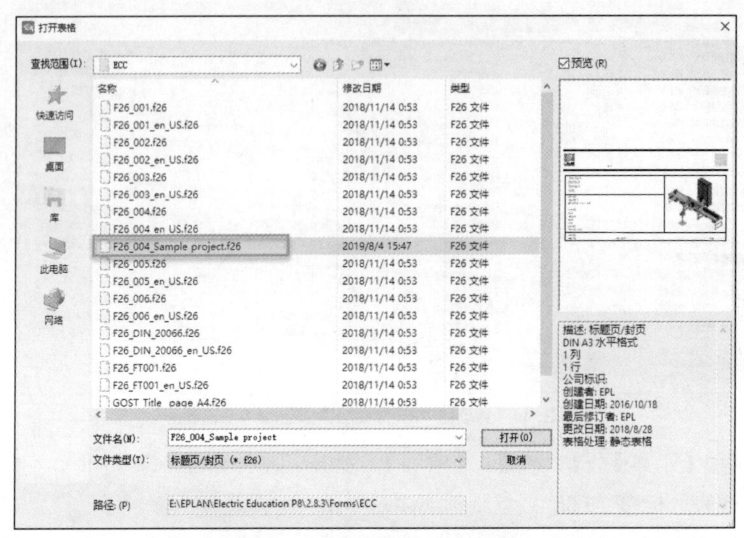

图 2-13　表格被存放在系统主数据中

思考题

1. 什么是电气制图的 3 要素？
2. 什么是主数据？ EPLAN 的主数据包括哪些？
3. 什么是项目数据？它由哪两个文件组成？
4. 如果丢失“*.elk”文件怎样打开项目？
5. “更新当前项目”和“同步当前项目”的区别是什么？
6. 同步主数据和项目数据有什么工程意义？怎样将外来供应商的 EPLAN 项目中的端子图表模板和定制的符号库提取出来供日后使用？
7. 企业在实施标准化的第一步首先考量的是什么？

◇◇◇

第 3 章 项目创建

03

本章学习要点

- 项目创建、命名、删除、重命名、备份、恢复等操作。
- 项目属性。
- 项目类型。
- ISO/IEC 81346 标准下的项目层级结构。
- 项目模板的含义。

3.1 基础知识

3.1.1 项目类型

EPLAN 中存在两种类型的项目——原理图项目和宏项目。

原理图项目是一套完整的工程图纸项目。在这个项目图纸中包含电气原理图、单线图、总览图、安装板和自由绘图，同时还包含存入项目中的一些主数据（如符号、图框、表格、部件等）信息。通过对原理图电路逻辑的自动评估，自动生成工程中所需要的各种类型的报表，例如，项目图纸封页、目录表、BOM 表、端子图表、电缆图表、PLC 总览、接线表、接线图等，满足了项目的设计、安装和维护指导的要求。

宏项目用来创建、编辑、管理和快速自动生成宏（部分或标准的电路），这些宏包括窗口宏、符号宏和页面宏。宏项目中保存着大量的标准电路，不像原理图项目那样是描述一个控制系统或产品控制的整套工程图纸（各个电路间有非常清楚的逻辑和控制顺序）。

可以通过【项目】>【属性】打开项目属性标签并设置项目类型。修改属性“项目类型”，如图 3-1 所示，在“数值”一栏中可定义项目是原理图项目还是宏项目。

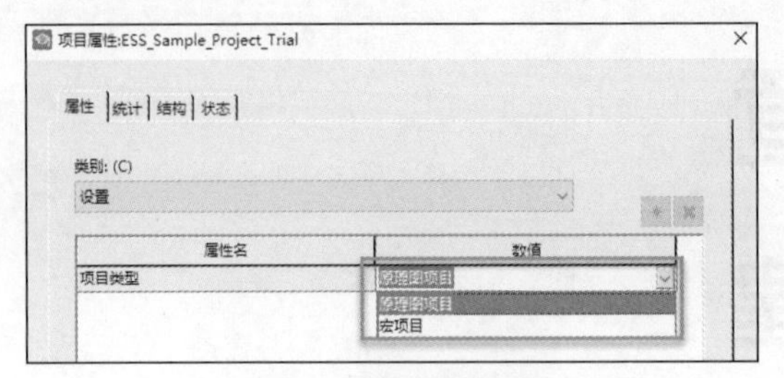

图 3-1 项目类型的设置

3.1.2 项目组成

常规的 EPLAN 项目由“*.edb”和“*.elk”组成。“*.edb”是个文件夹，其内包含子文件夹，这里存储着 EPLAN 的项目数据；“*.elk”是一个链接文件，当双击它时，会启动 EPLAN 并打开此项目。

在默认安装路径“\Projects\Customer Code”目录下有一个名为“ESS_Sample_Project_Trial.elk”的项目文件和一个名为“ESS_Sample_Project_Trial.edb”的目录。在 ESS_Sample_Project_Trial.edb 中含有子目录和项目数据。通过【项目】>【打开】，可以选择 ESS_Sample_Project_Trial.elk 文件以打开项目。

常规的原理图项目可以分为不同的项目类型，每种类型的项目可以处在设计的不同阶段，因而有不同的含义。例如，常规项目描述的是一套工程图纸，修订项目则描述这套图纸版本有了变化。下面是项目文件名及其含义。

- *.elk：可编辑的 EPLAN 项目。
- *.ell：可编辑的 EPLAN 项目，带有变化跟踪。
- *.elp：压缩成包的 EPLAN 项目。
- *.els：归档的 EPLAN 项目。
- *.elx：归档并压缩成包的 EPLAN 项目。
- *.elr：已关闭的 EPLAN 项目。
- *.elt：临时的 EPLAN 参考项目。

图 3-2 所示是当打开项目时，可供选择的原理图文件类型。

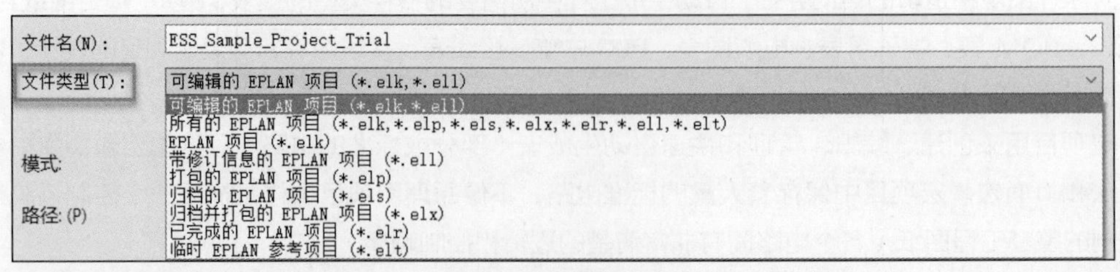

图 3-2 原理图文件类型

3.1.3 项目结构

结构标识管理用于对项目结构进行标识或描述。可以从产品视角、安装视角、位置视角等进行项目结构化。用户可以按照自己的设计要求应用结构标识配置页、设备名称等结构。结构标识可以是一个单独的标识，也可由多个标识组合而成。

在项目编辑时，可以按需要预先定义项目结构标识符，如“工厂代号（较高级别）”或“安装位置”等，还可以在页编辑和原理图创建中定义、创建、修改和移除结构标识符。“结构标识管理”使这些标识可以集中编辑，确定标识的顺序。标识不是自动按照字母顺序排序的，而是根据结构标识在项目数据库中的顺序排序的。通过【项目数据】>【结构标识符管理】，可打开“标识符”对话框。

如图 3-3 所示，在“标识符”对话框中，可以对标识符进行创建、修改、删除、查找、排序等操作和集中管理。

页和设备结构举例如下。

=EB3+EAA/1，表示高层代号为 EB3，位置代号为 EAA 中的第一页。

=EB3+EAA-M1，表示高层代号为 EB3，位置代号为 EAA 中的电动机 M1。

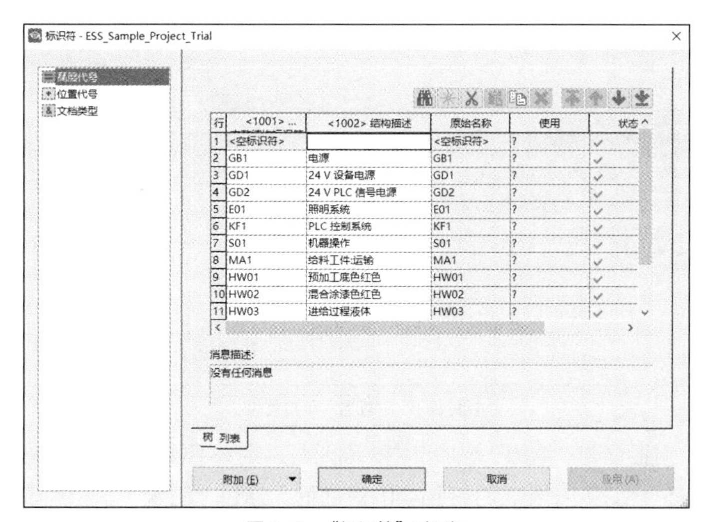

图 3-3 “标识符”对话框

通过【项目】>【属性】，打开“项目属性”对话框，在“结构”选项卡中定义项目的页结构和每一个设备组的结构，如图 3-4 所示。

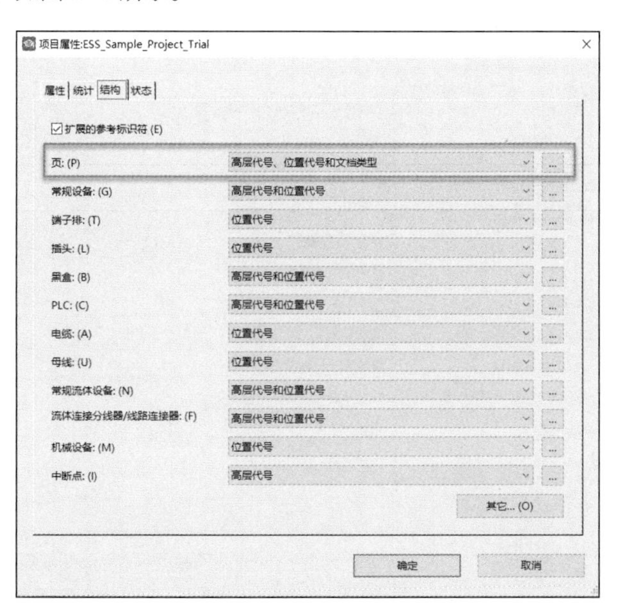

图 3-4 “结构”选项卡

在讨论项目模板时，我们提到在应用项目模板创建一个新的项目后可以立即调整页的结构。依次单击【项目】>【属性】，打开“项目属性”对话框，在“结构”选项卡中，单击“页”后面的“...”，打开“页结构”对话框，可通过“配置”下拉列表设定页结构，如“顺序编号”“高层代号”“高层代号和位置代号”“高层代号和描述的位置代号”等，如图 3-5 所示。

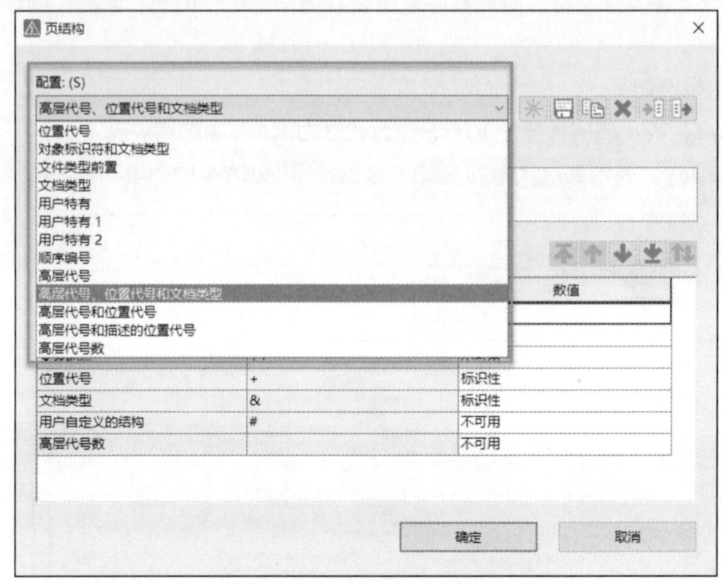

图 3-5　“配置”下拉列表

在“项目属性”对话框的“结构”选项卡中，同时可以定义不同设备组的结构。如图 3-6 所示，单击不同设备组后面的“...”按钮，打开相应的对话框，通过“配置”下拉列表设定设备结构（下拉列表中的选项与图 3-5 中的相同）。

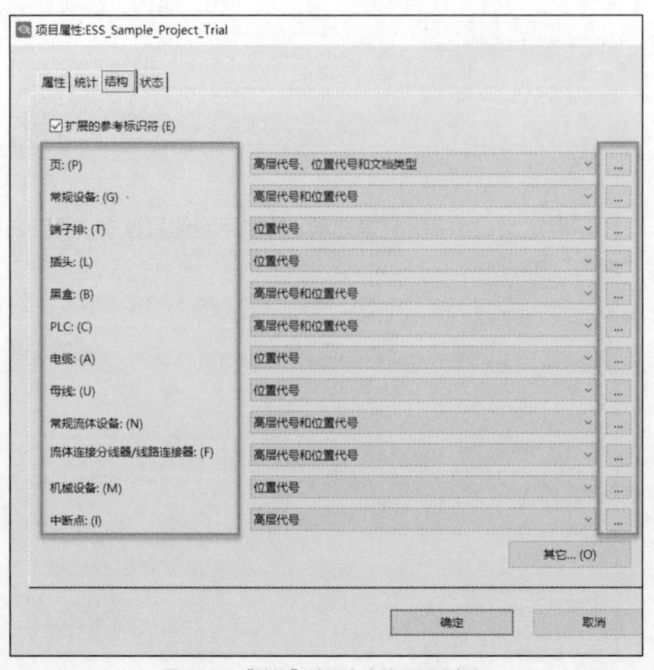

图 3-6　“结构”选项卡中的不同设备组

3.1.4 项目属性

EPLAN 中的每个对象都会被赋予一个属性名称。对象可以分为不同的类别，如项目、页、设备、表格、符号、功能、部件参考等，因而有不同类别的属性。属性除了属性名称，还有一个内部编号与之对应，即属性编号。

项目属性是项目层级上的属性，可通过【项目】>【属性】打开“项目属性”对话框，如图 3-7 所示。

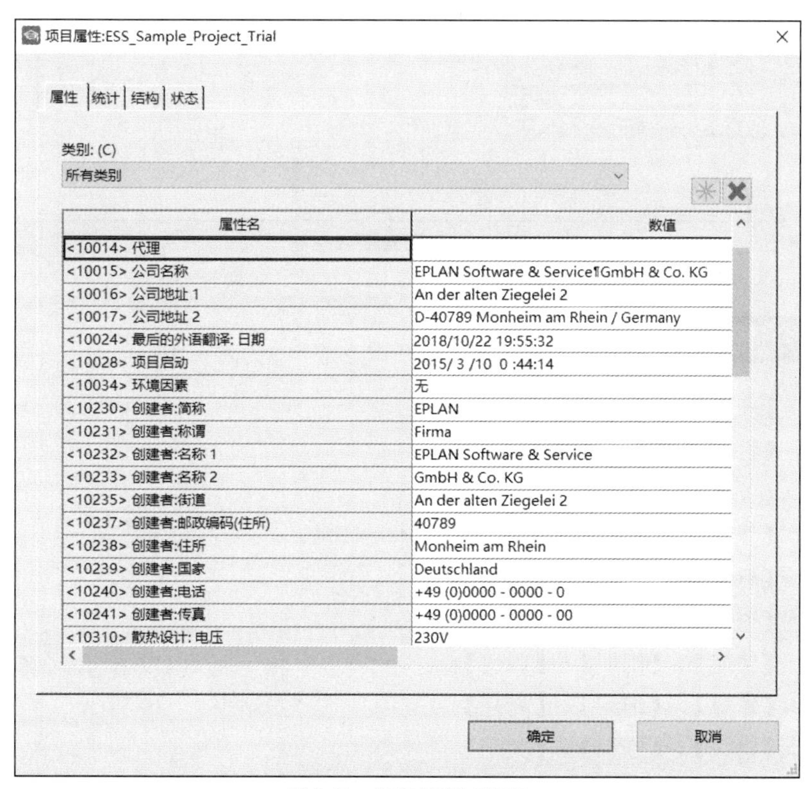

图 3-7 “项目属性”对话框

“属性”选项卡的“类别”下拉列表中含有格式、归档文件、客户、散热设计、设置、数据、所有类别、特殊、修订、用户自定义、最终用户等选项。经常用到的属性有“项目名称”“项目描述”“公司地址”“创建者”“客户”等。

在“项目名称”文本框中输入“EPLAN 教育版示例项目”，则值“EPLAN 教育版示例项目”被赋予“项目名称”属性。这样，在整个项目中调用“项目名称”时，得到的值是“EPLAN 教育版示例项目”。

通过单击“新建”按钮，可进入属性池中添加一个在“属性”选项卡中没有的属性。如图 3-8 所示，进入“属性选择”对话框，选择一个想要的属性。

为了快速查找属性，建议在显示属性名称的同时，也要显示属性的编号。具体设置方法为依次单击【选项】>【设置】>【用户】>【显示】>【用户界面】，在打开的界面中选中“显示标识性的编号”和“在名称后”。这样，就可如图 3-8 所示的那样，既显示了属性名称，又显示了属性编号，而且是在属性名称的后面显示属性编号。

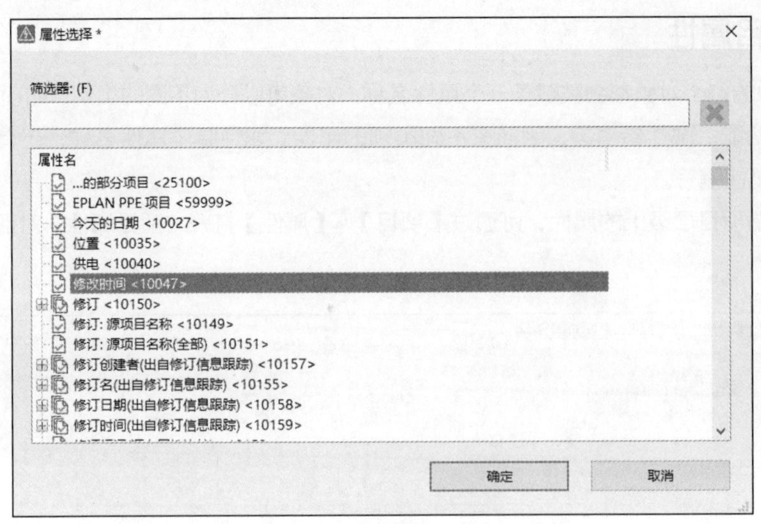

图 3-8 “属性选择”对话框

常用命令速查

【项目】>【新建】

【项目】>【打开】

【项目】>【关闭】

【项目】>【复制】

【项目】>【删除】

【项目】>【重命名】

【项目】>【管理】>【组织】>【新建】

【项目】>【管理】>【组织】>【打开】

【项目】>【管理】>【组织】>【关闭】

【项目】>【管理】>【组织】>【移动】

提示

1. 使用组合键“Ctrl+D”打开项目属性。

2. 在恢复项目的时候，可以对项目重新命名。

3. 在页导航器中单击鼠标右键，弹出快捷菜单，若选择“项目”则显示项目属性，若选择“页”则显示页属性。

3.2 操作步骤

3.2.1 新建项目

（1）单击【项目】>【新建】，弹出“创建项目”对话框，如图 3-9 所示。

（2）在“项目名称”文本框中输入“EPLAN 教育版示例 1”，“模板”选择“IEC_tpl001.ept”，选中“设置创建者”复选框并在下方的文本框中输入“EPLAN 教育版爱好者”，如图 3-9 所示，单击“确定”按钮，关闭对话框。

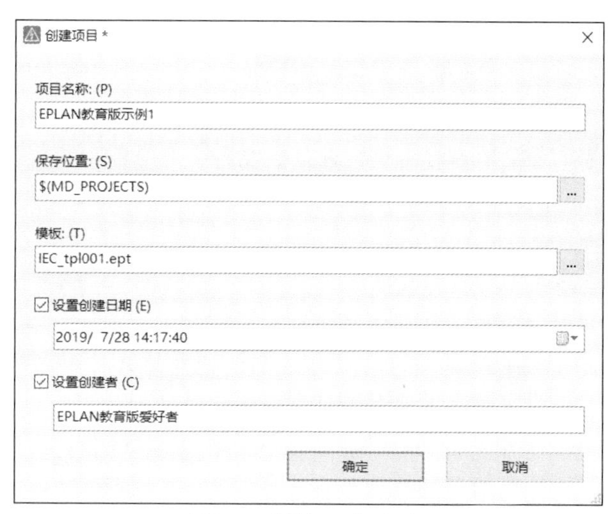

图 3-9 “创建项目”对话框

（3）EPLAN 会显示一个项目创建的进度条，如图 3-10 所示，表明系统正在根据模板的要求，将系统主数据中的数据复制到项目数据中。

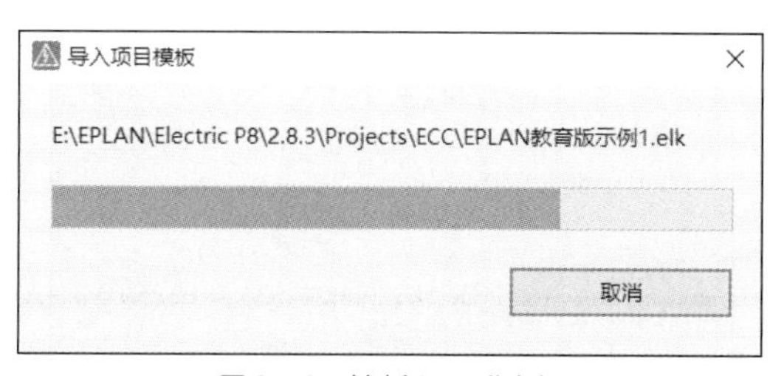

图 3-10 创建新项目进度条

（4）在此过程完成以后，弹出“项目属性”对话框，如图 3-11 所示，在相应的属性中输入下列属性值后单击“确定”按钮，然后关闭对话框。

- 公司名称 <10015>：人民邮电出版社。
- 公司地址 1<10016>：北京市丰台区成寿寺路 11 号邮电出版大厦。
- 创建者：简称 <10230>：邮电出版社。
- 创建者：街道 <10235>：成寿寺路 11 号。
- 创建者：邮政编码（住所）<10237>：110106。

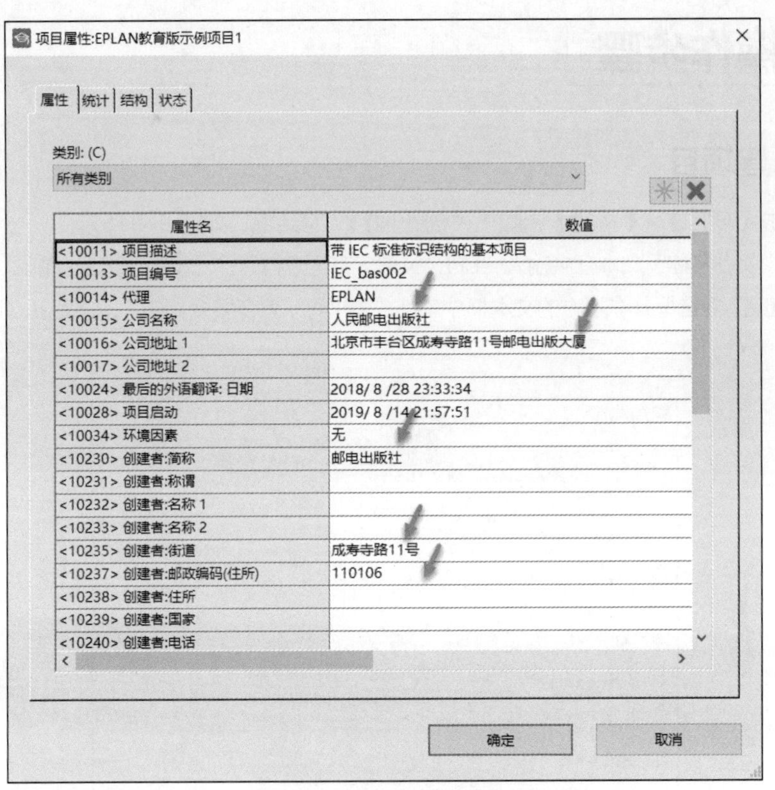

图 3-11 “项目属性”对话框

3.2.2 项目改名

（1）在页导航器中选择想要重新命名的项目，单击【项目】>【重命名】，弹出“重命名项目”对话框，如图 3-12 所示。

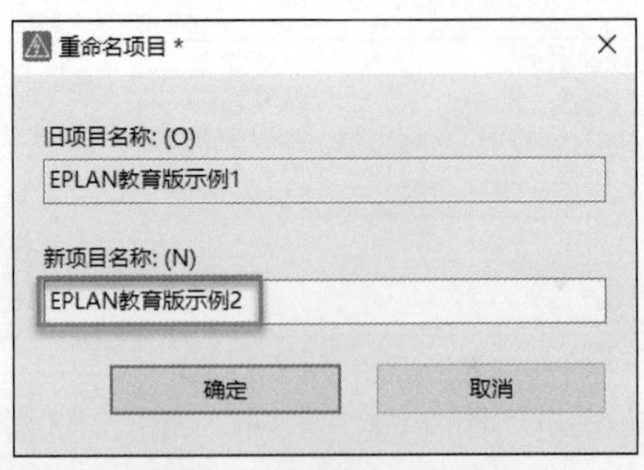

图 3-12 “重命名项目”对话框

（2）在图 3-12 所示的“新项目名称”文本框中输入“EPLAN 教育版示例 2”，单击“确定”按钮，关闭对话框，项目被重新命名。

3.2.3 项目复制

（1）在页导航器中选择想要复制的项目，单击【项目】>【复制】，弹出图 3-13 所示的“复制项目”对话框。

图 3-13 “复制项目”对话框

“复制项目”对话框中 4 个单选按钮的含义如下。

- 全部，包含报表：如果选中此单选按钮，整个项目（包括报表）被复制。
- 全部，不含报表：如果选中此单选按钮，整个项目（不包括报表）被复制。
- 仅头文件：如果选中此单选按钮，复制整个项目层级信息，不包括页和报表。
- 非自动生成页：如果选中此单选按钮，仅仅交互式的页被复制，报表和未放置功能未被复制。

（2）选中“全部，包含报表”单选按钮，选中“设置创建日期”和“设置创建者”复选框并在下方的文本框中设置好相应内容后，单击“确定”按钮，项目被复制。

3.2.4 项目备份

（1）单击【项目】>【备份】>【项目】，弹出 “备份项目”对话框，如图 3-14 所示。

（2）在此对话框中可以选择想要备份的项目“EPLAN 教育版示例 1”，在“方法”下拉列表中选择“另存为”，指明存放路径为“桌面”。

备份的 3 种方法解释如下。

- 另存为：项目被保存为另外一种存储格式，文件名后缀为“.zw1”，原来的项目保持不变。
- 锁定文件供外部编辑：项目被保存为另外一种存储格式，文件名后缀为“.zw1”，原来的项目被写保护，“*.elk”项目变成“*.els”项目，保存在同一目录下。
- 归档：项目被保存为另外一种存储格式，文件名后缀为“.zw1”，原来的项目被删除，“*.elk”项目变成“*.ela”项目，保存在同一目录下。

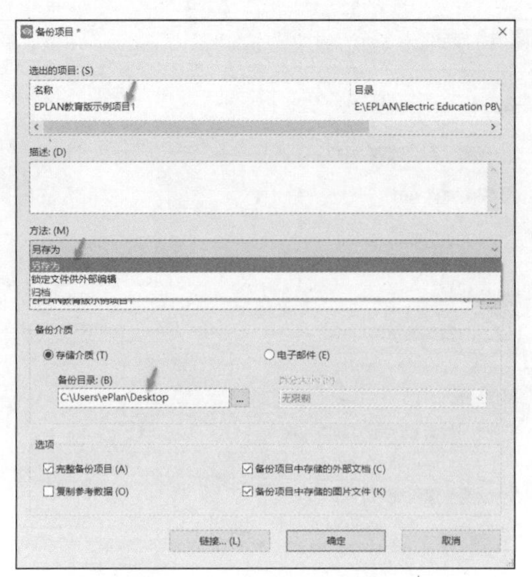

图 3-14 “备份项目”对话框

（3）在“备份项目”对话框中，单击“确定”按钮，完成项目“EPLAN 教育版示例 1”的备份。

3.2.5 项目恢复

（1）单击【项目】>【恢复】>【项目】，弹出 “恢复项目”对话框，如图 3-15 所示。

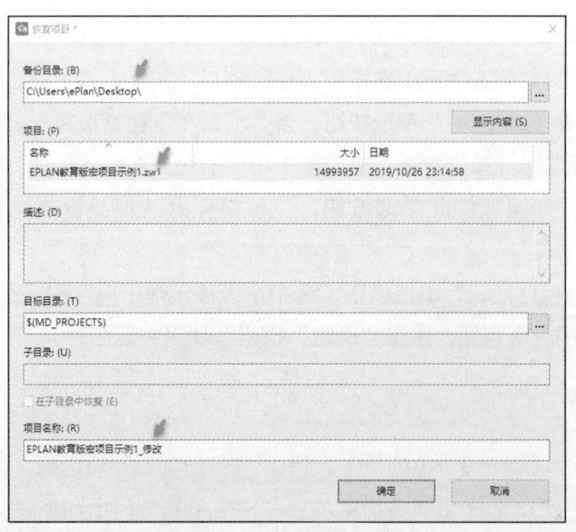

图 3-15 “恢复项目”对话框

（2）在此对话框中，备份路径选择桌面，在“项目”列表中可看到上一步备份的项目“EPLAN 教育版示例 1”，恢复的项目放在默认的“目标目录”，“项目名称”改名为“EPLAN 教育版宏项目示例 1_ 修改”，单击“确定”按钮后，项目被恢复。

3.2.6 项目删除

在页导航器中选择想要删除的项目“EPLAN 教育版示例 1”，单击【项目】>【删除】。请注意：当执行项目删除命令时，会弹出“删除项目”对话框，如图 3-16 所示，一定要确认是否删除此项目，确认确实要删除后，单击“是”按钮以删除此项目。删除的项目将被放在 Windows 回收站中，如果需要，可以从回收站中找回。

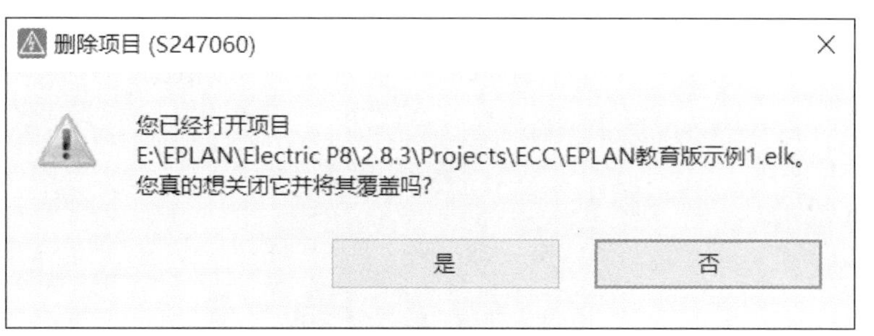

图 3-16　“删除项目”对话框

3.3 工程项目上的应用

3.3.1 工程项目的命名

在实际的项目设计中，项目的命名遵循一定的规则。图 3-17 所示为某车厂电气项目命名的规则。

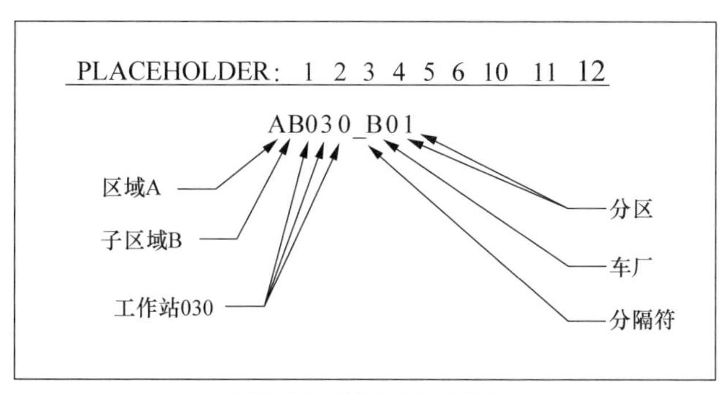

图 3-17　设计项目命名规则

按这个命名规则，该车厂生产线控制器接线图的项目命名要求如下。

控制器单元：AB030_B01。

车厂位置：LD。

生产时间：2019。

因此，接线图项目名称为 WD-LD19AB030B01。

在实际创建 EPLAN 项目过程中，工程师在选择新建项目时，项目名称应该输入“WD-LD19AB030B01”，以便于项目的沟通。因为在项目交流中，每个专业的工程师都理解这样命名的含义。

3.3.2 项目层级结构

在接到项目设计任务时，应该避免一上来就画图的习惯，应该先理解工程项目的规划设计。项目设计的关键在于合理地组织，对设计对象（机器或生产线）的功能进行有效的划分。ISO/IEC 81346 标准对功能的划分有明确的要求（关于 ISO/IEC 81346 标准，在本书后半部分会专门用一章进行讨论）。

图 3-18 是一个洗车系统，系统设备按功能和位置进行划分，便于明确设备对象和在同一个项目中不同的专业人员用同样的术语沟通。

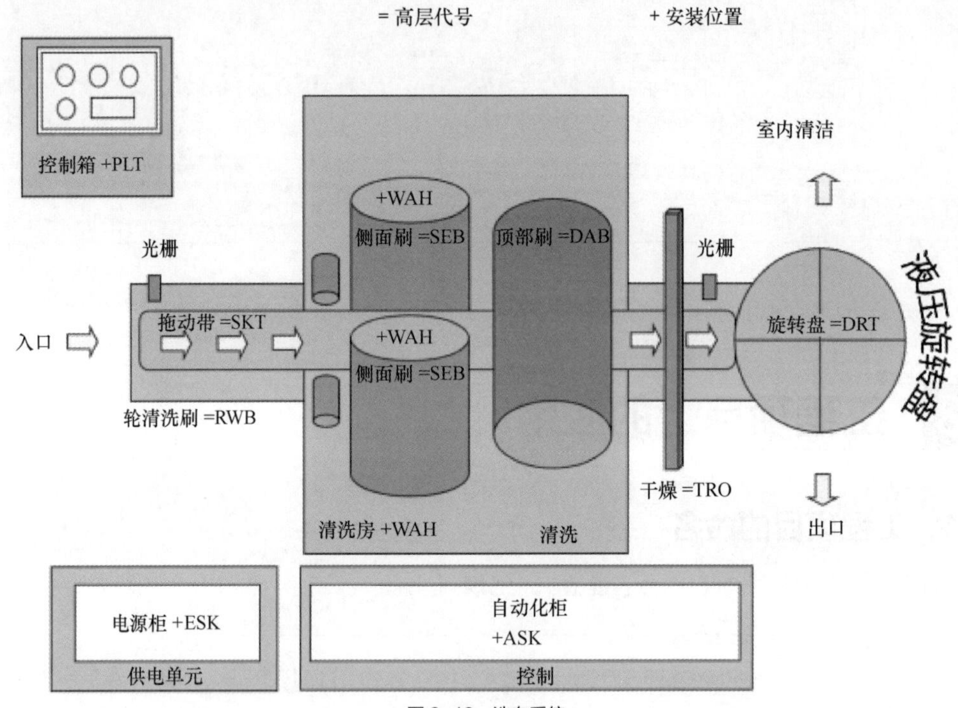

图 3-18　洗车系统

根据 ISO/IEC 81346 标准，定义用“=”表示功能，用“+”表示位置，用“&”表示文档类型，图 3-18 中各缩写的含义如表 3-1 和表 3-2 所示。

表 3-1　按功能定义

=（功能）	含义
SKT	拖动带
RWB	轮清洗刷
SEB	侧面刷
DAB	顶部刷
TRO	干燥旋转

表 3-2　按位置定义

+（位置）	含义
ESK	电源柜
PLT	控制箱
WAH	清洗房
ASK	自动化柜

3.3.3　项目模板

1. 实际工程中的项目模板

在企业内部，所有工程师保持一致的设计风格非常重要。当工程师要为公司创建新的 EPLAN 项目文档时，都会选择一个公司统一管理的模板创建项目。每个工程师都有责任遵循项目设计指南和 EPLAN 模板，使最终交付的项目文件保持风格和设计标准的统一。下面列举 5 个具体项目的实际模板供参考。

- Branch numbering 041029.zw9（某铸造设备基本项目模板）。
- VDI3814_tpl001.ept（基于 VDI3814 的项目模板）。
- Preplanning_tpl001.ept（基于自控仪表的项目模板）。
- VWAG-39EBASISV27-E0x.zw9（基于大众 VASS6 标准的基本项目模板）。
- ABBLVS_ME_BASICPROJECT.zw9（ABB 低压基本项目模板）。

2. 项目模板

模板允许基于标准、规则和数据创建项目。项目模板含有预定义的数据、指定的主数据（符号、表格和图框）、各种预定义配置、规则、层管理信息及报表模板等。如果使用项目管理或者项目向导建立项目，首先要做的事情就是选择项目模板。

项目模板包含两大类：项目模板和基本项目模板。

项目模板是一个初始的模板。建立第一个 EPLAN 项目的时候，由于还没有公司特定的模板，通常选择项目模板来建立一个新的项目，然后在设计项目的时候，修改项目结构、设备命名规则、检查和压缩规则、报表模板等参数，使模板符合公司的设计流程和标准。

在默认安装路径“\Template\Customer Code”目录下含有“*.ept”和“*.zw9”两种类型的项目模板。

3. 项目模板的创建

项目模板和基本项目模板都是可以预定义和创建的，如图 3-19 所示，项目模板和基本项目模板建立的命令路径如下。

【项目】>【组织】>【创建项目模板】

【项目】>【组织】>【创建基本项目】

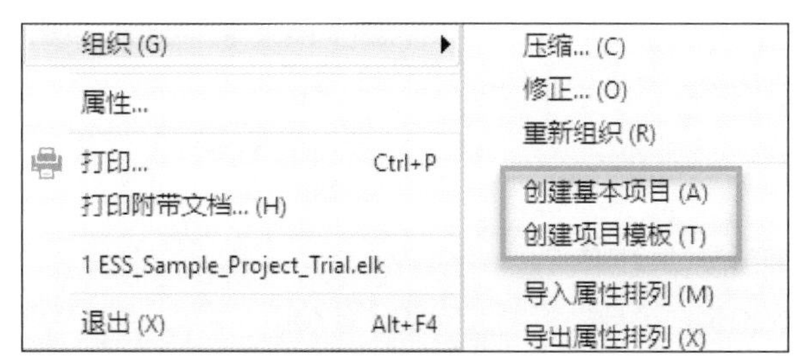

图 3-19　模板创建命令

无论是项目模板还是基本项目模板，一旦建立后就不能编辑修改。但是，用户可以用新的或经过修改的数据覆盖原来的数据。

3.3.4　项目交流

1. EPLAN 用户间的交流

EPLAN 用户间在进行项目沟通交流时，通常采用备份和恢复或打包和解包的方法。也可以以 E-mail 的方式邮寄，通过设置压缩包的大小压缩邮寄。通过【项目】菜单可以查看相关内容。

2. EPLAN 用户与非 EPLAN 用户间的交流

（1）DXF/DWG 文件导入 / 导出

DXF/DWG 文件是 CAD 格式的文件，这些文件包含像线段、圆弧这样的纯图形元素，是 EPLAN 使用的中性文件，目的是便于与 CAD 用户沟通。

我们可以将 DXF/DWG 格式的图纸导入 EPLAN 中，由于其不属于 EPLAN 规范设计的图纸，因此导入 EPLAN 后变为自由图形页，并且不具有电气逻辑。通过命令路径【页】>【导入】>【DXF/DWG】导入。

EPLAN 图纸可以导出为 DXF/DWG 格式，导出的命令路径为【页】>【导出】>【DXF/DWG】（这是商业版 EPLAN Electric P8 中的命令路径，教育版由于做了限制，没有此命令路径）。

（2）PDF 文件导出

EPLAN 支持将项目导出为智能的 PDF 文档，便于项目的交流和现场生产维护指导。同时，可以将在 PDF 中添加的注释导入 EPLAN 项目中，以便查看、修改和确定。

EPLAN 能够将整个项目导出为 PDF 格式文件，导出的方式不依赖第三方程序，也不是利用虚拟打印机的方式实现，而是从 EPLAN 平台直接导出，因而继承一些逻辑，是智能化的 PDF。这种智能性表现在分散元件的关联参考间的智能跳转都被保存在 PDF 文件中。

导出 PDF 文件的命令路径为【页】>【导出】>【PDF】（这是商业版 EPLAN Electric P8 中的命令路径，教育版由于做了限制，没有此命令路径）。

思考题

1. 分别选择模板“IEC_bas001.zw9”“IEC_bas002.zw9”“IEC_bas003.zw9”创建 3 个项目，被创建的 3 个项目的结构有什么不同？
2. 项目备份能够改名吗？项目恢复能够改名吗？
3. 项目备份的 3 种方法“另存为”“锁定文件供外部编辑”“归档”各有什么含义？
4. 删除的项目能够找回吗？
5. 项目模板和基本项目模板的区别是什么？

第 4 章 页创建

04

本章学习要点

- EPLAN 页的类型。
- 页导航器。
- 页的创建。
- 页的编辑、改名、编号、删除、排序。

4.1 基础知识

4.1.1 页类型

EPLAN 中含有多种类型的图纸页，各种类型页的含义和用途不一样。为了便于区别，每种类型的页前都有不同图标以示不同。因为 EPLAN 是一个逻辑软件，所以可以区分逻辑图纸和自由绘图图纸。电气工程的逻辑图主要是单线原理图和多线原理图，自控仪表的逻辑图为管道及仪表流程图，流体工程的逻辑图为流体原理图。自由图形和总览视图为非逻辑图，因为图纸上都是图形信息，不包含任何逻辑信息。

按生成的方式分，EPLAN 页可分为两类，即手动式（交互式）和自动式。所谓交互式，即为手动绘制图纸，设计者与计算机互动，根据工程经验和理论设计图纸。另外一类图纸是根据评估逻辑图纸生成的，这类图纸称为自动式图纸。端子图表、电缆图表及目录表都属于自动式。表 4-1 列出了 EPLAN 中的页类型及其功能。

表 4-1　页类型及其功能描述

页类型	功能描述
多线原理图（交互式）	电气工程中的电路图
单线原理图（交互式）	单线图是功能的总览，可与原理图相互转换、实时关联
总览（交互式）	功能的描述，对于 PLC 卡总览、插头总览等

续表

页类型	功能描述
拓扑（交互式）	针对二维原理图中的布线路径网络设计
安装板布局（交互式）	安装板布局图设计
图形（交互式）	自由绘图，没有逻辑成分
外部文档（交互式）	可链接外部文档（如 Microsoft Word 文档或 PDF 文件）
管道及仪表流程图（交互式）	仪表自控中的管道及仪表流程图
流体原理图（交互式）	流体工程中的原理图
预规划（交互式）	用于预规划模块中的图纸页
模型视图（交互式）	基于布局空间 3D 模型生成的 2D 绘图
功能总览（流体）（交互式）	流体工程的功能总览

4.1.2 页导航器

页导航器可用于集中查看和编辑项目中的页及其属性。通过【页】>【导航器】打开页导航器，在页导航器内可以进行树结构和列表显示。图 4-1 所示是打开的页导航器界面。

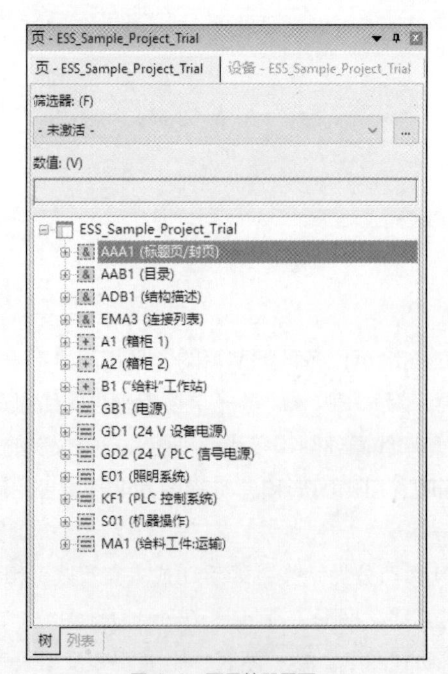

图 4-1　页导航器界面

页导航器是集中显示和管理项目的中央管理器，其功能如下。

（1）显示所有的打开项目，含有结构标识符和图纸页。

（2）通过筛选器快速查找指定页，按指定规则限制显示。

（3）页可以在图形编辑器中打开和显示。

（4）创建、复制、删除页和为页重新编号。

（5）查看和编辑页属性。

（6）导入 / 导出页。

（7）可以对单页或多个页进行备份、编号和打印等操作。

常用命令速查

【页】>【导航器】

【页】>【新建】

【页】>【打开】

【页】>【关闭】

提示

1. 使用组合键“Ctrl+D”打开页属性对话框。
2. 双击页中图框边缘可以打开页属性对话框。

4.2 操作步骤

4.2.1 新建页

（1）打开项目“ESS_Sample_Project_Trial”，单击【页】>【新建】，或在页导航器中单击鼠标右键，在弹出的快捷菜单中选择“新建”命令，弹出“新建页”对话框，如图 4-2 所示，在“页描述”文本框中输入“电源进线”。

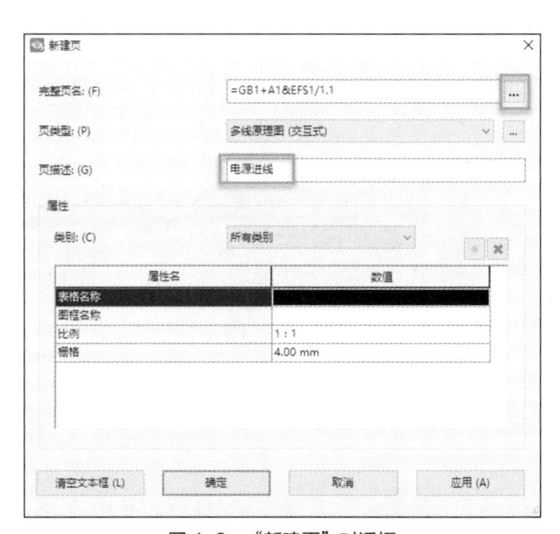

图 4-2 “新建页”对话框

（2）单击图4-2“完整页名”后的“[...]”，进入“完整页名”对话框，在“页名”文本框中输入“3”，单击“高层代号”行“数值”列中的“[...]”，选择“GB1”，用同样操作，在“位置代号”行“数值”列中选择“A1”，在“文档类型”行“数值”列中选择“EFS1”，如图4-3所示。选择结构标识符（此标识符已经在结构标识符管理中定义）。如果没有在结构标识符管理中创建，也可以在此手动输入GB1、A1和EFS1。

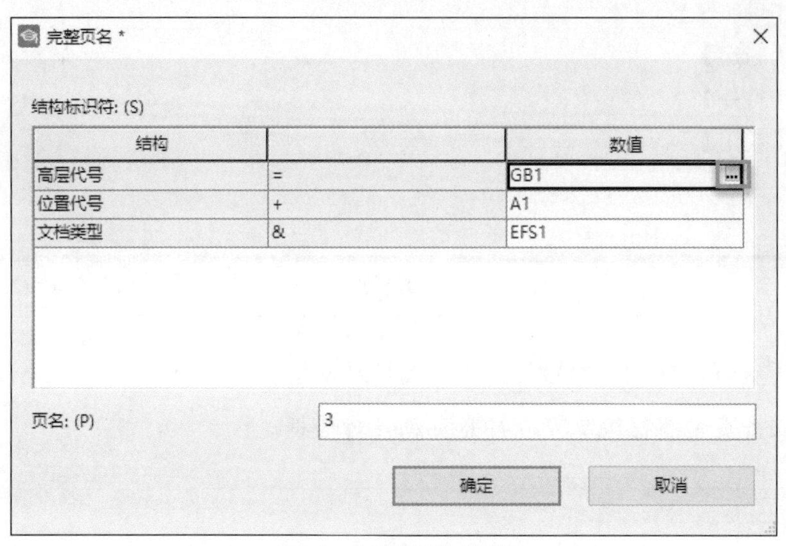

图4-3 “完整页名”对话框

（3）单击“确定”按钮，关闭“完整页名”对话框。再单击“确定”按钮，关闭“新建页”对话框。页“=GB1+A1&EFS1/3”被创建，名称为“电源进线”，在页导航器中被显示，如图4-4所示。

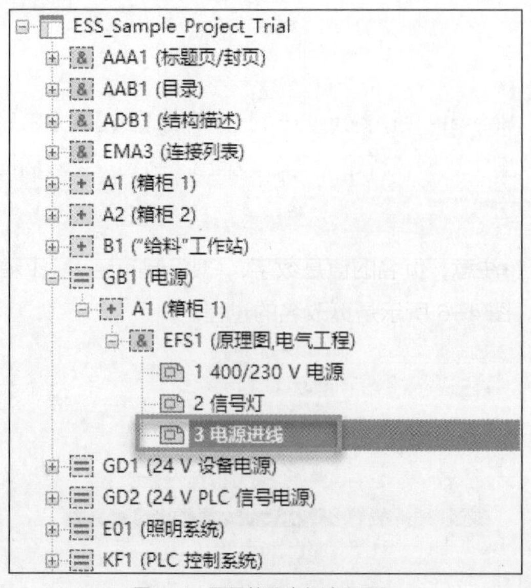

图4-4 页导航器中新建页显示

4.2.2 打开页

（1）在页导航器中选择要打开的页“=GB1+A1&EFS1/1”，单击【页】>【打开】，或在页导航器中单击鼠标右键，在弹出的快捷菜单中选择“打开”命令，页被打开并在图形编辑器中显示。

（2）在页导航器中选择要打开的页“=GB1+A1&EFS1/2”，单击鼠标右键，在弹出的快捷菜单中选择“在新窗口中打开”命令，选择的页被打开，并且在图形编辑器上端产生两个页“标签”，如图 4-5 所示。通过单击不同的页标签，可以切换不同的已打开的页。

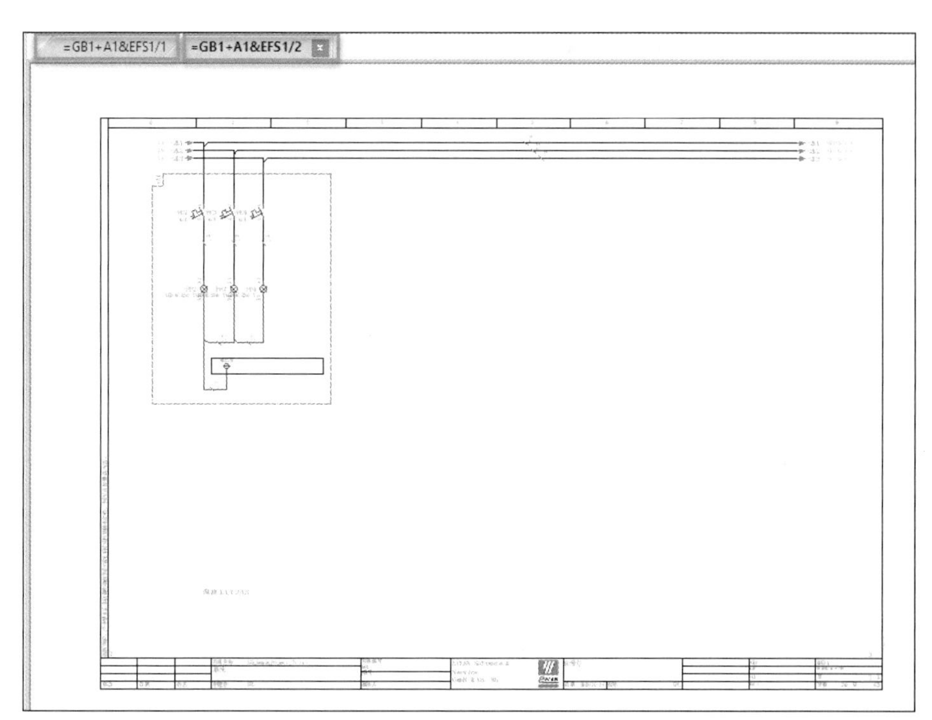

图 4-5　图形编辑器中的页标签

4.2.3　页的改名

通常在设计过程中需要为创建的页改名。单击页“=E01+A1&EFS1/1”，单击【页】>【重命名】，或在页导航器中单击鼠标右键，在弹出的快捷菜单中选择“重命名”命令，在高亮处更改页名为“1 箱体灯（备用）”。注意，页名的值是数字，“1”是页名，“1 箱体灯（备用）”是页描述，不要将页名与页描述混淆。图 4-6 所示是页改名的过程。

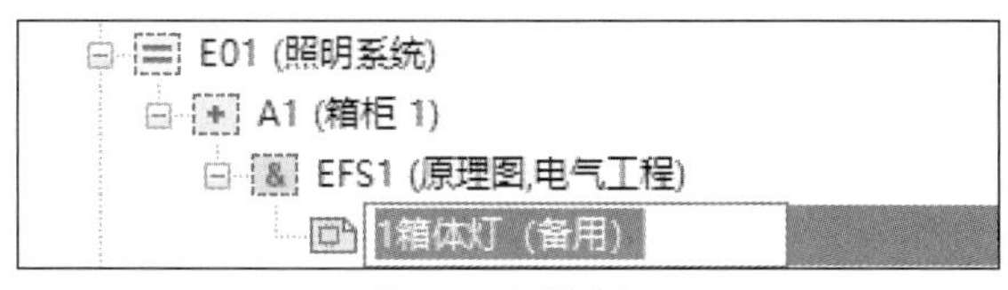

图 4-6　页的改名

4.2.4　页的删除

（1）单击页“=GB1+A1&EFS1/3”，在页导航器中单击鼠标右键，在弹出的快捷菜单中选择“删除”命令，如图 4-7 所示。经过确认，可在项目中删除页。放置的对象在页上被彻底删除，页导航器中未放置功能没有被删除，因为它们与被删除的页无关。

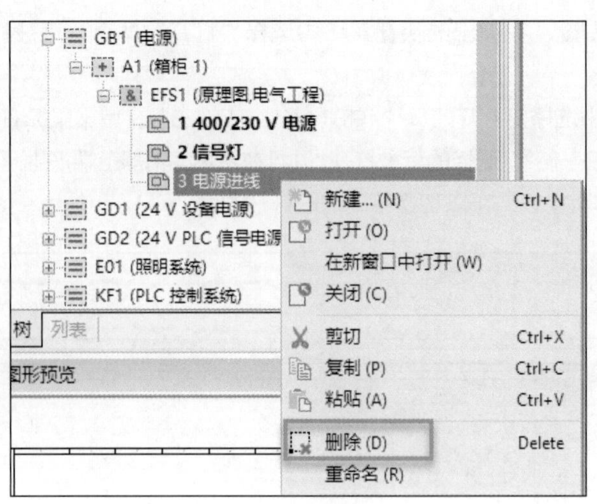

图 4-7　页的删除

（2）在页导航器中选中要删除的页，然后按“Delete”键也可删除页。

4.2.5　页的保存

EPLAN 是一个在线数据库，数据进行实时保存，EPLAN 页会自动保存，因而无须单击“保存”按钮。

4.2.6　页的复制

（1）在页导航器中单击页“=GD2+A2&EFS1/1”，单击鼠标右键，在弹出的快捷菜单中选择“复制”命令，再次单击鼠标右键，在弹出的快捷菜单中选择“粘贴”命令，弹出“调整结构”对话框。在“调整结构”对话框中，可调整源和目标的结构标识符，将目标中的“高层代号”改为“GD2”，“位置代号”改为“A2”，“文档类型”改为“EFS1”，当选中“页名自动”复选框后，“页名”变为“2”，如图 4-8 所示，单击“确定”按钮。

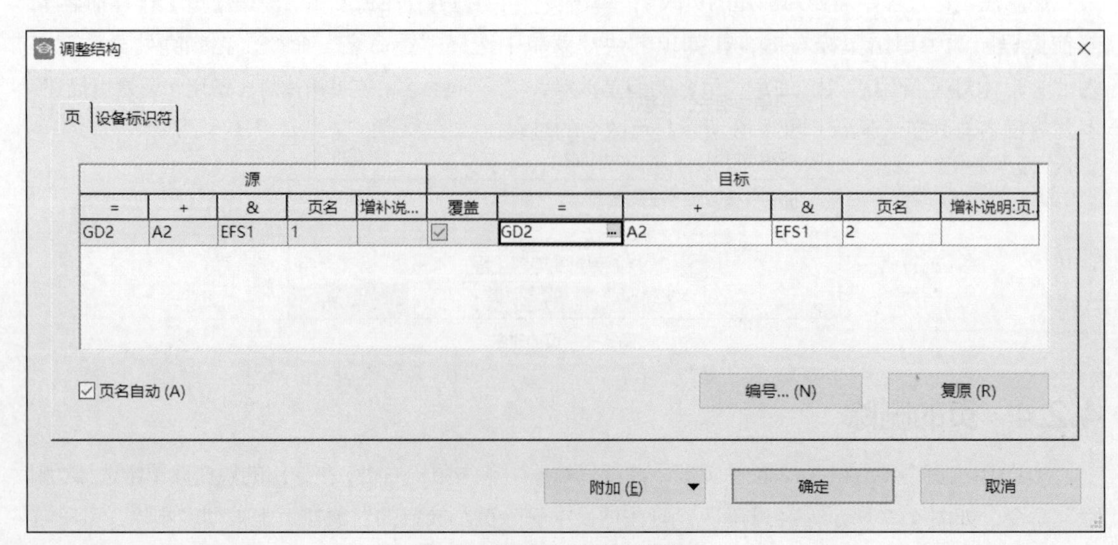

图 4-8　页复制中结构标识符的调整

（2）页“=GD2+A2&EFS1/1”被复制到“=GD2+A2&EFS1/2”。

4.2.7　页的编号

（1）在页导航器中，单击“=GB1”，单击【页】>【编号】，或在页导航器中单击鼠标右键，在弹出的快捷菜单中选择“编号”命令，如图 4-9 所示。

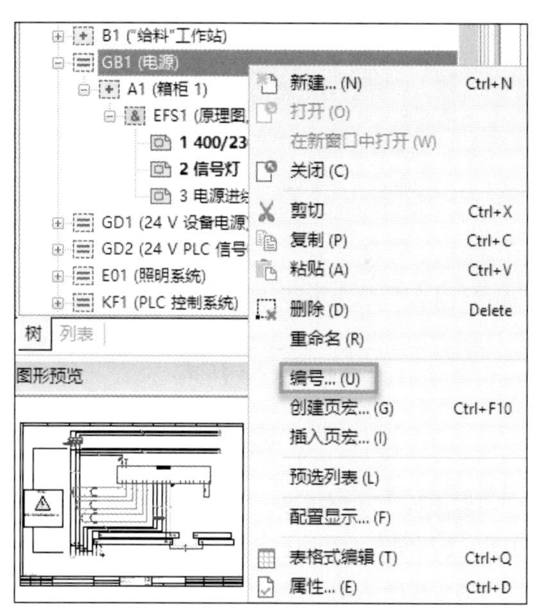

图 4-9　选择“编号”命令

（2）如图 4-10 所示，在弹出的“给页编号”对话框中，在“起始号”数值框中输入“起始”的页号“11”，在“增量”数值框中输入“1”，如果想要对整个项目进行编号，则选中“应用到整个项目”复选框，否则只对所选择的范围进行编号。

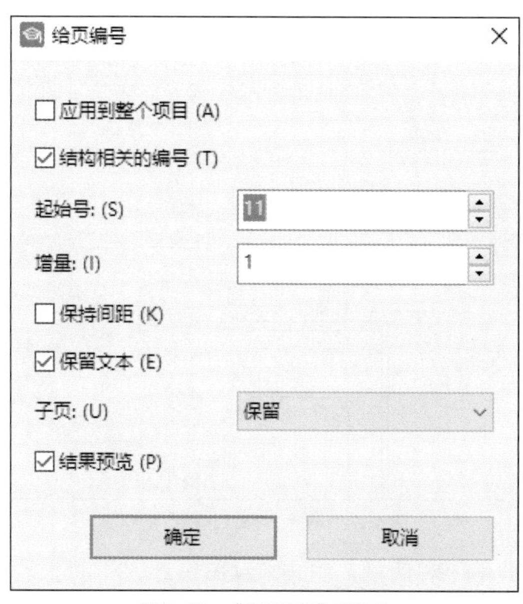

图 4-10　“给页编号”对话框

（3）单击图 4-10 中的“确定”按钮，弹出“给页编号：结果预览”对话框，页被重新编号，如图 4-11 所示。如果在这个过程中更改页结构，则编号的页被转移到新的页结构下。

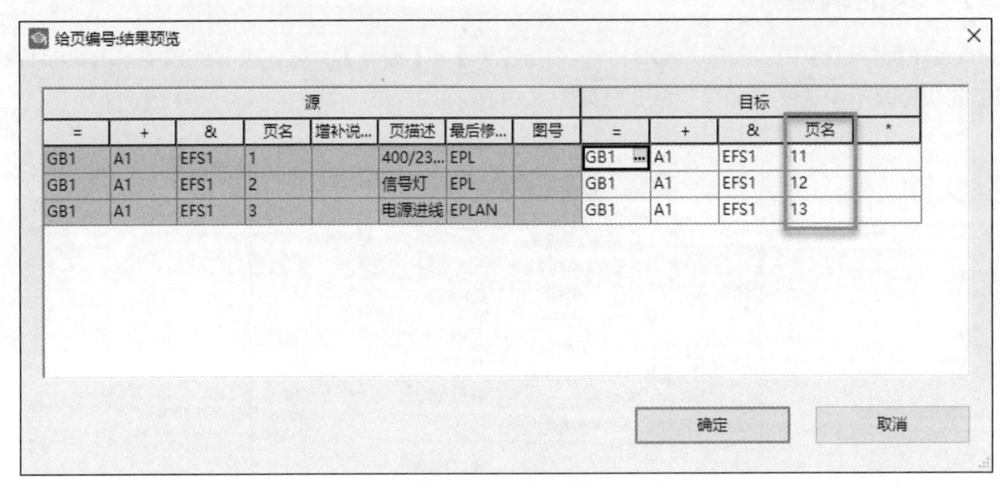

图 4-11　页编号预览

4.2.8　页的排序

（1）在页导航器列表中可以进行手动页排序。为了使页排序能够正常应用，必须依次单击【选项】>【设置】>【项目名称】>【管理】>【页】，再通过右键快捷菜单选择“手动页排序”命令。选择“手动页排序”命令后，会提示重新启动项目后页排序才会起作用。手动页排序仅影响列表显示，不影响树结构显示。

（2）在页导航器树结构显示中，单击“=GB1”，此结构下包含 3 页图纸，其中第 3 页是我们本节新建的“电源进线”图纸页。单击列表显示，以列表显示“=GB1”结构下的图纸页，单击鼠标右键，在弹出的快捷菜单中选择“手动页排序”命令，如图 4-12 所示。

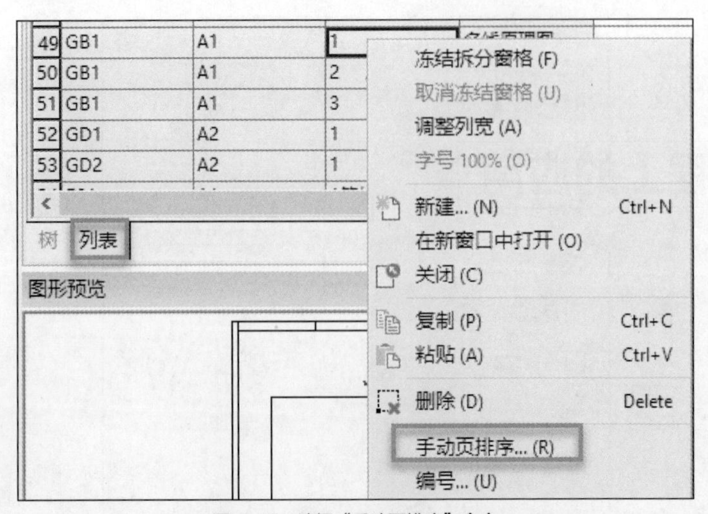

图 4-12　选择“手动页排序”命令

（3）弹出“手动页排序”对话框，单击“=GB1+A1/3”页，利用按钮移到“=GB1+A1/1”页上，给“=GB1”结构下的图纸页在列表结构中进行排序，如图 4-13 所示。

手动页排序 *

行	高层代号	位置代号	页名	页类型	增补说明:页码	页描述	最后修订者:登...
36		A2	4	端子图表	4	Klemmenpla...	EPL
37		A2	5	端子图表	5	Klemmenpla...	EPL
38		A2	6	端子图表	6	Klemmenpla...	EPL
39		A2	7	端子图表	7	Klemmenpla...	EPL
40		B1	1	部件汇总表	1	Artikelsumm...	EPL
41		B1	1	设备列表	1	Betriebsmitt...	EPL
42		B1.X1	1	部件汇总表	1	Artikelsumm...	EPL
43		B1.X1	1	设备列表	1	Betriebsmitt...	EPL
44		B1.X1	1	电缆总览	1	Kabelübersic...	EPL
45		B1.X1	1	电缆图表	1	Kabelplan +...	EPL
46		B1.X1	1	端子排总览	1	Klemmenleis...	EPL
47		B1.X1	1	端子图表	1	Klemmenpla...	EPL
48		B1.X1	2	端子图表	2	Klemmenpla...	EPL
49	GB1	A1	3	多线原理图		电源进线	EPLAN
50	GB1	A1	1	多线原理图		400/230 V 电...	EPL
51	GB1	A1	2	多线原理图		信号灯	EPL
52	GD1	A2	1	多线原理图		24 V 设备电源	EPL
53	GD2	A2	1	多线原理图		24 V PLC 信...	EPL
54	E01	A1	1箱体灯（备...	多线原理图		箱体灯	EPLAN
55	KF1	A2	1	多线原理图		计算机电源	EPL
56	KF1	A2	2	多线原理图		I/O 模块电源	EPL
57	KF1	A2	1	总览		总线耦合器	EPL
58	KF1	A2	2	PLC 图表	1	SPS-Diagram...	EPL
59	KF1	B1.X1	1	多线原理图		I/O 模块电源	EPL
60	KF1	B1.X1	1	总览		I/O 模块	EPL
61	KF1	B1.X1	2	PLC 图表	1	SPS-Diagram...	EPL
62	S01	A2	1	多线原理图		箱柜面板电源	EPL
63	MA1	A1	1	多线原理图		执行器控制系统	EPL

确定 取消

图 4-13　手动页排序过程

（4）切换到树结构显示，在页导航器中“=GB1”的结构并没有改变。需要在列表显示下对“=GB1”进行编号，起始号为“1”，增量为“1”，再次切换到树结构显示，原来的“=GB1+A1&EFS1/3”页变为“=GB1+A1&EFS1/1”页了。

4.3 工程上的应用

4.3.1 页属性组合

页属性，如页名、页描述、图号、比例、高层代号、位置代号等，都是独立存在的属性，工程设计中需要将这些属性组合起来当作一个属性来使用。

（1）打开项目“ESS_Sample_Project_Trial”，打开页“=GB1+A1&EFS1/2”，双击页图框周围任意一点，弹出“页属性”对话框。单击“新建”按钮，新增属性“<11030> 图号”并输入值“Education10001”。再次新增属性“<11091 1> 块属性：格式 [1]”和“<11090 1> 块属性 [1]”，如图 4-14 所示。

（2）单击“<11091 1> 块属性：格式 [1]”后面的“...”进入“格式”对话框，如图 4-15 所示。

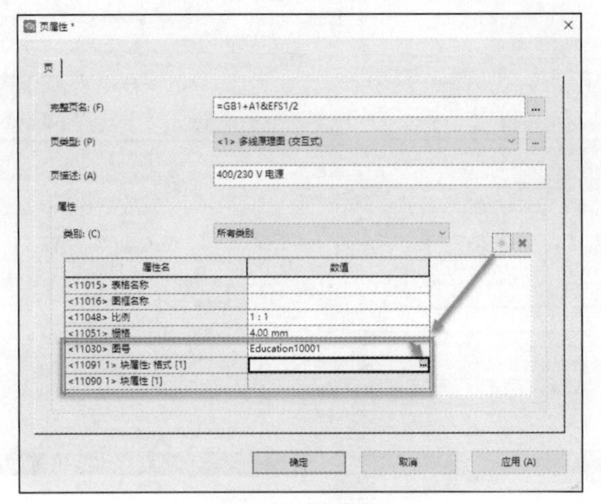

图 4-14　添加属性

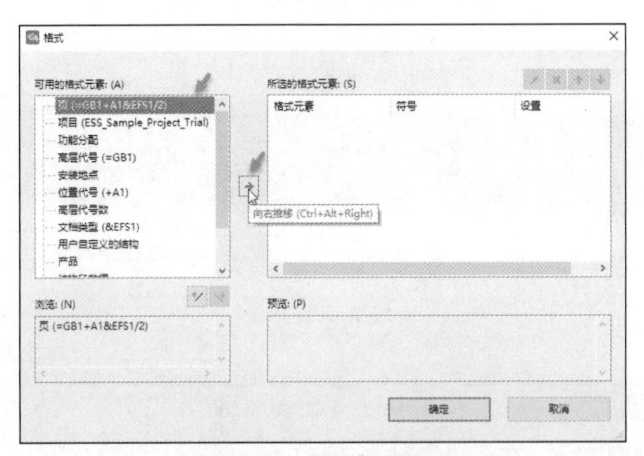

图 4-15　“格式”对话框

（3）在“格式”对话框中，单击页后，再单击“向右推移”按钮，弹出“格式：块属性”对话框，选择“高层代号”属性，如图 4-16 所示，单击“确定”按钮，关闭“格式：块属性”对话框。

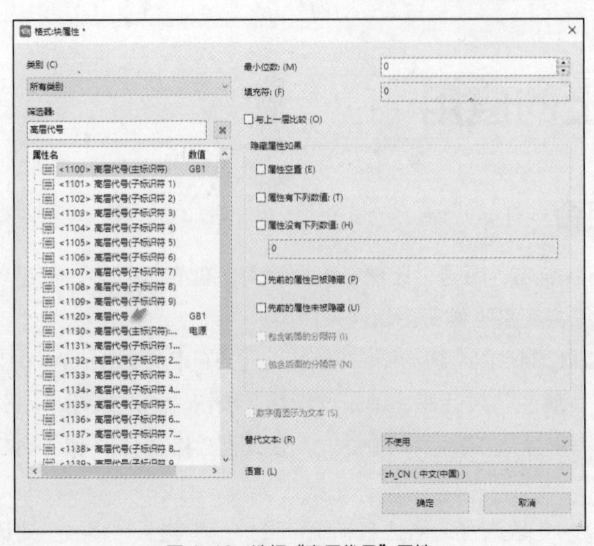

图 4-16　选择“高层代号”属性

（4）在图 4-15 所示的“格式”对话框中，单击页后，再单击“向右推移”按钮，弹出“格式：块属性”对话框，选择“图号”属性，如图 4-17 所示，单击“确定”按钮，关闭“格式：块属性”对话框。

（5）在图 4-15 所示的“格式”对话框中，单击页后，再单击“向右推移”按钮，弹出“格式：块属性”对话框，选择“位置代号”属性，如图 4-18 所示，单击“确定”按钮，关闭“格式：块属性”对话框。

图 4-17　选择“图号”属性

图 4-18　选择“位置代号”属性

（6）回到“格式”对话框，单击“确定”按钮，“<11090 1> 块属性 [1]”显示值“GB1Education10001A1”，如图 4-19 所示。页“=GB1+A1&EFS1/2”的高层代号是 GB1，图号是 Education10001，位置代号是 A1，“<11090 1> 块属性 [1]”将上述 3 个属性组合显示在一起。

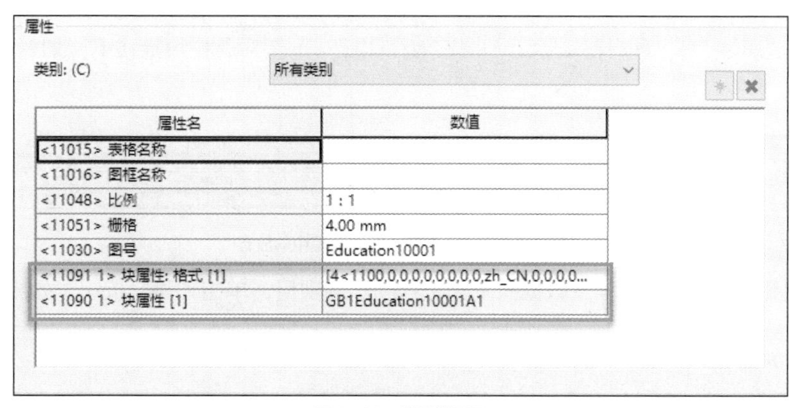

图 4-19　块属性显示

（7）单击【工具】>【主数据】>【图框】>【打开】，选择“FN1_013.fn1”打开，因为此项目现在套用的就是这个图框（通过【选项】>【设置】>【项目名称】>【管理】>【页】查看）。

（8）此时打开的是图框编辑器，单击【插入】>【特殊文本】>【页属性】，弹出“属性（特殊文本）：页属性”对话框，如图 4-20 所示。

（9）在“属性（特殊文本）：页属性”对话框中，单击文本框后面的“▭”，进入“属性选择”对话框，单击“页”，选择“<11090 1> 块属性 [1]”，如图 4-21 所示，单击“确定”按钮，关闭“属性选择”对话框。

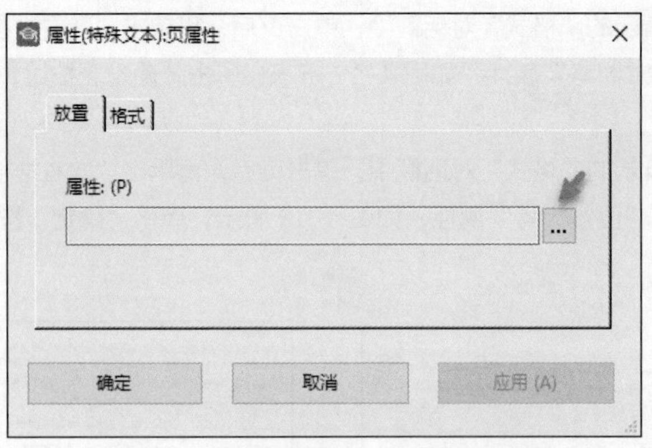

图 4-20　“属性（特殊文本）：页属性”对话框

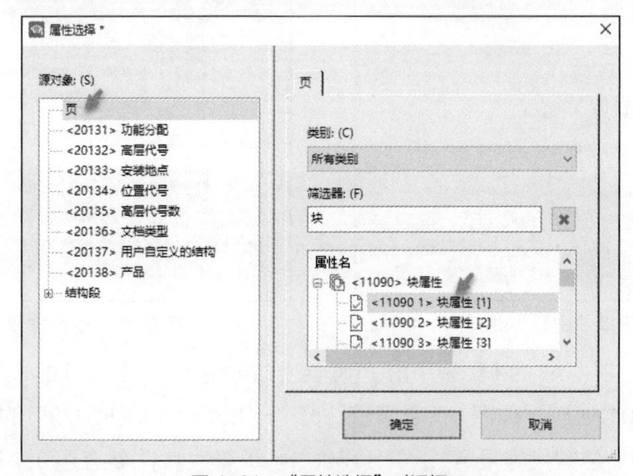

图 4-21　“属性选择”对话框

（10）“块属性 [1]”系附在鼠标上，把它放在图框右下部标题栏页描述下，如图 4-22 所示。

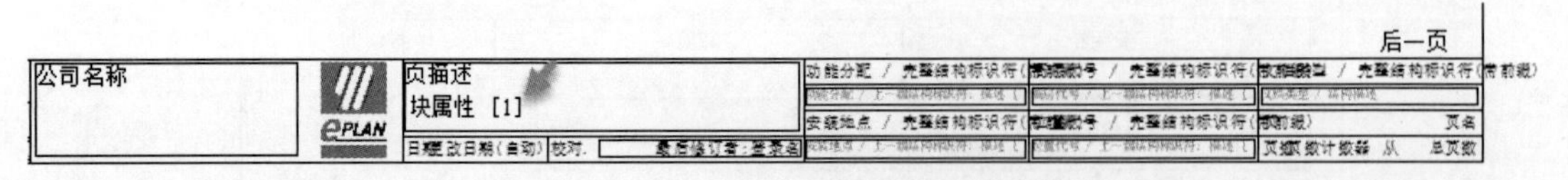

图 4-22　“块属性 [1]”在图框中的放置

（11）关闭图框，系统询问主数据有变化是否同步到项目，单击“是”按钮，如图 4-23 所示。

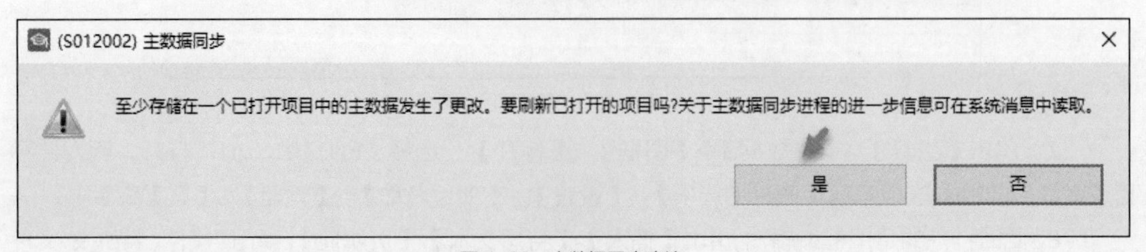

图 4-23　主数据同步确认

（12）在页“=GB1+A1&EFS1/2”图框右下角标题栏中显示了“块属性 [1]”的值“GB1Education10001A1”，如图 4-24 所示。

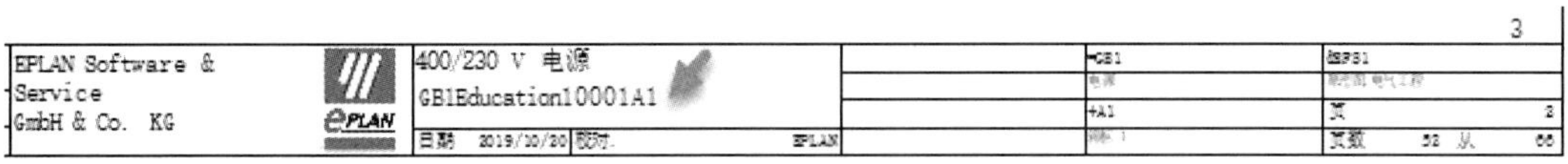

EPLAN Software & Service GmbH & Co. KG
400/230 V 电源
GB1Education10001A1
日期 2019/10/20 校对. EPLAN
=GB1 &SPS1
+A1 页 2
页数 52 从 66

图 4-24　图框中组合属性的显示

4.3.2　块属性的应用

上述将不同的属性应用块属性进行组合并使属性显示在一起。在项目设计过程中会出现许多这种应用场景，例如，在线号上显示连接源和目标的属性，所想要的属性都不是线号本身所具有的属性，但是通过连接的逻辑关系，可以调用与连接相连对象上的属性信息，而这些属性被称为间接属性。

间接属性用于访问连接到要显示的对象的属性。项目设计过程中会遇到的连接到对象上的对象场景有对象所在的项目、对象所在的页、通过其他连接连接到此对象的对象、连接到对象的连接和电缆、主功能数据、对象的部件等。因此，通过块属性可以调用项目、页、设备和部件 4 个层级上的间接属性。

可以利用块属性调用间接属性并显示结果。对每个块属性来说，都有一个与之关联的格式和值。“块属性 [n]”和“块属性：格式 [n]”是成对出现的，两个属性表示一个块属性单元。块属性格式定义了要显示哪些属性，块属性直接显示定义结果。

块属性的应用要深入结合项目设计的具体需求。块属性的自动调用加快了设计速度，并且提升了设计者的设计水平和应用技能，希望读者在工程设计中深入学习和应用。

思考题

1. 在页导航器中能同时打开多少项目？
2. 交互式页有几种页类型？
3. 如何在 EPLAN 中保存项目和页？
4. 如何改变页导航器中项目的顺序？
5. 在页导航器中，有没有方法完成“手动页排序”？

第 5 章 原理图制图

05

扫一扫
看视频讲解

本章学习要点

- 面型图形的设计核心、EPLAN 工作区域和图形编辑器。
- 电气制图的基本功能、符号的调用、电位连接点、结构盒、黑盒、PLC 盒子的用法。
- 电气逻辑中的关联参考。
- T 节点的含义及自动连线。
- 页的创建、典型图纸的绘制（电机控制典型电路、变频器、PLC 控制电路）。
- 基本功能在工程设计中的具体应用。

5.1 基础知识

5.1.1 工作区域和图形编辑器

所谓工作区域即设计的工作环境，其包含页导航器、图形预览、图形编辑器、工具栏、状态栏、工具薄等要素，如图 5-1 所示。

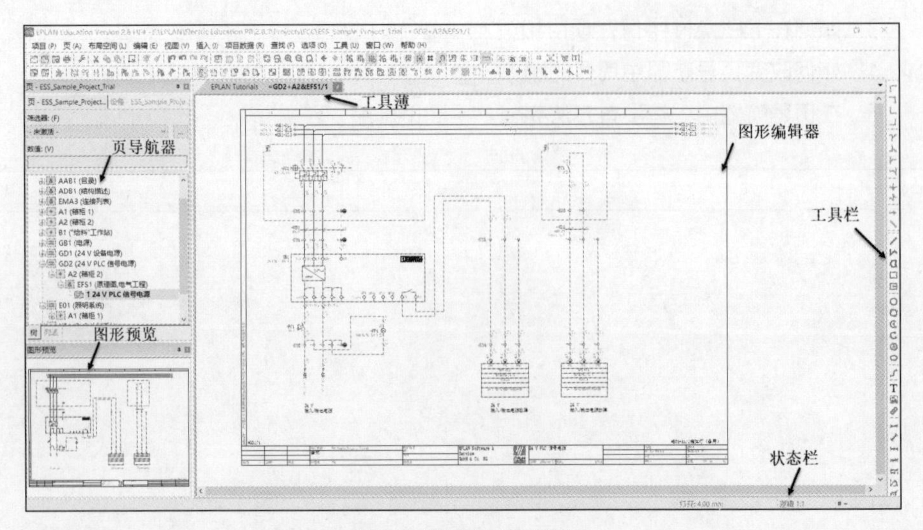

图 5-1 EPLAN 工作区域

默认工作区域是 EPLAN Electric P8 的主要设计环境，含有页导航器、图形编辑器和图形预览。“Pro Panel”工作区域是进行箱柜布局的主要工作环境，含有页导航器、图形编辑器、布局空间和 3D 安装布局导航器。“预规划”工作区域是进行仪表自控设计的主要工作环境，含有页导航器、图形编辑器、功能视图导航器、文档导航器和图形预览。此外，用户可以自定义自己的工作区域。通过【视图】>【工作区域】，可以打开“工作区域”对话框，实现快速切换工作区域，如图 5–2 所示。

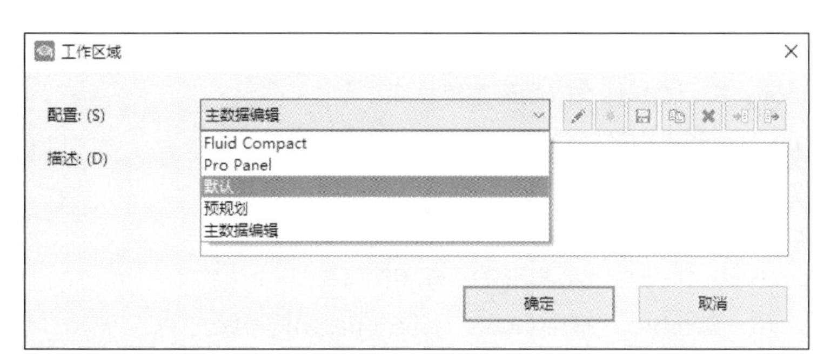

图 5–2 切换工作区域

图形编辑器（Graphical Editor，GED）是 EPLAN 的主要工作界面，包含 EPLAN 项目设计的主要编辑功能。图形编辑器通常分为几个区域，最主要的工作区域是原理图设计和编辑的区域。在设计原理图的时候，打开的是图形编辑器，这是 EPLAN 设计的主要工作区域。

当在主工作区域打开或编辑主数据时，会根据打开或编辑数据类型的不同，有不同的编辑器。当打开和编辑表格的时候，为表格编辑器；当打开和编辑图框的时候，为图框编辑器；当打开和编辑符号的时候，为符号编辑器。当打开不同类型的编辑器时，在“工具”菜单下的内容会有所不同。可以根据此菜单显示的内容不同，判断打开的是何种编辑器。

在图形编辑器的底部是状态栏，用于显示当前信息。如图 5–3 所示，状态栏中的 RX 和 RY 表明当前鼠标所在位置的坐标，捕捉到栅格开关是打开，栅格的大小是 4.00 mm，1∶1 显示页类型和逻辑（即当前打开的页比例是 1∶1）。

RX: 39.03 RY: 63.09 打开: 4.00 mm 逻辑 1:1

图 5–3 EPLAN 状态栏

栅格的大小可以在页属性中进行配置，并且显示在状态栏中。可通过【视图】>【栅格】来切换栅格的开 / 关，也可以单击图 5–4 所示工具栏上的按钮。默认情况下，A=1 mm，B=2 mm，C=4 mm，D=8 mm，E=16 mm。

图 5–4 栅格按钮

通过【选项】>【设置】>【用户】>【图形的编辑】>【2D】，可以设置默认栅格尺寸，进行自定义。请注意，一般情况下要打开栅格，这样定位比较快速，插入点和对象插入点能够很容易地被放置在栅格上。在进行原理图设计时，默认栅格是 4 mm。

【选项】>【捕捉到栅格】命令用来设置捕捉到栅格的开 / 关。如果激活此功能，后续的操作全部捕捉到栅格。在状态栏中，栅格大小前同时显示“开”或“关”状态。

【编辑】>【其他】>【对齐到栅格】命令用来使所选择对象的插入点重新排列到栅格上。

5.1.2 符号库

在 EPLAN Electric P8 教育版中内置了 4 大标准的符号库，分别是 IEC、GB、NFPA 和 GOST 标准的符号库。符号库类型又分为原理图符号库和单线图符号库，通过【工具】>【主数据】>【符号库】新建、打开、复制和查看符号库。

- IEC_Symbol：符合 IEC 标准的原理图符号库。
- IEC_single_Symbol：符合 IEC 标准的单线图符号库。
- GB_Symbol：符合 GB 标准的原理图符号库。
- GB _single_Symbol：符合 GB 标准的单线图符号库。
- NFPA_Symbol：符合 NFPA 标准的原理图符号库。
- NFPA _single_Symbol：符合 NFPA 标准的单线图符号库。
- GOST_Symbol：符合 GOST 标准的原理图符号库。
- GOST _single_Symbol：符合 GOST 标准的单线图符号库。

一个符号通常具有 A~H 8 个变量和 1 个触点映像变量。所有的符号变量共有相同的属性，例如，相同的标识、相同的功能和相同的连接点编号，唯一不同的是连接点图形的不同变化。

以符号三极熔断器 FLTR31 为例，如图 5-5 所示，它有 8 个变量。以 A 变量为基准，逆时针旋转 90°，形成 B 变量；再以 B 变量为基准，逆时针旋转 90°，形成 C 变量；再以 C 变量为基准，逆时针旋转 90°，形成 D 变量。而 E、F、G、H 变量分别是 A、B、C、D 变量的镜像显示。

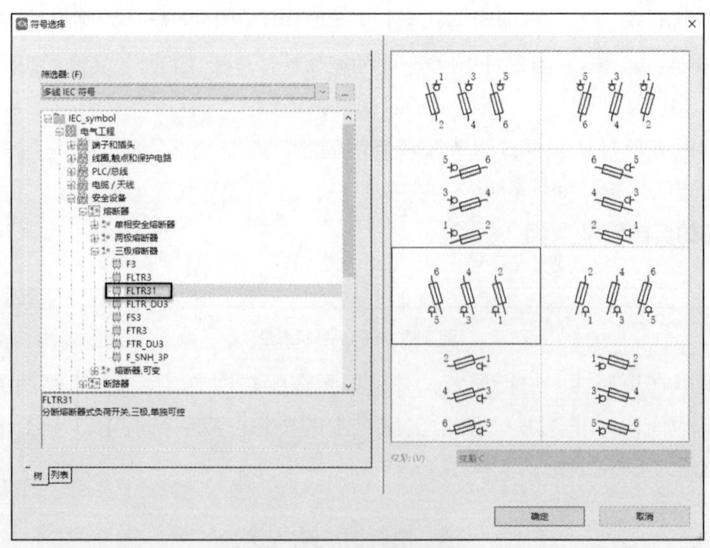

图 5-5 符号的变量

当所选的符号系附在鼠标指针上时，可以选择符号的变量。

（1）按住“Ctrl”键，同时移动旋转鼠标，选择不同的符号变量。

（2）按“Tab”键，选择符号变量。

对于未放置的符号可以通过上述两种方法实现符号的变量旋转，这两种方法都是在符号系附在鼠标指针上的前提下进行的。当符号已经放置在原理图上后，就不能用这两种方法进行变量旋转了。

通常可通过对变量的修改来实现已放置符号变量的旋转。在“符号数据 / 功能数据”选项卡中，打开“变量”下拉列表，如图 5-6 所示，就可选取 A ~ H 8 个变量，旋转已经放置的符号变量。

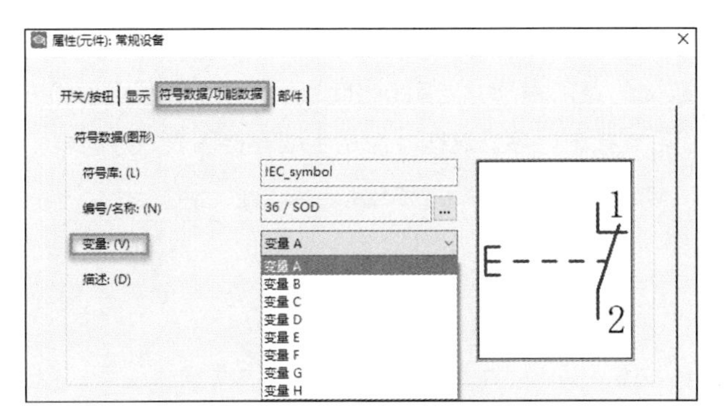

图 5-6　已放置符号变量的旋转

符号仅仅是某一功能的图形化显示，不含有任何的逻辑信息。从图形化的角度来看，用长方形来描述一个继电器线圈，一名电气工程师认为它确实代表线圈，而一名非电气专业人员却可能认为这个长方形代表一个电动机或者其他的东西。这样来看，符号仅仅是图形。

元件是被赋予功能（逻辑）的符号。功能是 EPLAN Electric P8 智能化的体现。从组件的角度来看，电气工程中的逻辑应该是断路器、继电器、接触器、电动机、PLC 等。这些电气工程的逻辑被定义在 EPLAN 的功能定义库中。

（1）通过“属性（元件）：常规设备”对话框中“符号数据 / 功能数据”选项卡中的“功能数据（逻辑）”栏定义功能，如图 5-7 所示。

（2）功能定义中定义了“电气工程：电机 - 带有 PE 的电机，4 个连接点 - 三相电机”。根据此定义，标准圆圈图形不仅代表电机，而且从逻辑上定义了它是电气工程中的电机，这样就使 EPLAN Electric P8 不仅从图形上识别了它是电机，而且从软件的逻辑上认为它确实是电机。

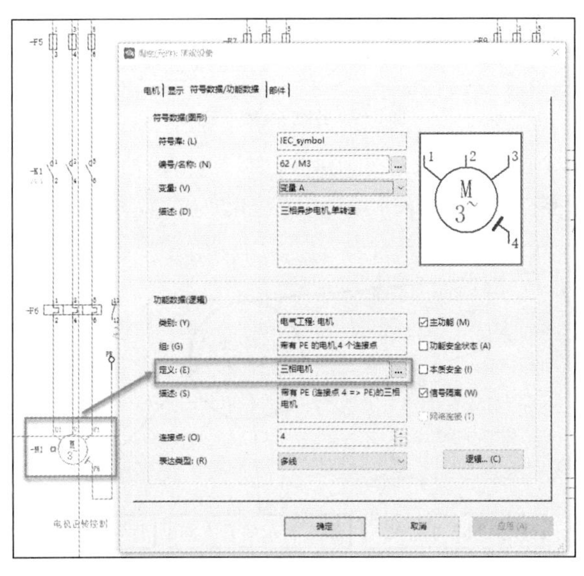

图 5-7　符号的功能定义

5.1.3　自动连线与 T 节点

在 EPLAN Electric P8 中，当两个符号连接点水平或垂直相互对齐时就会生成连线。这种自动连线的特性反映了 EPLAN 逻辑软件的本质，连线也只能在单线原理图和多线原理图中产生。因为是自动连线，所以无法删除这些连线。如果人为地不允许两个设备间产生连线，中间必须插入断点断开。

T 节点是多个设备连接的逻辑表示，如图 5-8 所示。通过 T 节点，EPLAN 可以解释设备是如何相互连接在一起的，包括连接的顺序。这些特性是生成连接图表、接线表和设备连接图表的基础。

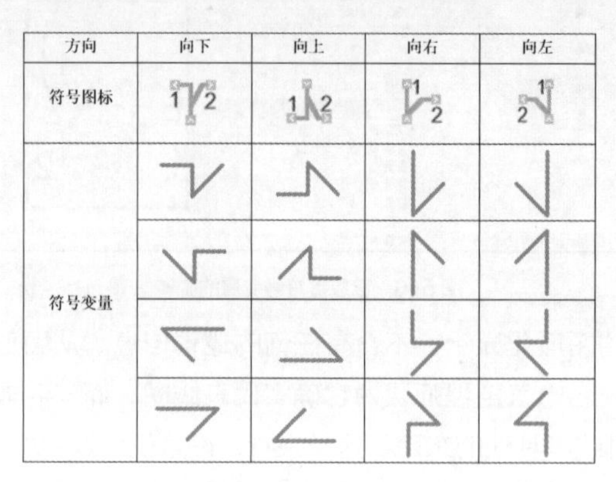

图 5-8 T 节点

如图 5-9 所示，其中显示了各种方向的 T 节点。

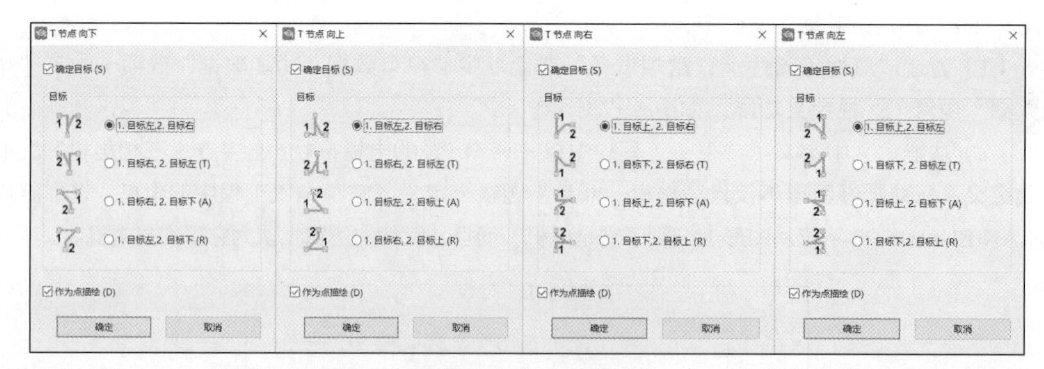

图 5-9 各种方向的 T 节点

T 节点属性显示了每个符号及相关变量的属性，如图 5-10 所示，1 表示连接的源目标，2 表示连接的去向，T 节点或连接在一起的点表示线短接在一起。

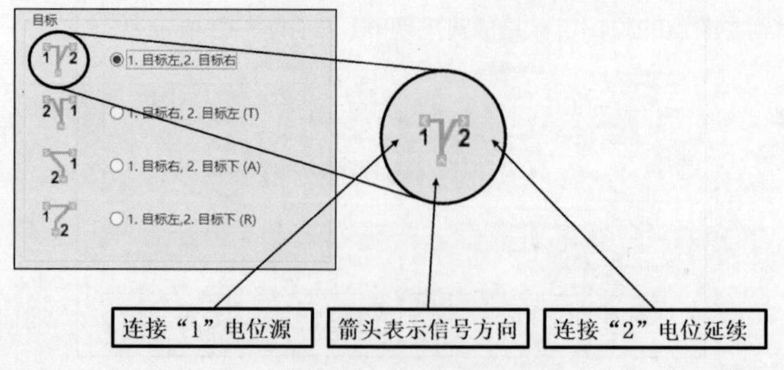

图 5-10 T 节点属性

5.1.4 中断点的关联参考

中断点用来描述包含一页以上的连接，中间有断开，进而形成的断点间的关联参考。EPLAN 自动生成关联参考，关联参考代表原理图中的页参考。中断点可以分为成对的中断点和星形中断点。

成对的中断点是由源中断点和目标中断点组成的，第一个中断点指向第二个中断点，第二个中断点指向第三个中断点，以此类推。一般来说，源和目标在同一页中，没有必要使用中断点。所以，中断点都是跨页使用的。通常，可以把源中断点放置在图纸页面的右半部分，目标中断点放置在后续图纸页的左半部分，如果继续使用这个中断点，继续在此页面的右半部分放置源中断点，在后续的页面中放置目标中断点，直至不再使用这个中断点。

创建中断点的方法如下。

（1）单击【插入】>【连接符号】>【中断点】命令，中断点符号系附在鼠标指针上，选择页的右半部分作为源中断点，将中断点放置在图纸上。

（2）在弹出的“属性（元件）：中断点”对话框中，输入中断点名称为 L1，如图 5-11 所示。

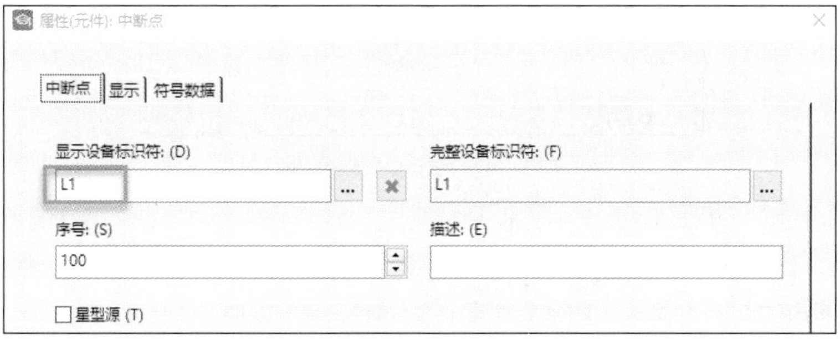

图 5-11 “属性（元件）：中断点”对话框

（3）在后续的页中的左半部分放置目标中断点，在弹出的“属性（元件）：中断点”对话框中，同样输入中断点名称为 L1。这样，中断点 L1 自动实现关联参考，如图 5-12 所示。“3.0”表示 L1 中断点到了第 3 页的第 1 列，“2.8”表示 L1 中断点来自第 2 页的第 8 列。

为了快速在中断点的源和目标中进行跳转，选中中断点的源，按“F”键，跳转至中断点的目标。选中中断点的目标，按“F”键，跳转至中断点的源。另外一种方法就是选中中断点的源，单击鼠标右键，在弹出的快捷菜单中选择“关联参考功能”命令，在子菜单中选择“列表”，“向前”或“向后”跳转。

为了集中管理和编辑中断点，可以打开中断点导航器。通过【项目数据】>【连接】>【中断点导航器】，打开中断点导航器。在中断点导航器中，可以对中断点进行集中管理和编辑。在中断点导航器中，可以看到中断点的源和目标是成对出现的，如图 5-13 所示。

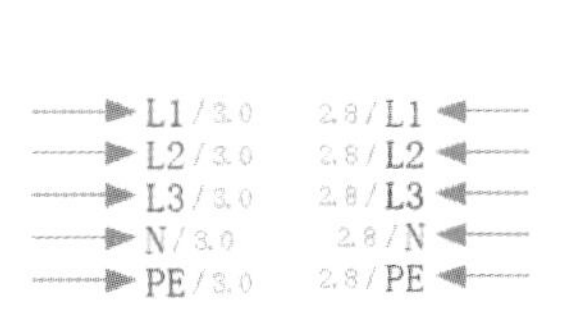

图 5-12 中断点的关联参考

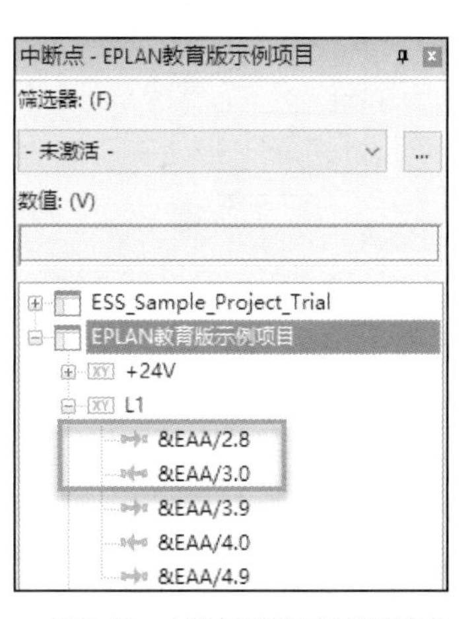

图 5-13 中断点导航器成对关联参考

在星形中断点关联参考中，一个中断点被定义为起始点，具有相同名字的其余所有中断点都指向这个起始点。在起始点，显示到其余中断点的关联参考，这种关联参考显示形式可以定义。

创建星形中断点的方法如下。

（1）单击【插入】>【连接符号】>【中断点】命令，中断点符号系附在鼠标指针上，将中断点放置在图纸上。

（2）在弹出的“属性（元件）：中断点”对话框中，输入中断点名称为“+24V”，并将“星形源”复选框选中，如图 5-14 所示。

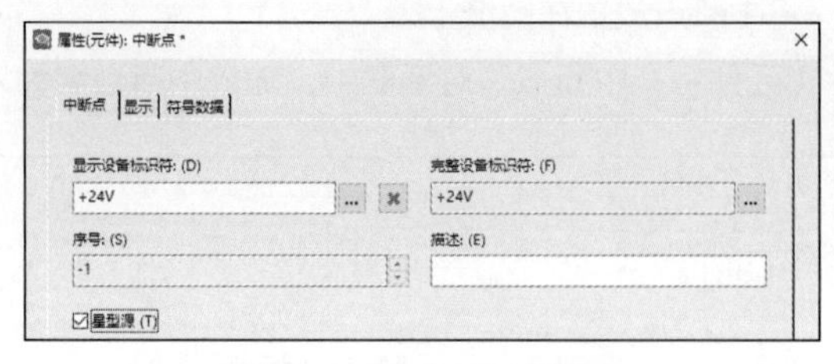

图 5-14　中断点星形源的设置

（3）在后续的页（例如第 6 页）中，插入中断点，命名为“+24V”；在后续的页（例如第 7 页）中，插入中断点，命名为“+24V”；在后续的页（例如第 8 页）中，插入中断点，命名为“+24V”。

（4）在中断点的起始点显示了到其余中断点的关联参考，如图 5-15 所示。

上述举例中，整流器出口 +24V 电源分别接到第 6、7、8 页描述的 3 块 PLC 卡电源上，+24V 是星形连接的源，其余是目标。这种连接是“一到多”的连接，即星形连接。

在星形连接中断点中，为了快速在中断点源和目标中进行跳转，选中目标中断点，按“F”键，可以快速跳转至星形中断点的源点。选中中断点的源点，只能通过单击鼠标右键，在弹出的快捷菜单中选择“关联参考功能”，再选择“列表”、“向前”或“向后”跳转到目标中断点。

在中断点导航器中，可以看到星形中断点只有一个源，其余的都是目标，如图 5-16 所示。

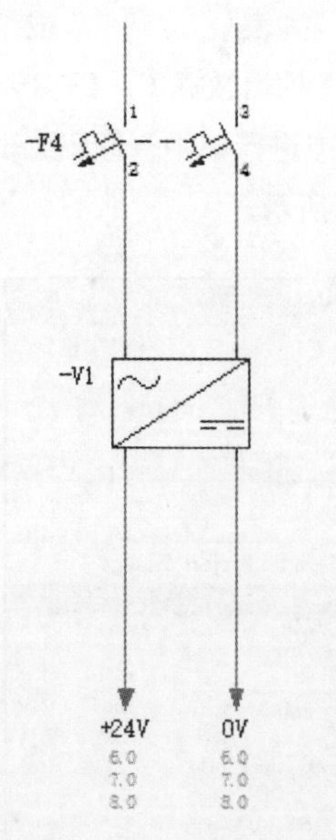

图 5-15　中断点的星形源显示

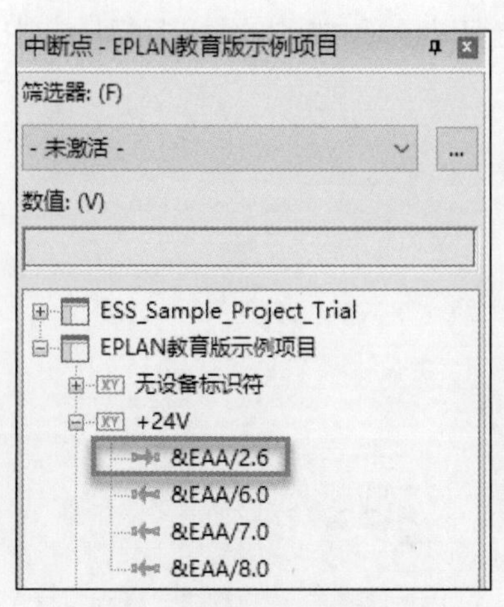

图 5-16　中断点导航器星形关联参考

5.1.5 设备的关联参考

EPLAN Electric P8 设备是由不同的元件组成的，这些元件分布在项目不同类型的图纸页上。这种显示方式称为设备的“分散显示”。设备的主功能可以放在原理图上，而设备的辅助功能既可以放在原理图上，又可以放在单线图、总览图或安装板上，设备在不同类型的页上产生了关联参考。所有相同名字的元件具有相同的设备标识，在具有相同设备标识的元件上，EPLAN 自动产生关联参考。

对继电器或接触器来讲，线圈是主功能，触点是辅助功能，EPLAN 会自动在主辅功能间产生关联参考。

继电器、接触器线圈和触点关联参考的创建方法如下。

（1）在原理图上插入一个线圈，在其属性对话框的“显示设备标识符”文本框中输入“-K2”。

（2）在原理图上插入常开、常闭触点，在其属性对话框的“显示设备标识符”文本框中同样输入“-K2”；或单击“显示设备标识符”后的▭，打开“设备标识符 - 选择”对话框，选择“-K2”。因为触点和线圈具有相同的名字，所以产生关联参考，如图 5-17 所示。

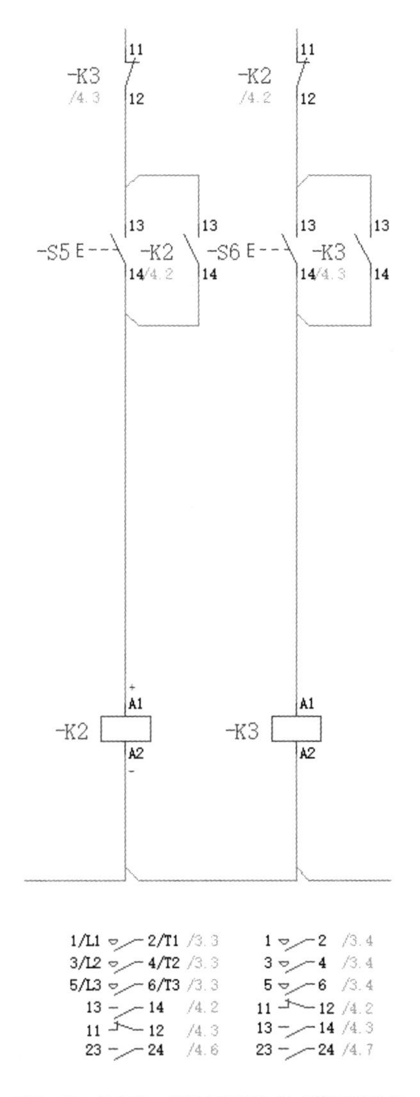

图 5-17 继电器、接触器线圈与触点的关联参考

图 5-17 中，-K2 线圈下面显示的触点叫作触点映像。触点映像是一种特殊的关联参考显示形式，其显示了所有设备触点及已放置和未放置的功能。-K2 的触点映像显示了 -K2 的所有触点以及它们在原理图中的使用情况（位置），触点映像不参加原理图中的控制，仅仅是触点的索引。这种触点映像显示在线圈下方的方式，被称为“在路径”上。在 -K2 的常闭触点（11,12）源下面的 4.2 表明，此触点的主功能线圈位于第 4 页的第 2 列。

对电动机过载保护器来讲，电动机过载保护器是主功能，其主触点和辅助触点是辅助功能，EPLAN 会自动在主辅功能间产生关联参考。

电动机过载保护器关联参考的创建方法如下。

（1）在原理图上插入一个电动机过载保护器（IEC_symbol 库中，符号编号 97 / QL3_1），在其属性对话框的“显示设备标识符”文本框中输入“-Q1”。

（2）在原理图上插入一个常开触点（13,14）、一个常闭触点（11,12），在其属性对话框的“显示设备标识符”文本框中同样输入“-Q1”；或单击“显示设备标识符”后的…，打开“设备标识符-选择”对话框，选择“-Q1”。因为触点和线圈具有相同的名字，所以产生关联参考，如图 5-18 所示。

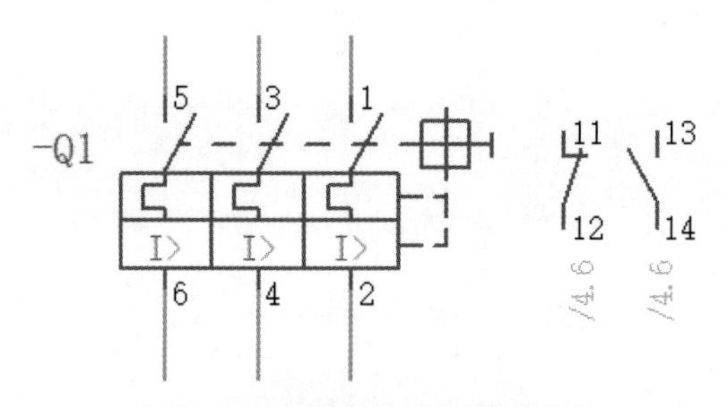

图 5-18　电动机过载保护器的关联参考

图 5-18 中 -Q1 右侧显示的触点叫作触点映像。-Q1 的触点映像显示了 -Q1 的所有触点以及它们在原理图中的使用情况（位置），触点映像不参加原理图中的控制，仅仅是触点的索引。这种触点映像显示在电动机过载保护器的右侧的方式，被称为“在元件”上。在 -Q1 的常闭触点（11,12）下面的 4.6 表明，此触点被用在第 4 页的第 6 列。

对热继电器来讲，热继电器是主功能，其主触点和辅助触点是辅助功能，EPLAN 会自动在主辅功能间产生关联参考。

热继电器关联参考的创建方法如下。

（1）在原理图上插入一个热继电器（IEC_symbol 库中，符号编号 79 / FT3），在其属性对话框的“显示设备标识符”文本框中输入“-F6”。

（2）在原理图上插入一个常开触点（13,14）、一个常闭触点（11,12），在其属性对话框的“显示设备标识符”文本框中同样输入“-F6”；或单击“显示设备标识符”后的…，打开“设备标识符-选择”对话框，选择“-F6”。因为触点和设备具有相同的名字，所以应该产生关联参考。但是，在热继电器的右侧并没有触点映像产生。

（3）双击热继电器，弹出属性对话框，在其“显示”标签下的“触点映像”下拉列表中选择“在元件”，如图 5-19 所示。

（4）关闭对话框，触点映像被正确显示，如图 5-20 所示。

图 5-20 中 -F6 右侧显示的触点叫作触点映像。一开始 -F6 的触点映像并没有显示出来，原因是在制作此符号时，其触点映像默认选择的是“无”。

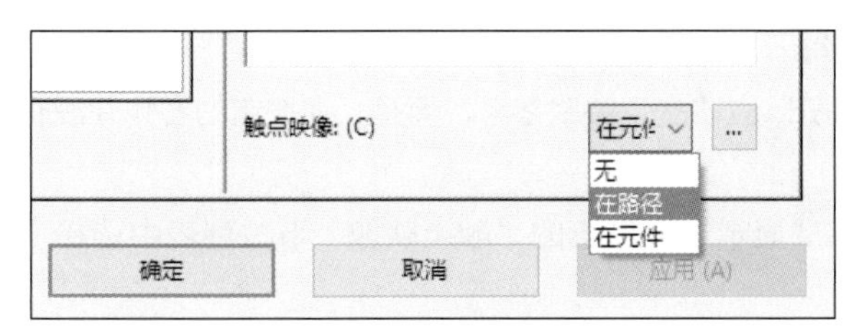

图 5-19 触点映像设置

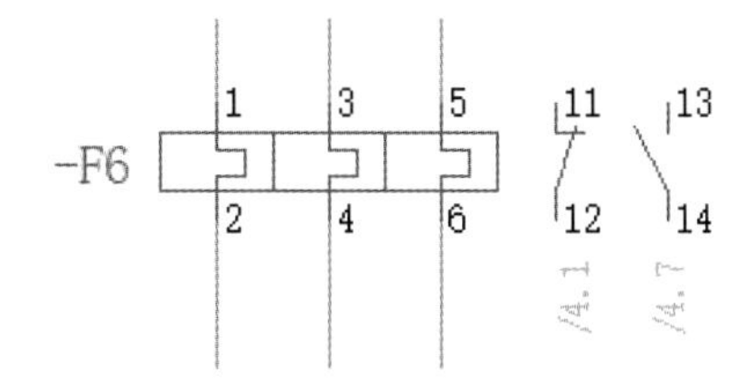

图 5-20 热继电器的关联参考

对黑盒代表的符号来讲，黑盒是主功能，其辅助触点是辅助功能，EPLAN 会自动在主辅功能间产生关联参考。

黑盒关联参考的创建方法如下。

（1）在原理图上插入一个已经做好的黑盒，此黑盒代表一个变频器。在其属性对话框的“显示设备标识符”文本框中输入“-U1”。

（2）在原理图上插入一个常闭触点（Alarm,Com）。在其属性对话框的“显示设备标识符”文本框中同样输入“-U1”；或单击“显示设备标识符”后的...，打开“设备标识符 - 选择”对话框，选择“-U1”。因为触点和黑盒具有相同的名字，所以应该产生关联参考。但是，在黑盒的右侧并没有触点映像产生。

（3）双击黑盒，弹出属性对话框，在其“显示”标签下的“触点映像”下拉列表中选择“在元件”。

（4）关闭对话框，触点映像被正确显示，适当移动触点映像的位置，如图 5-21 所示。

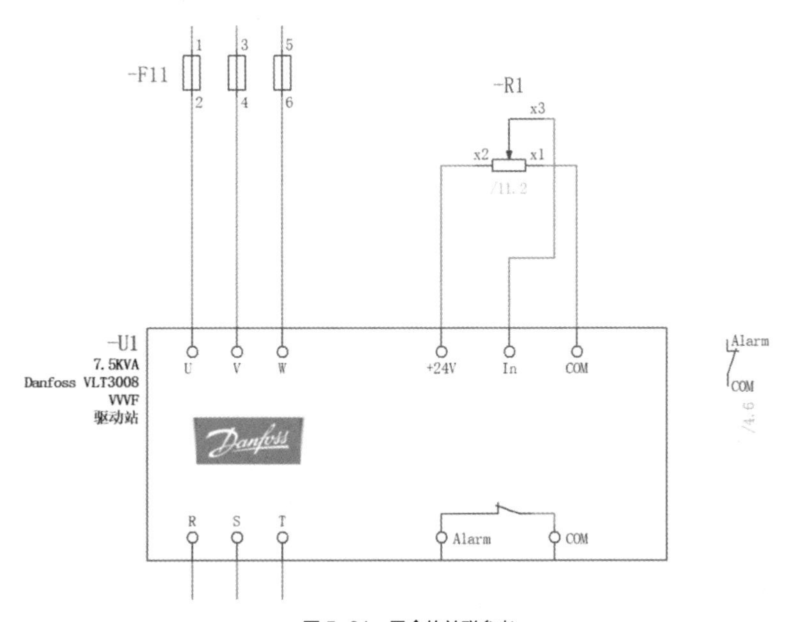

图 5-21 黑盒的关联参考

对按钮来讲，按钮是主功能，其辅助触点是辅助功能，EPLAN 会自动在主辅功能间产生关联参考。

按钮关联参考的创建方法如下。

（1）在原理图上插入一个按钮（IEC_symbol 库中，符号编号 36 / SOD），在其属性对话框的“显示设备标识符”文本框中输入“-S1”。

（2）在原理图上插入一个常闭触点（11,12），在其属性对话框的“显示设备标识符”文本框中同样输入“-S1”；或单击“显示设备标识符”后的[...]，打开“设备标识符 - 选择”对话框，选择“-S1”。因为触点和按钮具有相同的名字，所以应该产生关联参考。但是，在按钮的右侧并没有触点映像产生。

（3）单击按钮，弹出属性对话框，在其“显示”标签下的“触点映像”下拉列表中选择“在元件”。

（4）关闭对话框，触点映像被正确显示，适当移动触点映像的位置，如图 5-22 所示。

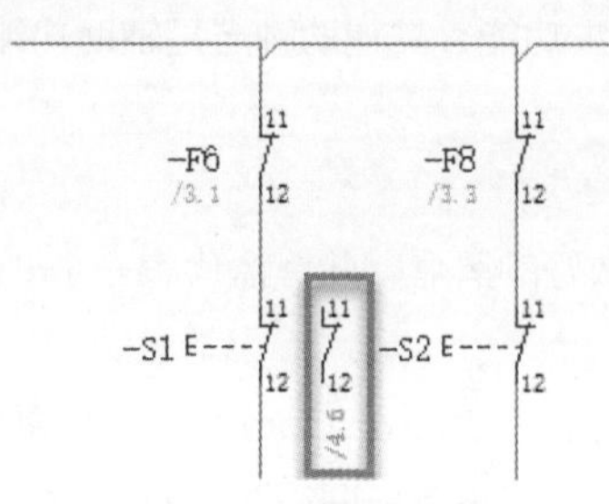

图 5-22　按钮的关联参考

通过对继电器、接触器、电动机过载保护器、热继电器、黑盒和按钮的举例，无论是常规设备还是特殊设备，其主功能和辅助功能触点都能自动生成关联参考。此外，具有主辅功能的同名设备还能在不同类型的页间产生关联参考。

原理图包含单线原理图和多线原理图，设备可以在单线图和原理图间产生关联参考。

单线图和原理图间的设备关联参考的创建方法如下。

（1）新建一张多线原理图，在多线原理图上插入多线原理图符号（IEC_symbol\ 电气工程 \ 安全设备 \ 熔断器 \ 三极熔断器 \F3），在其属性对话框的“显示设备标识符”文本框中输入“-F200”。

（2）新建一张单线原理图，在单线原理图上插入单线符号（IEC_single_symbol\ 电气工程 \ 安全设备 \ 熔断器 \ 三极熔断器 \F3），在其属性对话框的“显示设备标识符”文本框中输入“-F200”，即使原理图和单线图上的符号名称一致，都是“-F200”。

（3）分别打开已经放置“-F200”的多线原理图和单线原理图进行对比，单线原理图与原理图产生关联参考并显示，可以利用“F”键实现“-F200”单线图与原理图的跳转。

5.1.6　结构盒

结构盒表示隶属现场同一位置，功能相近或具有相同页结构的一组设备。与黑盒不一样，结构盒没有设备标识名称，它不是设备。另外，结构盒也没有部件标签，因而不能被选型。它是一种示意，结构盒内的对象必须重新赋予在页属性中定义的页结构，例如，高层代号和位置代号，就好像重新把它画在新的一页上。

单击【插入】>【盒子 / 连接点 / 安装板】>【结构盒】，将弹出图 5-23 所示的对话框。

1. 制作结构盒的常规步骤

（1）画一个长方形代表结构盒。

（2）在指定的属性内输入数值。

（3）单击“完整设备标识符”下方的[...]更改页结构。

（4）利用项目已有的项目层级定义，或新定义高层代号和位置代号的定义。

（5）必要时在其他标签下输入数据。

（6）单击“确定”按钮，关闭对话框。

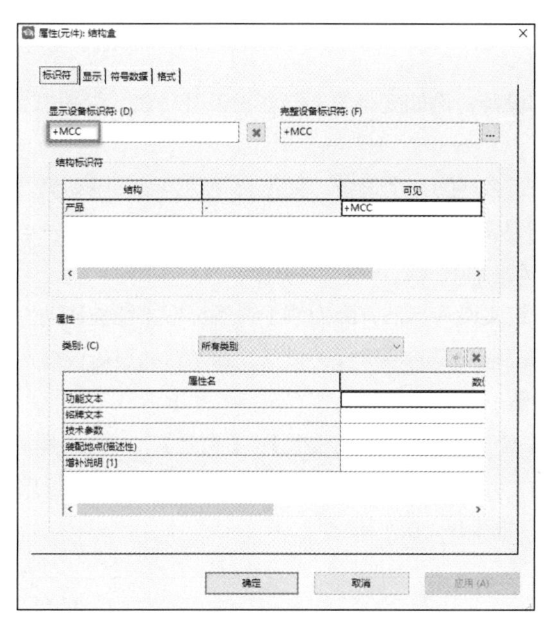

图 5-23 “属性（元件）：结构盒”对话框

2. 制作多边形结构盒的常规步骤

（1）插入结构盒，当结构盒系附在鼠标指针上时，按“Backspace”键。

（2）在弹出的“符号选择”对话框中，选择“SC2”，如图 5-24 所示。

（3）利用这个符号，画一个多边形结构盒。

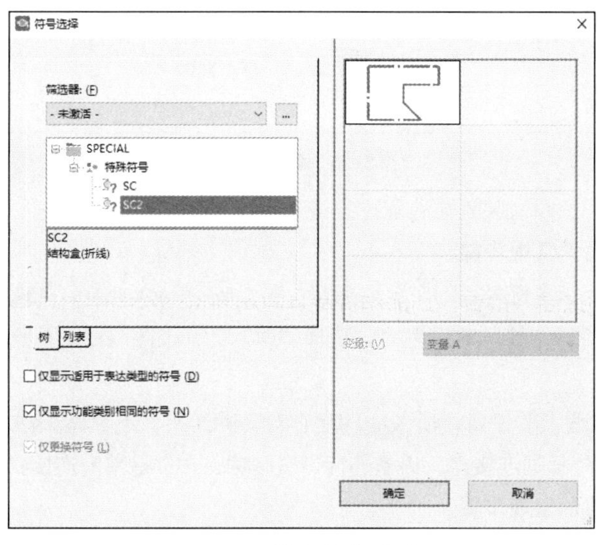

图 5-24 “符号选择”对话框

5.1.7 黑盒

黑盒由图形元素构成，代表物理上存在的设备。通常用黑盒描述标准符号库中没有的符号。电气设计过程中，会遇到很多工作场景需要用黑盒处理。常见场景如下。

（1）描述符号库中没有的设备或配件符号。

（2）描述符号库中不完整的设备或配件。

（3）表示 PLC 装配件。

（4）描述一个复杂的设备，例如变频器，这些设备符号在几张图纸上都要用到，并且形成关联参考。

（5）描述由几个符号组合成的一个设备，如带有制动线圈的电动机。

（6）描述几个嵌套的设备标识。例如，设备 -A1 中含有端子排 -X1、-X2，嵌套后的端子排设备标识应该为 -A1-X1 和 -A1-X2。

（7）描述重新给端子定义设备标识，因为端子设备标识不能被移动。

（8）描述不能用标准符号代表的特殊保护设备，通常这些设备要显示触点映像。

1. 制作黑盒的常规步骤

（1）单击【插入】>【盒子 / 连接点 / 安装板】>【黑盒】，可插入黑盒。画一个长方形代表黑盒。

（2）在打开的“属性（元件）：黑盒”对话框中，在指定的属性内输入数值，如设备名称、技术参数、功能文本等属性，如图 5-25 所示。

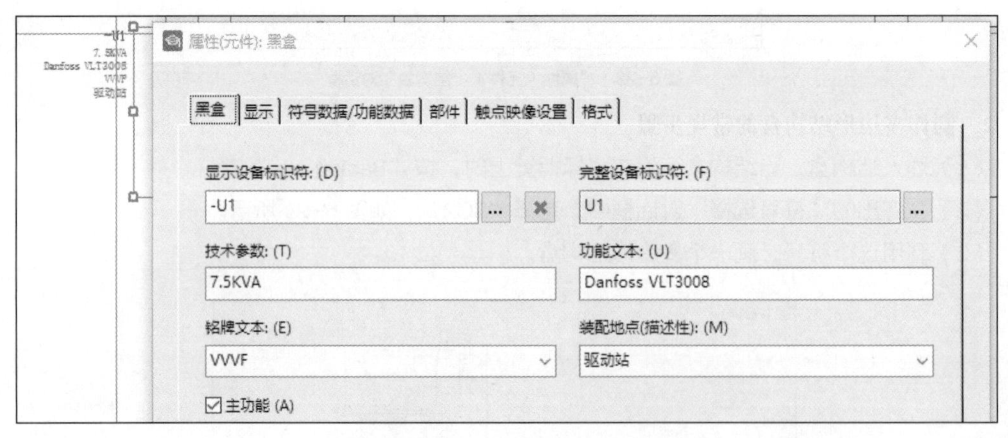

图 5-25　输入相关数值

（3）单击“确定”按钮，关闭对话框。

2. 制作多边形黑盒的常规步骤

（1）插入黑盒，当黑盒符号系附在鼠标指针上时，按“Backspace”键。

（2）在弹出的“符号选择”对话框中，选择“DC2”，如图 5-26 所示。利用这个符号，就可画一个多边形黑盒。

用黑盒代表一个物理上的设备，所关心的是它对外的连接，不具体关注其内部的连接。设备连接点通常用来连接黑盒外部的连接点。设备连接点有两种：一种是单向连接；另一种是双向连接。

3. 插入设备连接点的常规步骤

（1）单击【插入】>【盒子 / 连接点 / 安装板】>【设备连接点】，设备连接点系附在鼠标指针上。

（2）按“Tab”键选择想要的设备连接点变量。

（3）按住鼠标左键，移动鼠标将连接点放在想要放置的位置上。

（4）在弹出的“属性（元件）：常规设备”对话框中输入有关数据，如图 5-27 所示。

（5）单击“确定”按钮，关闭对话框。连接点及设备标识、连接点名称被写入页面中。

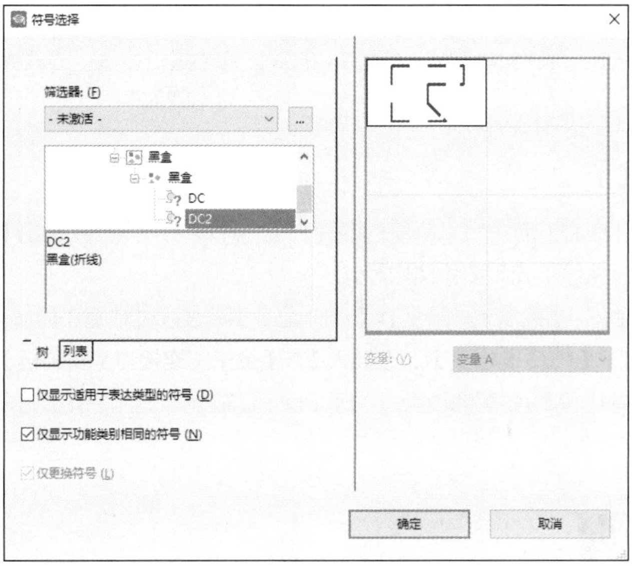

图 5-26 “符号选择”对话框

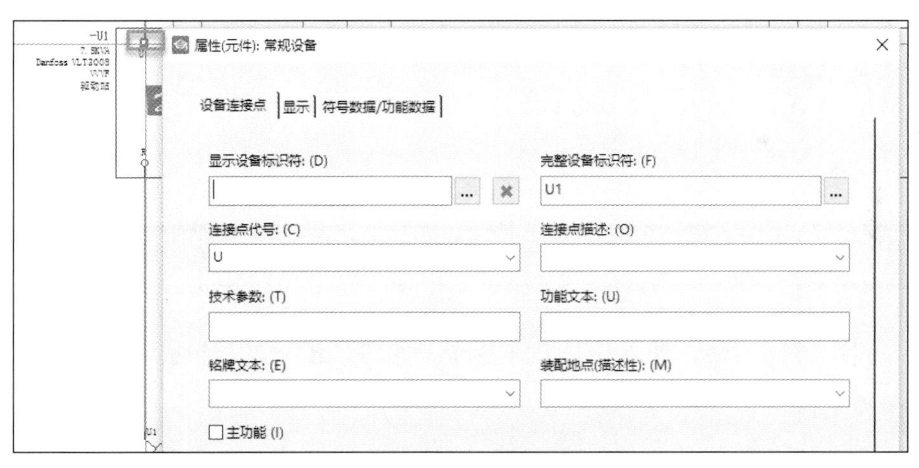

图 5-27 “属性（元件）：常规设备”对话框

图 5-28 所示是用一个黑盒描述一个变频器。如果需要编辑一个设备连接点，双击该设备连接点，会弹出属性对话框，在属性对话框中进行修改。

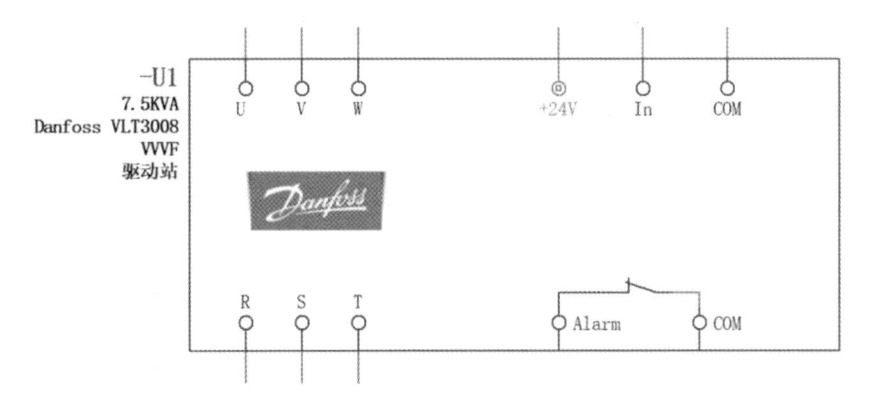

图 5-28 用黑盒描述变频器

另外一种快速编辑的方法是利用“表格式编辑”。选择所有黑盒中的设备连接点，单击鼠标右键，在弹出的快捷菜单中选择“表格式编辑”，在弹出的对话框中进行修改，修改完成后关闭此对话框，数据得到保存。

5.1.8 PLC 盒子

在EPLAN中用PLC盒子描述PLC系统的硬件表达，例如：数字输入/输出卡、模拟输入/输出卡、电源单元、通信模块、总线单元和拓扑结构等。

通过【插入】>【盒子/连接点/安装板】>【PLC盒子】调出画PLC盒子的命令，通过【插入】>【盒子/连接点/安装板】>【PLC卡电源】、【插入】>【盒子/连接点/安装板】>【PLC连接点（数字输入）】等常用命令进行PLC系统设计。关于PLC系统的详细描述请参见本章中的5.2节和后续关于PLC的讲解。

常用命令速查

【插入】>【符号】

【插入】>【电位连接点】

【插入】>【连接符号】

【插入】>【盒子/连接点/安装板】

提示

1．按“Tab”键，可以旋转符号变量；按“Ctrl”键，旋转鼠标同样可以旋转符号变量。

2．使用复制、粘贴后，按“X”键使鼠标对象在y轴上移动；按“Y”键使鼠标对象在x轴上移动；按“X”键后按“Y”键或按“Y”键后按“X”键，粘贴对象与复制前的对象保持在原理图上的位置一致。

3．按“Ctrl”键，单击中断点或继电器触点映像，会跳到相应关联参考的配对物。

4．按“F”键可以在组件的一一对应的主辅功能间跳转或由多个辅助功能跳回主功能。

5．选中所有对象元素，按“G”键组合元素。

5.2 操作步骤

5.2.1 电源供电原理图绘制

电源供电分配是典型的原理图电路，本电路的绘制含有电位连接点、符号变量、T节点、中断点、结构盒等EPLAN的基本功能，如图5-29所示。

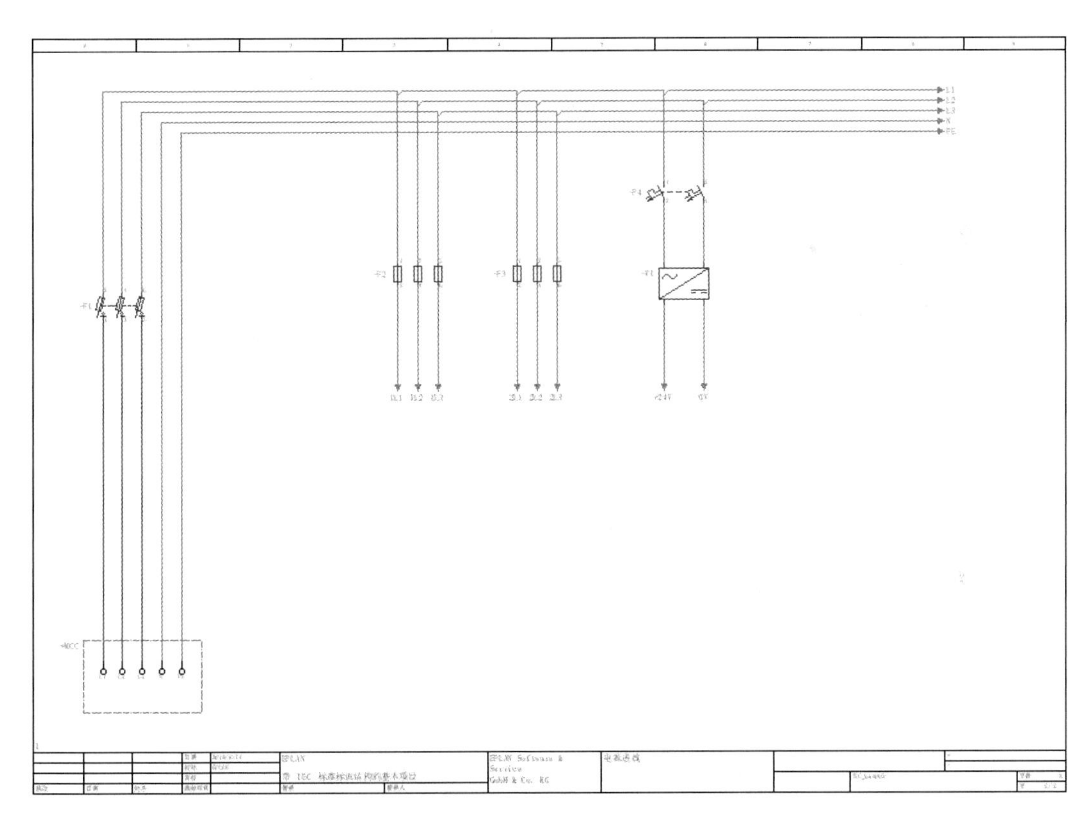

图5-29 “电源进线”原理图

（1）打开项目“EPLAN教育版示例项目1”，新建“=CA1+EAA&EFS/2”，页描述为“电源进线”。单击【插入】>【电位连接点】，电位连接点系附在鼠标指针上，指定想要放置的位置，单击鼠标左键，弹出“属性（元件）：电位连接点”对话框，如图5-30所示，在“电位名称”文本框中输入“L1”，单击“确定”按钮，L1电位连接点被放置。

距离L1两个栅格，再次放置电位连接点，在“电位名称”文本框中输入“L2”，单击“确定”按钮，L2电位连接点被放置。

距离L2两个栅格，再次放置电位连接点，在“电位名称”文本框中输入“L3”，单击“确定”按钮，L3电位连接点被放置。

距离L3两个栅格，再次放置电位连接点，在“电位名称”文本框中输入“N”，单击“确定”按钮，N电位连接点被放置。

距离N两个栅格，再次放置电位连接点，在“电位名称”文本框中输入“PE”，单击“确定”按钮，PE电位连接点被放置。

属性(元件): 电位连接点 *

电位定义 | 显示 | 符号数据 | 连接图形

电位名称: (N) L1

信号名称: (S)

连接代号: (E)

描述: (D)

截面积/直径: (R)

截面积/直径单位: (O) 来自项目

颜色/编号: (C)

属性

类别: (A) 所有类别

属性名	数值
电位类型	未定义
电位值	
频率	
可能的相对电位	
连接:带单位的长度	
连接:类型代号	
备注	

确定　取消　应用 (A)

图 5-30　“属性（元件）：电位连接点”对话框

（2）单击【插入】>【符号】，弹出“符号选择”对话框，如图 5-31 所示，选择“列表”显示，在“直接输入”文本框中输入“FLTR3”，符号在右侧窗口显示，选择符号 G 变量，单击“确定”按钮。符号系附在鼠标指针上，将其放置在图 5-29 所示的位置。

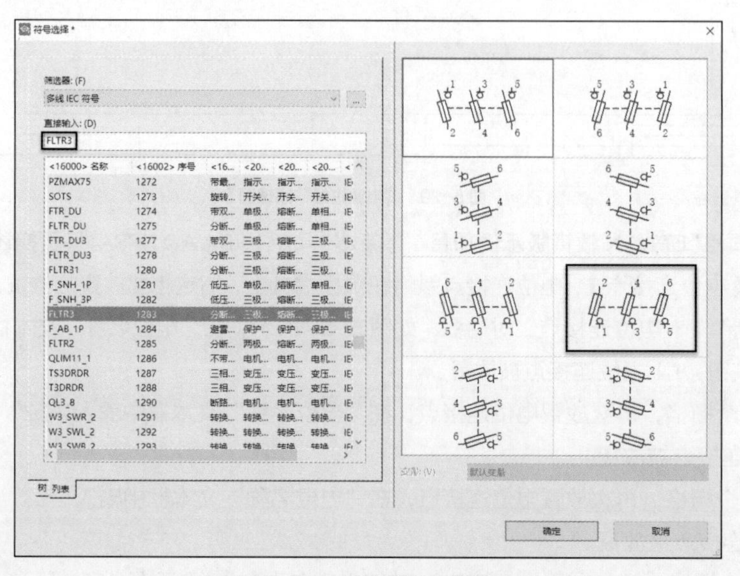

图 5-31　“符号选择”对话框

（3）单击【插入】>【连接符号】>【中断点】，或单击工具条中的 图标，弹出“属性（元件）：中断点”对话框，如图 5-32 所示，在“显示设备标识符”文本框中输入“L1”，单击“确定”按钮，L1 中断点被放置在图 5-29 所示的位置。

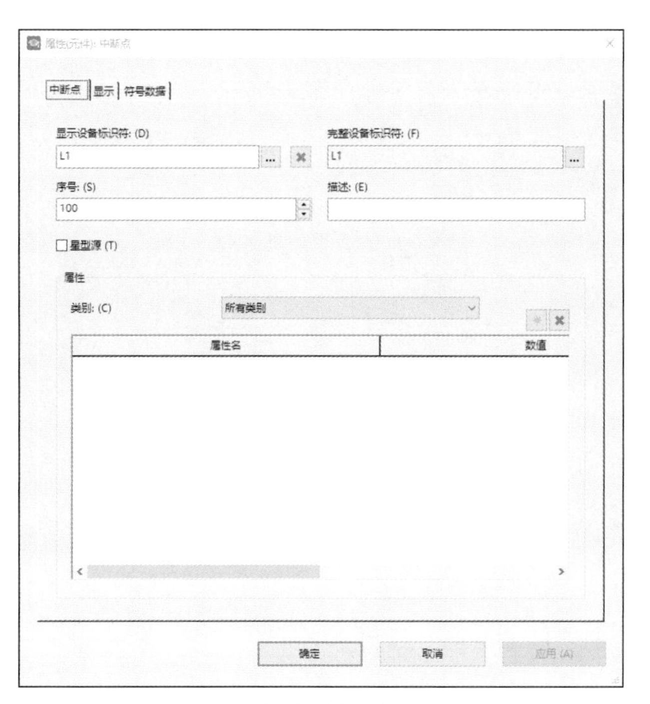

图 5-32 “属性（元件）：中断点”对话框

用同样的方法，在距离 L1 中断点 1 个栅格的位置放置中断点 L2、L3、N、PE，如图 5-29 所示。

（4）单击【插入】>【连接符号】>【角（右下）】，或单击工具条中的⌈图标，将 F1:2、F1:4、F1:6 及电位连接点 N、PE 分别与中断点 L1、L2、L3、N、PE 相连，如图 5-29 所示。

（5）参照图 5-29 中符号位置，分别插入符号 F2、F3、F4 和 V1。

（6）参照图 5-29 中符号位置，在 F2 下端分别插入中断点，分别命名为“1L1”、“1L2”和“1L3”。

（7）参照图 5-29 中符号位置，在 F3 下端分别插入中断点，分别命名为“2L1”、“2L2”和“2L3”。

（8）参照图 5-29 中符号位置，在 V1 下端分别插入中断点，分别命名为“+24V”“0V”，并将“属性（元件）：中断点”对话框中的“星形源”复选框选中，如图 5-33 所示。

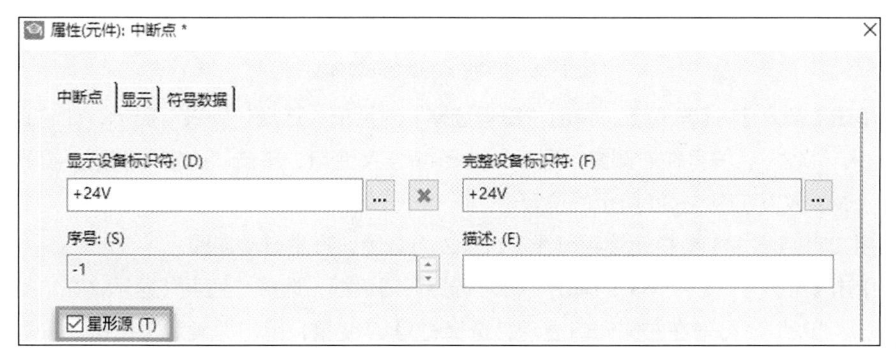

图 5-33 选中“星形源”复选框

5.2.2 电机正转控制

电机控制回路的表达有多种样式，传统典型的电路有电机正转控制、电机正反转控制、电机星 / 三角控制等。图 5-34 所示为几种不同控制方式的电机控制电路。

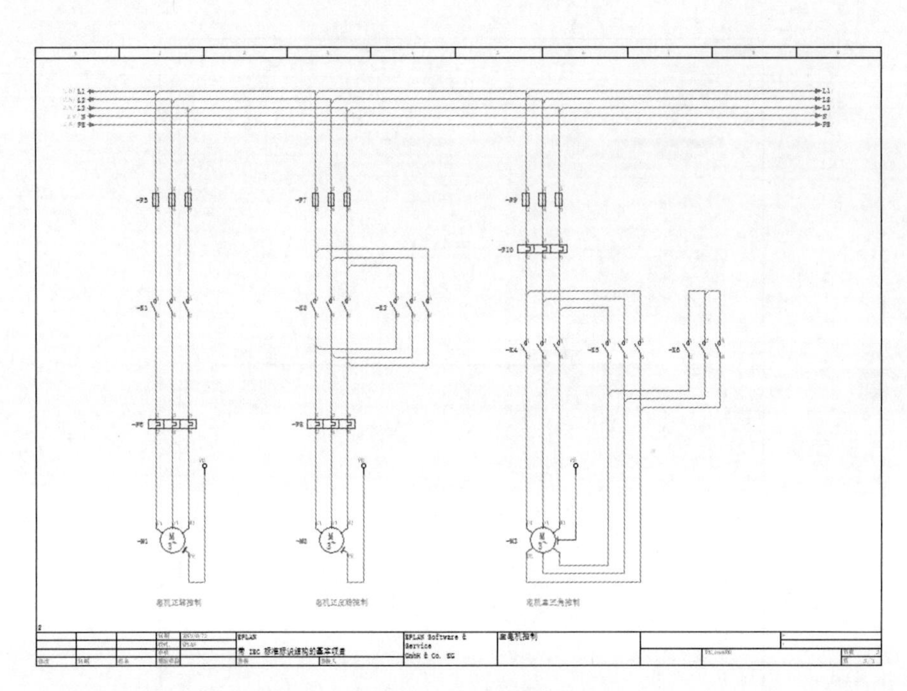

图 5-34　电机控制电路

下面先介绍电机正转控制。

（1）新建一页原理图，页名为“3”，页描述为“主电机控制”。

（2）复制图纸第 2 页上的中断点组，打开第 3 页，粘贴（按“Ctrl+V”组合键），中断点组系附在鼠标指针上，按“Y”键，移动鼠标，中断点组在 x 轴上移动，选择图纸左上侧作为起点，单击鼠标左键，选择右上侧作为终点，单击鼠标左键，母线放置，如图 5-35 所示。选择左上侧中断点组，通过右键快捷菜单弹出“属性（元件）：中断点”对话框，在“显示”选项卡中的“属性排列”中选择“左 ,0”，中断点的关联参考显示在名称的左侧。

图 5-35　用中断点描述的电源母线

（3）单击【插入】>【符号】，弹出“符号选择”对话框，选择“列表”显示，在“直接输入”文本框中输入“M3”，符号在右侧窗口显示，选择符号 A 变量，单击“确定”按钮。符号系附在鼠标指针上，-M1 放置在图 5-34 所示的位置。

（4）用 T 节点将 M1 电机连接到母线 L1、L2、L3 上，产生自动连线。

（5）单击【插入】>【符号】，弹出“符号选择”对话框，选择“列表”显示，在“直接输入”文本框中输入“F3”，符号在右侧窗口显示，选择符号 A 变量，单击“确定”按钮。符号系附在鼠标指针上，-F5 放置在图 5-34 所示的位置。

（6）单击【插入】>【符号】，弹出“符号选择”对话框，选择“列表”显示，在“直接输入”文本框中输入“FT3”，符号在右侧窗口显示，选择符号 A 变量，单击“确定”按钮。符号系附在鼠标指针上，-F6 放置在图 5-34 所示的位置。

（7）单击【插入】>【符号】，弹出“符号选择”对话框，如图 5-36 所示，展开“IEC_symbol> 电气工程 > 线圈，触点和保护电路 > 常开触点 > 常开触点，2 个连接点 >SL”，选择符号 A 变量。

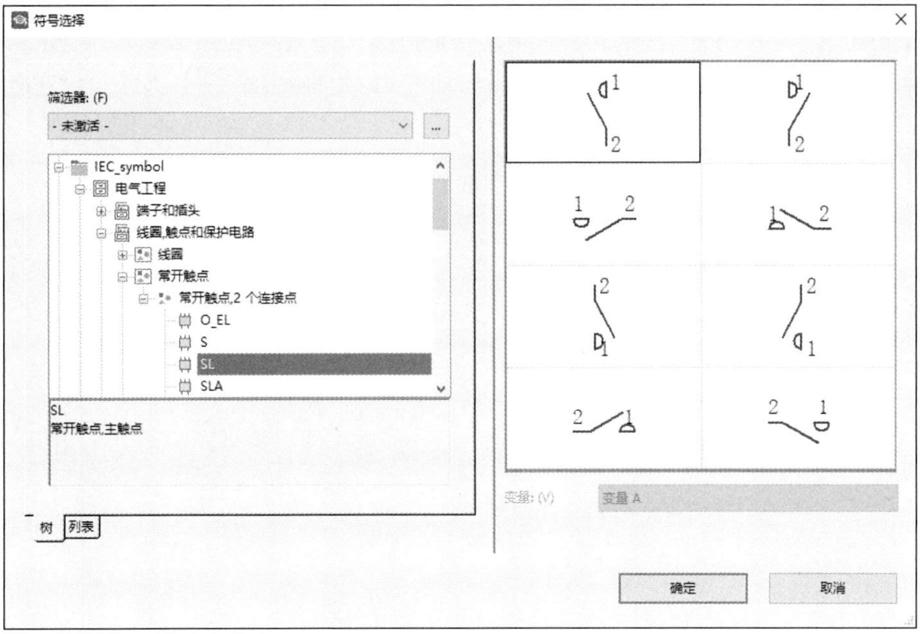
符号选择
筛选器: (F)
- 未激活 -
IEC_symbol
电气工程
端子和插头
线圈,触点和保护电路
线圈
常开触点
常开触点,2 个连接点
O_EL
S
SL
SLA
SL
常开触点,主触点
树
列表
变量: (V)
变量 A
确定
取消

图 5-36 “符号选择”对话框

单击“确定”按钮，符号系附在鼠标指针上，放置在图 5-34 所示的位置。弹出“属性（元件）：常规设备”对话框，如图 5-37 所示，在“显示设备标识符”文本框中显示“－？ K1”（因为对接触器来说，线圈是主功能，线圈还没有画，所以系统不知道应该是谁的触点），将其改为“-K1”，连接点代号为“1¶2”。

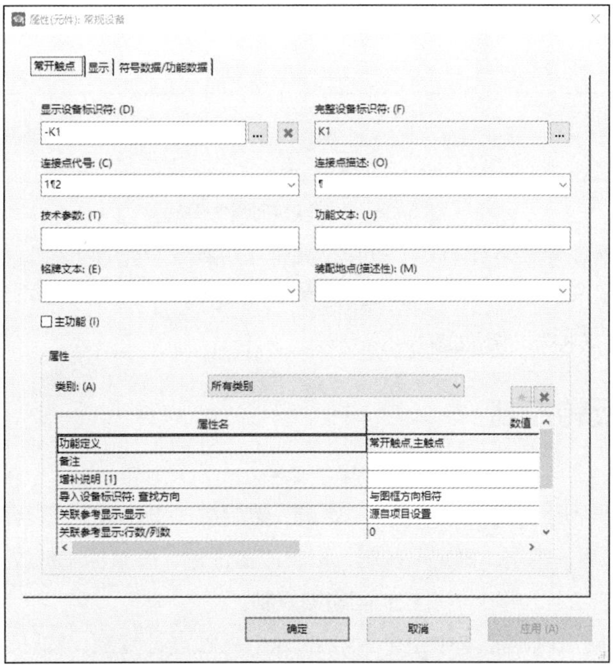
属性(元件): 常规设备
常开触点
显示
符号数据/功能数据
显示设备标识符: (D)
-K1
完整设备标识符: (F)
K1
连接点代号: (C)
1¶2
连接点描述: (O)
¶
技术参数: (T)
功能文本: (U)
铭牌文本: (E)
装配地点(描述性): (M)
主功能 (I)
属性
类别: (A)
所有类别
属性名
数值
功能定义
常开触点,主触点
备注
增补说明 [1]
导入设备标识符: 查找方向
与图框方向相符
关联参考显示:显示
源自项目设置
关联参考显示:行数/列数
0
确定
取消
应用 (A)

图 5-37 “属性（元）件：常规设备”对话框

（8）单击【插入】>【符号】，弹出“符号选择”对话框，展开“IEC_symbol> 电气工程 > 线圈，触点和保护电路 > 常开触点 > 常开触点，2 个连接点 >SL”，选择符号 A 变量，如图 5-36 所示，放置第二个触点。单击“确定”按钮，符号系附在鼠标指针上，放置在图 5-34 所示的位置。弹出“属性（元件）：常规设备”对话框，在“显示设备标识符”文本框中去掉“－？ K1”，“连接点代号”为“3¶4”，如图 5-38 所示。

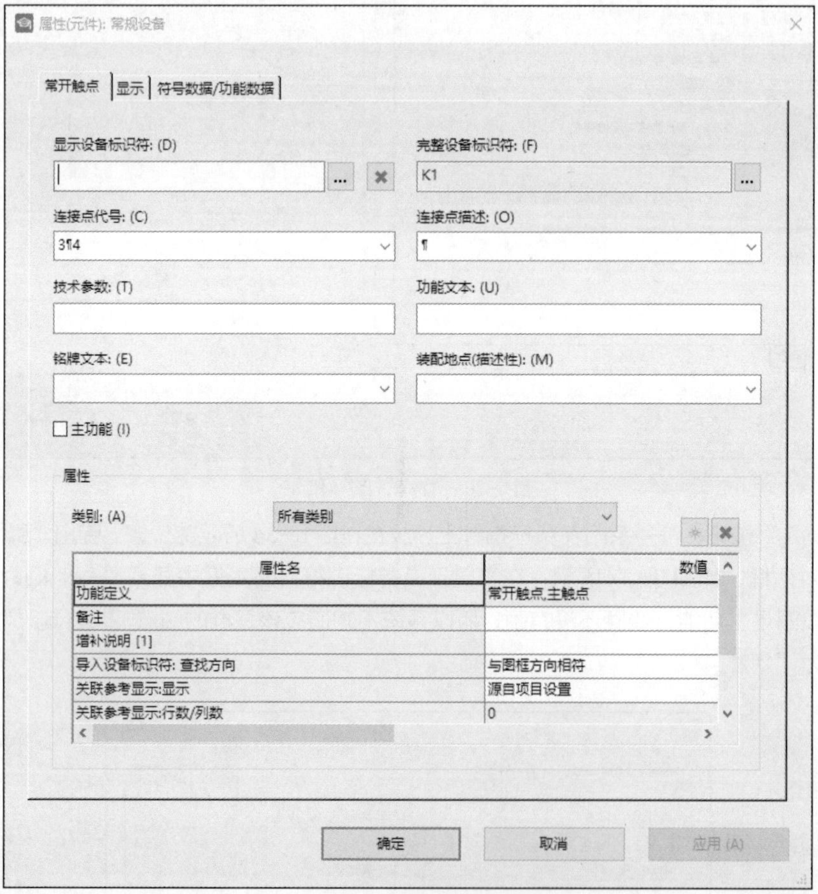

图 5-38 第二个触点的属性设置

（9）用同样的操作放置第三个触点，弹出“属性（元件）：常规设备”对话框，在“显示设备标识符”文本框中去掉“－？ K1”，“连接点代号”为“5¶6”。

最终完整的电机正转控制电路如图 5-34 所示。

5.2.3 电机正反转控制

承接上一步骤。

（1）选中整个电机回路，按“Ctrl+C”组合键，然后按“Ctrl+V” 组合键，弹出“插入模式”对话框，选择“编号”后，单击“确定”按钮，指定放置位置，按鼠标左键放置，如图 5-39 所示，将“－？ K1”改为“-K2”，整个电机控制回路被复制。

（2）补充反转主触点回路。选中整个 -K2 的 3 个主触点，复制，粘贴，改名为“-K3”。注意箭头所示的 T 节点方向，选择节点后，按“Tab”键，选择不同的方向，如图 5-40 所示。

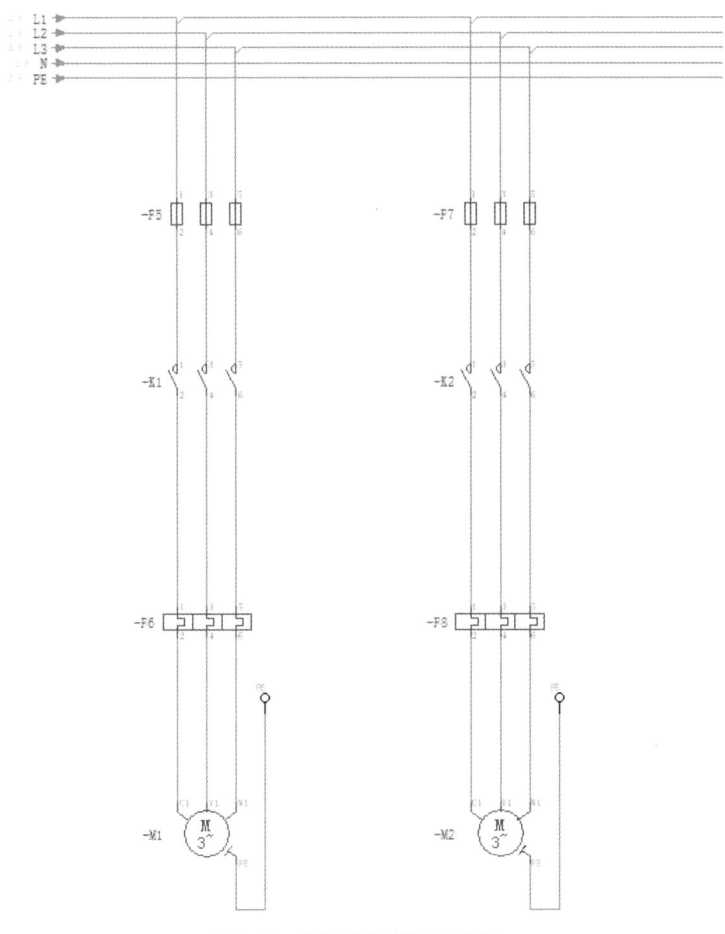

图 5-39 整个电机控制回路被复制

最终完整的电机正反转控制电路如图 5-34 所示。

5.2.4 电机星 / 三角控制

承接上一步骤。

（1）单击【插入】>【符号】，弹出“符号选择”对话框，选择“列表”显示，在“直接输入”文本框中输入“M6”，符号在右侧窗口显示，选择符号 A 变量，单击“确定”按钮。符号系附在鼠标指针上，-M3 放置在图 5-34 所示的位置。

（2）按 按钮，用 T 节点将 -M3 电机一侧绕组连接到母线 L1、L2、L3 上，产生自动连线。

（3）选择相应的符号，放置 -F9、-F10 和三相触点 -K4、-K5、-K6。

（4）使用不同的 T 节点，选择 节点后，按“Tab”键，选择不同的方向，如图 5-41 所示。

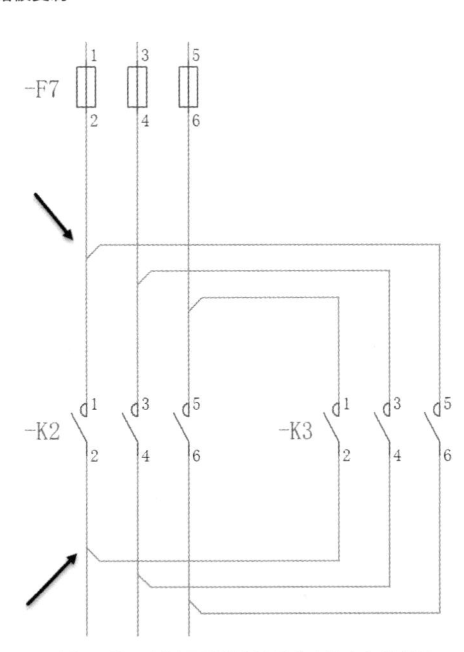

图 5-40 电机正反转控制 T 节点的方向性应用

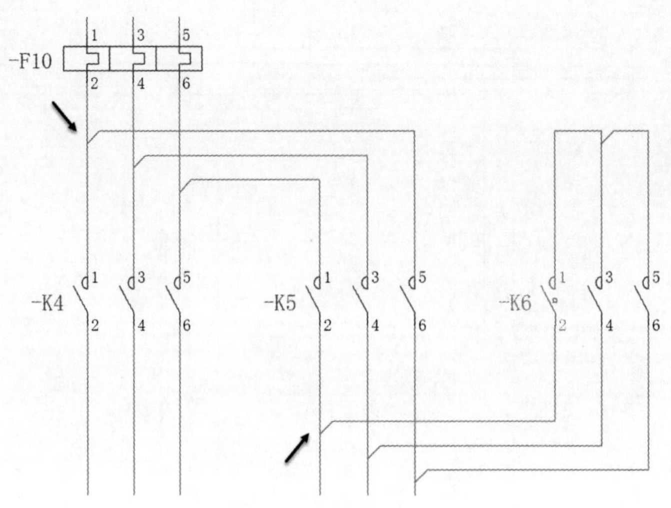

图 5-41　电机星 / 三角控制 T 节点的方向性应用

最终完整的电机星 / 三角控制电路如图 5-34 所示。

5.2.5　二次控制回路

二次控制电路对主电机的控制方式进行控制。本页电路的绘制包含中断点的源和目标的关联参考、接触器主功能和辅助功能（线圈和触点）间的关联参考、常规符号的插入、T 节点的方向、路径功能文本等 EPLAN 的基本功能，如图 5-42 所示。

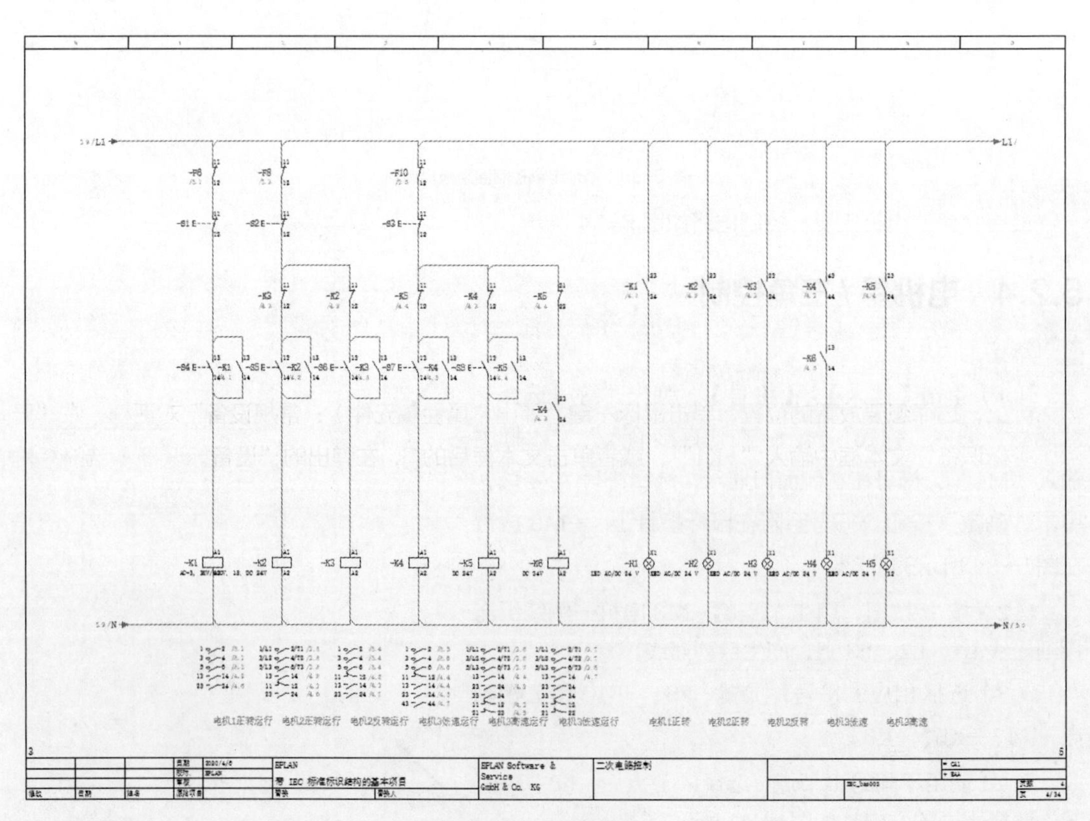

图 5-42　二次控制电路

（1）单击【插入】>【连接符号】>【中断点】，或单击工具条中的图标，弹出“属性（元件）：中断点”对话框。在“显示设备标识符”文本框中输入“L1”，或单击文本框后的...，在打开的“使用中断点”对话框中选择“L1”，单击“确定”按钮，回到“属性（元件）：中断点”对话框，单击“确定”按钮，关闭对话框，如图 5-43 所示。

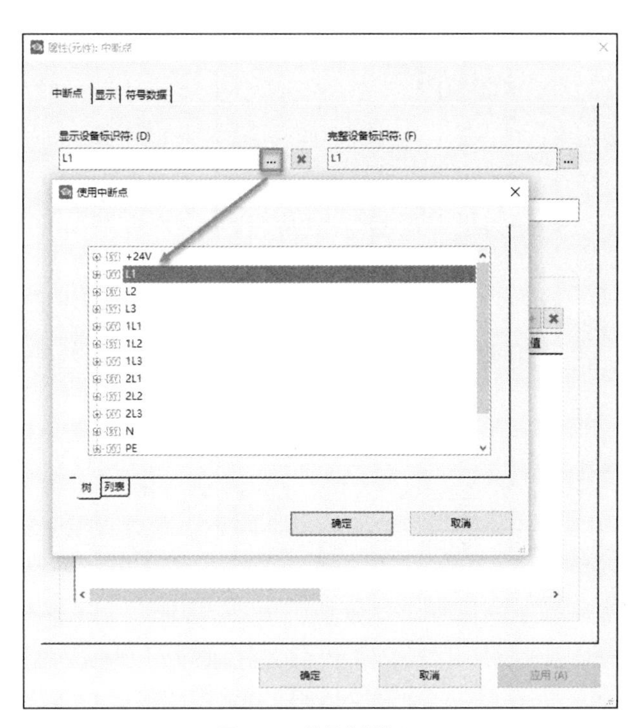

图 5-43 选择中断点 L1

L1 与上页放置的 L1 形成关联参考，显示 L1 的源来自“3.9”，即来自第 3 页第 9 列。单击本页的 L1 中断点，按“F”键，跳到它的源（L1/4.0），源“4.0”表示目标去到第 4 页第 0 列。

移动 L1 放置在右上角，单击鼠标左键，完成本页上部 L1 电源线的绘制。

用同样的方法完成本页下部 N 线的绘制，如图 5-42 所示。

（2）单击【插入】>【符号】，弹出“符号选择”对话框，选择“列表”显示，在“直接输入”文本框中输入“K3”，符号在右侧窗口显示，选择符号 A 变量，单击“确定”按钮。线圈系附在鼠标指针上，选择想要放置的位置，单击鼠标左键，弹出“属性（元件）：常规设备”对话框，在“显示设备标识符”文本框中输入“-K1”，或者单击文本框后的...，在弹出的“设备标识符 - 选择”对话框中进行选择，如图 5-44 所示。单击“确定”按钮，回到“属性（元件）：常规设备”对话框，单击“确定”按钮，关闭对话框。

-K1 被放置，由于在“&EAA/3”页上已经画了 -K1 的主触点，因此 -K1 线圈与触点产生了关联参考，并在 -K1 线圈下部生成触点映像，如图 5-45 所示。

用同样的方法完成 -K2、-K3、-K4、-K5、-K6 的放置，用 T 节点完成线圈与 N 线的连接。

（3）单击【插入】>【符号】，弹出“符号选择”对话框，选择“树”显示，然后展开“IEC_symbol> 电气工程 > 信号设备，发光和发声”，在右侧的符号预览中选择信号灯，如图 5-46 所示，单击“确定”按钮。信号灯系附在鼠标指针上，选择想要放置的位置，单击鼠标左键，弹出“属性（元件）：常规设备”对话框，在“显示设备标识符”文本框中输入“-H1”，单击“确定”按钮，关闭对话框。

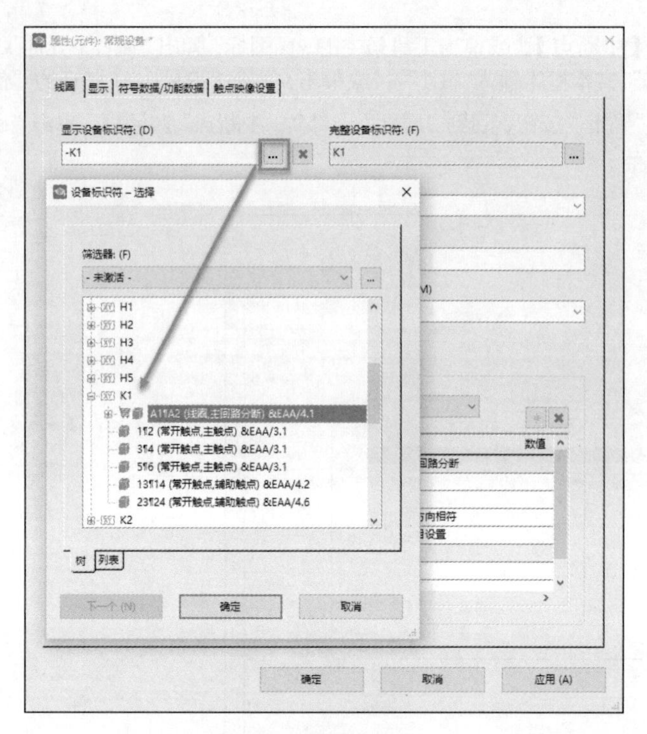

图 5-44　选择线圈 K1

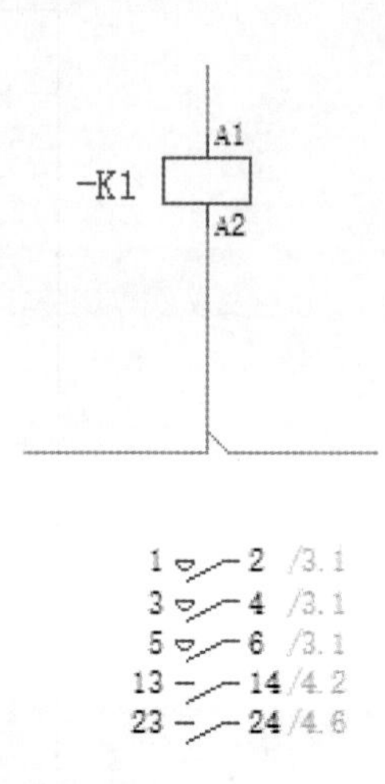

图 5-45　K1 线圈与触点的关联参考

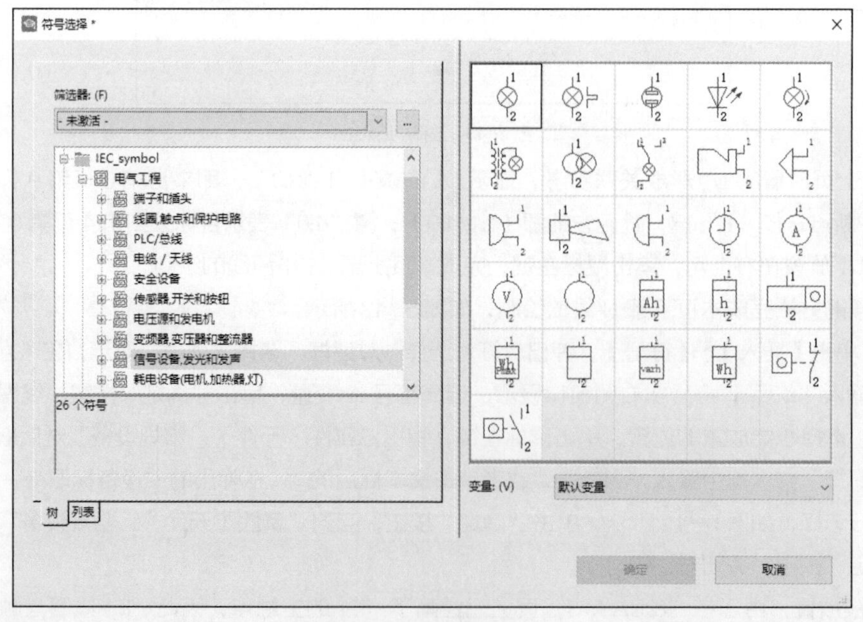

图 5-46　信号灯的选择

用同样的方法完成 -H2、-H3、-H4、-H5 的放置，用 T 节点完成线圈与 N 线的连接。

（4）单击【插入】>【符号】，弹出“符号选择”对话框，选择“树”显示，展开“IEC_symbol> 电气工程 > 传感器 > 开关 / 按钮，常闭触点，2 个连接点 >SODR”，在右侧的符号预览中选择 A 变量，如图 5-47 所示，单击“确定”按钮。按钮“-S1”系附在鼠标指针上，选择想要放置的位置，单击鼠标左键，单击“确定”按钮，关闭对话框。

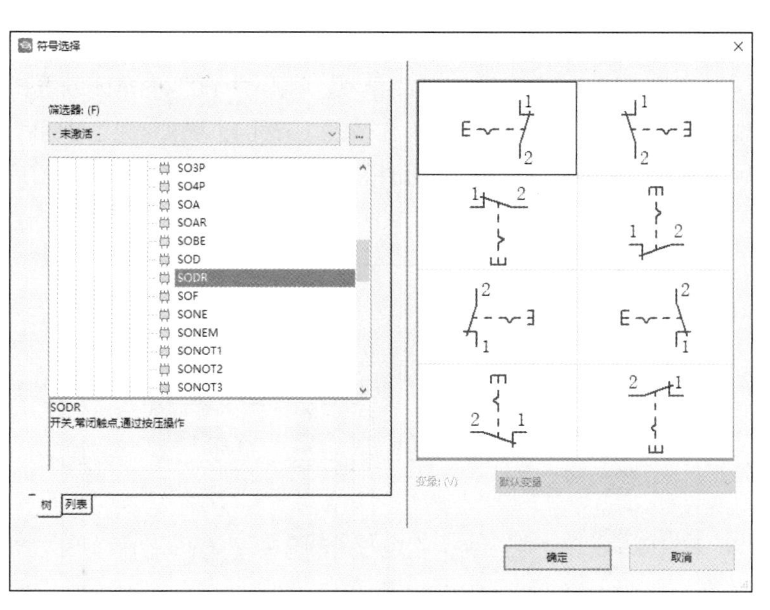

图 5-47 按钮的选择

用同样的方法完成 -S2、-S3 按钮的放置，如图 5-42 所示。

（5）单击【插入】>【符号】，弹出“符号选择”对话框，选择“树”显示，展开“IEC_symbol> 电气工程 > 线圈，触点和保护电路 > 常闭触点 > 常闭触点，2 个连接点 >O”，在右侧的符号预览中选择 A 变量常闭触点，单击“确定”按钮。常闭触点系附在鼠标指针上，选择想要放置的位置，单击鼠标左键，弹出“属性（元件）：常规设备”对话框，在“显示设备标识符”文本框中输入“-F6”，或单击文本框后的…，在弹出的“设备标识符 - 选择”对话框中选择“F6”，如图 5-48 所示，单击“确定”按钮，关闭对话框，返回“属性（元件）：常规设备”对话框，单击“确认”按钮，关闭对话框。

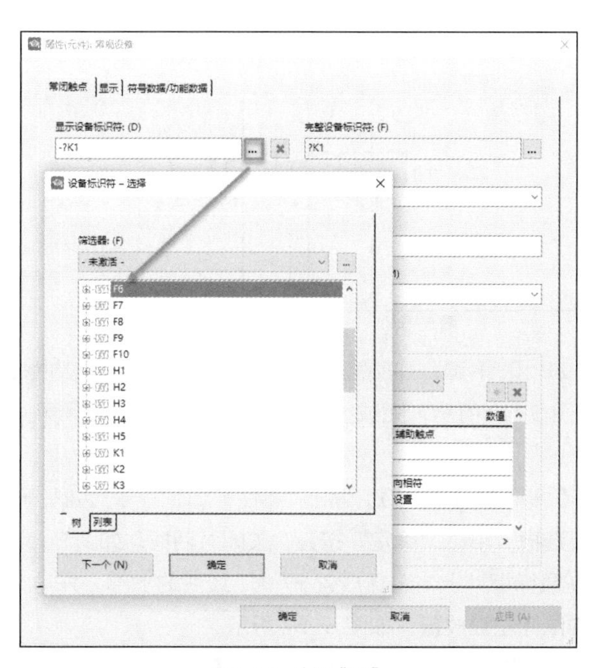

图 5-48 选择“F6”

（6）“-F6”的常闭触点被放置，并显示关联参考“/3.1”，因为在页“&EAA/3”已经放置F6热继电器，主功能和辅助功能产生了关联参考。单击“-F6”的常闭触点，单击“F”键跳转到第3页F6热继电器主功能处。双击-F6弹出“属性（元件）：常规设备”对话框，切换到“显示”选项卡，在“触点映像”下拉列表中选择“在元件”，单击“确定”按钮，关闭对话框，如图5-49所示。

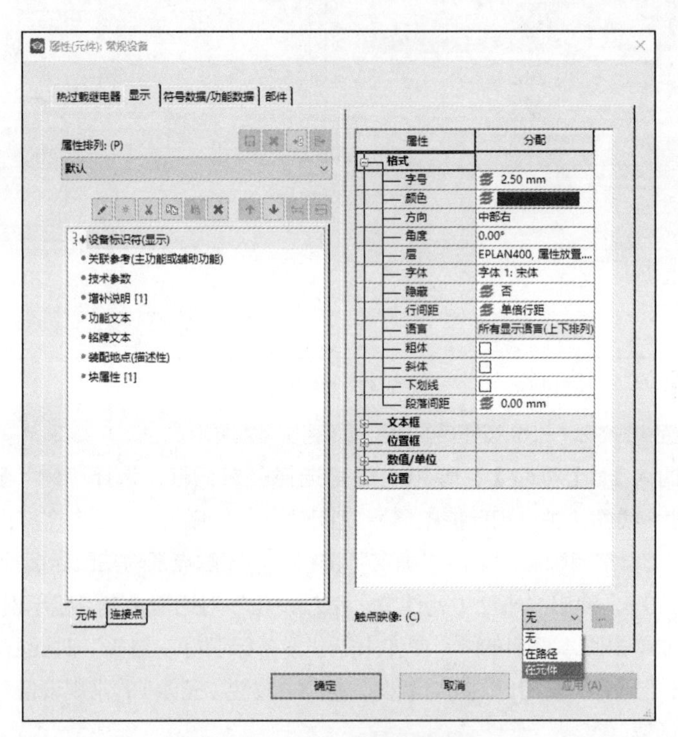

图5-49 “-F6”的常闭触点设置

“-F6”常闭触点的触点映像被显示，如图5-50所示。

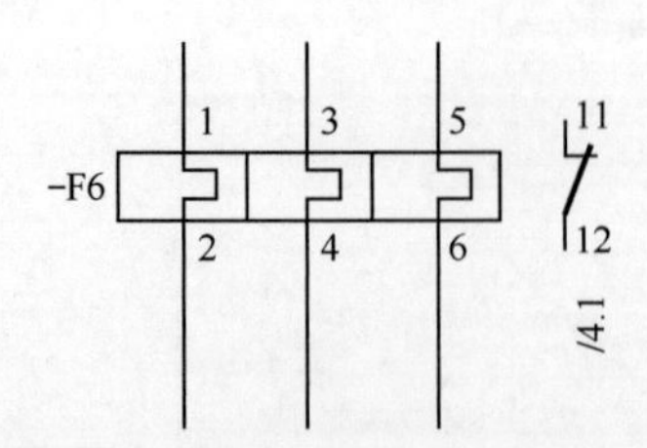

图5-50 “-F6”常闭触点的触点映像

用同样的方法放置-F8和-F10，并使常闭触点的触点映像在其主功能上显示。

（7）继续绘制，如图5-42所示，完成线圈的常闭触点放置和常闭触点设置，并与主功能线圈产生关联参考。

（8）单击【插入】>【图形】>【文本】，弹出“属性（文本）”对话框，输入“电机1正转运行”，选中“路径功能文本”复选框，单击“确定”按钮，关闭对话框，如图5-51所示。

路径功能文本系附在鼠标指针上，选择放置于-K1线圈的下部，并与K1的插入点（按“I”键显示插入点）对齐，单击鼠标左键放置，如图5-52所示。

参照图5-42，完成其他路径下面路径功能文本的放置。

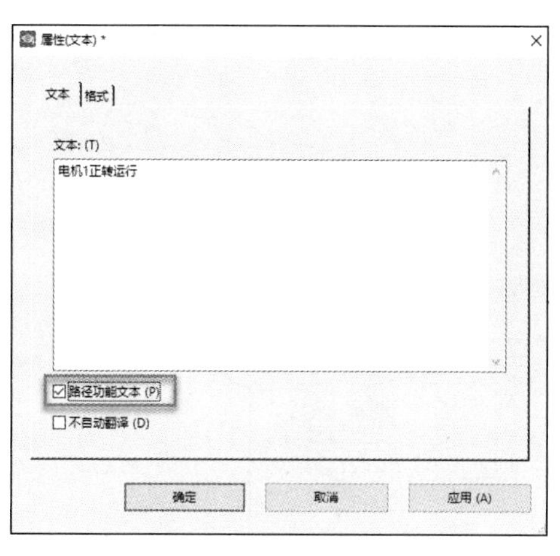

图 5-51 “属性（文本）”对话框

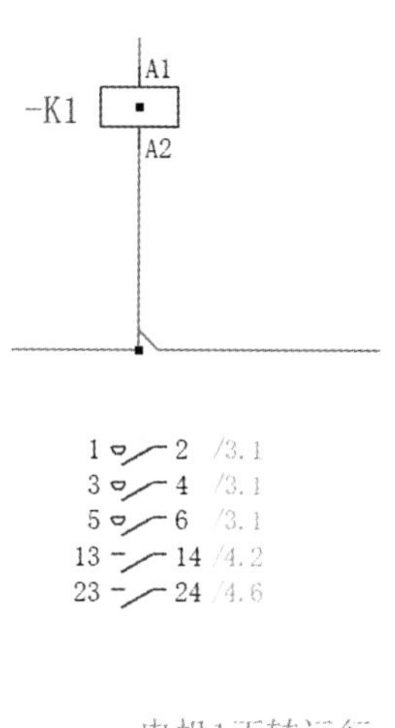

图 5-52 放置路径功能文本

5.2.6 变频器控制回路

图 5-53 描述的是原理图上的变频器控制回路，下面的操作描述了此页原理图绘制的过程。

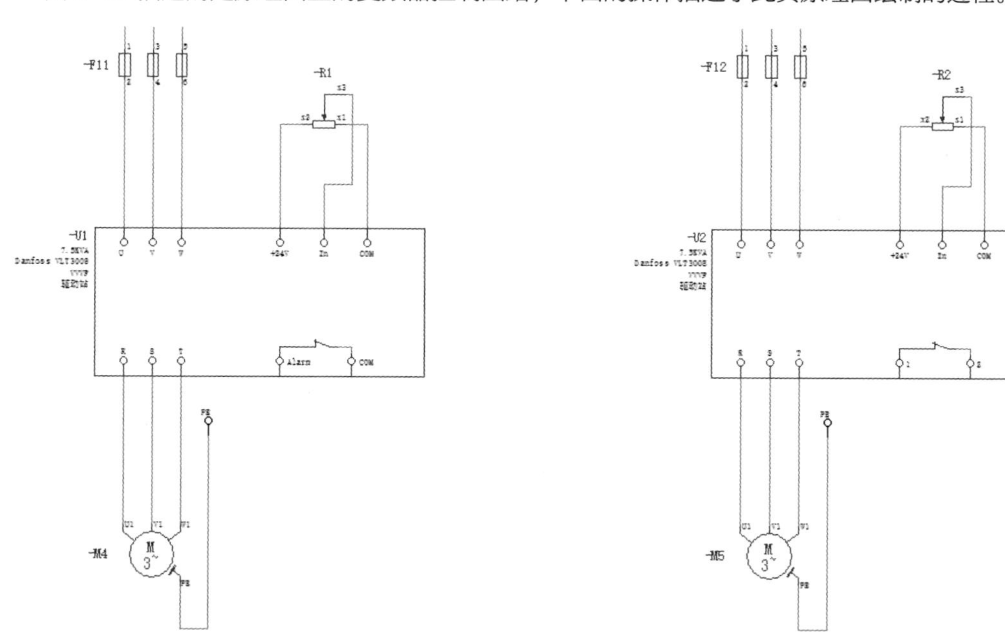

图 5-53 变频器控制回路

（1）新建一页原理图，页名为“5”，页描述为“变频器控制回路”。

（2）打开页“&EAA/3”，按“Ctrl+C”组合键，复制图纸上部的母线系统（L1/L2/L3/N/PE）。

（3）打开新建页“&EAA/5”，按“Ctrl+V”组合键，粘贴，母线系统（L1/L2/L3/N/PE）系附在鼠标指针上，按“X”键后按“Y”键，母线系统被保持在与上页一样的位置，删除母线系统上的 3 组 T 连接。

（4）将 LI、L2、L3 分别改为 1L1、1L2、1L3，查看 1L1、1L2、1L3 与页“&EAA/2”上的中断点源相关联。

（5）单击【插入】>【盒子 / 连接点 / 安装板】>【黑盒】，单击鼠标左键作为起始点，移动鼠标，单击鼠标左键作为终止点，画一个长方形，弹出“属性（元件）：黑盒”对话框。输入下列数值：

- 技术参数：7.5KVA。
- 功能文本：Danfoss VLT3008。
- 铭牌文本：VVVF。
- 装配地点（描述性）：驱动站。

单击“确定”按钮后关闭对话框，如图 5-54 所示。

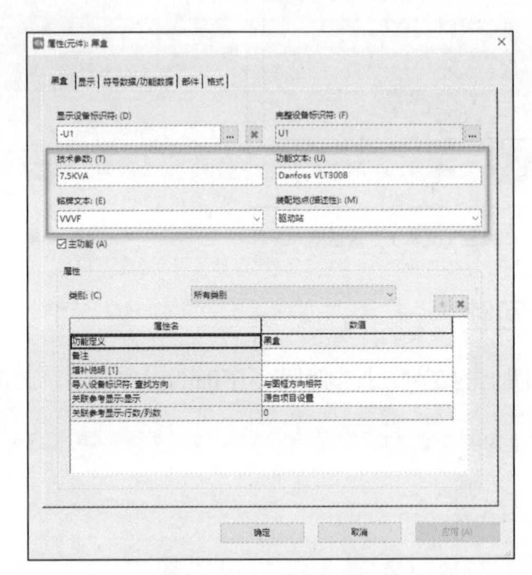

图 5-54　黑盒的属性设置

（6）单击【插入】>【盒子 / 连接点 / 安装板】>【设备连接点】，设备连接点系附在鼠标指针上，选择黑盒内想要放置的位置，单击鼠标左键，弹出“属性（元件）：常规设备”对话框，在“连接点代号”文本框中输入“U”，如图 5-55 所示，单击“确定”按钮，关闭对话框。

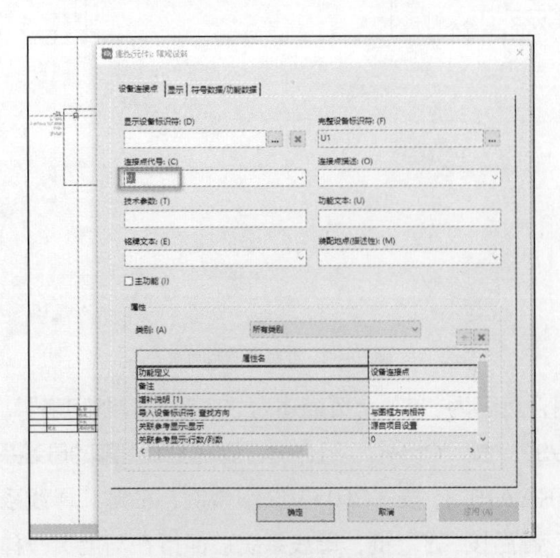

图 5-55　连接点代号的输入

（7）单击【插入】>【盒子 / 连接点 / 安装板】>【设备连接点】，设备连接点系附在鼠标指针上，按“Tab”键两次，旋转设备连接点方向向下，选择黑盒内想要放置的位置，单击鼠标左键，弹出“属性（元件）：常规设备”对话框，在“连接点代号”文本框中输入“R”，单击“确定”按钮，关闭对话框。

（8）用同样的方法，插入设备连接点并命名，完成 V、W、+24V、In、COM、R、S、T、1、2 的放置和命名，在 1 和 2 设备连接点间用自由绘图功能绘制一个常闭触点，也可以插入一个常闭触点符号，并将其属性对话框中“符号数据 / 功能数据”标签下的“表达类型”改为“图形”。

（9）如果需要整体一次性修改设备连接点，可以全选黑盒，单击鼠标右键，在弹出的快捷菜单中选择“表格式编辑”，弹出图 5-56 所示的对话框，在单元格中进行修改。

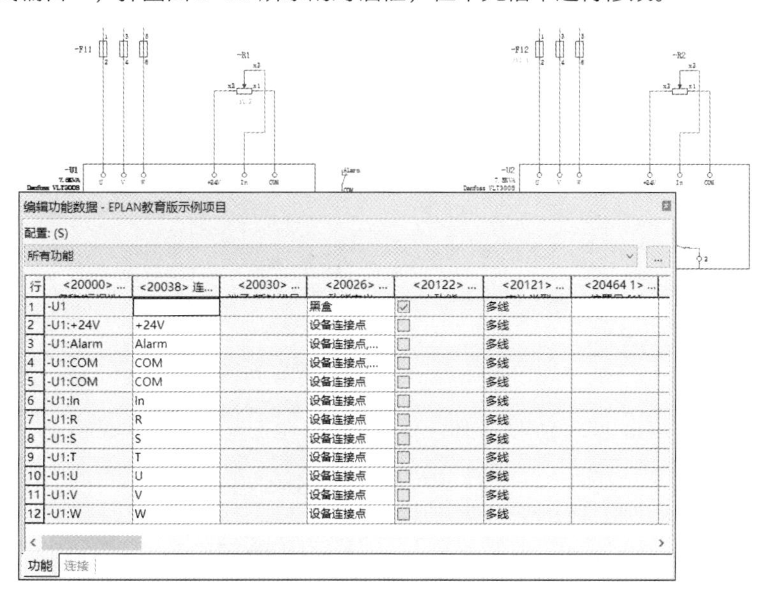

图 5-56　设备连接点的表格式编辑

5.2.7　PLC 输入设计

本设计主要讨论总览图上和原理图上 PLC 卡的画法，并使总览图和原理图上的 PLC 卡形成关联参考，如图 5-57 所示。

1. 总览图上的 PLC 卡制作

（1）新建一页总览“&EAA/10”，页名为“10”，页描述为“PLC 输入卡总览”。

（2）单击【选项】>【设置】>【项目设置】>【设备】>【PLC】，检查 PLC 的设置为“SIMATIC S7（I/Q）”。

（3）打开新建的总览页“&EAA/10”，单击【插入】>【盒子 / 连接点 / 安装板】>【PLC 盒子】，画一个图 5-57 所示的竖向显示的 PLC 盒子，命名为“-A1”。

（4）单击【插入】>【盒子 / 连接点 / 安装板】>【PLC 卡电源】，卡电源符号系附在鼠标指针上，按“Tab”键旋转方向使其连接点方向向右连接，单击鼠标左键，弹出“PLC 连接点”属性对话框，连接点代号自动命名为“1”，在“连接点描述”文本框中输入“L+”，单击“确定”按钮，关闭对话框。

（5）单击【插入】>【盒子 / 连接点 / 安装板】>【PLC 连接点（数字输入）】，PLC 连接点符号系附在鼠标指针上，按“Tab”键旋转方向使其连接点方向向右连接，与“L+”保持一定间距，放置在其下面，单击鼠标左键，弹出“PLC 连接点”属性对话框，连接点代号自动命名为“2”，地址自动命名为“I0.0”，单击“确定”按钮，关闭对话框。

（6）单击 PLC 连接点“I0.0”，通过右键快捷菜单选择多重复制，数量输入“7”，单击“确定”按钮。弹出图 5-58 所示的“插入模式”对话框，选中“编号”单选按钮，并单击“编号格式：（M）”后面的...进入“编号格式”对话框，确保“名称”标签下的“PLC 连接点”复选框被选中，如图 5-59 所示。单击“确定”按钮，回到“插入模式”对话框。单击“确定”按钮，关闭“插入模式”对话框。PLC 连接点 3~9 被放置，地址自动命名为 I0.1~I0.7。

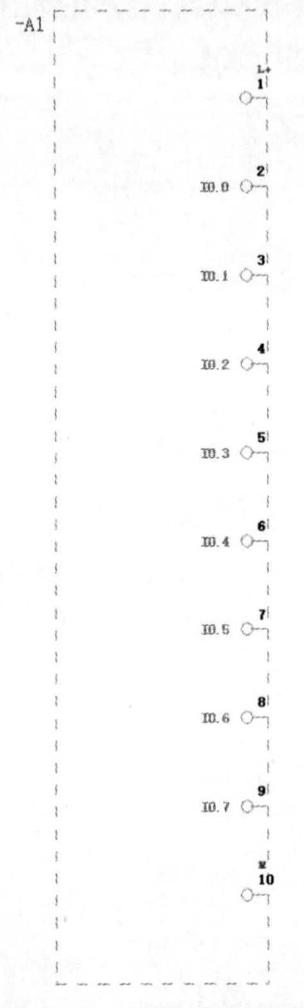

图 5-57 总览图上的 PLC 卡

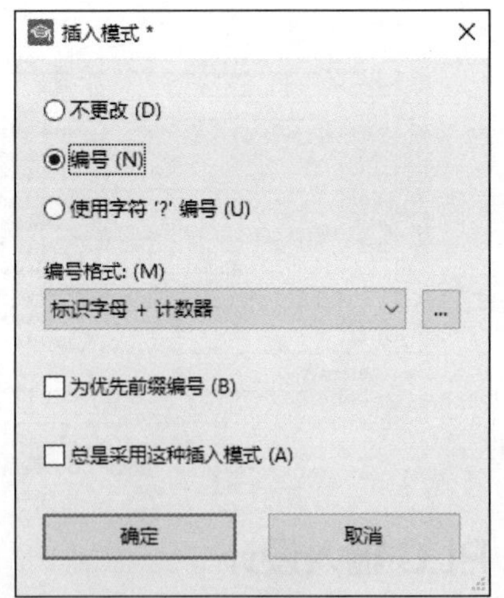

图 5-58 “插入模式”对话框

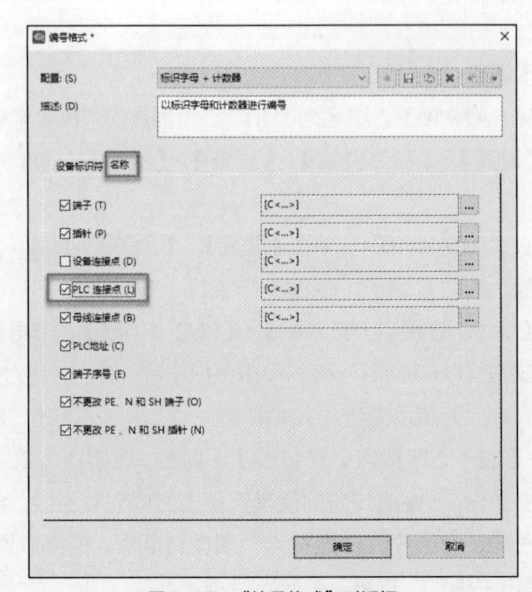

图 5-59 “编号格式”对话框

（7）单击【插入】>【盒子 / 连接点 / 安装板】>【PLC 卡电源】，卡电源符号系附在鼠标指针上，按“Tab”键旋转方向使其连接点方向向右连接，单击鼠标左键，弹出“PLC 连接点”属性对话框，连接点代号自动命名为“10”，在“连接点描述”文本框中输入“M”，单击“确定”按钮，关闭对话框。至此完成了 PLC 卡总览的制作，如图 5-57 所示。

（8）单击【项目数据】>【PLC】>【导航器】，打开 PLC 导航器，如图 5-60 所示，在导航器中显示了制作的 -A1 卡，导航器中连接点的红色正方形表示此 PLC 连接点仅仅放置在总览图上。

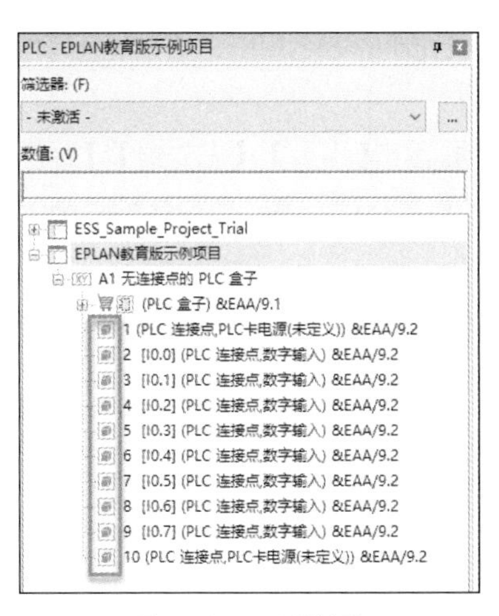

图 5-60　PLC 导航器

2. 原理图上的 PLC 卡制作

（1）新建一页原理图页“&EAA/6”，页类型选择“多线原理图（交互式）”，页名为“6”，页描述为“PLC 输入控制回路 1”。

（2）打开新建的原理图页，通过【插入】>【盒子 / 连接点 / 安装板】>【PLC 盒子】，画一个图 5-61 所示的横向显示的 PLC 盒子，命名为“-A1”，它与总览图上的 -A1 是同一个盒子，产生了关联参考。

（3）打开 PLC 导航器，展开 -A1 卡显示，将连接点“1”拖放到原理图 PLC 盒子中，同样将 PLC 连接点 2~10 拖放到原理图 PLC 盒子中，注意保持 PLC 连接点的间距，使显示看起来比较美观，如图 5-61 所示。

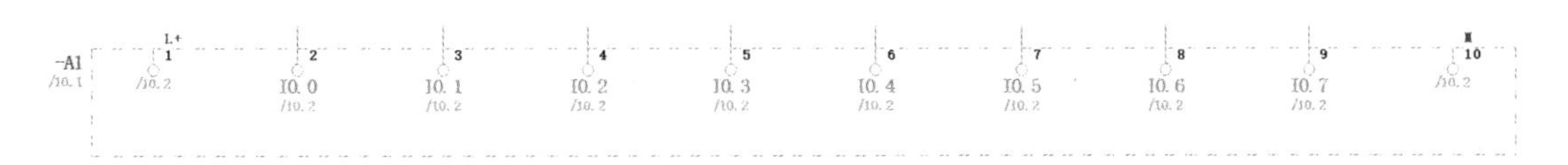

图 5-61　原理图上的 PLC 卡

这样，从导航器中将 PLC 连接点拖放到原理图上，保证了数据的一致性，从而自动建立了原理图 PLC 输入点和总览图 PLC 输入点的关联参考。

通常，PLC 总览图用于系统的总体面貌显示，以及 PLC 输入输出点的快速定位和查找。在设计中还是以原理图设计为主，因而需要赋予原理图 PLC 更丰富的信息。例如，功能文本、符号地址等属性信息。这些信息只需在原理图上输入或赋予，它们会自动传递到总览图上，不必二次手动输入。为了实现这样的功能，通常在总览图 PLC 连接点“属性（元件）：PLC 端口及总线端口”对话框中的“显示”选项卡中，添加以下属性显示：功能文本（自动）<20031>，符号地址（自动）<20404>。

5.3 工程上的应用

5.3.1 设备标识符集

在本章的图纸设计中，当我们在原理图上放置电机的符号时，它的设备标识符显示 M，当放置一个线圈的符号时，它的设备标识符显示 K，M 和 K 称为标识符，表示这一类符号的代码。因此，在绘制原理图前，应该考虑符号或元件的命名规则，命名规则可以依据国际标准和企业标准，也可以采用自定义的命名规则。

设备标识符集属于系统主数据。单击【工具】>【主数据】>【标识字母】，如图 5-62 所示，弹出“标识字母建议”对话框。系统内置了 IEC、IEC61346、IEC81346、NFPA、GB/T5094b 标准的标识符集。

标识字母建议

行业	类别	组	功能定义	IEC	IEC 61346	IEC 81346	NFPA	GB/T 5094	EPLAN教育版标识符集
工艺工程	三通控制阀	三通控制阀,3 ...	三通控制阀,3 ...	X	Q	Q	V	Q	Q
工艺工程	三通控制阀	三通控制阀,3 ...	三通控制阀,常...	X	Q	Q	V	Q	Q
工艺工程	三通控制阀	三通控制阀,3 ...	三通旋塞, 3 ...	X	Q	Q	V	Q	Q
工艺工程	三通控制阀	三通控制阀,3 ...	三通蝶阀,3 个...	X	Q	Q	V	Q	Q
工艺工程	三通控制阀	三通控制阀,3 ...	三通阀,3 个连...	X	Q	Q	V	Q	Q
工艺工程	三通控制阀	三通控制阀,可...	三通控制阀,可...	X	Q	Q	V	Q	Q
工艺工程	三通控制阀	图形	图形						
工艺工程	关断控制阀	关断控制阀,2 ...	关断控制阀,2 ...	X	R	R	V	R	R
工艺工程	关断控制阀	关断控制阀,2 ...	关断控制阀,常...	X	R	R	V	R	R
工艺工程	关断控制阀	关断控制阀,2 ...	关断蝶阀,2 个...	K	R	R	V	R	R
工艺工程	关断控制阀	关断控制阀,2 ...	隔离阀, 2 个...	K	R	R	V	R	R
工艺工程	关断控制阀	关断控制阀,2 ...	隔离阀,2 个连...	H	R	R	V	R	R
工艺工程	关断控制阀	关断控制阀,可...	关断控制阀,可...	X	R	R	V	R	R
工艺工程	关断控制阀	图形	图形						
工艺工程	其它	其它(工艺工程...	其它(工艺工程...						
工艺工程	其它	图形	图形						
工艺工程	冷却器	冷却器,2 个连...	冷却器,2 个连...	A	E	E	?	E	E
工艺工程	冷却器	冷却器,2 个连...	冷却塔,2 个连...	A	E	E	?	E	E
工艺工程	冷却器	冷却器,2 个连...	常规冷却器,2 ...	A	E	E	?	E	E
工艺工程	冷却器	冷却器,4 个连...	冷却器,4 个连...	A	E	E	?	E	E
工艺工程	冷却器	冷却器,可变	冷却器,可变	A	E	E	?	E	E
工艺工程	冷却器	图形	图形						
工艺工程	分离器	分离器,3 个连...	分离器,3 个连...	F	V	V	F	V	V
工艺工程	分离器	分离器,可变	分离器,可变	F	V	V	F	V	V

确定　取消　应用(A)

图 5-62 “标识字母建议”对话框

在图 5-62 所示对话框中单击鼠标右键，在弹出的快捷菜单中选择“新建”命令，可以自定义建立新的标识符集，图 5-62 中的“EPLAN 教育版标识符集”就是新建的，然后复制其左侧的一套标准的标识符集，再粘贴到“EPLAN 教育版标识符集”中，做个别修改，得到一个自定义的标识符集。

当关闭“标识字母建议”对话框时，系统要求同步，把刚才建立的“EPLAN 教育版标识符集”写到打开的项目中。通常可以通过【工具】>【主数据】>【更新当前项目】将系统标识符集同步复制到项目中。

5.3.2 设备编号（在线）

实际项目中的设备命名是对一个项目进行设置，每个项目应该有不同的设备命名标准。

设备的编号分为在线编号和离线编号。在线编号对设置以后的操作起作用，离线编号是对已经放置的设备进行重新编号。

通过【选项】>【设置】>【项目（项目名称）】>【设备】>【编号（在线）】来确定项目的标识符集、在线设备编号的设置以及在插入符号、插入和复制宏时的设备编号规则。设备编号（在线）设置如图 5-63 所示。

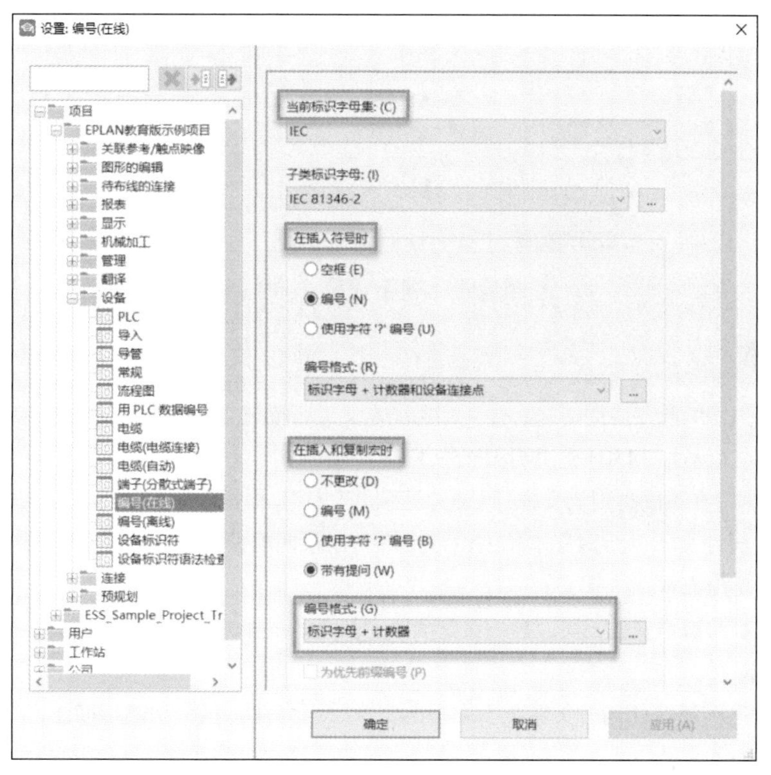

图 5-63　设备编号（在线）设置

5.3.3　“T 节点”的并线表达

前面介绍过 T 节点表示了连接的方向性，在实际图纸中还会遇到并线的处理是以“T 节点”来表达还是以“实心点”来表达的问题。

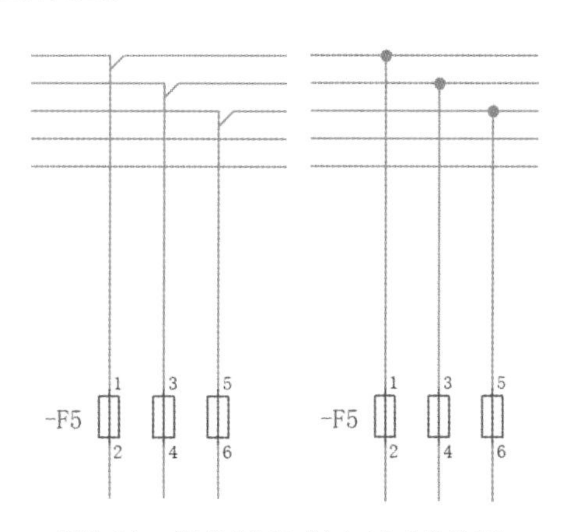

图 5-64　“T 节点”和“实心点”的并线表达

图 5-64 中左侧的电路用前面讨论过的 T 节点表示了连接的方向性，可以明显地看到左侧 F5:1 上接了两个线；右侧的电路是以“实心点”来表达的，不能区别接线的连接情况，要用接线图或表辅助才能看到接线关系。国内图纸设计通常采用“实心点”来描述。

通过【选项】>【设置】>【项目（项目名称）】>【图形的编辑】>【常规）】，弹出“设置：常规”对话框，如图 5-65 所示，在右侧窗口对“显示连接支路”进行选择，通常选择“包含目标确定”。

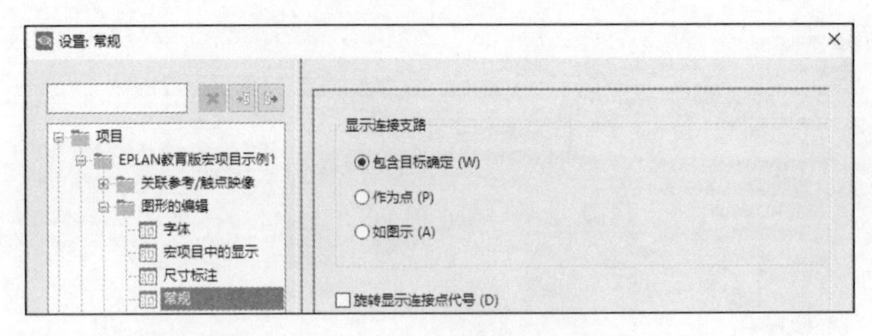

图 5-65 “设置：常规”对话框

5.3.4 文本

电气工程项目图纸除了应用符号、元件和功能定义进行描述，还需要用文本进行项目、原理图、符号、功能、安装板及报表的补充说明和描述。

在EPLAN中存在不同类型的文本，用来实现不同的应用。根据应用目的不同，文本分为自由文本、路径功能文本、属性文本、特殊文本和占位符文本。在原理图设计过程中经常使用的是自由文本、属性文本和路径功能文本。

所有的文本都可被格式化，可以自由设定大小、颜色、文本方向、字体、字体格式等。

1. 自由文本

自由文本就是能够在任何一页图纸上书写的文本，用来注解某种功能和描述，在视觉上进行图形标注，没有更多的属性功能。

通过【插入】>【图形】>【文本】，或在键盘上按“T”键打开“属性（文本）”对话框，如图5-66所示，在文本框中输入“电源来自电动机控制室”以说明电源的出处，单击“确定”按钮，关闭对话框。

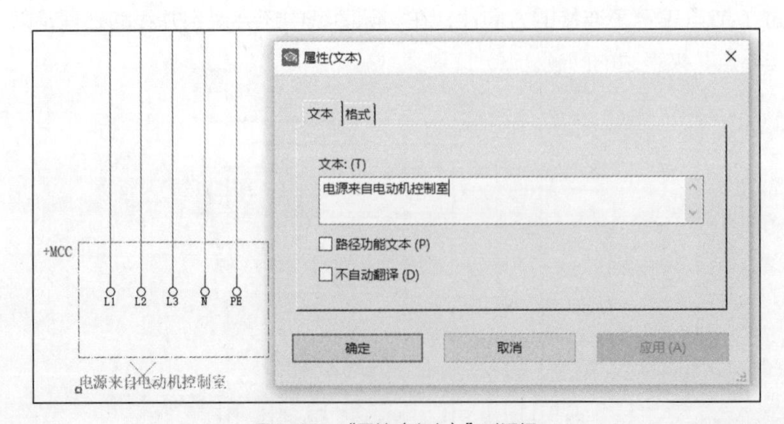

图 5-66 “属性（文本）”对话框

2. 属性文本

由于EPLAN Electric P8是一个数据库结构软件，每个属性在整个项目上都会得到继承和更新，因此强烈建议在设计中多使用属性文本进行描述。

属性文本用来描述原理图中相应符号上组件的属性，它是在属性中输入一个值并通过设置显示属性才能被显示的文本。

原理图设计中经常对元件进行描述。单击图5-67所示的 -M1，弹出“属性（元件）：常规设备”对话框，在“电机”选项卡中，在“功能文本”文本框中输入“电机正转”，在“技术参数”文本框中输入“7.5kW”，在“装配地点（描述性）”文本框中输入“驱动站”，对此电机进行描述。

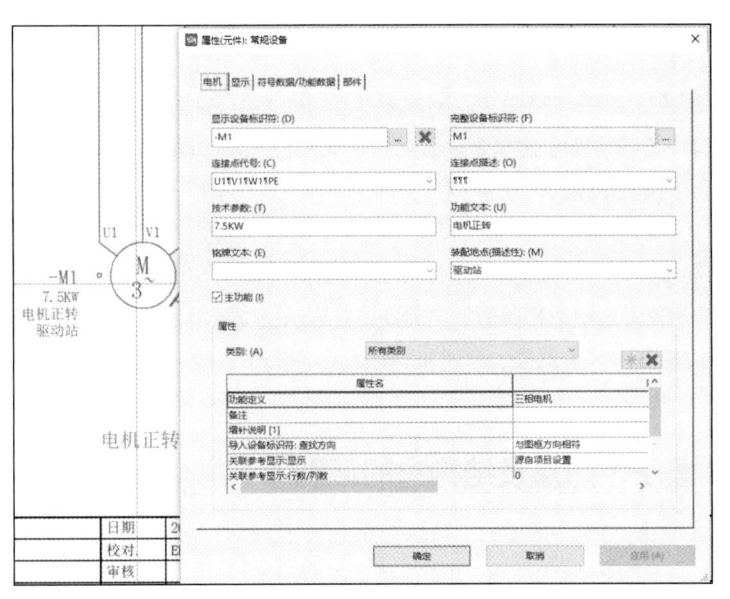

图 5-67　-M1 的属性文本

在“属性（元件）：常规设备”对话框的“显示”选项卡中显示了要显示的属性组。带有红色向下箭头的属性为独立成组的属性，称为“取消固定”。这些属性可以自由移动，不受其他属性影响。没有红色向下箭头的属性成为一组，它们受到与之相邻的上一级带有红色向下箭头的属性的影响。如图 5-68 所示，铭牌文本、装配地点（描述性）和块属性 [1] 这 3 个属性与上一级的功能文本固定为一组，当移动功能文本时，这 3 个属性随着一起移动。

图 5-68　“属性（元件）：常规设备”对话框

要想使属性独立成组固定，选中该属性，单击“取消固定”按钮，属性前显示有红色向下箭头。

要想使属性与其他属性成组固定，选中该属性，单击“固定”按钮，属性前的红色向下箭头不再显示。

在设计图纸时经常需要移动属性文本到想要放置的位置。选中符号，单击鼠标右键，弹出快捷菜单，选择【文本】>【移动属性文本】。激活“移动属性文本”动作，单击“电动机正转”，按住鼠标左键移动到想要放置的位置。

属性文本的格式选项和设置包括格式、文本框、位置框、数值 / 单位和位置。

格式用来设置字体的大小、颜色和类型；文本框用来设置文本的边框，它可以是长方形、椭圆形或不套；数值 / 单位用来设置单位和单位的自动换算并显示；位置用来设置文本在图纸上的显示位置。

字段的操作可以是下拉列表选择、复选框选中与取消选中、数值直接输入等，如图 5-68 中红色框中所示。

5.3.5 PLC 盒子、黑盒及结构盒的区别

在制作有关 PLC 系统的硬件描述时，建议应用 PLC 盒子进行制作。尽量避免用黑盒制作，因为用黑盒制作的 PLC 无法实现自动编址的功能。黑盒主要用来描述用标准符号库不能描述的符号。而用黑盒做的符号，设计中只关心对外的连接点，不关心内部的功能和画法。

结构盒用来描述物理上存在的一组设备，它们被放置在同一位置或在描述表达不同的功能。另外，在结构盒属性中没有“总线”标签，不能描述 PLC 中的拓扑和总线信息。

如图 5-69 所示，PLC 盒子中含有大量的总线系统信息。

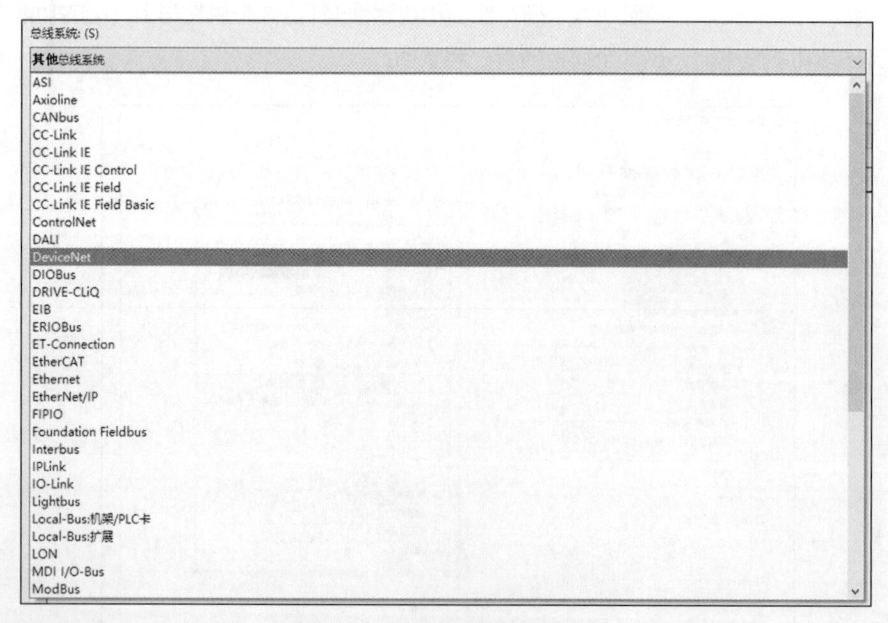

图 5-69 PLC 盒子中的总线系统信息

5.3.6 黑盒的组合和功能定义

黑盒制作完成后，图形要素中的黑盒、设备连接点以及黑盒内部的图形要素是分散的。当移动黑盒或设备连接点时，仅仅是个体对象的移动。但我们在移动变频器的时候，希望整个符号都在移动。

这就需要把整个黑盒的各个对象绑定在一起。选中黑盒及所有对象，在键盘输入是英文的状态下按“G”键，或通过【编辑】>【其他】>【组合】，将它们组合在一起。组合后的黑盒在黑盒或设备连接点移动的时候，所有对象都随之移动。通过【编辑】>【其他】>【取消组合】命令，可取消黑盒的组合。

当编辑组合后的黑盒时，无论是单击黑盒还是单击设备连接点，只要是黑盒的对象，总是弹出黑盒的属性对话框。这或许不总是操作者想要的，如果想要编辑设备连接点的属性，需要弹出设备连接点的对话框，而这时却弹出黑盒的属性对话框，将无法编辑或修改设备连接点信息。这时，可按住“Shift”键，双击设备连接点，就会弹出设备连接点的对话框。“Shift”键的作用是在操作的时候，暂时炸开组合的要素。

黑盒代表了常规符号库中无法实现的设备描述，在制作和使用时应注意以下 4 点。

（1）用设备连接点作为黑盒对外部的连接，因为设备连接点总是与黑盒联系在一起的。

（2）黑盒内部符号的表达类型要改为“图形”。如果是“多线”或“单线”，则内部符号会参与原理图的评估和 BOM 表的生成。

（3）将按钮 -S1 移动到黑盒 -U1 内部，得到按钮的新 DT 为 -U1-S1；将没有 DT 的按钮移动到黑盒 -U1 内部，得到按钮的新 DT 为 -U1。

（4）与 DT 同名的黑盒可以实现关联参考。

制作完的黑盒仅仅图形化描述了一个变频器，它实现逻辑上的智能化了吗？双击黑盒弹出“属性（元件）：黑盒”对话框，它的主选项卡还是显示“黑盒”（见图 5-70），图形与逻辑还没有匹配。

图 5-70　“属性（元件）：黑盒”对话框

因此，必须为它重新定义功能。EPLAN 的功能定义库是不能被修改和添加的，应该把变频器归结到类似的类别中。变频器应该属于变频器类，所以要将黑盒的功能定义由“黑盒”改为“变频器”，如图 5-71 所示。

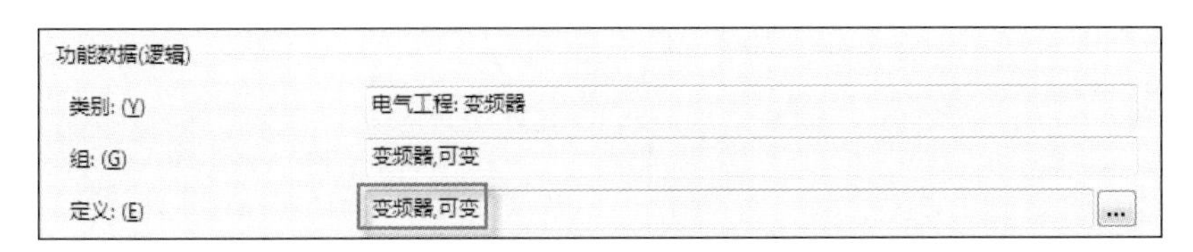

图 5-71　黑盒功能的重新定义

再次双击黑盒弹出“属性（元件）：黑盒”对话框，它的主选项卡显示“变频器”，如图 5-72 所示，图形与逻辑实现了相互匹配。

图 5-72　主选项卡与功能定义一致

思考题

1. T 节点在工程中的意义是什么？怎样修改自动连线的线型？

2. 什么是“成对中断点”和“星形中断点”？如果每页上中断点都指向自己，可说明什么？

3. 如何移动触点映像的位置？组件触点映像间距（路径中）的距离能改变吗？

4. 黑盒、结构盒、PLC 盒的区别是什么？

5. 自由文本和属性文本的区别是什么？

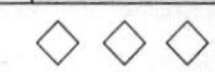

第 6 章 连接

06

本章学习要点

- 连接的定义和连接的属性。
- 电位和信号的概念。
- 连接和连接定义点的区别。
- 连接的手动编号和自动编号。
- 连接的规则的定义。

6.1 基础知识

6.1.1 连接

EPLAN Electric P8 中，当符号连接点水平或垂直对齐时就会产生自动连线。这个连线被称为连接，连接可以用单个导线、电缆和母线连接，因此，在 EPLAN 中需要用连接定义点指定连接的类型。

单线原理图和多线原理图存在多个符号、设备相连来描述项目的原理构成，电气原理图项目中存在大量的连接。前面介绍过 T 节点及其变量连接符号用于连接，T 节点表示目标追踪，通过 T 节点可以了解设备间的接线情况和接线顺序。

随着原理图设计的深入，符号设备的插入、删除和移动都会影响整个项目的连接变化，在产生新的连接的同时，现存的连接得到了更新。一个很现实的问题是，当原理图有变动的时候，是否需要立即更新连接呢？ EPLAN 是一个实时的数据库软件，支持在线更新。更新连接的目的是为了生成连接列表、接线表等，所以在设计阶段，当原理图有变化的时候，没有必要立即更新连接。

通过【选项】>【设置】>【用户】>【显示】>【常规】，打开“设置：常规”对话框，如图 6-1 所示。选中“在切换页时更新连接”复选框，表明在打开、关闭或翻页时会自动更新连接。选中“在项目范围内更新连接（手动）”复选框，表明对整个项目进行更新；当未选中时，仅仅对选择页进行更新。

此外，通过【项目数据】>【连接】>【更新】，可以完成对选择范围内的连接更新。

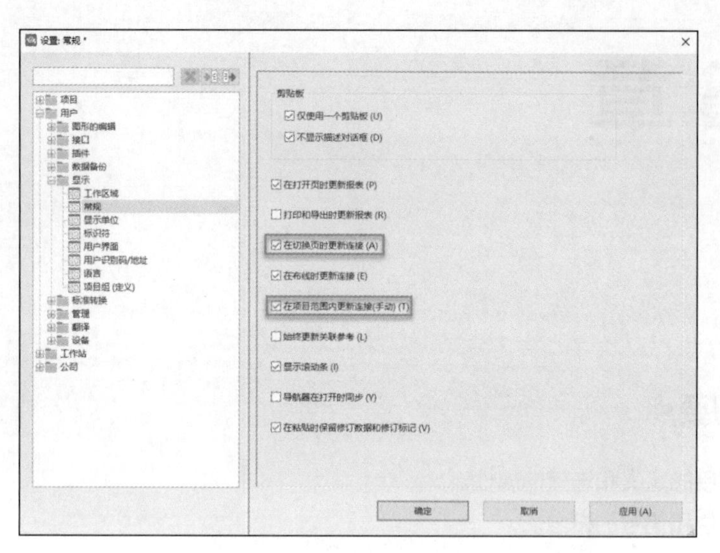

图 6-1 “设置：常规”对话框

当移动原理图上的元件时，与此相关的连接自动被删除，而与此无关联的连接则保持不变。连接是可以被打断的。要想打断连接，可单击【插入】>【连接符号】>【断点】，插入断点打断连接。

6.1.2 连接导航器

连接导航器包含了与项目相关的所有连接数据，在连接导航器中管理现存的连接。通过【项目数据】>【连接】>【导航器】打开连接导航器，如图 6-2 所示，导航器可以进行树结构显示和列表显示。在导航器内单击鼠标右键，在弹出的快捷菜单中选择“配置显示”，配置在导航器列表显示的属性，便于很好地了解连接的信息。新建一个配置名称，添加想要显示的有关连接的属性。例如，项目名称 <10000>，源 <31019>，目标 <31020>，连接颜色或连接编号 <31004>，带单位的连接截面积 / 直径 <31007>，连接代号 <31011>，调换源和目标 <31013> 等。

连接 - ESS_Sample_Project_Trial

筛选器: (F)

- 未激活 -

数值: (V)

<31019> 源	<31020> 目标	<31011> 连接代号	<31004> 连接...	<31007> 带单...	<31013> 调...
+A1-WE2:2	=GB1+A1-PF1:I3:2		BU	1,5 mm²	否
+A1-WE1:2	=GB1+A1-PF1:I3:18		GNYE	1,5 mm²	否
+A1-XD1:1	=GB1+A1-FC1:1		BK	6 mm²	否
+A1-WE2:1	+A1-XD1:7		BU	6 mm²	否
+A1-WE1:1	+A1-XD1:8		GNYE	6 mm²	否
+A1-XD1:2	=GB1+A1-FC1:3		BK	6 mm²	否
+A1-XD1:3	=GB1+A1-FC1:5		BK	6 mm²	否
+A1-FC2:1	=GB1+A1-PF1:I3:12		BK	1,5 mm²	否
+A1-FC2:2	=GB1+A1-PF1:I3:14		BK	1,5 mm²	否

图 6-2 连接导航器

通过【项目数据】>【连接】还可以打开电位导航器和中断点导航器。

6.1.3 连接定义点

连接定义点用来为连接定义属性。执行【插入】>【连接定义点】命令，连接定义点系附在鼠标指针上，将其放置到预定义的连接上，同时弹出“属性（元件）：连接定义点”对话框，如图 6-3 所示。

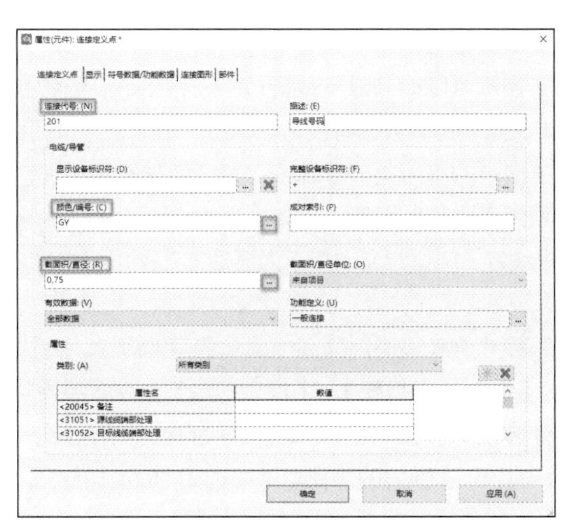

图 6-3 “属性（元件）：连接定义点”对话框

对图 6-3 中部分项的说明如下。

- 连接代号：手动输入一个名称，在进行自动编号时，由系统自动生成。
- 描述：为连接添加附加描述，此属性不是标识性的，只作为辅助信息。
- 显示设备标识符：如果连接中涉及电缆连接或电缆，则在此显示电缆的设备标识符。如果是连接，显示现有连接对话框。
- 完整设备标识符：在此文本框中显示附属电缆的完整设备标识符。
- 颜色 / 编号：选择或输入连接的颜色或编号，此属性可以标识连接。单击⊡，打开连接颜色对话框，并从列表中选择颜色。
- 截面积 / 直径：连接截面积或直径可从部件管理中导入，可在设备选择时作为筛选标准使用。单击⊡，打开截面积 / 直径对话框，并从列表中选择截面积 / 直径，包括所属的单位。
- 截面积 / 直径单位：通过下拉列表，选择提供可用的单位。
- 有效数据：从下拉列表中选择允许输入连接定义点的数据类型，数据类型有以下 3 种。

（1）仅有连接代号：除了连接代号之外，不能在连接定义点上输入其他属性数据。

（2）全部数据：可输入全部属性数据。

（3）无连接代号：不能在连接定义点上输入连接代号。如果此类定义点位于应该编号的连接上，则必须为连接代号设置一个附加的定义点。

6.1.4　电位和信号

电位是指在特定时间内的电压水平。电位从有源设备发起，终止于耗电设备（变压器、逆变器）。保险可以看作传输电位的设备，因为电位在保险的进出端保持一致。信号是电位的子集，信号被赋予一组连接并由它们相互传递，它终结于功能的隔离信号（功能属性中的“信号隔离”）。信号必须有一个与相关电位不同的名字，含有不同的数据。信号通过连接在不同原理图页之间传输。

电位或信号可以由电位定义点和电位连接点来定义，定义的数据是整个原理图的电位或信号，而不是单个的连接。电位定义点用来指定一个或多个连接传递的电位属性，这些属性可以在项目中预定义，也可以在电位连接点或中断点进行设置。在电位定义点中，电位和耗电设备连接的信号一起被指定，这样使在耗电设备处检查电位更为方便。电位连接点是一个功能，含有逻辑，保存连接点如何传递电位和信号的信息。在电位连接点属性对话框中定义的电位类型同样会传递给连接点。通过电位定义点和连接点，连接可以得到以下数据：电位名称、信号名称、电位类型、电位值和相对电位。而连接通过连接定义点获得的数据有设备标识符、功能定义、调换源和目标。

在工程设计中，电位连接点的符号类似于端子符号，但它不是端子，也不能用端子符号代替电位连接点符号。电位连接点用于电位的发起，例如，三相电源的起点，从别的结构中引入的电源，或是作为本张图纸的电源进线等。电位定义点用于为器件的连接电位定义。常见的电位类型有 L、N、PE、+、–、SH 等。

可以通过“电位跟踪”和“信号跟踪”强调电位和信号的颜色，并快速查看它们的延伸情况。执行【视图】>【电位跟踪】命令或【视图】>【信号跟踪】命令激活该功能，然后选中一个连接，连接的颜色有变化，并能看到导线电位或信号的延伸。只有在当前连接下才能突出显示电位和信号。通过“Esc”键，或单击鼠标右键，在弹出的快捷菜单中选择“取消操作”，结束电位跟踪、信号跟踪。

6.1.5 电位定义点

可以通过电位定义点为连接定义属性，如果一个连接由电位定义点连接，它会自动得到连接属性。电位通过信号将电位属性传递给连接。当然，可以手动编辑和修改单个连接属性，增添附加的属性。执行【插入】>【电位定义点】命令，电位定义点系附在鼠标指针上，将其放置到预定义的连接上，同时弹出“属性（元件）：电位定义点”对话框，如图 6–4 所示。

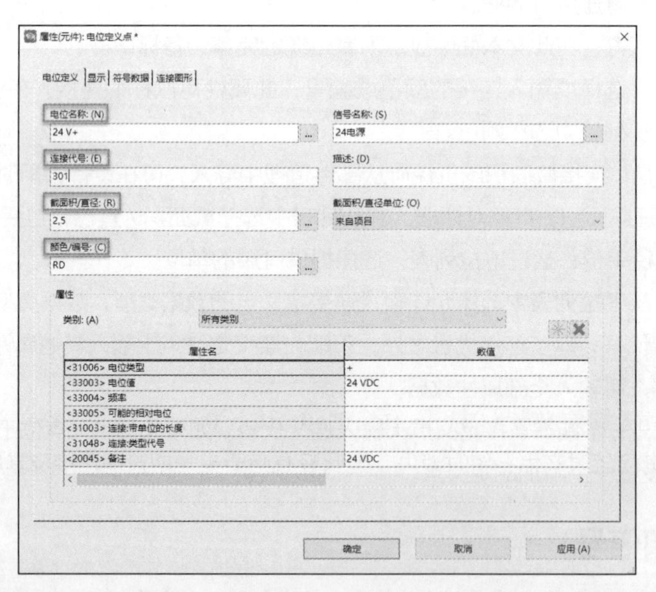

图 6–4　“属性（元件）：电位定义点”对话框

对图 6–4 中部分项的说明如下。

- 电位名称：输入电位的名称。通过…打开“选择电位 / 信号”对话框，在此提供项目中存在的电位名称和附属的信号名称以供选择。
- 信号名称：输入信号的名称。通过…打开“选择电位 / 信号”对话框，在此提供项目中存在的电位名称和附属的信号名称以供选择。
- 连接代号：输入连接代号。
- 描述：给连接添加附加描述，此属性不是标识性的，只作为辅助信息。

- 截面积 / 直径：连接截面积或直径可从部件管理中导入，而且可在设备选择时作为筛选标准使用。单击[...]，以打开截面积 / 直径对话框，并从列表中选择截面积 / 直径。
- 截面积 / 直径单位：此处的下拉列表提供可供选择的单位。
- 颜色 / 编号：选择或输入连接的颜色或编号，此属性可以标识连接。单击[...]，以打开连接颜色对话框，并从列表中选择颜色。

同样，可以通过电位连接点为连接定义属性。执行【插入】>【电位连接点】命令，电位连接点系附在鼠标指针上，将其放置到预定义的连接上，同时弹出“属性（元件）：电位连接点”对话框，如图 6-5 所示。

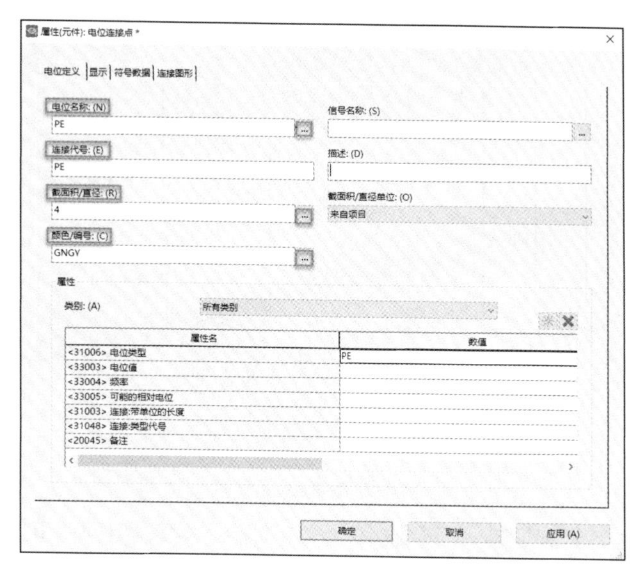

图 6-5 “属性（元件）：电位连接点”对话框

“属性（元件）：电位连接点”对话框内的填写规则与“属性（元件）：电位定义点”对话框内的填写规则相同。

6.1.6 连接与连接定义点的区别

连接的属性是由连接定义点（Connection Definition Point，CDP）来定义的。由于自动连线的存在，项目中的连接随时产生、随时消失，因此没有必要来长期管理连接及其属性。

当生成连接时，通过评估逻辑及更新连接，连接从 CDP 处得到属性，但是 CDP 并不等于连接，主要表现在以下 4 个方面。

（1）一个连接具有多个 CDP，如图 6-6 中 2 导线。

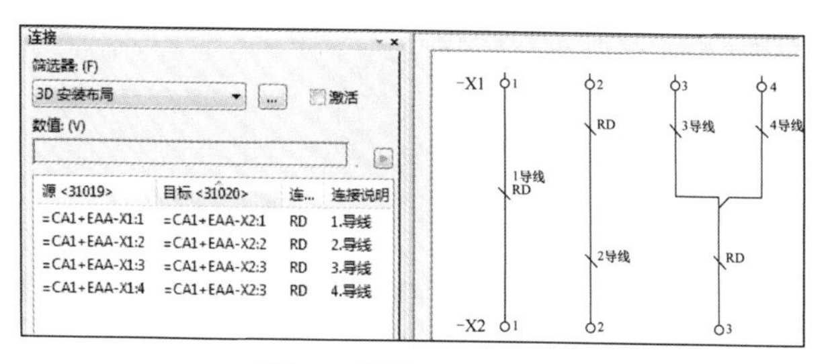

图 6-6 连接与 CDP 的区别

（2）CDP 也可以属于多个连接，如图 6-6 中 3 导线和 4 导线。

（3）CDP 仅能在图形编辑器中进行编辑。当改变 CDP 时，所有的连接在更新后得到改变。

（4）连接只能在连接导航器中进行编辑，当改变连接时，所有与连接相关的 CDP 都被改变。

6.1.7 智能连接

所谓智能连接，就是移动原理图上的符号，保持自动连线不变，即保持原有的电气连接关系不受改变。通常，在移动原理图上的符号时，只是符号在移动，连线并没有一起移动。

激活【选项】>【智能连接】，当移动 -M5 时，自动连线保持连接，并根据空间判断合理走线，如图 6-7 所示。

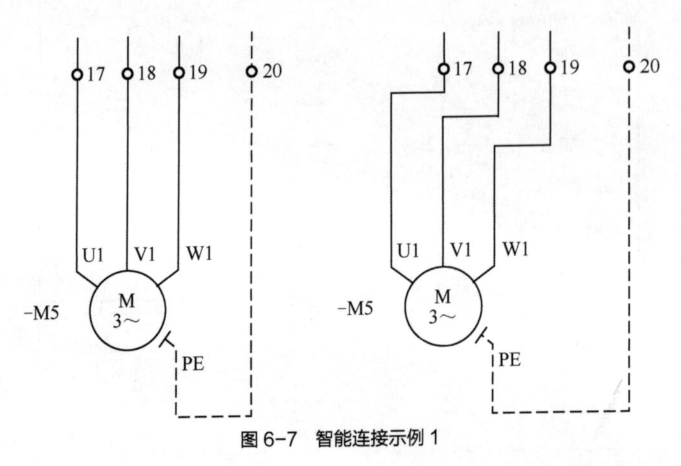

图 6-7　智能连接示例 1

利用智能连接功能，当剪切某一个对象后，将其粘贴到本页或另外一页的位置上，在剪切点和目标页之间自动插入中断点，并自动编号，其间的连接没有改变，如图 6-8 所示。

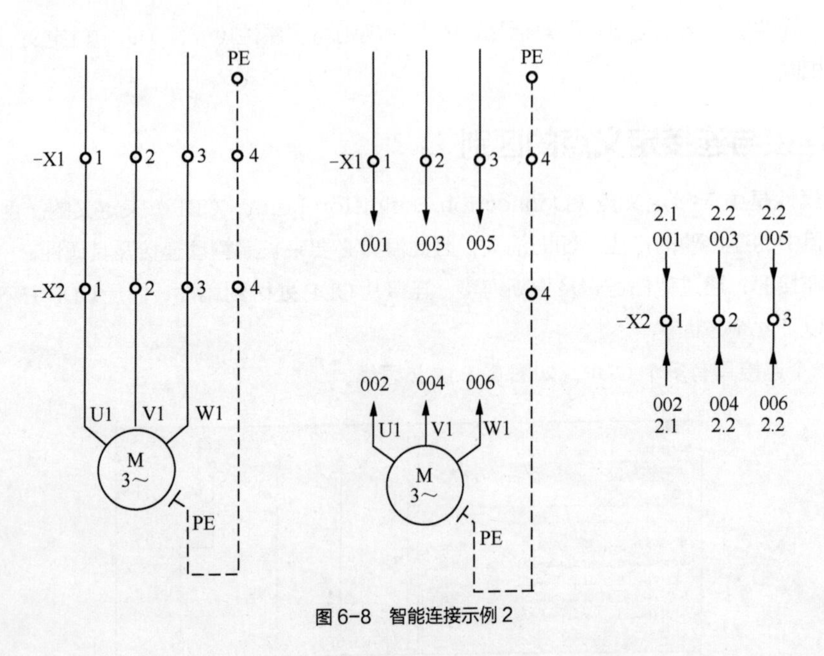

图 6-8　智能连接示例 2

常用命令速查

【插入】>【连接定义点】
【插入】>【电位定义点】
【插入】>【电位连接点】
【项目数据】>【连接】>【导航器】
【项目数据】>【连接】>【电位导航器】
【项目数据】>【连接】>【中断点导航器】

提示

1．通过连接定义点、电位定义点、电位连接点中的“连接图形”可以改变连接的颜色。

2．当插入连接定义点，符号为空符号时，按“Backspace”键弹出“符号选择”对话框，选择相应的连接定义点符号。

3．当考虑线束设计时，可以应用连接的属性“线束 <31092>”和“线束组 <31093>”。

6.2 操作步骤

6.2.1 手动导线编号

（1）打开项目“EPLAN 教育版示例项目”，打开页面“&EAA/3”，图纸在图形编辑器中被打开。

（2）单击【插入】>【连接定义点】，连接定义点系附在鼠标指针上，把它放置在母线与 -F5 之间，弹出“属性（元件）：连接定义点”对话框，如图 6-9 所示，在“连接代号”文本框中输入“101”，“颜色 / 编号”选择“BK”，“截面积 / 直径”选择“4”，单击“确定”按钮，关闭对话框。

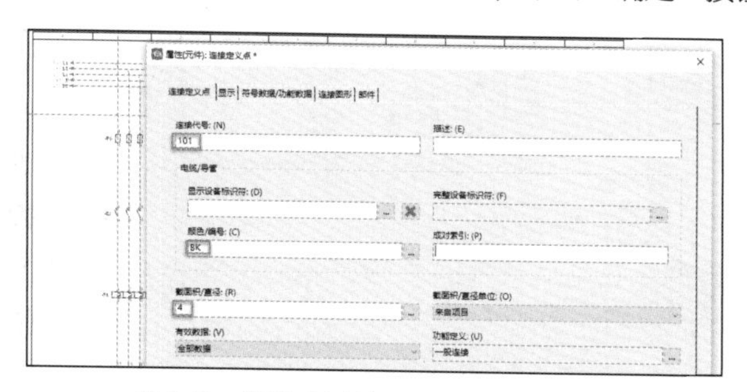

图 6-9 “属性（元件）：连接定义点”对话框

（3）用同样的方法，对电机正转控制回路进行手动导线编号，编号的结果如图 6-10 所示。

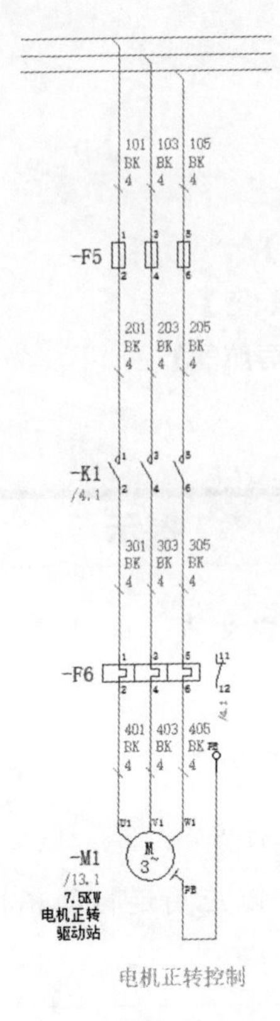

图 6-10　电机正转控制回路手动导线编号

6.2.2　自动导线编号

（1）EPLAN 已经定义了导线自动编号的规则，包括基于电位、连接、信号的规则及默认规则等，通过【选项】>【设置】>【项目名称】>【连接】>【连接编号】打开“设置：连接编号”对话框，在其中进行选择，如图 6-11 所示。

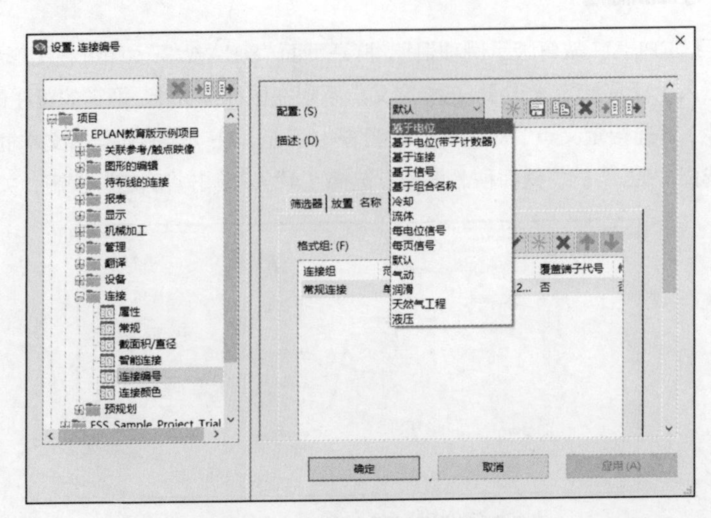

图 6-11　“设置：连接编号”对话框

（2）选中图 6-10 中从 -F5 到 -M1 间的手动编号连接删除手动编号。

（3）选中母线与-F5 间的手动导线编号，单击鼠标右键，在弹出的快捷菜单中进行选择，弹出“属性（元件）：连接定义点”对话框，将属性“<31046> 手动放置”选中，如图 6-12 所示。

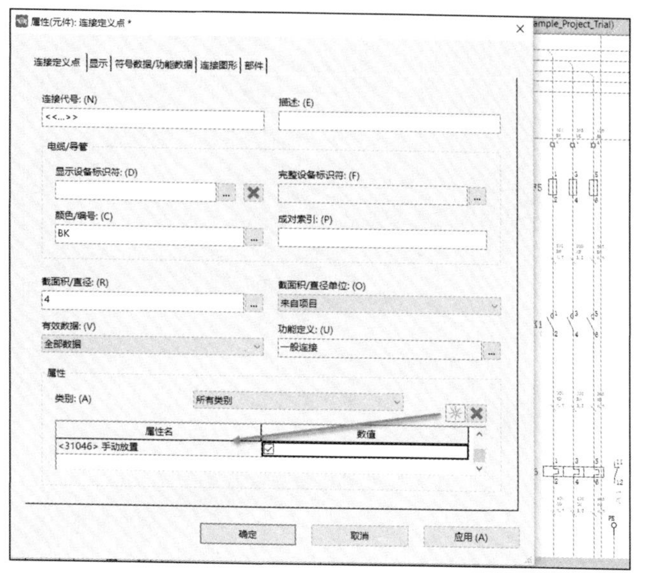

图 6-12　“属性（元件）：连接定义点”对话框

（4）选中整个电机正转控制回路，单击【项目数据】>【连接】>【编号】>【放置】，弹出“放置连接定义点”对话框，选择“基于连接”的编号规则，系统逻辑评估把认为需要命名的连接用“???”来表示。

（5）单击【项目数据】>【连接】>【编号】>【命名】，弹出“对连接进行说明”对话框，在“设置”下拉列表中选择“基于连接”，在“覆盖”下拉列表中选择“除了‘手动放置’”，选中“结果预览”复选框，如图 6-13 所示。

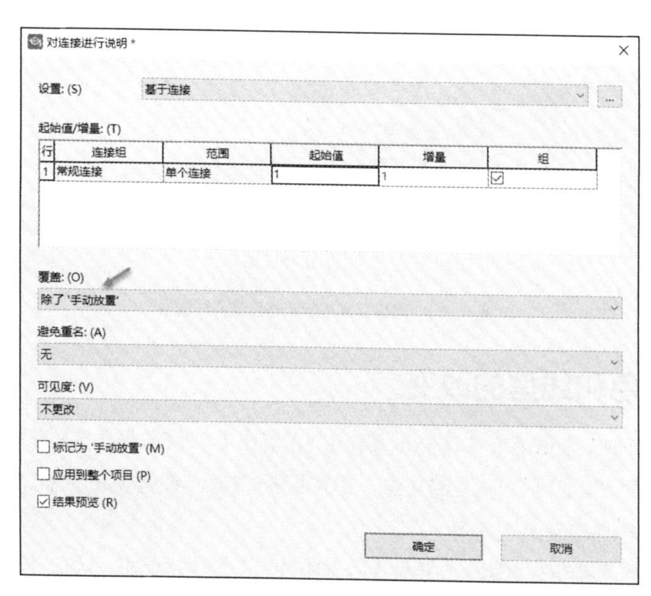

图 6-13　“对连接进行说明”对话框

（6）单击“确定”按钮，弹出“对连接进行说明：结果预览”对话框，可以预览对连接编号的情况，此规则是按连续数字命名的规则，单击“确定”按钮，关闭对话框，结果如图6-14所示。从结果来看，进行过属性“<31046>手动放置”的连接并没有被自动编号所替代。

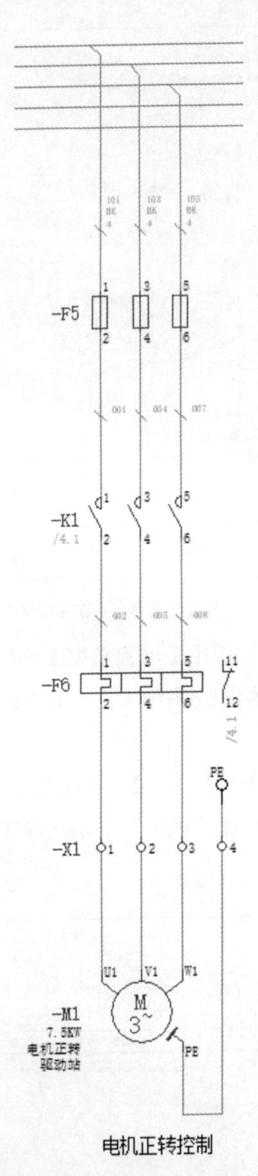

图6-14　电机正转控制回路自动导线编号

6.2.3 电位颜色和线型的改变

（1）打开项目“ESS_Sample_Project_Trial”，单击【项目数据】>【连接】>【电位导航器】，打开电位导航器，选择“24V+”电位定义点，单击鼠标右键，在弹出的快捷菜单中选择“转到（图形）”，来到原理图电位定义点“24V+”。

（2）双击“24V+”弹出“属性（元件）：电位定义点”对话框，将“连接图形”标签下的颜色改为“黄色”，线型改为“点实线”，单击“确定”按钮，如图6-15所示。

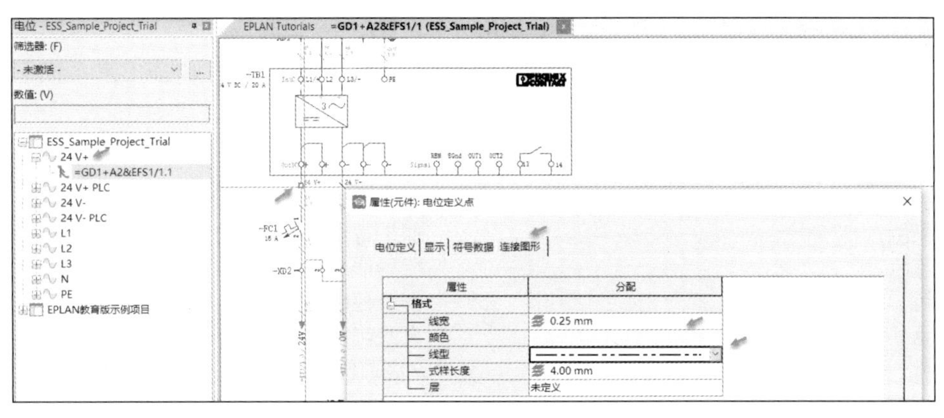

图 6-15 “连接图形”设置

（3）单击【项目数据】>【连接】>【更新】，检查“24V+”电位所关联的导线颜色和线型的变化。

6.3 工程上的应用

6.3.1 导线颜色标准

IEC 60757 电气颜色标志的代码适用于电气技术方面的文件图样和标记，规定了常用颜色标志的字母代码及表示方法。通常，颜色标志的字母代码用该颜色的英文单词缩写表示。

IEC 60757 标准中定义的常用颜色标志的字母代码如表 6-1 所示。

表 6-1 常用颜色标志的字母代码

颜色名称	字母代码
黑色	BK
棕色	BN
红色	RD
橙色	OG
黄色	YE
绿色	GN
蓝色（包括淡蓝）	BU
紫色（紫红）	VT
灰色（蓝灰）	GY
白色	WH
粉红色	PK
金黄色	GD
青绿色	TQ
银白色	SR
绿 / 黄双色	GNYE

注：在本标准中大写字母和小写字母具有相同的意义，但优先采用大写字母

在 EPLAN 中，已经根据国际标准的要求，内置了导线颜色的标志字母代码，并可以新增自定义的导线颜色标志。通过【选项】>【设置】>【项目名称】>【连接】>【连接颜色】可以查看和定

义导线颜色，并且在连接定义点中的导线颜色调用这个设置。

通常在项目图纸前面有一页专门对导线定义的解释，对整个项目中导线的颜色和截面积做具体的要求。下面的例子是某企业对导线设计的要求，供参考。

主断路器前导线颜色	
黑色	主电路
黄绿色	保护导线 / 地线
浅蓝色	N 导线
红色	交流控制电路
蓝色	直流电路
橙色	外部电压

主断路器后导线颜色	
黑色（覆橙色）	主电路
浅蓝色（覆橙色）	N 导线
红色（覆橙色）	交流控制电路
导线横截面积	2.5 mm^2
所有没有标记的线	铜 0.50 mm^2

6.3.2　导线不同命名规则定义

工程设计中通常在一个项目中存在一个线号命名规则，但在这个线号命名规则中还包含子命名规则。项目中常见的命名规则，例如，与 PLC 连接点连接的导线要用 PLC 的地址进行命名、与中断点（L1、L2、L3）连接的导线要用中断点的名称命名、与黑盒（变频器等）的连接要用黑盒的设备连接点命名等。

1. 与 PLC 连接点连接

（1）打开项目“EPLAN 教育版示例项目”，打开页“&EAA/3”，通过【选项】>【设置】>【项目名称】>【连接】>【连接编号】，新建一个命名规则，名称为“EPLAN 教育版示例项目线号命名”，描述为“Education”，如图 6-16 所示，单击“确定”按钮。

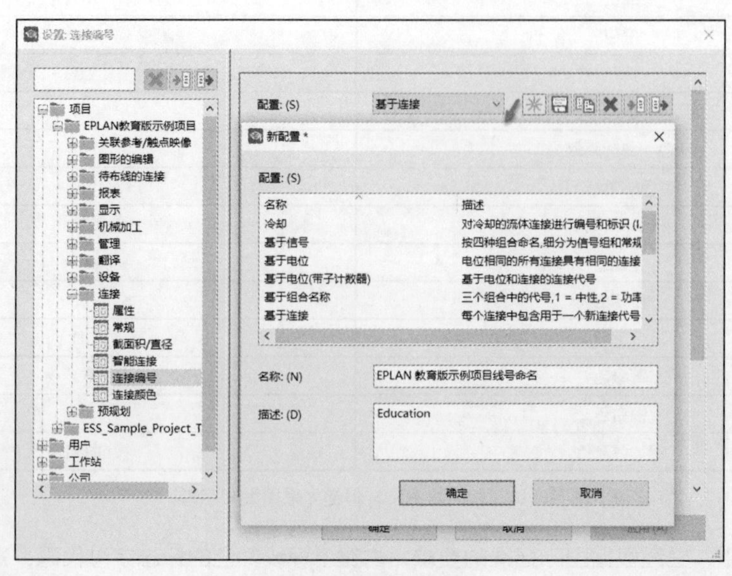

图 6-16　新建线号命名规则

（2）在“筛选器”标签下的行业列表中选中“电气工程”复选框，在“功能定义”列表中选中“一般连接”和“导线”复选框，如图 6-17 所示。

（3）在“名称”标签下，单击“新建”按钮，弹出“连接编号：格式”对话框，在“连接组”下拉列表中选择“与 PLC 连接点相接的连接”，单击“对象数据（连接组建立在该对象的基础上）”，单击“向右推移”按钮，弹出“格式：属性”对话框，选择属性“<20400>PLC 地址”，如图 6-18 所示。单击“确定”按钮，回到“名称”标签。

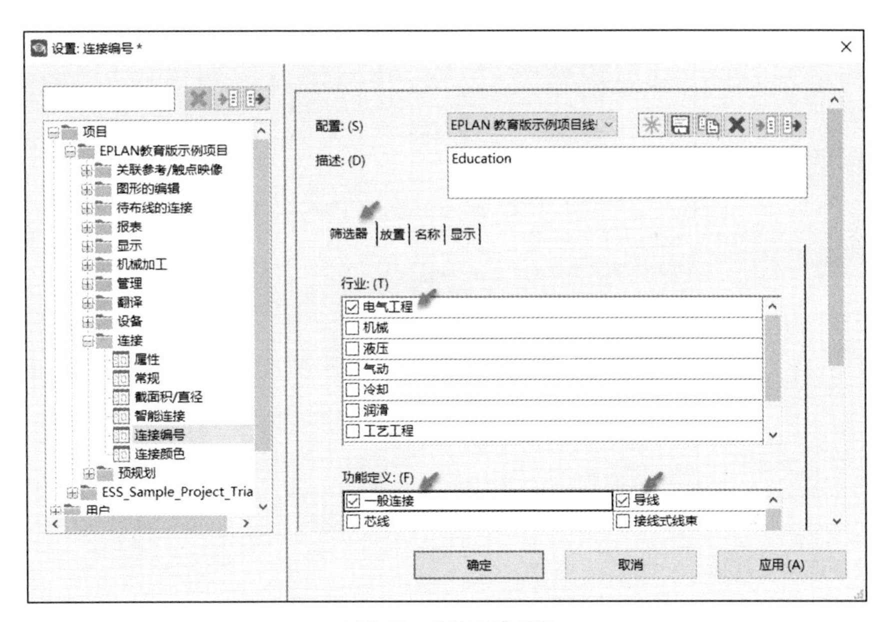

图 6-17　“筛选器”设置

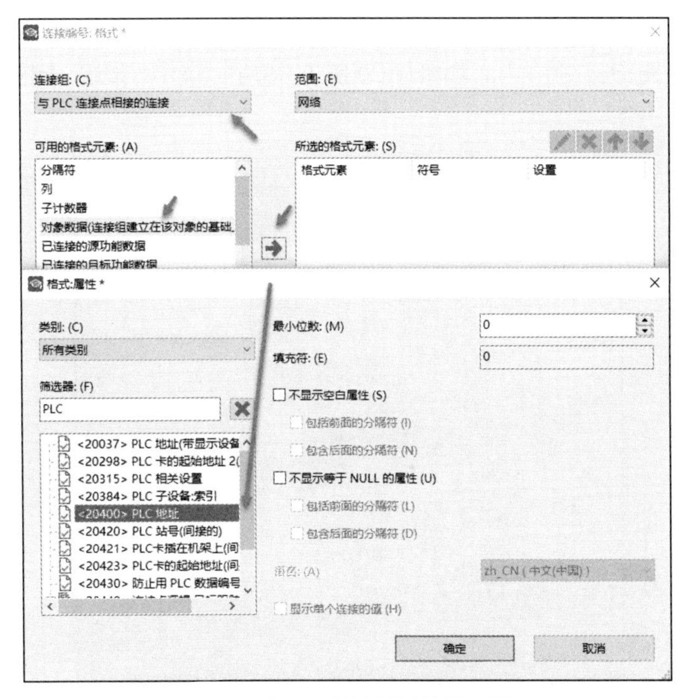

图 6-18　与 PLC 连接点连接的线号设置

2．与中断点连接

（1）在“名称”标签下，单击“新建”按钮，弹出“连接编号：格式”对话框。

（2）在“连接组”下拉列表中选择“用中断点中断的连接”，单击“对象数据（连接组建立在该对象的基础上）”，单击“向右推移”按钮，弹出“格式：属性”对话框，选择“<20002> 名称（可见）”，如图 6-19 所示。单击“确定”按钮，回到“名称”标签。

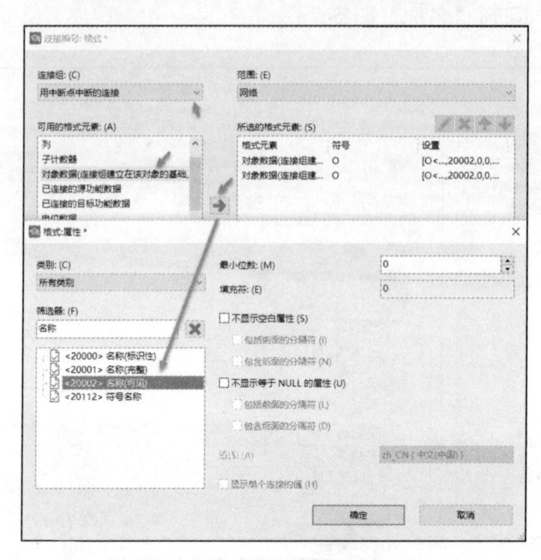

图 6-19　与中断点连接的线号设置

3．与设备连接点连接

（1）在“名称”标签下，单击“新建”按钮，弹出“连接编号：格式”对话框。

（2）在“连接组”下拉列表中选择“与设备连接点相连的连接”，单击“对象数据（连接组建立在该对象的基础上）”，单击“向右推移”按钮，弹出“格式：属性”对话框，选择属性“<20036> 连接点代号（带显示设备标识符）”，如图 6-20 所示。单击“确定”按钮，回到“名称”标签。

图 6-20　与设备连接点连接的线号设置

4. 常规连接

（1）在“名称”标签下，单击“新建”按钮，弹出“连接编号：格式”对话框。

（2）在“连接组”下拉列表中选择“常规连接”，单击“可用的格式元素”中的“页”，单击“向右推移”按钮，弹出“格式：页 / 列 / 行”对话框，定义最小位数，单击“确定”按钮。用同样的方法在“可用的格式元素”中将“列”和“计数器”添加上，如图 6-21 所示。

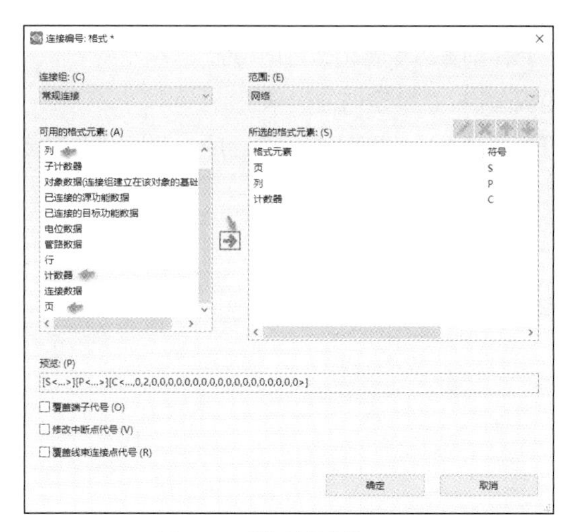

图 6-21 常规连接的线号设置

请注意在“名称”标签下的“格式组”中的规则排列顺序，常规连接应该排列在最后，即系统逻辑评估首先考虑特殊的连接（与 PLC 连接点、中断点、设备连接点等），然后才考虑普通的连接。

用此线号命名规则对“EPLAN 教育版示例项目”进行一次性整体编号，检查得到的结果，打开页“=CA1+EAA&EFS/6”，如图 6-22 所示，图中所框选的长方形中显示的线号是 PLC 的地址。

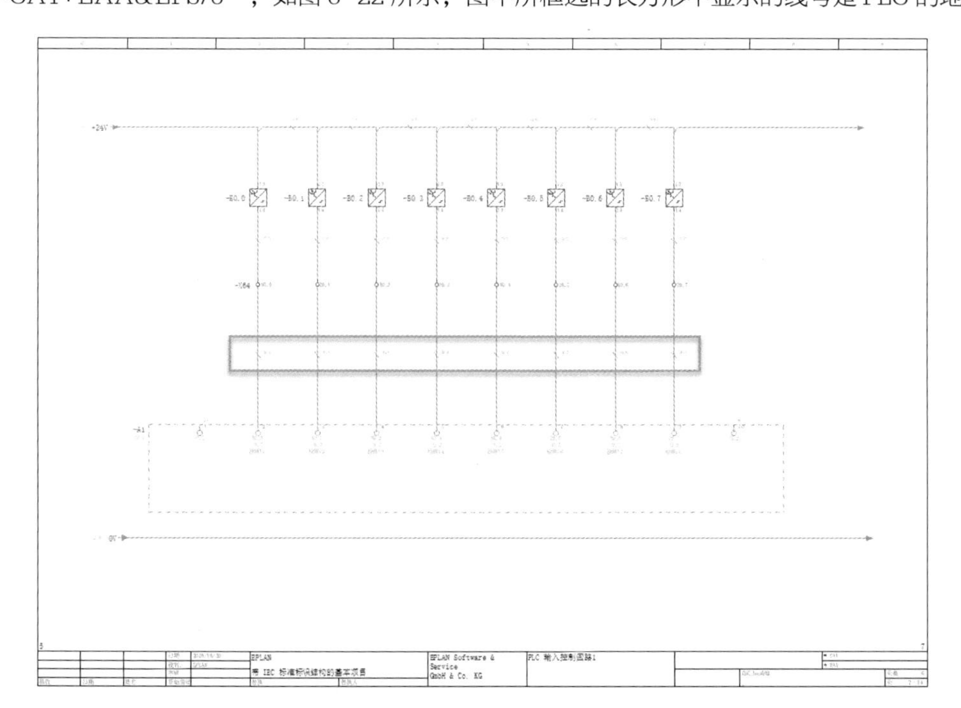

图 6-22 线号命名规则应用结果

思考题

1．什么是连接？怎样更改连接的颜色？

2．什么是连接定义点、电位定义点和电位连接点？它们的作用分别是什么？

3．什么是电位？怎样创建、查看和修改电位？

4．为什么连接的截面积 / 直径没有被显示？

5．智能连接的好处是什么？当智能连接激活后，剪切两个连接间的对象时，会产生中断点关联参考吗？

第 7 章 电缆

07

本章学习要点

- 电缆的功能定义及相关属性。
- 电缆与连接的区别。
- 原理图上电缆和屏蔽的画法、编辑和选型。

7.1 基础知识

7.1.1 电缆定义

电缆在 EPLAN 中由电缆定义表示，可以用电缆定义线或屏蔽以图形方式显示。在其属性对话框中，可以指定电缆的特性，从而定义电缆。

电缆是高度分散的设备，电缆由电缆定义线、屏蔽和芯线组成，它们具有相同的设备名称（Device Tag，DT），例如 -W1。对于电缆来说，具有一个主功能和许多辅助功能，可以用多个电缆定义线表示辅助功能（同一电缆可能放置在不同的页上）。电缆的属性定义在电缆定义线上，电缆的其他属性如电缆型号、电压等级等定义在主功能上。芯线的属性定义在芯线上。

电缆由许多电缆芯线组成。芯线是带有常规连接功能定义（常规、常规特殊功能、连接、导线 / 接线）的连接，并且这个连接被定义为电缆连接，通过连接的属性“电缆连接 <31057>”定义。

可以在图形编辑器中定义电缆。执行【插入】>【电缆定义】命令，使电缆定义符号系附在鼠标指针上，拖拉电缆定义线扫过想要赋予电缆芯线的连接，单击鼠标左键确定起点，扫过连接后，再次单击鼠标左键确定终点，如图 7-1 所示。系统在电缆定义线和连接的交叉点上自动放置了连接定义点。特别提醒注意的是，电缆定义线要与连接有交叉，否则无法为连接赋予电缆芯线。当在单线图上插入电缆定义线的时候，连接点的表达类型被自动定义为单线。在单线图或原理图上对同一根电缆都有描述时，请确认一个主功能，要么在原理图上，要么在单线图上。在随后的电缆属性对话框中为电缆命名，填入其他的与电缆相关的特性信息。

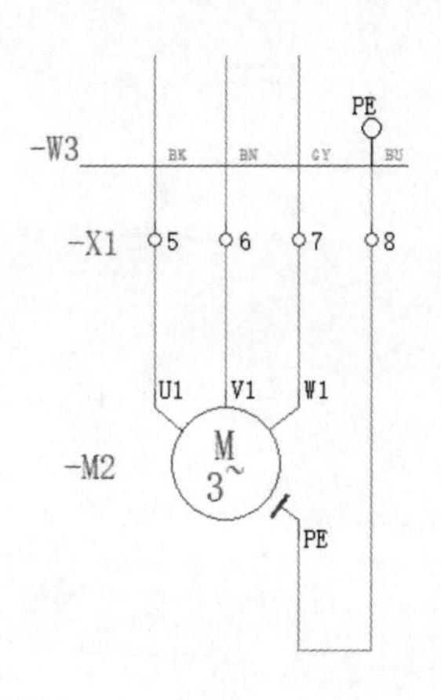

图 7-1　原理图上的电缆定义

在电缆导航器或设备导航器中，可以预定义电缆，而不在原理图上画图形显示。这种未放置类型的电缆在随后的设计过程中被“拖放”在原理图中的设备连接点或端子 / 端子排连接处。通过【项目数据】>【电缆】>【导航器】打开电缆导航器，在电缆导航器中单击鼠标右键，在弹出的快捷菜单中选择“新建”命令。如图 7-2 所示，在“功能定义”库中选择“电缆定义”。在随后的电缆属性对话框中为电缆命名，在“部件”标签下为此电缆自动选型。操作完成后，在电缆导航器建立了一根未放置的电缆 -W4，如图 7-3 所示。

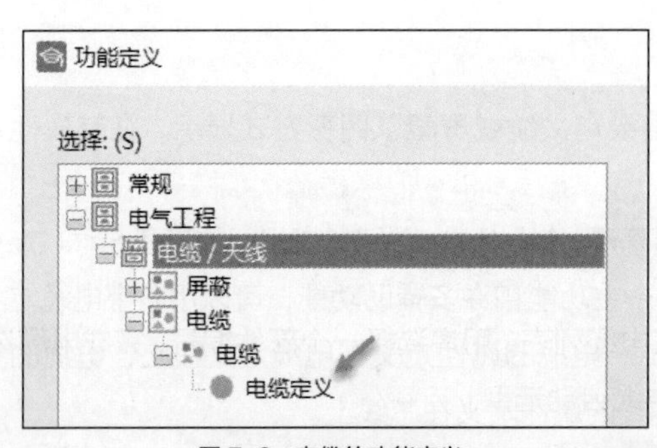

图 7-2　电缆的功能定义

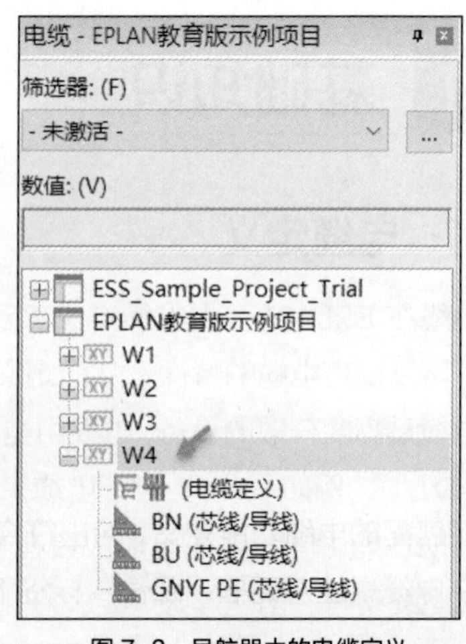

图 7-3　导航器中的电缆定义

在电缆导航器中单击鼠标右键，在弹出的快捷菜单中选择“放置”命令，如同在设备导航器中类似的功能，可以将电缆放置在“多线”“单线”“总览”“拓扑”“管道及仪表流程图”等图纸页中。

在电缆导航器中，可以选择要放置的电缆名称或芯线。当选择电缆名称时，所有属于电缆名称的功能都能被放置。在电缆导航器中选择电缆名称后，单击鼠标右键，在弹出的快捷菜单中选择“放置”命令，电缆定义符号系附在鼠标指针上，单击鼠标左键定义起点，移动鼠标扫过连接，再次单击鼠标左键定义终点，电缆定义被放置，电缆名称、型号等属性被显示，同时电缆芯线被赋予相应的连接。当选择电缆芯线时，单击鼠标右键，在弹出的快捷菜单中选择“放置”命令，所选的芯线功能被放置在原理图上。

7.1.2 电缆选型

电缆选型可分为手动选型和自动选型。

1. 手动选型

电缆手动选型是指给电缆分配一个部件编号，使之成为物理上存在的电缆。通常在电缆属性对话框“部件”标签下，可以为电缆手动选型。

单击“部件编号”后面的[...]，进入“部件选择 -ESS_part001.mdb”对话框，如图 7-4 所示，浏览左侧窗口“电缆”类别中的电缆，选择适合的电缆，单击“确定”按钮。部件编号写入电缆属性。

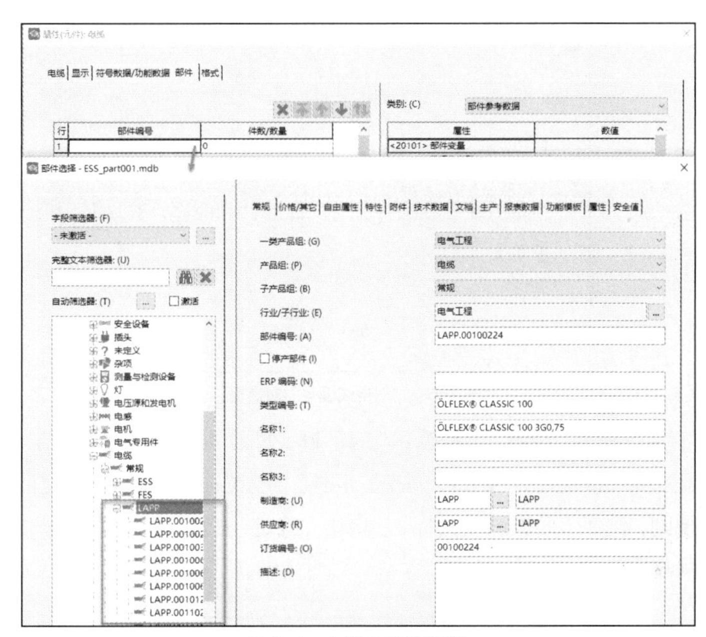

图 7-4 电缆手动选型设置

关闭电缆属性对话框，回到原理图上，可以看到，在电缆处不仅显示了电缆名称、电缆型号和电压等级等相关电缆参数，而且系统将电缆芯数正确地指派到连接上。

2. 自动选型

电缆自动选型是指 EPLAN 系统评估电缆定义线所定义的连接，根据连接数量到部件库中找到与之相匹配的电缆功能定义，给出符合要求的建议电缆列表，用户选择一个部件编号，完成电缆选型。通常在电缆属性对话框“部件”标签下，可以为电缆自动选型。

在电缆属性对话框“部件”标签下，单击“设备选择”按钮，如图 7-5 所示，进入“设备选择多线：-W3（电缆定义）-ESS_part001.mdb”对话框，其中列出了电缆芯线大于所选连接的数量的电缆（因为在原理图上电缆定义线扫过 n 个连接并有交叉）。选中某一电缆编号，在“选择的部件：功能 / 模板（S）”窗口，显示了电缆的细节：电缆的连接颜色或连接编号、连接的截面积等信息。关闭电缆属性对话框，电缆信息被写在原理图上。

图 7-5 单击“设备选择”按钮

7.1.3 电缆处理

1. 电缆编号

项目设计数据可能基于原来已有的设计项目，或者复制另外的项目图纸，或者调用标准化的宏。由于各项目的设备编号规则不尽相同，因此需要对电缆进行重新编号。

单击【项目数据】>【电缆】>【编号】，或在电缆导航器中单击鼠标右键，在弹出的快捷菜单中选择“电缆设备标识符编号”。在原理图上或导航器中选择电缆，执行“编号”命令，调出“对电缆编号”对话框，如图 7-6 所示。

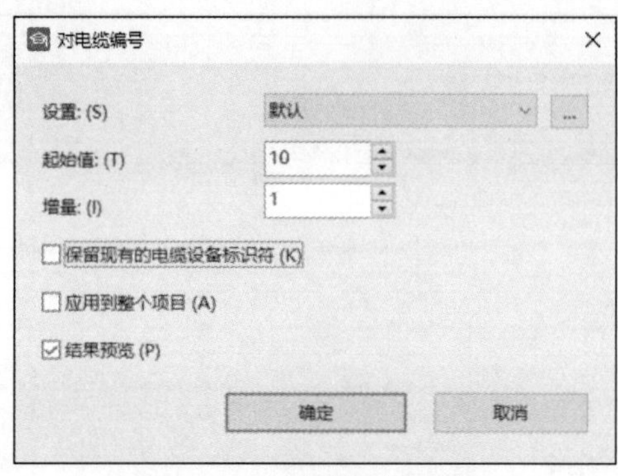

图 7-6　“对电缆编号”对话框

单击“设置”后的...，进入“设置：电缆编号”对话框，如图 7-7 所示，单击“新建”按钮，进入“新配置”对话框，给配置命名。单击“确定”按钮，回到“设置：电缆编号” 对话框，在“格式”下拉列表中选择一种规则，例如“根据源和目标”。单击“确定”按钮，退出“设置：电缆编号”对话框。系统按新的电缆编号规则为电缆进行编号。

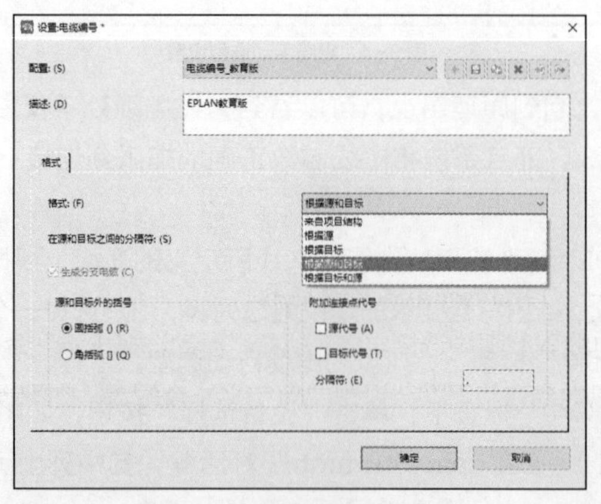

图 7-7　“设置电缆编号”对话框

2. 电缆编辑

通过【项目数据】>【电缆】>【编辑】，或在电缆导航器中单击鼠标右键，在弹出的快捷菜单中选择“编辑”命令，可以实现对电缆的编辑。编辑的作用是在不需要手动更改原理图上电缆的芯线时，通过手动调节连接的顺序，达到调节电缆芯线与选型电缆功能模板相匹配的目的。

打开“编辑电缆”对话框，如图 7-8 所示，可以看到左侧窗口描述了一个真实电缆的功能模板（几芯电缆、芯数多少、截面积多大），右侧窗口描述了此电缆要赋予的原理图连接情况。

编辑电缆:-W1

功能模板: (F)

功能定义	屏蔽自	成对索引	电位类型	颜色/编号	截面
芯线/导线			未定义	BU	1,5
芯线/导线			未定义	BN	1,5
芯线/导线			未定义	BK	1,5
芯线/导线			未定义	GY	1,5
芯线/导线			PE	GNYE	1,5

连接: (C)

功能定义	源	目标	屏蔽自	成对索引	电位类型	颜色/编号	截面
芯线/导线	-X1:1	-M1:U1			未定义	BU	1,5
芯线/导线	-X1:2	-M1:V1			未定义	BN	1,5
芯线/导线	-X1:3	-M1:W1			未定义	BK	1,5
芯线/导线	-X1:4	-M1:PE			PE	GNYE	1,5

确定 取消

图 7-8 “编辑电缆”对话框

通过移动按钮 ，可以上下移动连接到指定的电缆功能模板芯线，当连接与左侧电缆模板芯线对应起来时，电缆芯线被正确给予连接。同时选中两个连接时，可通过 按钮互换连接。

通过上下移动连接，调整各个连接与电缆模板芯线相匹配，电缆芯线被正确地分配到连接上。通过交换连接的方式，实现了原理图上电缆芯线的互换，如图 7-9 所示。

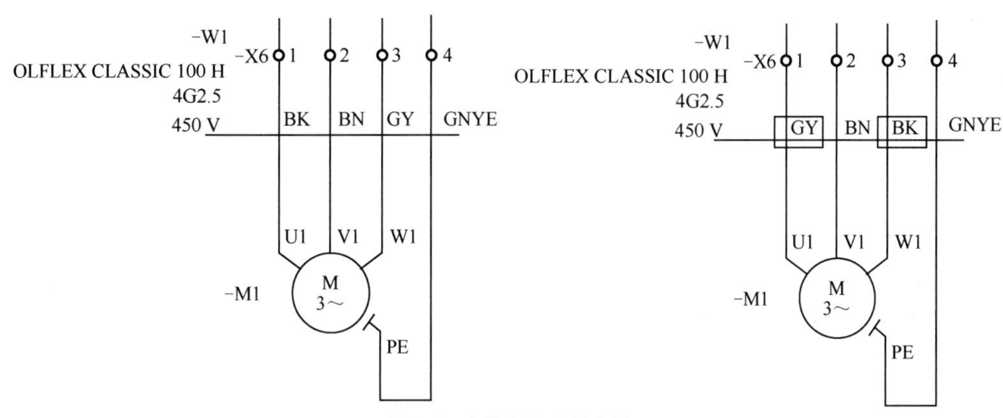

图 7-9 电缆芯线互换的实现

7.1.4 自动选择电缆

自动选择电缆允许为原理图上未选型的电缆指定经过预先选好型号的电缆。可以通过【项目数据】>【电缆】>【自动选择电缆】，或在电缆导航器中单击鼠标右键，在弹出的快捷菜单中选择“自动选择电缆”命令，来打开“自动选择电缆”对话框。

首先，在原理图上或电缆导航器中选择电缆，执行“自动选择电缆”命令，调出图 7-10 所示的“自动选择电缆”对话框，设置中允许使用默认设置或自定义一个配置，在配置中预先选择想用的电缆；可以设置自动选择电缆是应用于“只是自动生成或命名的电缆”，还是直接“应用到整个项目”。

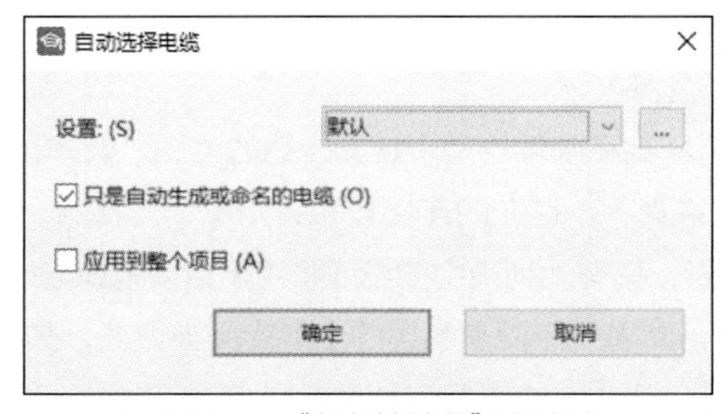

图 7-10 “自动选择电缆”对话框

7.1.5　自动生成电缆

EPLAN 能够自动生成电缆及与电缆相关的一些功能，快速完成原理图的设计。在电缆的设计中，首先电缆定义线已经画在原理图上并与连接有交叉，产生了连接定义点。电缆的编号也按照设备编号（在线）进行。当然，在自动生成电缆中，可以对电缆编号进行调整。

在页导航器中选择含有电缆的原理图页或在原理图上选择相应的电缆，执行【项目数据】>【电缆】>【自动生成电缆】命令，打开“自动生成电缆”对话框，如图 7–11 所示。

电缆可以在自动运行中完成生成。在这种自动运行下，先会自动更新连接。自动生成分为 3 个步骤：首先生成电缆；然后根据设置对新生成的电缆执行电缆编号和电缆选择；最后产生了完全指定的带有部件号的电缆。电缆编号和自动选择电缆可以单独调用。

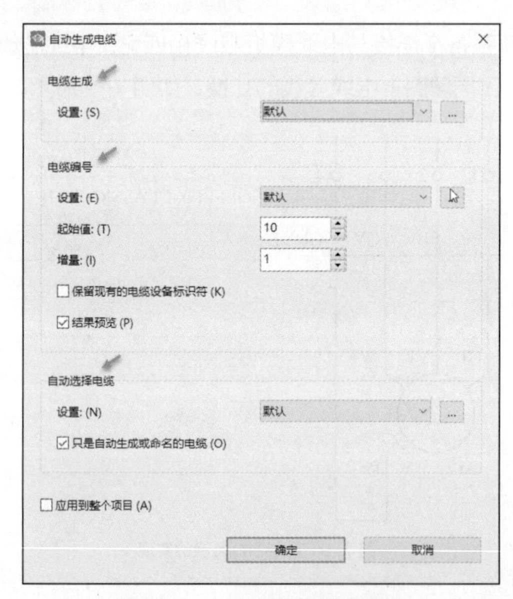

图 7–11　“自动生成电缆”对话框

- 电缆生成

EPLAN 会自动放置电缆定义线和连接定义点，自动生成的电缆定义线将插入原理图中。电缆和连接定义点通过“自动创建”属性被自动标记，因而可以随时重新启动自动运行（如有必要，使用其他设置）。

- 电缆编号

对于电缆设备名称的编号，可以使用其他特殊编号格式，例如，允许使用电缆中的源和目标数据。在连接定义点，可以确定电缆设备名称是手动设置的（通过“手动设置”属性），并在编号期间确定是否要重命名手动电缆名称。

- 自动选择电缆（设备选择）

自动选择电缆时，EPLAN 会在部件管理中搜索合适的电缆。例如，比较输入的电缆电压等级、电缆连接的电压（通过电位定义）、存在的连接数和备用电缆连接数。在自动电缆选择的设置中，可以指定电缆类型的预选列表，只有此列表中的电缆将用于自动电缆选择。

在自动生成电缆过程中，如果一个没有名字的电缆定义被命名，其属性“<20059> 自动创建”就会被激活，如图 7–12 所示。当下一次进行自动生成电缆时，电缆创建被激活的电缆被删除。

属性

类别: (A) 所有类别

属性名	数值
<20901 1> 增补说明 [1]	
<20035> 导入设备标识符: 查找方向	与图框方向相符
<20049> 关联参考显示:显示	源自项目设置
<20050> 关联参考显示:行数/列数	0
<20081> 电缆/导管: 源剥线长度	
<20082> 电缆/导管: 目标剥线长度	
<20059> 自动创建	☑
<20067> 电缆/导管: 图形中的代号	
<20080> 电缆/导管: 螺栓连接规格	

图 7-12　属性“<20059> 自动创建”被激活

选择电缆，执行【项目数据】>【电缆】>【自动 -> 手动】命令，电缆属性“<20059> 自动创建”就会被复位。

7.1.6　分配电缆连接

单击【项目数据】>【电缆】>【分配电缆连接】，可选择执行“保留现有属性”或“全部重新分配”命令。

“保留现有属性”的作用是当把电缆新芯线分配给新连接时不影响早已分配的芯线。在进行电缆的设备选择时，所有的经过电缆定义的连接都被分配了芯线。现在，新的连接需要这个电缆的剩余芯线完成连接。在这次评估连接时，保持原来芯线分配不变，希望自动把剩余的新芯线分配给电缆和连接。

如图 7-13 所示，-W4 是 12 芯电缆，芯线 1、2、3、GNYE 已经分配给 -M4 接线，现在用 -W4 的剩余电缆给 -M5 接线，希望 1、2、3、GNYE 芯线不变。在电缆导航器中选择 -W4 电缆，若在原理图中选择，则需要同时选择两个 -W4 电缆定义线，执行“保留现有属性”命令后，-W4 电缆 4、5、6 芯线被分配给 -M5 接线。

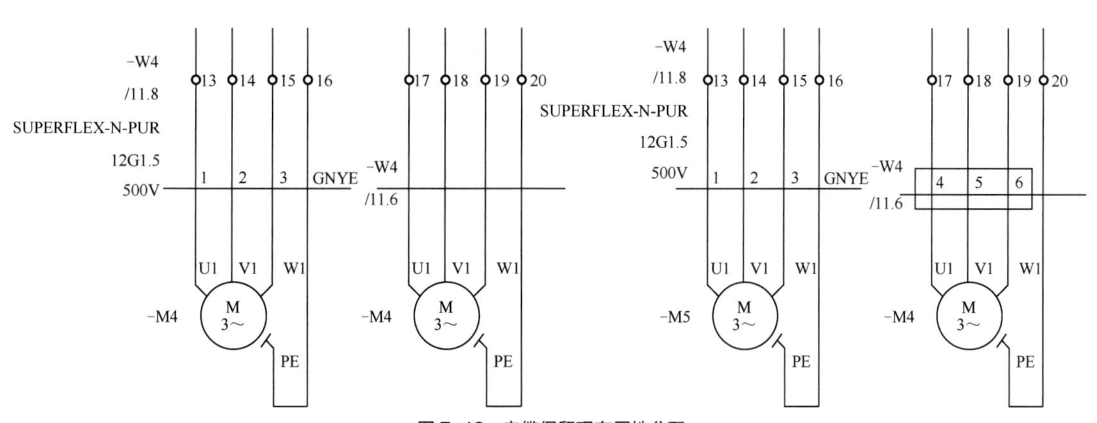

图 7-13　电缆保留现有属性分配

“全部重新分配”的作用是当把电缆新芯线分配给新连接时，连同已分配的芯线重新评估考虑，根据电缆定义线重新分配芯线给连接。

-W5 是 12 芯电缆，芯线 6、7、3、GNYE 已经分配给 -M4 接线，现在用 -W4 的剩余电缆给 -M5 接线，希望重新分配芯线。在电缆导航器中选择 -W5 电缆，执行“全部重新分配”命令后，-W5

电缆重新按电缆功能模板上定义的芯线顺序分配给 –M4 和 –M5 接线，如图 7–14 所示。

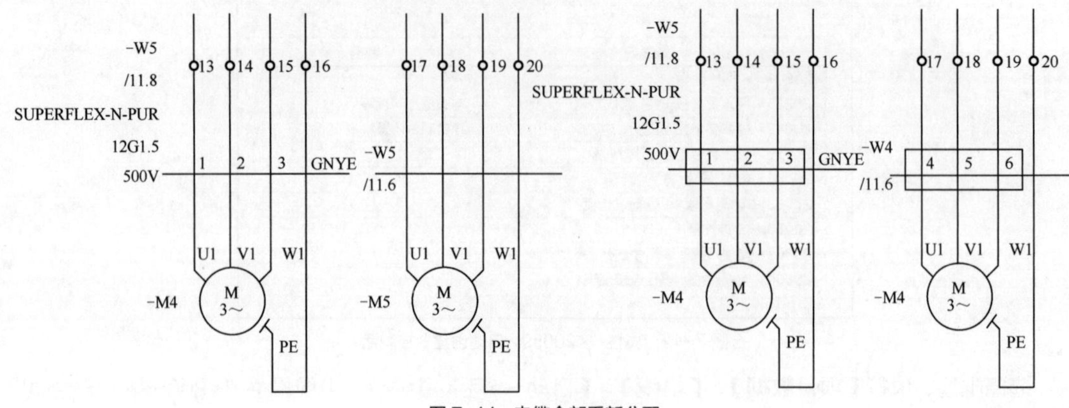

图 7–14　电缆全部重新分配

7.1.7　屏蔽电缆

【插入】>【屏蔽】命令用于绘制电缆的屏蔽层。当屏蔽符号系附在鼠标指针上时，单击鼠标左键定义起点，移动鼠标从右向左扫过连接，再次单击鼠标左键定义终点，屏蔽定义被放置，同时弹出“属性（元件）：屏蔽”对话框，如图 7–15 所示。单击“显示设备标识符”后的[...]，在“设备标识符 – 选择”对话框，选择一个电缆标识，本示例中选择电缆设备标识 –W2，关闭所有对话框。

通常，屏蔽层都要有接地示意。屏蔽线放置后，在画屏蔽线时起点那一侧有一个连接点，该连接点可以对外连线。如图 7–15 所示，屏蔽线接地那一侧带有一个连接点。

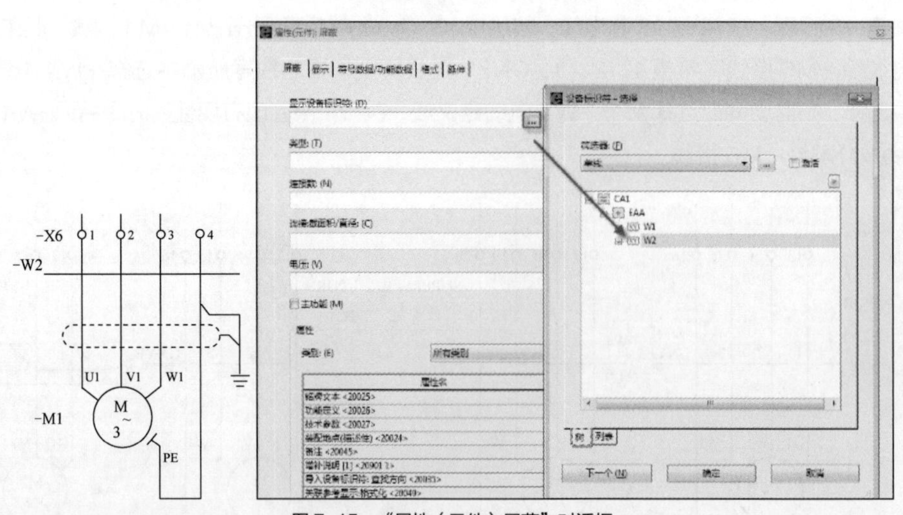

图 7–15　“属性（元件）屏蔽”对话框

常用命令速查

【插入】>【电缆定义】

【项目数据】>【电缆】

提示

1. 同一电缆可以放置在不同的图纸页上，形成关联参考。

2. 在单线图和多线原理图中都进行了同一根电缆描述，则此电缆只能有一个主功能。

7.2 操作步骤

7.2.1 电机回路中的电缆

（1）打开项目“EPLAN 教育版示例项目”，打开页“=CA1+EAA&EFS/3”，图纸在图形编辑器中被打开，在电机正转控制回路中 –X1 端子上下各插入电缆定义。

（2）执行【插入】>【电缆定义】命令，使电缆定义符号系附在鼠标指针上，扫过连接后，再次单击鼠标左键确定终点，电缆定义线被放置。弹出“属性（元件）：电缆”对话框，单击“部件”标签，选择“设备选择”，弹出“设备选择 多线：–W1（电缆定义）–ESS_part001.mdb”对话框，在“主部件”列表中显示了符合大于 4 芯的所有电缆，选择“LAPP.00100664”，单击“选择部件”按钮 ↓ 确认选型，单击“确定”按钮，如图 7–16 所示。

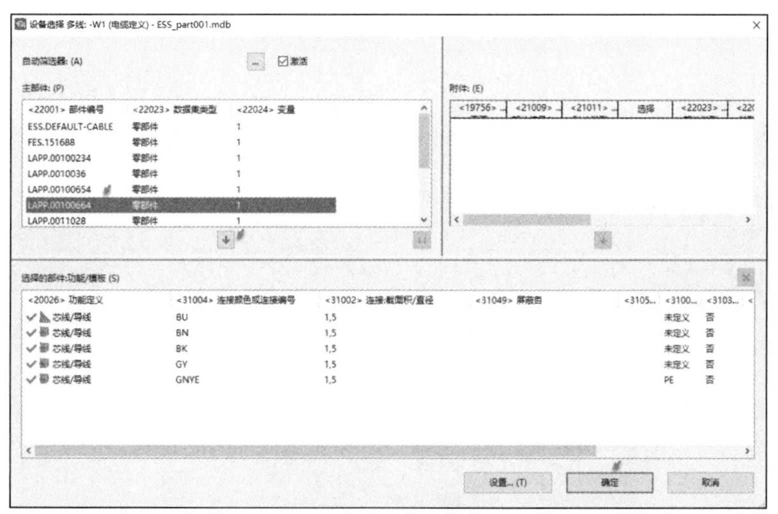

图 7–16 电缆设备选择

（3）关闭“属性（元件）：电缆”对话框，–W1 电缆被选型。用同样的方法在 –X1 端子上部放置 –W2 电缆并选型，如图 7–17 左侧所示。–W1 电缆的 4 个芯线被正确地指派在 4 个连接上，特别是将接地接零线“GNYE”正确地分配给了电动机接地回路，同时显示了电缆名称、电缆型号和电压等级等相关电缆参数。而 –W2 电缆虽然与 –W1 选型一样，但是接地接零线“GNYE”并没有正确地赋予接地，而是常规芯线“GY”。原因是 -X1:4 端子的类型是常规端子，需要将其端子类型设为“PE 端子”。

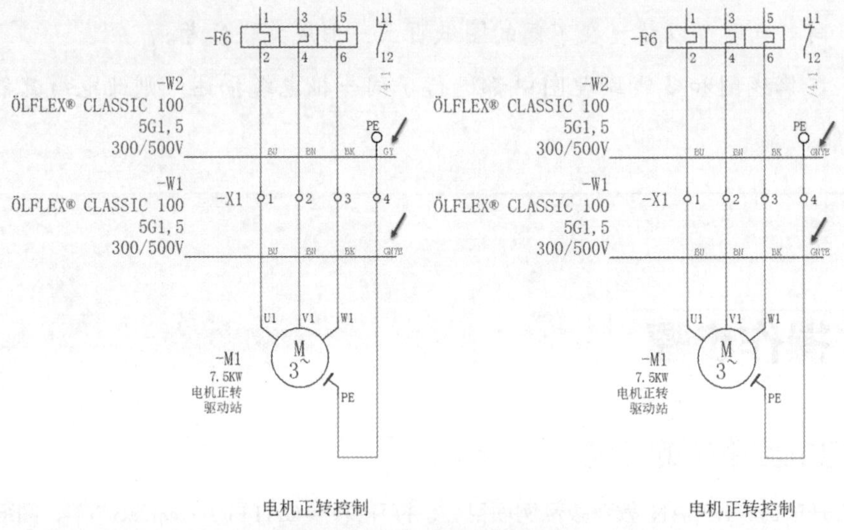

图 7-17　电机控制回路中的电路

（4）双击 -X1:4 端子，弹出“属性（元件）：端子”对话框，如图 7-18 所示，单击“功能定义”后面的…，弹出“功能定义”对话框，将端子的功能定义为“PE 端子，带鞍形跳线 2 个连接点”，关闭对话框。

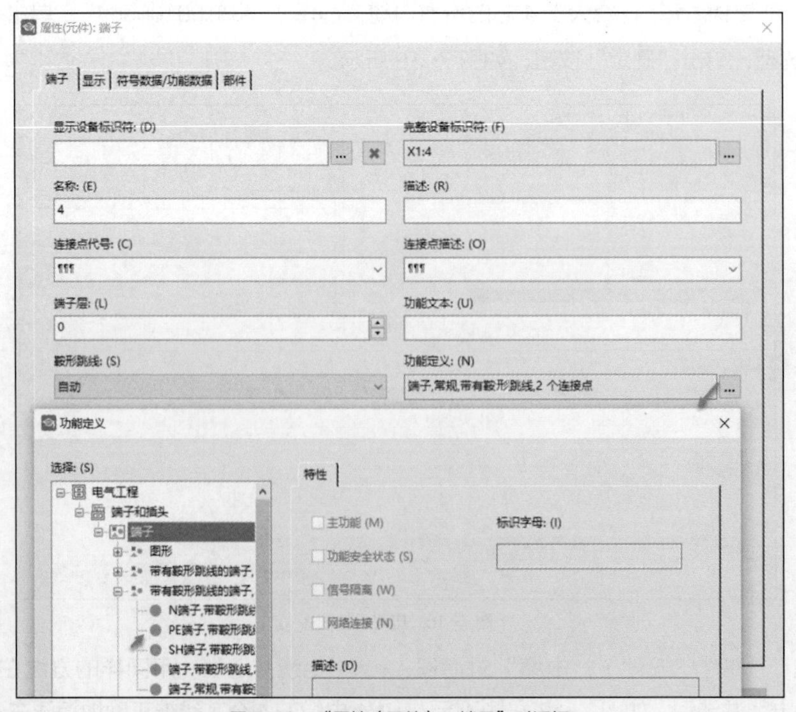

图 7-18　“属性（元件）：端子”对话框

（5）重新为 -W2 电缆选择部件编号为“LAPP.00100664”的电缆，根据 PE 电位的传递，接地接零线“GNYE”被正确地分配，如图 7-17 右侧所示。

7.2.2　控制回路中的电缆

（1）打开项目“EPLAN 教育版示例项目”，打开页“=CA1+EAA&EFS/4”，其“页描述”为“二次电路控制”，图纸在图形编辑器中被打开，在 -K1 和 -K2 上面插入电缆定义 -W4，在电缆中选择“LAPP.0010036”40 芯电缆，在图形预览中显示了电缆的图形，如图 7-19 所示。

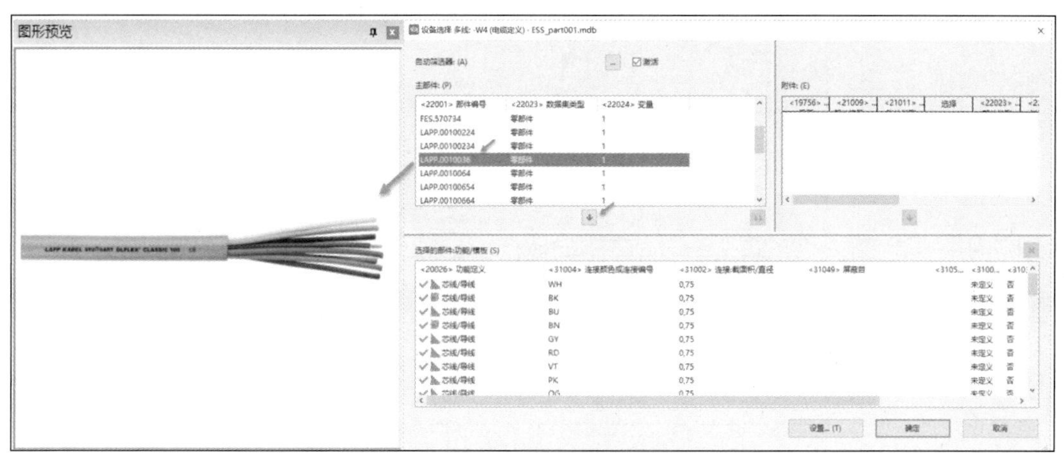

图 7-19　带有电缆图形的选型

（2）-W4 被选型，电缆导航器中显示有 40 芯电缆，芯线“WH”和“BK”被分配放置在原理图上，如图 7-20 中的“1”所示。

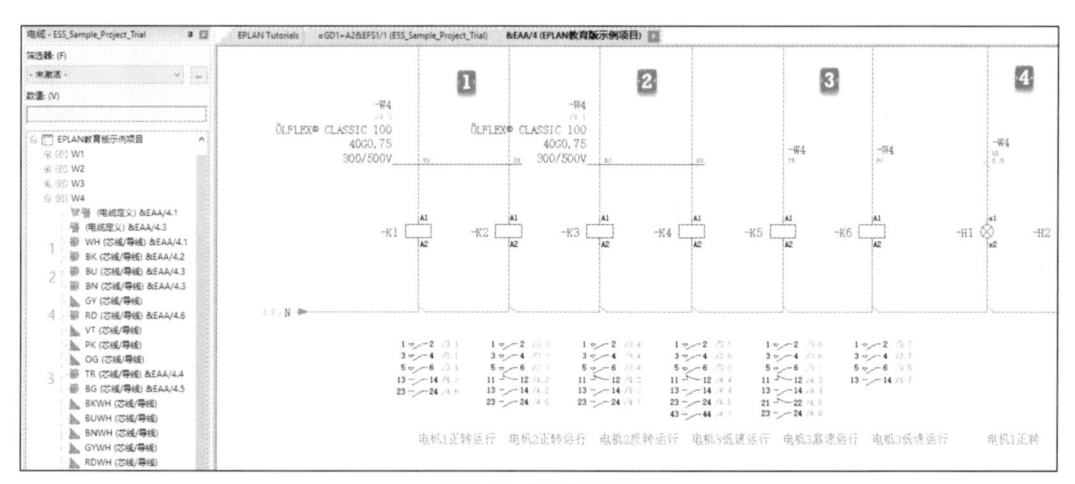

图 7-20　选型结果界面

（3）在电缆导航器中按“Ctrl”键选择芯线“BU”和“BN”，单击鼠标右键，在弹出的快捷菜单中选择“放置”命令，在 -K3 和 -K4 上面放置电缆定义，两个芯线被放置，同时 -W4 与第 2 步放置的 -W4 产生关联参考，如图 7-20 中的“2”所示。

（4）在电缆导航器中分别选择芯线“TR”和“BG”，单击鼠标右键，在弹出的快捷菜单中选择“放置”命令，分别放置在 -K5 和 -K6 上面，两个芯线被放置，如图 7-20 中的“3”所示。

（5）如图 7-20 中的“4”所示，单击【插入】>【连接定义点】，放置在 -H1 上弹出“属性（元件）：连接定义点”对话框，将连接属性“<31142 连接：归属性 >”选择为“电缆”，单击“应用”按钮保存。单击“显示设备标识符”后面的▭，进入“设备标识符 - 选择”对话框，选择 -W4 芯线

“RD”，如图 7-21 所示。

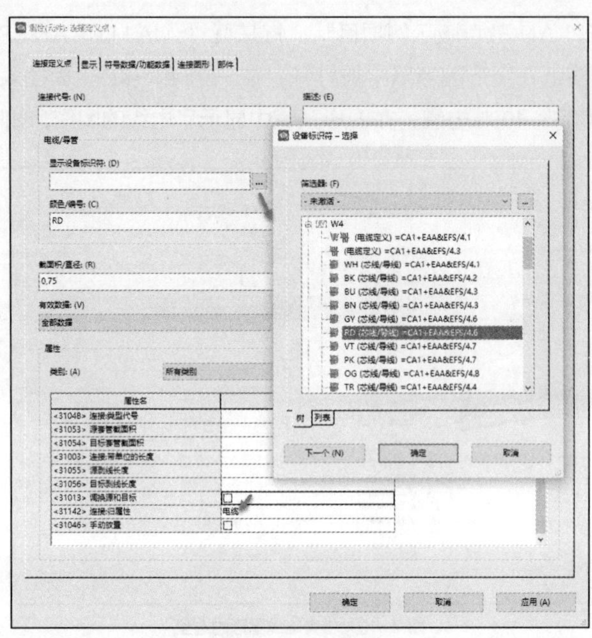

图 7-21　选择芯线

（6）在“显示”标签下，新增要显示的属性“<20016> 连接 /<20000> 名称（标识性）”，如图 7-22 所示。结果虽然是用了连接定义点，但它属于电缆的某个芯线，所以显示了电缆的名称。

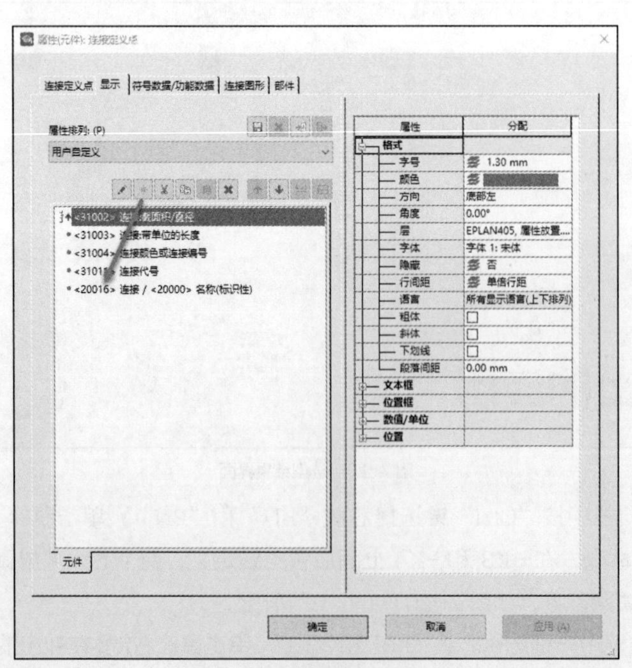

图 7-22　新增要显示的属性

（7）上述 -W4 电缆的选型过程中电缆芯数的分配没有按照电缆模板芯线定义的顺序分配，因为是从电缆导航器中随机选择芯线放置在原理图上的。在电缆导航器中选择 -W4 电缆，单击鼠标右键，在弹出的快捷菜单中依次单击【分配电缆连接】>【全部重新分配】，系统按电缆模板的芯线顺序重新分配电缆芯线，如图 7-23 所示，其中显示了在执行“全部重新分配”命令前后电缆导航器中 -W4 的对比。

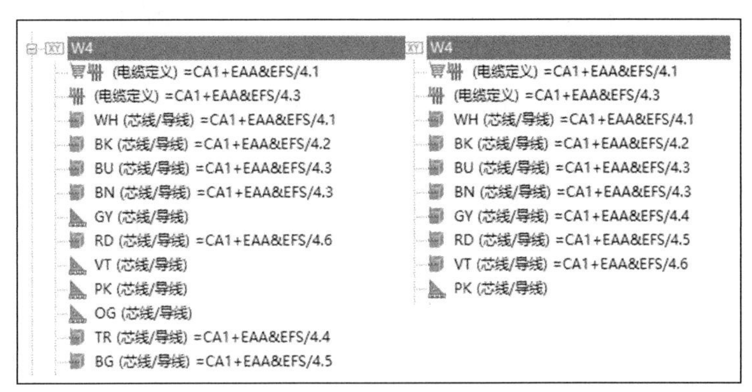

图 7-23　全部重新分配前后对比

（8）在 -H2 至 -H5 上插入电缆定义线，命名为“-W4”，系统自动按电缆模板的芯线顺序分配芯线，如图 7-24 所示。通过单击鼠标右键，在弹出的快捷菜单中依次单击【分配电缆连接】>【保留现有属性】，也可实现该功能。

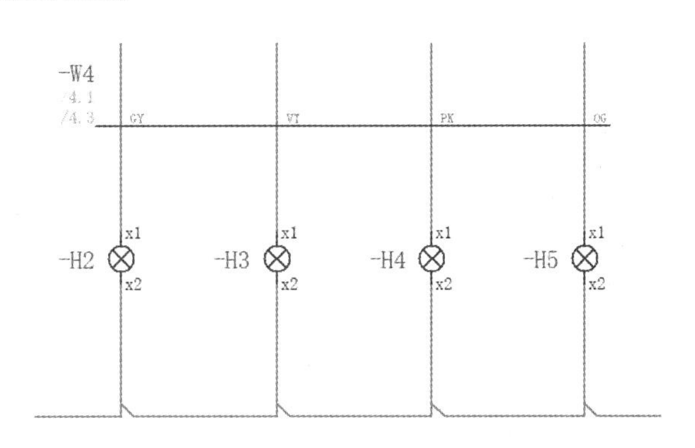

图 7-24　系统自动按电缆模板的芯线顺序分配芯线

7.3 工程上的应用

7.3.1 电缆源和目标的评估规则

项目设计中许多设计师关注电缆的源和目标的相对关系，以便更好地设计电缆的接线，这就需要了解 EPLAN 关于电缆源和目标的定义规则。

首先考虑结构标识符所属标识层级结构规范，根据以下规则计算电缆的源和目标，实际电路举例如图 7-25 所示。

规则 1：如果电缆连接两端是端子或插头，而且标识符是相同的，则较小的数是源。

举例：对于 -X1 和 -X4，1<4，所以 -X1 是源；对于 -X4 和 -X33，4<33，所以 -X4 是源。

规则 2：如果电缆连接两端是端子或插头，并且标识符不同且都不是“X”，则源是按字母顺序排列的第一个标识符。

举例：对于 -A44 和 -B34，A<B，所以 -A44 是源。

规则 3：如果电缆连接两端是端子或插头，标识符相同且其中一个含有“X”，则 X 标识符永远是目标。

举例：对于 -Y4 和 -X34，-Y4 是源，-X34 是目标；对于 -A4 和 -X35，-A4 是源，-X35 是目标。

规则 4：如果电缆连接两端不是端子或插头，则源是按字母顺序排列的第一个标识符。

举例：对于 -H56 和 -H6，-H56 是源，-H6 是目标；对于 -L4 和 -M34，-L4 是源，-M34 是目标。

说明：

（1）如果电缆连接的一端只有端子或插头，而另一端没有，则无论结构标识符所属标识层级结构规范如何（规则 1），带有端子或插头的一端始终是源，另一端为目标；

（2）如果电缆有多个目标，则在第一个（图形）电缆连接上使用上述规则；

（3）如果 DT（设备名称）只连接一端，则保留电缆的源和目标；

（4）如果 DT（设备名称）同时连接两端，则根据上述规则重新定义源和目标；

（5）在设计中，可以通过电缆属性“<20064> 电缆：交换源和目标”的属性激活来手动调整电缆连接的源和目标。

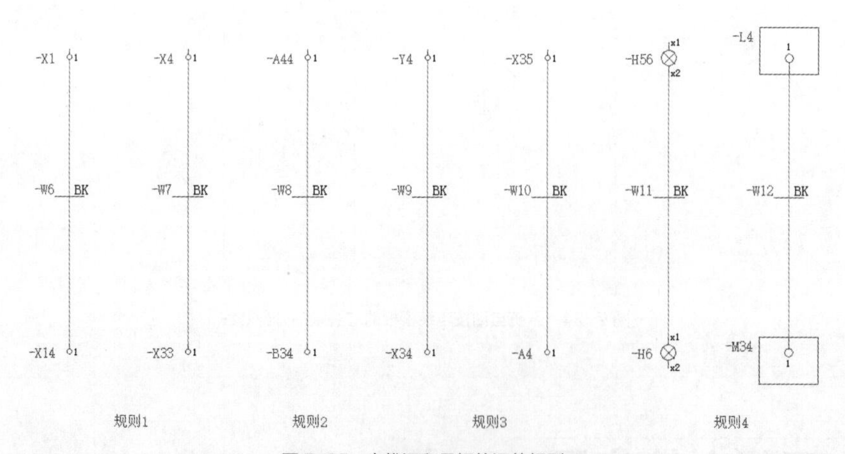

图 7-25　电缆源和目标的评估规则

7.3.2　电缆终端处理

原理图中的电缆连接描述了设备间的连接关系，但在实际工程中要把电缆安装放置在现场，需要关注电缆的终端的处理情况，例如电缆芯线的剥线长度、压接什么类型的线鼻子（U 型、O 型、针型等）。EPLAN 连接定义中的属性“源线缆端部处理 <31051>”、“目标线缆端部处理 <31052>”、“源剥线长度 <31055>”和“目标剥线长度 <31056>”为电缆的加工制作提供了可能。

（1）打开项目“EPLAN 教育版示例项目”，打开页“=CA1+EAA&EFS/5”，图纸在图形编辑器中被打开，在 Danfoss 变频器 -U2 和电机 -M5 之间插入放置电缆定义 -W5，并选型“LAPP.00100654”，如图 7-26 所示。

（2）双击 -W5 电缆“BN”芯线弹出“属性（元件）：连接定义点”对话框，在电缆终端处理属性中输入以下数值，如图 7-27 所示。

- <31051> 源线缆端部处理：O 型 1.5 mm^2。
- <31052> 目标线缆端部处理：针型 1.5 mm^2。
- <31055> 源剥线长度：20 mm。
- <31056> 目标剥线长度：25 mm。

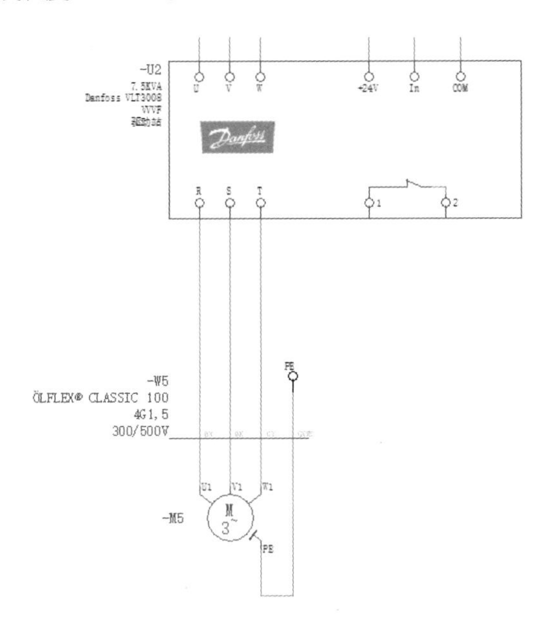

图 7-26　变频器控制电缆放置

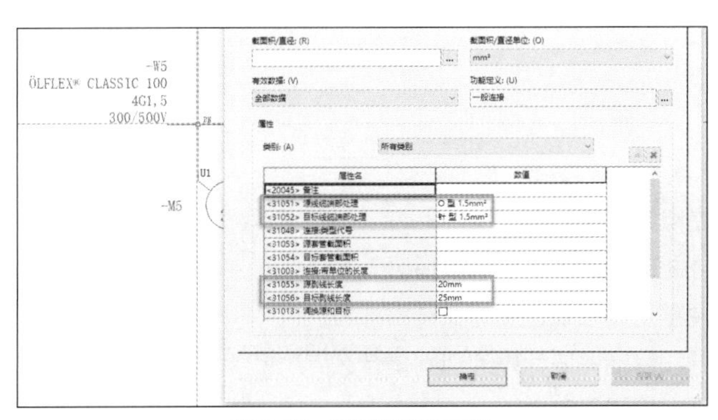

图 7-27　电缆终端处理属性

（3）同理在 -W5 电缆“BK”、“GY”和“GNYE”芯线上输入上述属性值。

（4）用电缆表格模板“F09_004.f09”自动生成 -W5 电缆图表，如图 7-28 所示。从图中可以形象化地看到电缆终端的加工处理情况，例如，源和目标端的图形化的 O 型和针型线鼻子。

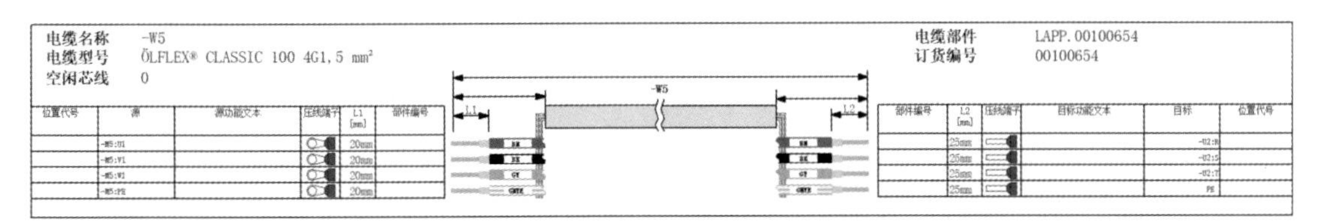

图 7-28　用“F09_004.f09”生成的电缆图表

关于如何生成工程报表请参见第 12 章。这里需要说明的是，要生成图 7-28 所示的图形化 O 型和针型终端，需要对表格“F09_004.f09”进行修改。单击【工具】>【主数据】>【表格】>【打开】，打开“表格属性 -F09_004”，在属性“<13026 1> 分配：属性 / 值到图形 [1]”和“<13026 2> 分配：属性 / 值到图形 [2]”分别添加 O 型和针型所代表的图形符号，如图 7-29 所示。这部分的内容属于主数据定制范围，请感兴趣的读者深入学习和钻研。

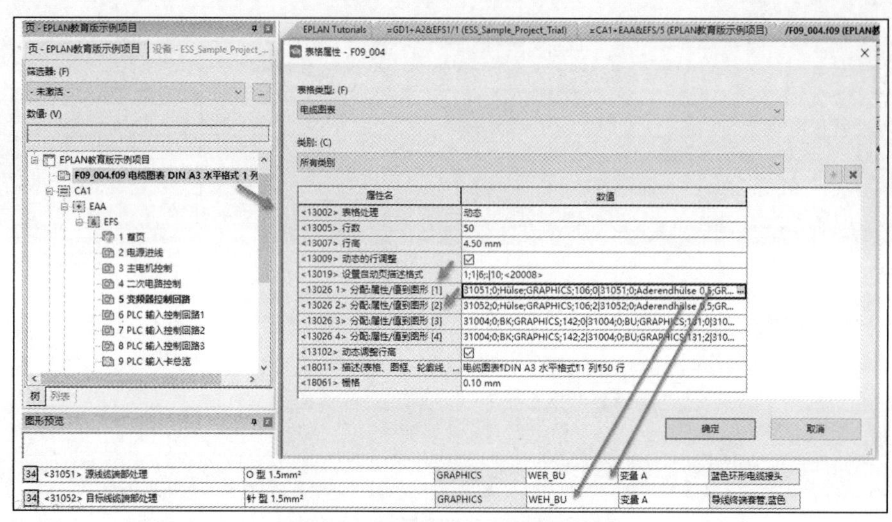

图 7-29　“分配：属性 / 值到图形”设置

思考题

1. 什么是电缆定义的标识属性？
2. 如何才能使电缆芯线自动被指派？
3. 如何调整定义电缆连接的源和目标？
4. 电缆源和目标评估计算的规则是什么？
5. 怎样画一根屏蔽电缆？

第 8 章

端子

本章学习要点

- 端子和端子排的定义。
- 端子的不同创建方法。
- 端子排定义的创建方法和作用。
- 端子的编辑、编号、移动、排序和重新命名。

8.1 基础知识

8.1.1 端子

以 IEC_symbol 符号库为例，如图 8-1 所示，在电气工程端子和插头类中，含有大量设计中常用的端子符号。

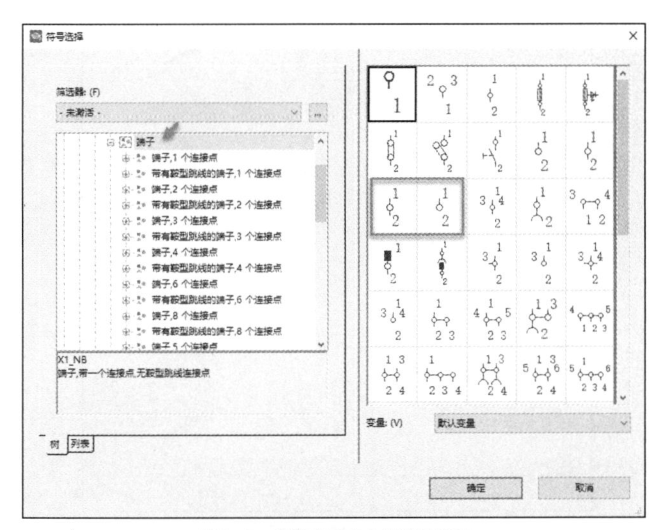

图 8-1　标准符号库中的端子符号

虽然存在许多不同类型的端子，例如，“端子，带 1 个连接点，无鞍型跳线连接点”“端子，带 1 个连接点和 2 个鞍型跳线连接点”“端子，2 个连接点，无鞍型跳线连接点”“熔断器端子”“熔断器端子，带 LED”。在设计过程中建议使用图 8-1 中方框中的端子符号：“端子，2 个连接点（2X 图形线）”和“端子，2 个连接点（1X 图形线）”。二者的区别在于一个是两侧带有图形线，一个是单侧带有图形线（EPLAN 默认使用的端子）。

两种端子符号在原理图上的作用是一样的，只是在图形视觉上容易区分单侧图形线和两侧图形线。对于单侧图形线（编号 / 名称 1352 / X2_2）的端子，默认下有图形线侧表示对内连接，没有图形线侧表示对外连接。而对两侧图形线（编号 / 名称 1351 / X2_1）的端子，视觉上无法进行区分，如图 8-2 所示。

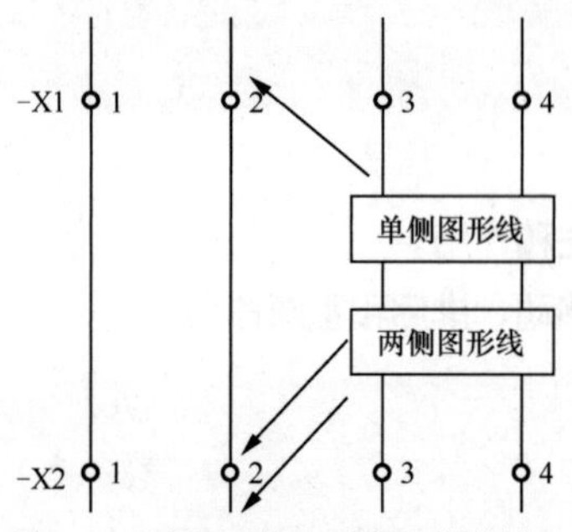

图 8-2　单侧图形线和两侧图形线的端子

这种对内对外的连接定义是由符号的默认逻辑定义的。图 8-3 所示是单侧图形线端子和两侧图形线端子的连接逻辑。

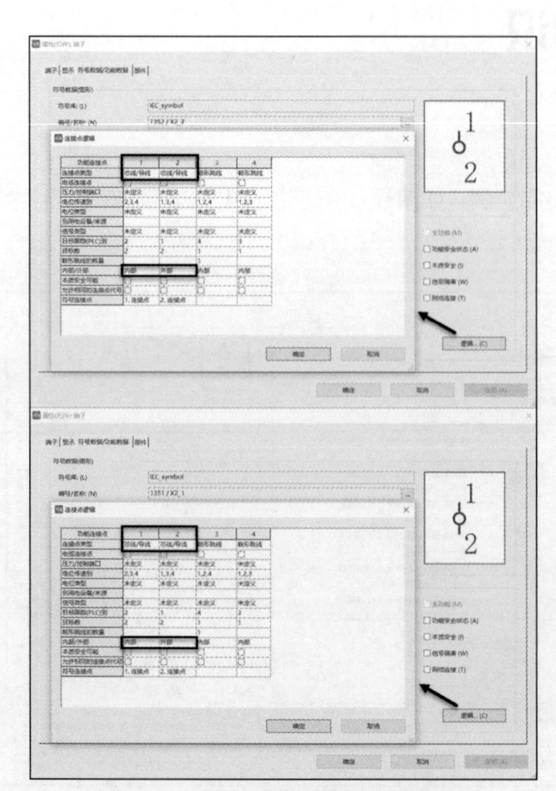

图 8-3　单侧 / 两侧图形线端子的连接逻辑

对内对外的接线逻辑是相对的。设计者在设计中为生产安装接线考虑时，要注意端子的方向性，为端子图形生成的正确性提供依据。在端子图表中，根据定制的要求，可以在以端子为中心的报表中，左侧显示默认的对内连接，右侧显示默认的对外连接，反之亦可。

8.1.2 端子排定义

将分散的端子绑定在一个排上，需要通过端子排定义来实现。可以在图形编辑器和端子导航器中分别定义。

打开图形编辑器，单击【插入】>【端子排定义】，即在图形编辑器中完成了端子排的定义。图 8-4 中端子名称 -X1 前的“-X1=”是原理图上图形化的端子排表示。

打开端子导航器，在端子导航器中单击鼠标右键，在弹出的快捷菜单中选择“生成端子排定义”命令，可完成端子排的定义。如图 8-5 所示，在“ESS_Sample_Project_Trial”项目端子导航器中“+A1-FC2”下面的图标是端子导航器中的端子排表示。

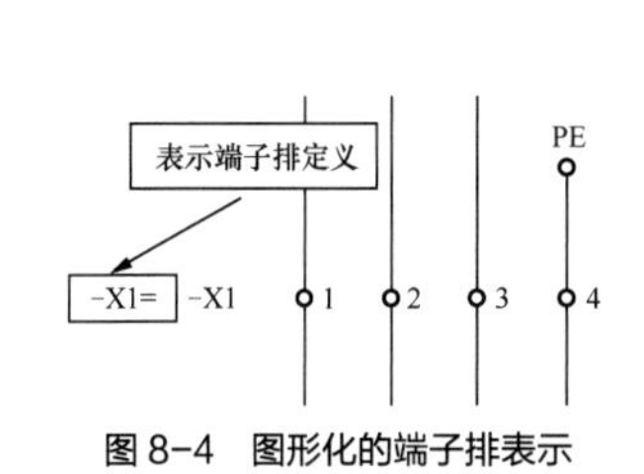

图 8-4　图形化的端子排表示

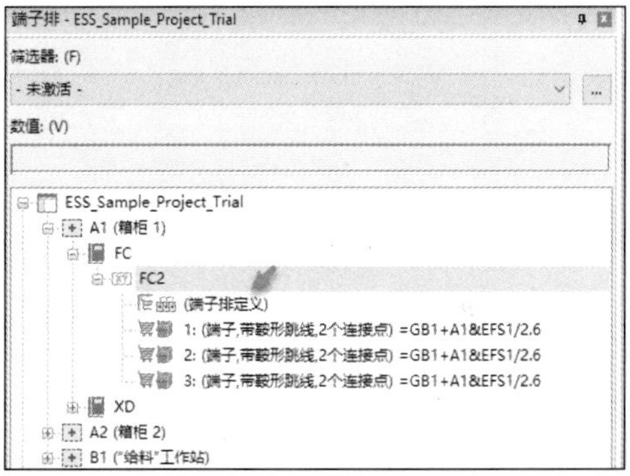

图 8-5　端子导航器中的端子的排表示

在此端子排上单击鼠标右键，在弹出的快捷菜单中选择“属性(元件)：端子排定义”，打开图 8-6 所示的“属性（元件）：端子排定义”对话框。在该对话框中可以定义端子排的功能和位置描述，用指定的表格模板生成端子图表和连接图表。

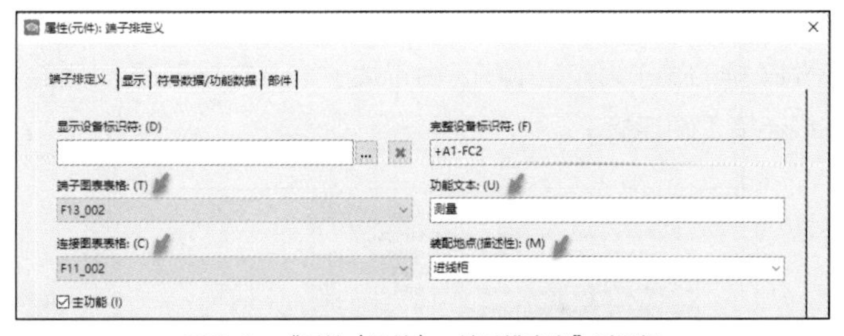

图 8-6　“属性（元件）：端子排定义”对话框

无论是在图形编辑器还是在端子排导航器中，都能生成端子排定义，表明将分散的端子绑定在一个排上。端子排定义的作用如下。

（1）为此端子排增加功能文本描述。通常，在生成的端子图表的表头上显示端子排的设备名称和标签（描述端子排的意义或名称描述），即功能文本。如果不定义端子排，就无法输入此功能文本。注意：端子排的功能文本和端子的功能文本是不同的。

（2）为此端子排生成端子图表和连接图表指定特殊的表格。默认情况下，项目报表生成的设置是项目的设置，这是一个全局设置。每次生成端子图表和连接图表都会按项目设置中的表格模板生成。如果在此指定端子图表、连接图表，生成报表就会忽略项目设置，按此处的设置生成报表。

8.1.3 主端子

端子属性“主端子”复选框被选中，表明此端子是主端子，如图 8-7 所示。与设备概念中有主功能一样，端子也可以被赋予主端子。

与设备具有主功能相似，在“属性（元件）：端子”对话框中选中“主端子”复选框，对话框中出现“部件”标签。这说明主端子是可以被选型并可以进行设备选型（智能选型）的。主端子可以被当作设备插入原理图中，也可以在端子导航器中被拖放在原理图中。

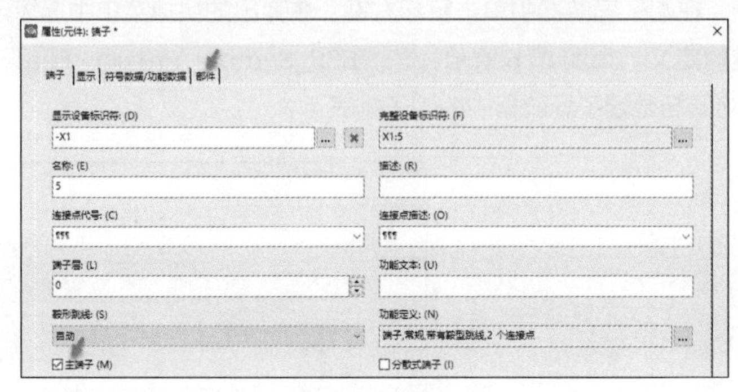

图 8-7 主端子

8.1.4 端子跳线

端子排上的端子可以通过跨接线进行相连。这些连接可以用跳线或鞍型跳线。根据评估原理图上端子间逻辑和端子类型，系统自动生成跳线或鞍型跳线。除自动生成跳线，还可以通过手动为端子连接设置跳线，即手动跳线。

如果端子排上相邻的端子需要连接，连接的功能定义应该由常规连接改为跳线连接。根据端子类型（功能定义不同），自动生成跳线。如果是常规端子，生成跳线连接；如果是鞍型端子，则生成鞍型跳线连接。

图 8-8 中 -X36 端子排的端子为鞍型端子，由于端子 1~5 在原理图上短接，经过系统逻辑评估，它们之间生成鞍型跳线连接（硬连接）。

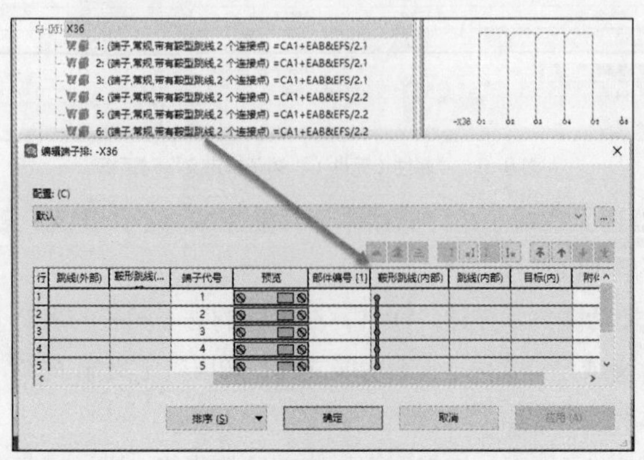

图 8-8 端子鞍型跳线连接

图 8-9 中 -X37 端子排的端子为常规端子，由于端子 1~5 在原理图上短接，经过系统逻辑评估，它们之间生成跳线连接（软连接）。

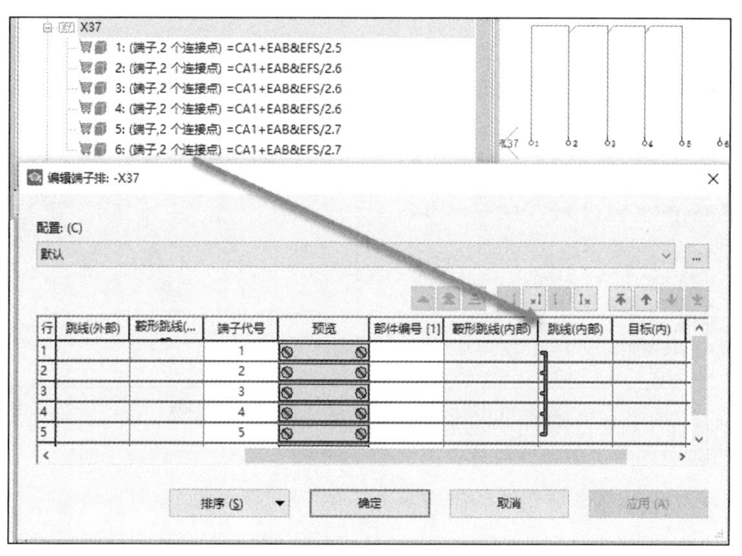

图 8-9　端子跳线连接

除了根据端子的类型由系统自动评估生成跳线，还可以手动为端子设置跳线。在图 8-10 所示的“编辑端子排”对话框中选中要短接的端子，单击方框中的按钮，生成跳线。

图 8-10 中，方框中的按钮的相关说明如下。

- ：生成手动鞍型跳线（外部）。
- ：生成手动鞍型跳线（内部）。
- ：删除手动鞍型跳线（外部）。
- ：删除手动鞍型跳线（内部）。

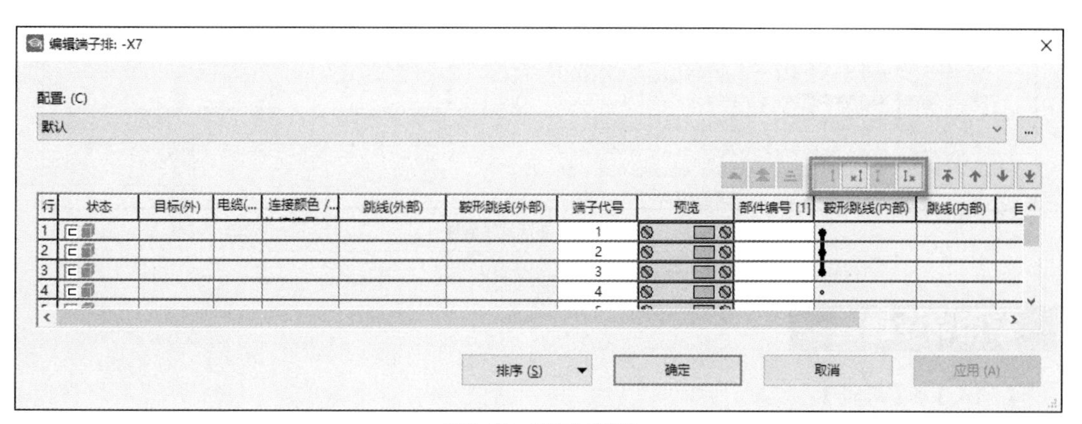

图 8-10　手动生成跳线

8.1.5　端子顺序

端子排上的端子是按字母、数字排序的，对应在端子导航器中的顺序，这是端子的自然顺序。从管理端子的角度来看，端子在原理图上的自然排列顺序就显得不那么重要了。如图 8-11 所示，端

子排 -X38 和 -X39 在端子导航器中的自然顺序相同，但 -X39 端子排在原理图上的顺序与 -X38 不同。-X39 端子排在原理图上的排列顺序为 1、3、5、2、4、6。图中 -X39 端子排在端子导航器和原理图中的顺序不同。

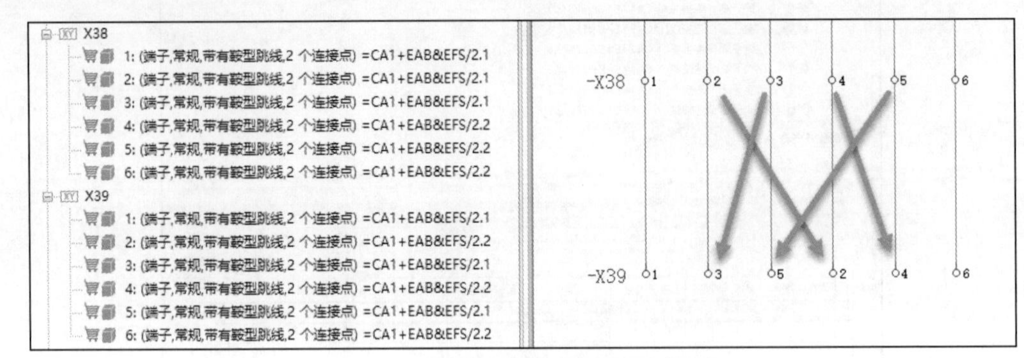

图 8-11　端子排的自然顺序和在原理图上的顺序

端子根据放置在原理图上的顺序排序，这是端子的图形顺序。激活端子属性“<20810> 排序（图形）”，如图 8-12 所示，端子导航器和原理图上的端子排序一致。

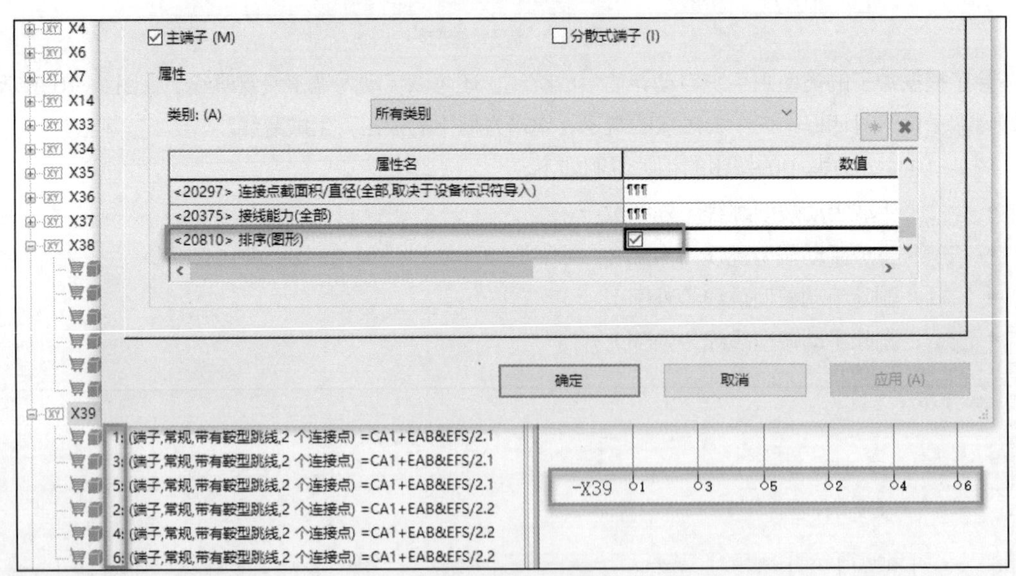

图 8-12　激活端子属性

常用命令速查

【插入】>【符号】

【项目数据】>【端子排】>【导航器】

【项目数据】>【端子排】>【编辑】

【项目数据】>【插头】>【导航器】

【项目数据】>【插头】>【编辑】

提示

1. 可以在原理图和端子导航器中定义端子排。
2. 端子有主端子和辅助端子之分，只有主端子才能被选型。

8.2 操作步骤

8.2.1 端子的创建和放置

（1）打开“ESS_Sample_Project_Trial”，在图形编辑器中打开页“=GB1+A1&EFS1/2”。

（2）选择【插入】>【符号】，弹出“符号选择”对话框，如图 8-13 所示，浏览符号库，选择想要放置的端子符号，单击“确定”按钮，使端子符号系附在鼠标指针上。

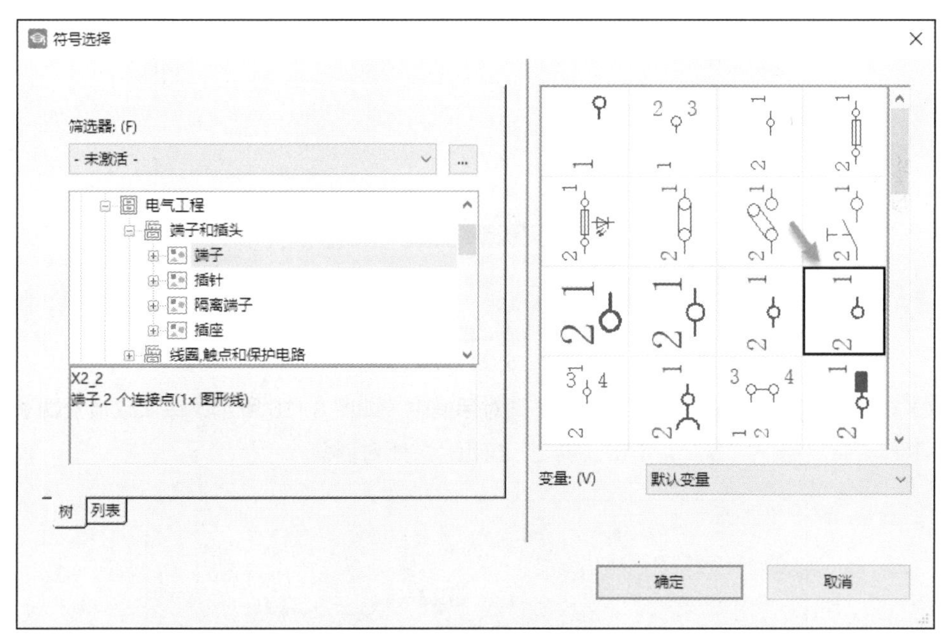

图 8-13 “符号选择”对话框

（3）在 -FC2：1 和 V1 间放置端子符号，弹出“属性（元件）：端子”对话框，单击“确定”按钮，关闭对话框，-X1：1 端子被放置。

（4）在 -FC2：2 和 V2 间放置端子符号，弹出“属性（元件）：端子”对话框，单击“确定”按钮，关闭对话框，-X1：2 端子被放置。

（5）在 -FC2：3 和 V3 间放置端子符号，弹出“属性（元件）：端子”对话框，单击“确定”按钮，关闭对话框，-X1：3 端子被放置，如图 8-14 所示。

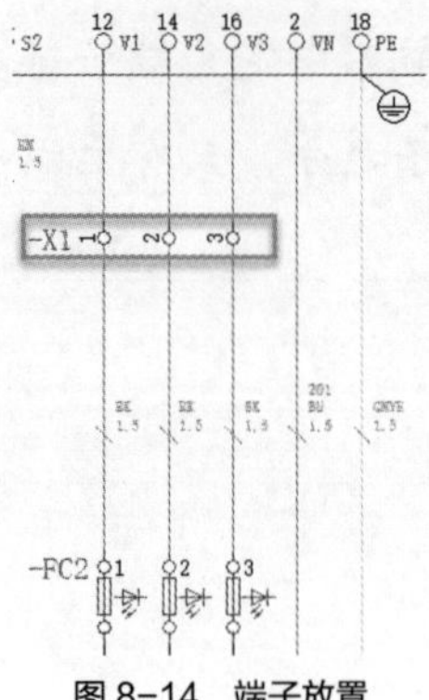
图 8-14　端子放置

（6）打开端子导航器，单击 -X1，再单击鼠标右键，在弹出的快捷菜单中选择“新建”命令，打开“功能定义”对话框，选择“N 端子，带有鞍型跳线，2 个连接点”，如图 8-15 所示，因为是在端子导航器中，功能定义只显示与端子和插头相关的定义。

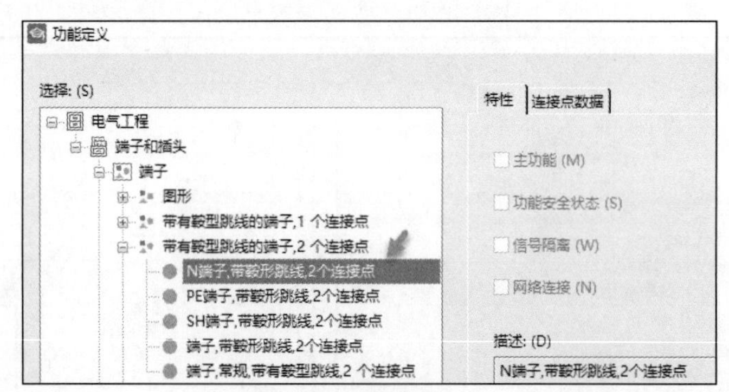

图 8-15　端子功能定义

（7）在接下来的“属性（元件）：端子”对话框中，如图 8-16 所示，输入或检查端子排完整设备标识符，名称中输入“N”，单击“确定”按钮，关闭对话框。

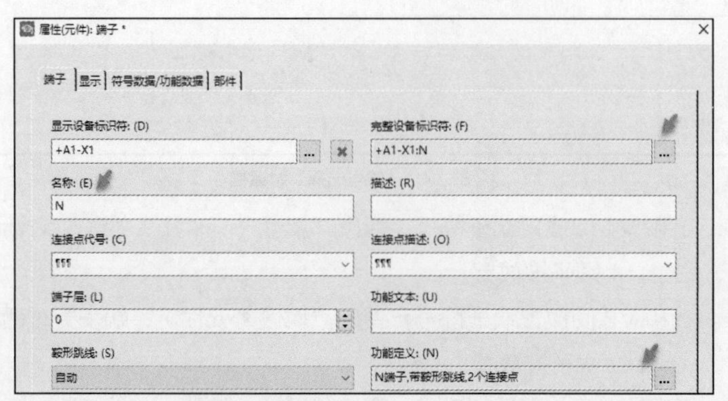

图 8-16　“属性（元件）：端子”对话框

（8）未放置端子“N”被建立在导航器中，如图 8-17 所示，导航器中端子“N”前面有未放置图标显示。

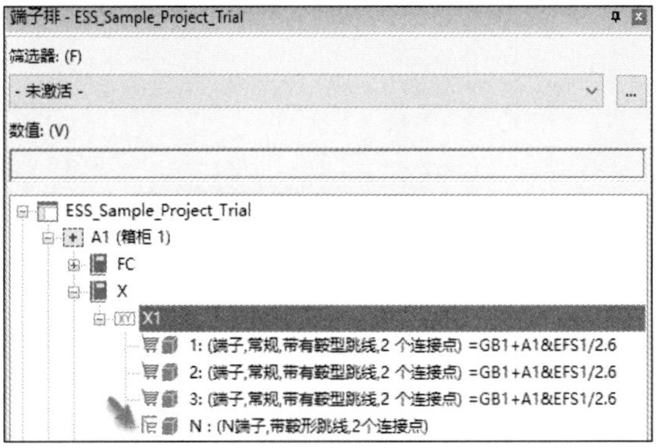

端子排 - ESS_Sample_Project_Trial
筛选器: (F)
- 未激活 -
数值: (V)
ESS_Sample_Project_Trial
A1 (箱柜 1)
FC
X
X1
1: (端子,常规,带有鞍型跳线,2 个连接点) =GB1+A1&EFS1/2.6
2: (端子,常规,带有鞍型跳线,2 个连接点) =GB1+A1&EFS1/2.6
3: (端子,常规,带有鞍型跳线,2 个连接点) =GB1+A1&EFS1/2.6
N : (N端子,带鞍形跳线,2个连接点)
图 8-17　导航器中的未放置端子

（9）打开页“=GB1+A1&EFS1/2”，单击端子导航器中的端子“N”，再单击鼠标右键，在弹出的快捷菜单中选择“放置”命令，或直接拖拉至 VN 的下面，如图 8-18 所示。

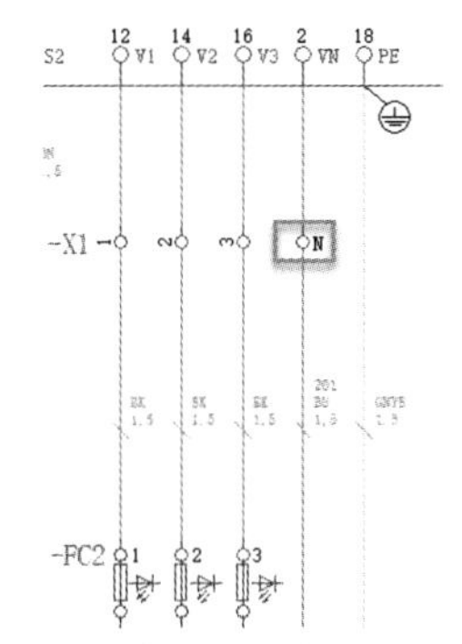

PHOENIX CONTACT
S2
12 V1
14 V2
16 V3
2 VN
18 PE
-X1
N
-FC2
图 8-18　放置导航器中的未放置端子

（10）单击端子导航器中的端子排 -XD，单击鼠标右键，在弹出的快捷菜单中选择“新功能”命令，弹出“生成功能”对话框，在“完整设备标识符”文本框中输入“+A1-XD7”，在“编号式样”文本框中输入“1-10”，如图 8-19 所示，单击“确定”按钮，关闭对话框。

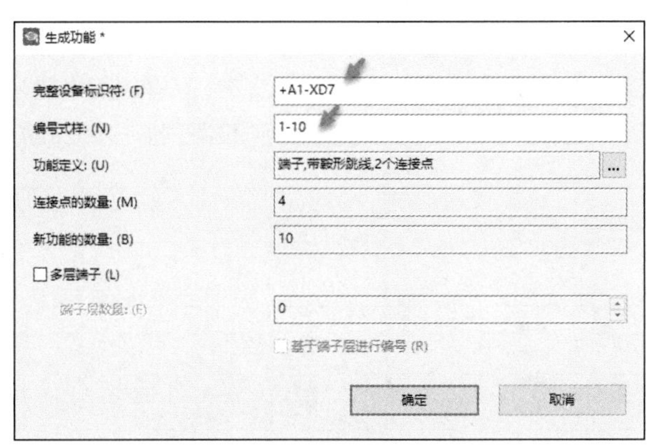

生成功能 *
完整设备标识符: (F)
+A1-XD7
编号式样: (N)
1-10
功能定义: (U)
端子,带鞍形跳线,2个连接点
连接点的数量: (M)
4
新功能的数量: (B)
10
多层端子 (L)
端子层数量: (E)
0
基于端子层进行编号 (R)
确定
取消
图 8-19　“生成功能”对话框

（11）端子排 -XD7 被创建并带有 10 个未放置端子，如图 8-20 所示。

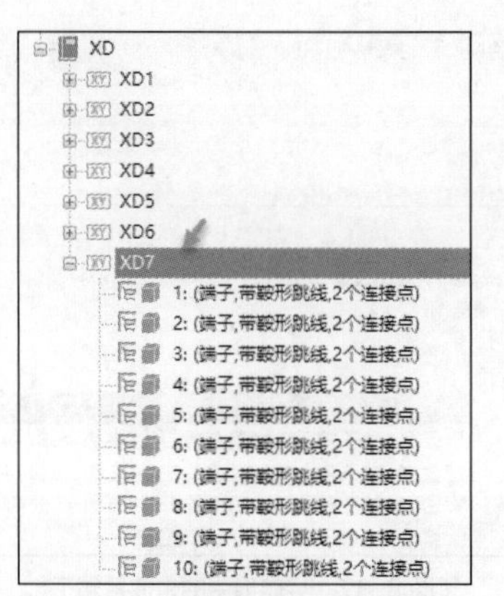

图 8-20　端子导航器中的未放置端子

（12）打开页“=GB1+A1&EFS1/2”，按“Ctrl”键单击端子导航器中的端子 -XD7：1 至 -XD7：5，单击鼠标右键，在弹出的快捷菜单中选择“放置”命令，或直接拖拉至图 8-21 所示位置。

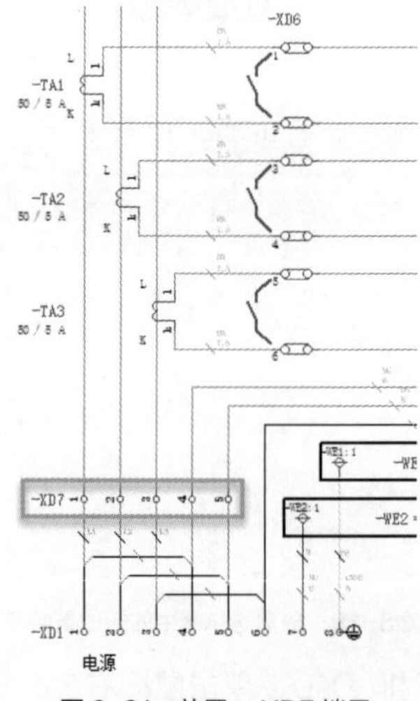

图 8-21　放置 - XD7 端子

8.2.2　端子编辑

承接上述操作。

（1）单击端子导航器中的端子排 -XD2，单击鼠标右键，在弹出的快捷菜单中选择“编辑”命令，弹出“编辑端子排”对话框，如图 8-22 所示，其中显示了端子排 -XD2 的总貌。

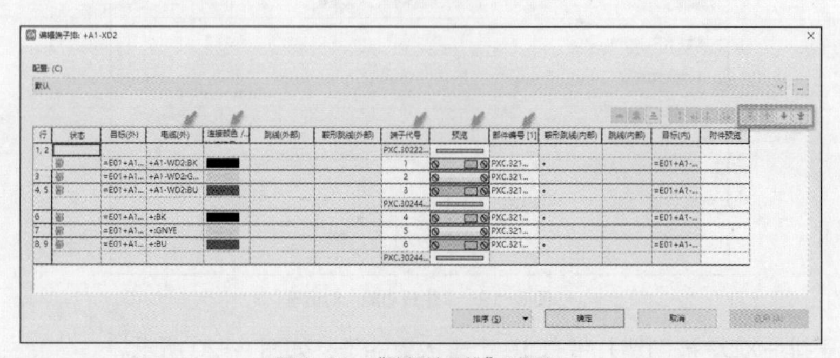

图 8-22　“编辑端子排”对话框

对图 8-22 中部分项的说明如下。

- 预览：图形化显示端子，包含连接点的数量、鞍型跳线选项、端子类别。外部端子连接点始终显示在左侧，内部端子连接点始终显示在右侧。端子电位类型用不同的颜色表示，多层端子用阶梯形表示。
- 端子代号：显示端子的名称，在此处可以修改并返写到原理图中。
- 部件编号 [1]：显示端子的型号，可以在此进入部件库选型，只有主功能的端子才能选型。
- 连接颜色 / 连接编号（外部 / 内部）：显示端子连接外部 / 内部连接代号。
- 电缆（外部 / 内部）：显示端子连接的外部 / 内部电缆名称和电缆芯线。

（2）将端子代号“1,2,3”分别改为“11,12,13”进行端子代号的修改，单击“应用”按钮进行保存，单击“确定”按钮，关闭对话框。查看端子导航器和原理图 -XD2 端子排的变化。

（3）单击端子代号“6”，再单击“向上移动”按钮，将端子 6 上移到 4 前，进行端子的排序，单击“应用”按钮进行保存，单击“确定”按钮，关闭对话框。查看端子导航器和原理图 -XD2 端子排的变化。

（4）单击端子导航器中 -XD2，单击鼠标右键，在弹出的快捷菜单中选择“端子编号”命令，弹出“给端子编号”对话框，如图 8-23 所示，起始值输入“101”，注意 PE 和 N 端子也要编号，单击“确定”按钮，关闭对话框。查看端子导航器 -XD2 端子排的变化。

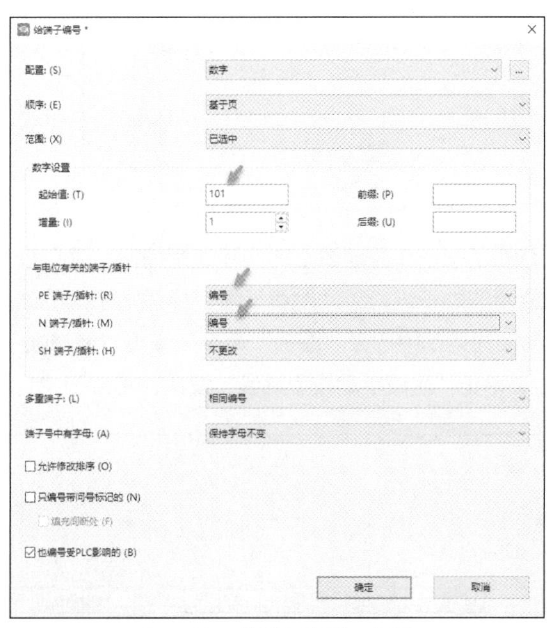

图 8-23 “给端子编号”对话框

8.3 工程上的应用

8.3.1 空端子的使用

在项目设计中常常会遇到这样一个需求，就是要为项目预留一些备用端子以便日后的维护使用。

而这些备用端子不需要全部都画在原理图上，但是在端子图表上要有所显示。更进一步的需求是还要显示预留备用端子间的短接关系。

端子导航器中的预设计功能能够很好地满足备用端子预留的要求。在端子导航器中创建未被放置的端子，在生成端子图表的时候是评估端子导航器中的状态。这样，不管端子是否被画在原理图上，在端子图表中都会有端子显示生成。

在端子排导航器中单击鼠标右键，在弹出的快捷菜单中选择“新功能”命令，打开图8-24所示的“生成功能”对话框，在其中输入相应的数据。

-X7端子排10个端子被创建并显示在导航器中，如图8-25所示，箭头所指的采购车表示未放置，在实际设计中可以把端子拖放到具体的原理图页上。

生成功能 *
完整设备标识符: (F) -X7
编号式样: (N) 1-10
功能定义: (U) 端子,常规,带有鞍型跳线,2 个连接点
连接点的数量: (M) 4
新功能的数量: (B) 10
多层端子 (L)
端子层数量: (E) 0
基于端子层进行编号 (R)
确定 取消

图8-24 “生成功能”对话框

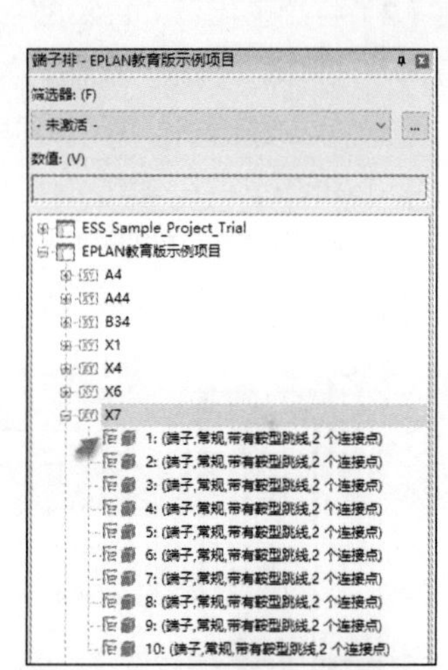

图8-25 端子导航器中的备用端子

端子的手动跳线设置忽略了端子在原理图上的实际连接情况，强行按手动跳线的设置进行短接的评估。同样，可以将未放置的端子进行手动跳线设置，描述端子间的连接情况。在端子排导航器中单击鼠标右键，在弹出的快捷菜单中选择“编辑”命令，弹出“编辑端子排”对话框，如图8-26所示，选择端子“1,2,3”，单击“生成手动鞍型跳线”按钮，将端子“1,2,3”短接。

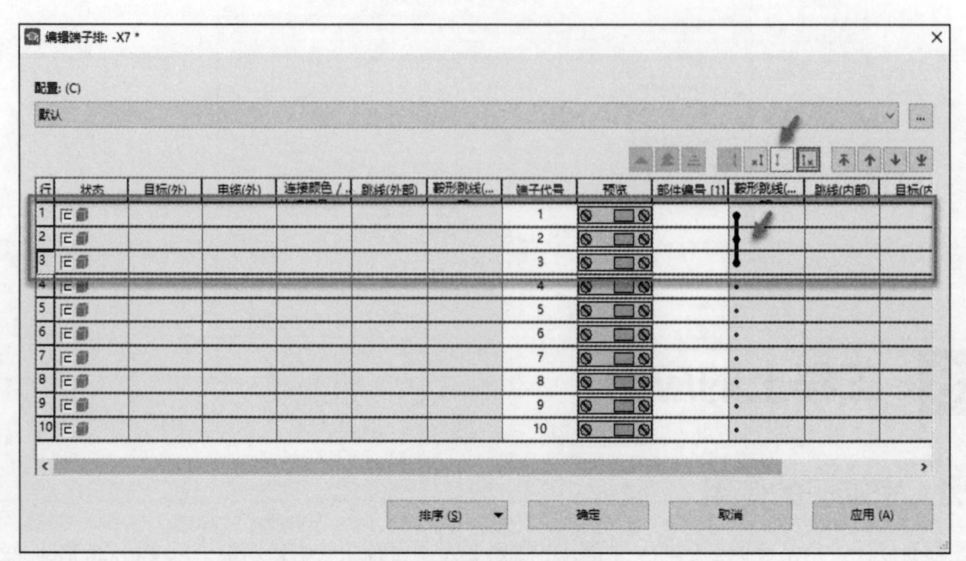

图8-26 “编辑端子排”对话框

在项目设计完成后，往往需要压缩项目，减小项目的体积，删除一些不必要数据，例如，未使用的主数据、已经放置的宏边框和占位符对象等。在配置这样的压缩规则时，就不能选择删除未放置的功能。否则，就会把在端子导航器中的未放置端子压缩掉，无法实现备用端子的功能。单击【组织】>【压缩】，打开“设置：压缩”对话框，如图 8-27 所示，按图示进行操作。

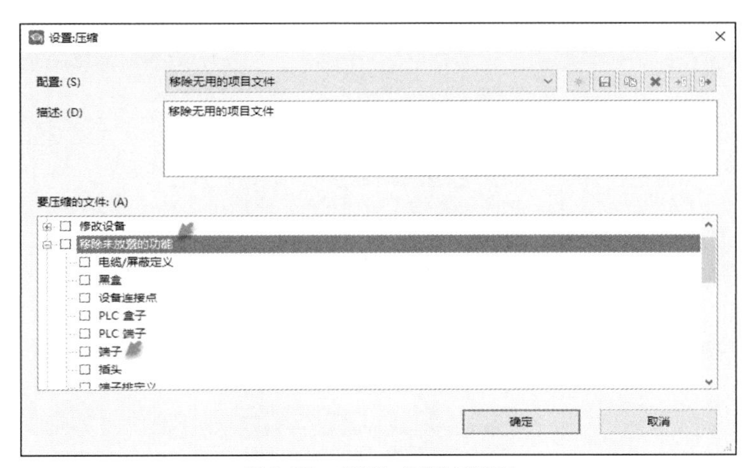

图 8-27 “设置：压缩”对话框

8.3.2 多层端子的创建

项目设计中不仅仅是用单层端子，在很多应用场合使用多层端子。EPLAN 通过“编号样式”指定多层端子的命名规则。在端子排导航器中单击鼠标右键，在弹出的快捷菜单中选择“新功能”命令，在弹出的图 8-28 所示的“生成功能”对话框中输入相应的数据。

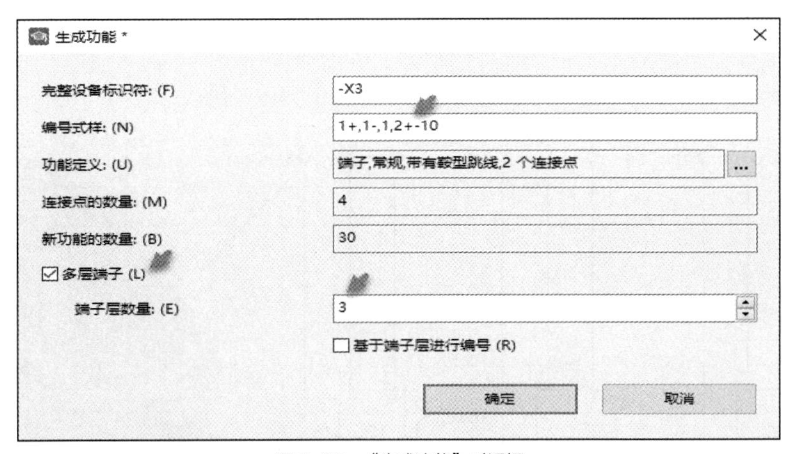

图 8-28 “生成功能”对话框

对“生成功能”对话框中部分项的说明如下。

- 完整设备标识符：输入欲创建端子排的名称，含有项目层级。
- 编号式样：输入端子编号的定义规则。举例如下。

（1）创建单层端子，输入“1-10”，表明建立端子名称分别为 1 至 10 的 10 个端子。

（2）创建多层端子，3 层，输入“1+，1-，1，2+-10”。“1+，1-，1”描述了第一层第一个端子名称为 1+，第二层第一个端子名称为 1-，第三层第一个端子名称为 1；“2+-10”中，2+

描述了第一层第二个端子名称为 2+，“-”代表“到”的意思，10 是要建立的最后一个端子，即第三层第十个端子的名称为 10。通过这样的编号规则，3 层 30 个端子被建立在端子导航器中。

- 功能定义：选择端子的功能定义，选择端子类型。或在后续使用的过程中随时改变端子类型。
- 多层端子：在创建多层端子时，选中此复选框。
- 端子层数量：选中“多层端子”复选框后才能使用，输入欲创建端子的层数。

图 8-29 显示了在端子导航器中创建的 3 层 30 个端子，箭头所指的采购车表示未放置。

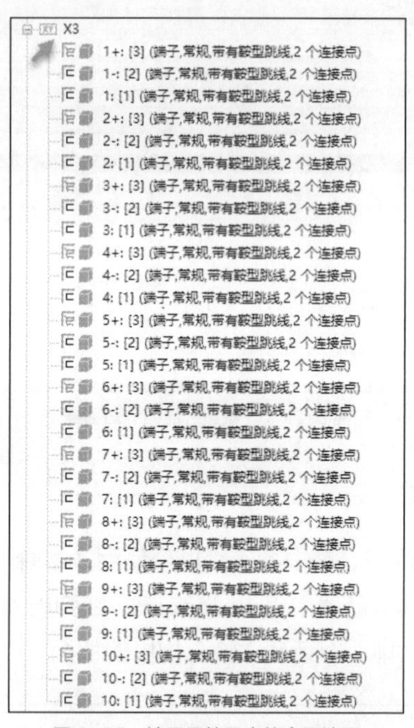

图 8-29　端子导航器中的多层端子

图 8-30 描述了此 3 层端子在一个实际项目原理图中的具体应用。

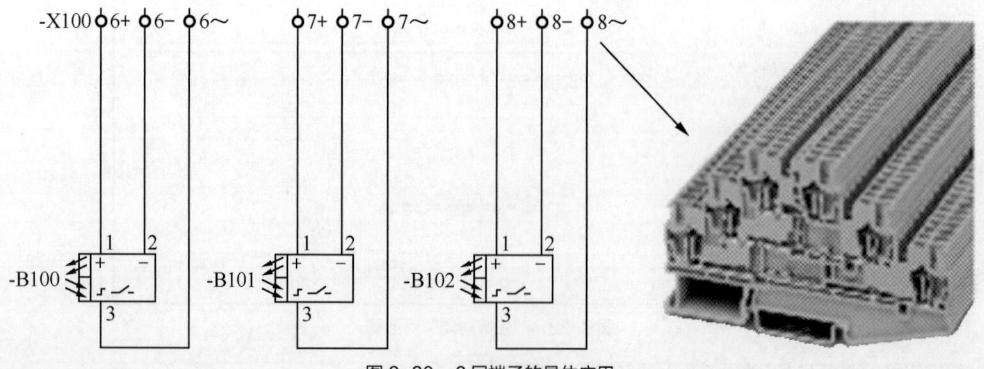

图 8-30　3 层端子的具体应用

在 EPLAN 平台上可以快速生成多层端子。上述建立的 -X7 的 10 个空端子，-X7：1-3 已经设置了手动跳线。在端子导航器中单击 -X7，再单击鼠标右键，在弹出的快捷菜单中选择“编辑”命令，弹出“编辑端子排”对话框，选中 10 个端子，单击“生成多层端子”按钮，输入端子层数量为“3”，3 层端子被生成，如图 8-31 所示。

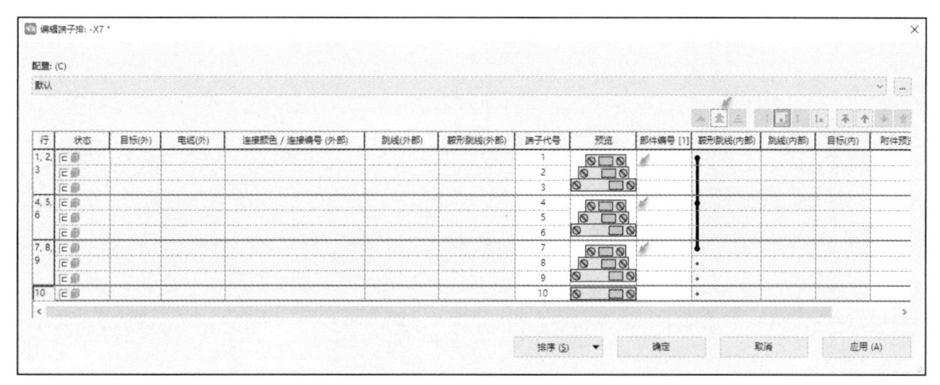

图 8-31 多层端子的生成

8.3.3 接地端子的表达

通常接地或接地排由多个端子组成，在设计中要清晰地表达才能有效地指导生产装配。

如图 8-32 所示，“①”中的端子分别用端子的“名称”和“描述”进行表达，是对端子清晰有效的描述；“②”中的端子分别只用端子的“名称”描述名称和序号，虽然表达清晰，但不是很好的描述；“③”中的端子分别只用端子的“名称”做同样的描述，表达不够清晰。

图 8-32 接地端子的表达

8.3.4 分散式端子

图纸设计中经常会遇到同一端子重复画多次的现象，例如工程中经常应用的多孔端子的描述画法。如果 EPLAN 使用常规的端子进行同一名称重复放置，就会造成同名端子的重复出现，进而在端子图表生成时造成重复。

EPLAN 建议使用分散式端子进行表达。所谓分散式端子，就是允许同一端子重复使用，描述端子上的一个或多个连接点。

图 8-33 描述的是分散式端子的使用方法。端子 -X63：1 被使用了 3 次，如果用常规的方法，其在端子导航器和端子图表中都被显示 3 次。

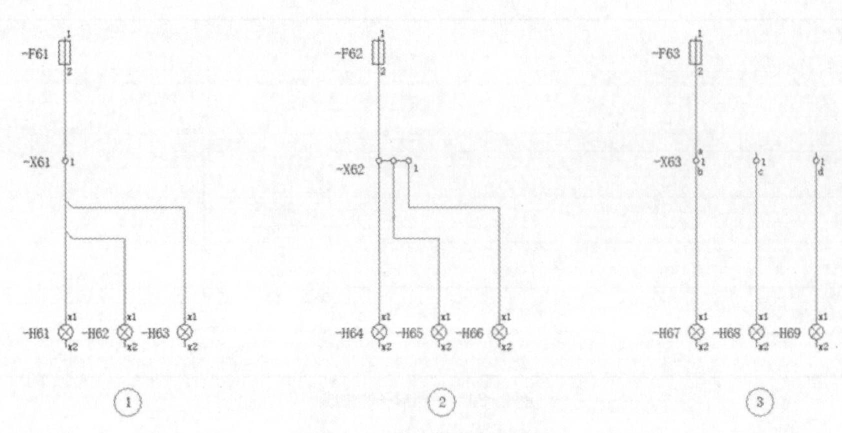

图 8-33　分散式端子的使用方法

如图 8-34 所示，双击 -X63 左侧端子，弹出属性对话框，选中“主端子”复选框，选中“分散式端子”复选框，连接点代号输入“a¶b¶”；双击 -X63 中部端子，弹出属性对话框，选中“分散式端子”复选框，连接点代号输入“¶c¶”；双击 -X63 右侧端子，弹出属性对话框，选中“分散式端子”复选框，连接点代号输入“¶d¶”。在端子属性“显示”标签下设置显示“连接点代号 [1]”和“连接点代号 [2]”，因为默认是隐藏显示的。

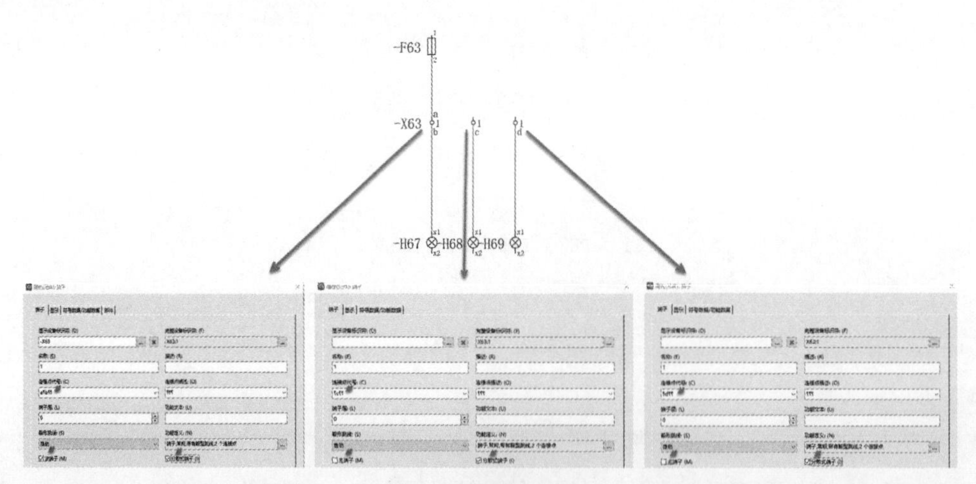

图 8-34　分散式端子设置

在端子导航器中单击 -X63，在该端子上单击鼠标右键，在弹出的快捷菜单中打开“编辑端子排”对话框，如图 8-35 所示，可以看到，虽然在原理图中画了 3 次端子，但在此对话框中只显示一次，端子的源和目标也与原理图的描述一致。

编辑端子排: -X63

配置: (C)

默认

行	状态	目标(外)	电缆(外)	连接颜色 / 连接编号 (外部)	跳线(外部)	鞍形跳线(外部)	端子型号	预览	部件型号 [1]	鞍形跳线(内部)	跳线(内部)	目标(内)	附件预览
1		-H67:x1 -H68:x1 -H69:x1					1					-F63:2	

排序 (S)　确定　取消　应用 (A)

图 8-35　“编辑端子排”对话框

EPLAN 建议用标准符号代表分散式端子，如图 8-36 所示，在 EPLAN 默认的符号库中提供了多种分散式端子的符号（多孔端子符号）。图 8-33 中的“②”就是用标准符号进行的设计，与图 8-33 中的“③”表达的原理图设计是一致的。

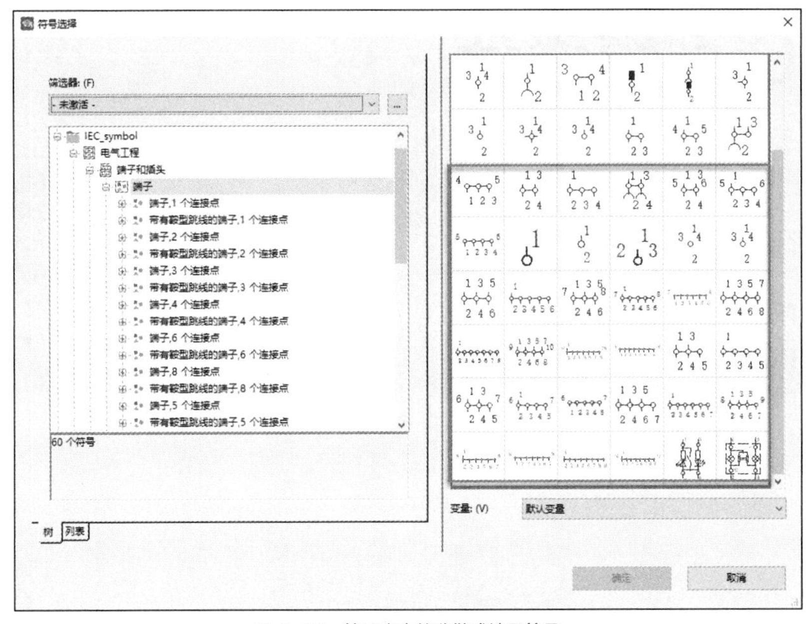

图 8-36　符号库中的分散式端子符号

应该避免图 8-33“①”中的设计，因为允许端子连接的目标数量有限，这种设计会造成现场接线和维护上的困难。

思考题

1. 什么是端子导航器？什么是已放置的端子？什么是未放置的端子？
2. 怎样制作端子排定义？端子排定义的作用是什么？
3. 怎样创建端子？如何理解端子符号的对内对外连接？
4. 什么是主端子？如何实现备用端子的用法？
5. 在端子编辑菜单中能实现哪些对端子的操作？
6. 什么是分散式端子？应用它具有什么样的工程意义？
7. 怎样在 EPLAN 中定义多层端子？
8. 在工程设计中怎样设计接地端子及其图形表达？

第 9 章
PLC 系统设计

09

本章学习要点

- PLC 卡的创建和放置。
- PLC 编址。
- PLC 赋值表的导出。

9.1 基础知识

9.1.1 PLC 卡的创建和放置

自动化控制系统中的PLC设计占有相当大的比例，是自动化系统设计的核心，因而显得十分重要。

第 5 章中讨论了 PLC 卡在总览图和原理图上的画法，并建立了二者之间的关联参考，这种关联参考的主要依据是原理图上PLC连接点的名称与总览图上连接点的名称一致，主要是面向图形的画法。

PLC导航器是管理PLC卡数据和PLC组件的中央管理器。在这里显示PLC卡的个性功能，例如，PLC 卡的类型、电源连接点、地址和通道、总线拓扑等信息。

1. “新建”方法

基于导航器可以建立 PLC 的数据。在 PLC 导航器中，单击鼠标右键，在弹出的快捷菜单中选择“新建”命令，进入“功能定义”对话框，因为是在 PLC 导航器中，所以只能选择与 PLC 相关的功能，选择功能定义为“PLC 盒子”。

进入 PLC 盒子属性对话框后，为 PLC 盒子输入必要的属性，如设备名称、技术参数和功能文本等信息。为 PLC 盒子进行设备选择，选择“SIE.6ES7131-4BD01-0AA0+TM-E15C26-A1”，西门子 131 四路数字量输入卡及新的 PLC 设备数据（PLC 功能定义和部件功能定义）保存在 PLC 导航器中，如图 9-1 所示，为未放置的 PLC 设备。

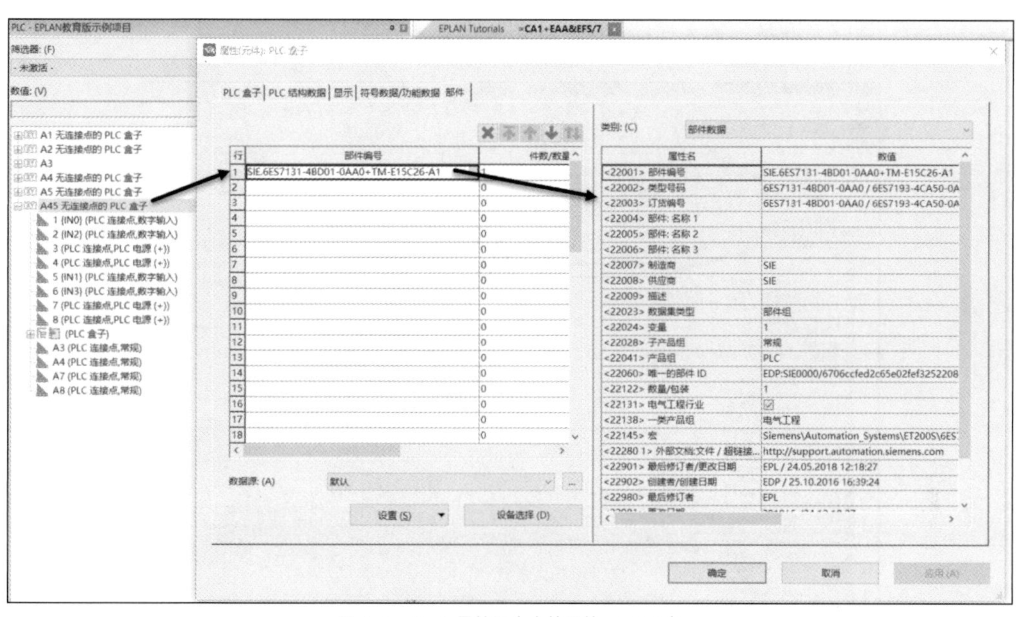

图 9-1 PLC 导航器中未放置的 PLC 设备

2. “新功能”方法

“新功能”方法用来在导航器中为 PLC 设备添加附属的功能。在 PLC 导航器中，单击鼠标右键，在弹出的快捷菜单中选择“新功能”命令，进入“生成功能”对话框，如图 9-2 所示。单击“功能定义”后面的[...]，进入功能定义库，选择“PLC 连接点，可变，数字输入”。在“编号样式”文本框中输入“1-20”定义输入的编号，为此 PLC 数字输入卡命名。系统在 PLC 导航器中建立了 20 个输入点，用同样的方法，可以为 PLC 建立“PLC 连接点，PLC 卡电源”。这些连接点保存在导航器中，随时等待被放置在各种类型的图纸中。

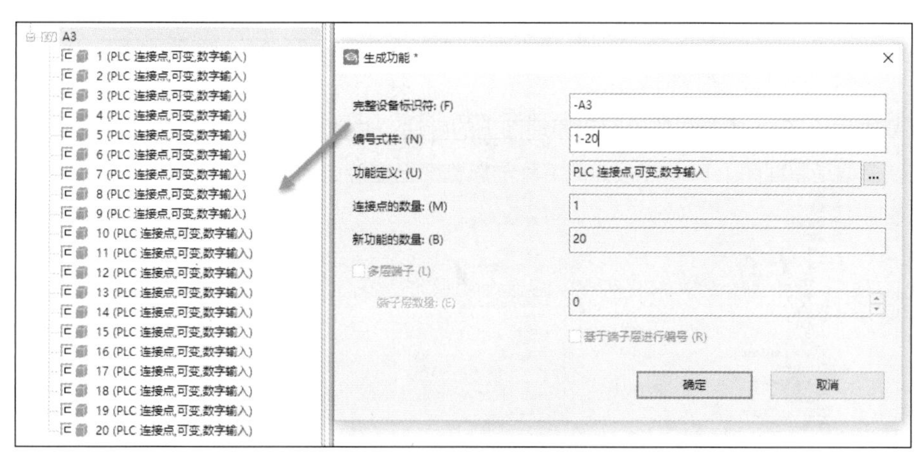

图 9-2 “生成功能”对话框

3. “新设备”方法

“新功能”方法只是在 PLC 导航器中建立一些附加信息，而“新设备”方法是建立一个完整的设备，例如一块 PLC 的输入卡。

在 PLC 导航器中单击“新设备”选项，打开“部件选择”对话框，选择“PXC.2985688”安全模块数字输入卡。单击“确定”按钮，系统自动为其命名，如图 9-3 所示。设备已经在导航器中，为原理图的设计做好了准备，输入连接点随时可以拖放到原理图上。

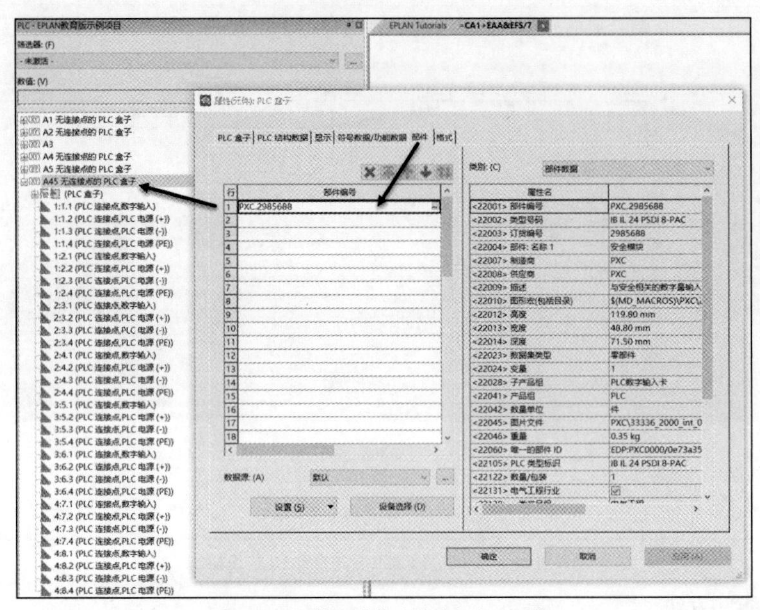

图 9-3 用“新设备”方法建立 PLC 设备

9.1.2 PLC 编址

在项目设计之前，需要确定本项目的 PLC 编址规则，该设置是项目在线设置，意味着对此设置以后的操作有效。如需要对此设置以前的编址规则进行修改，则需要重新编址。

执行【选项】>【设置】>【项目名称】>【设备】>【PLC】命令，打开“设置：PLC”对话框，在“PLC 相关设置”下拉列表中选择 PLC 的一种设置，例如，选择“SIMATIC S7（I/Q）”规则。

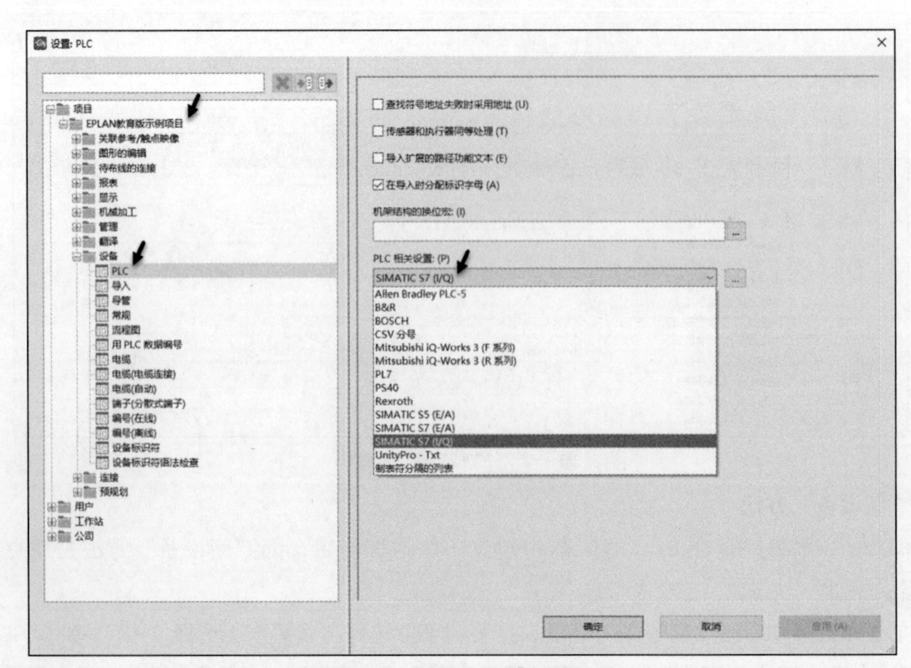

图 9-4 “设置：PLC”对话框

每个厂商的 PLC 的编址方式都不尽相同，在项目设计之前，要先确定 PLC 系统的厂商和型号，以便确定 PLC 的编址方式。EPLAN 默认支持主流厂商和产品类型的 PLC 编址格式，如图 9-4 所示。

当前项目用的 PLC 编址方式是西门子的格式，现在要换成罗克韦尔的 PLC 编址方式。这就需要对以前的编址进行重新编址。

EPLAN 是面向对象的操作，首先要选择 PLC 卡，在哪里选择 PLC 卡呢？是在原理图上选择 PLC 卡，还是在总览图上选择？或是在 PLC 导航器中进行选择？为了使 PLC 连接点都能被编址，我们强烈建议在 PLC 导航器中选择 PLC 卡。这就保证了所有的功能，无论是 PLC 总览图上的连接点还是原理图上的连接点都被包含，因而保证都被编址。

常用命令速查

【项目数据】>【PLC】

【项目数据】>【PLC】>【导航器】

【项目数据】>【PLC】>【编址】

【项目数据】>【PLC】>【地址 / 分配列表】

【选项】>【设置】>【项目名称】>【设备】>【PLC】

【项目数据】>【设备】>【用 PLC 数据编号】

提示 

1. PLC 总线配置的规划一般从单线图开始，因此在图形编辑器中通过单线总线端口绘制总线系统，进而确定 PLC 的配置。

2. 总线端口定义了 PLC 总线信息。

3. PLC 卡上定义的 CPU 名称数量可达 128 个。

4. 根据新的行业标准“AutomationML”定制 PLC 数据交换。AutomationML 格式允许在 PLC 领域配置程序交换机架布局、分配列表和网络结构等信息。

5. 下载后的厂商 PLC 卡宏通常都是组合的，在设计应用时需要取消组合，命令路径为【编辑】>【其他】>【取消组合】。

6. 对于组合在一起的对象，按“Shift”键并双击对象元素，弹出的是其自己的属性对话框。

9.2 操作步骤

9.2.1 PLC 系统逆向设计

在PLC的设计过程中，通常采用逆向设计的方法。首先，评估系统共有多少控制点，多少是输入点，多少是输出点；其次，评估在控制点中，哪些是数字点，哪些是模拟点，从而可以判定系统需要多少块输入 / 输出卡。因此，一般从 PLC 的总览设计开始。

（1）打开项目“EPLAN 教育版示例项目”，打开总览页 “=CA1+EAA&EFS/10”。单击鼠标右键，在弹出的快捷菜单中选择“插入窗口宏 / 符号宏”命令，弹出“选择宏”对话框，展开宏的默认路径“\ Siemens\ Automation_Systems\ ET200S\”，选择“6ES7131-4BD01-0AA0+TM-E15C26-A1.ema”。

（2）单击“打开”，PLC 卡的总览宏系附在鼠标指针上，分别按“X”和“Y”键定位宏，移动鼠标并单击鼠标左键，放置于图纸右侧适合位置。如图 9-5 所示，PLC 卡的总览放置在总览图上，整块 PLC 卡的连接点也在导航器中创建。PLC 输入点在导航器上的图标也有变化，棕色的正方形图标 表示输入点被放置在总览图上。

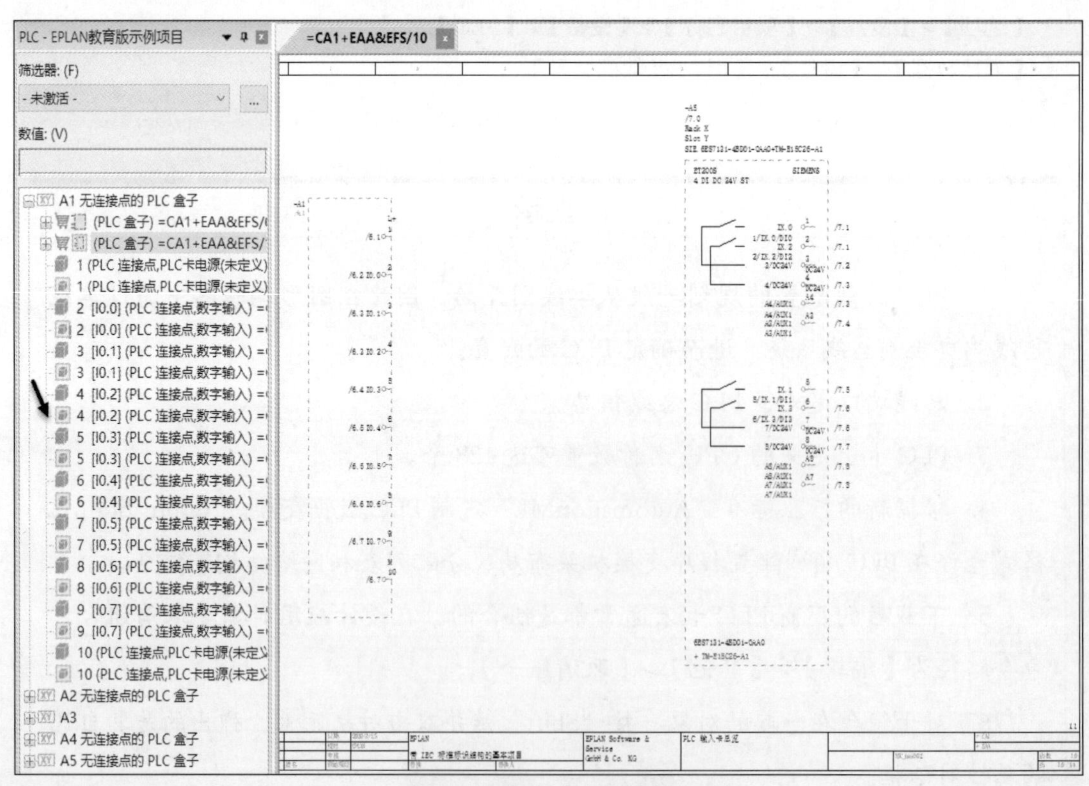

图 9-5 总览图上 PLC 卡的放置

（3）打开原理图页 “=CA1+EAA&EFS/7”，单击鼠标右键，在弹出的快捷菜单中选择“插入窗口宏 / 符号宏”命令，弹出“选择宏”对话框，展开宏的默认路径“\ Siemens\ Automation_Systems\ ET200S\”，选择“6ES7131-4BD01-0AA0+TM-E15C26-A1.ema”。

（4）单击“打开”，PLC 卡的原理宏系附在鼠标指针上，分别按“X”和“Y”键定位宏，单击鼠标左键放置于图纸。如图 9-6 所示，PLC 卡的原理宏放置在原理图上，PLC 输入点在导航器上的图标也有变化，图标表示输入点被放置在原理图上。

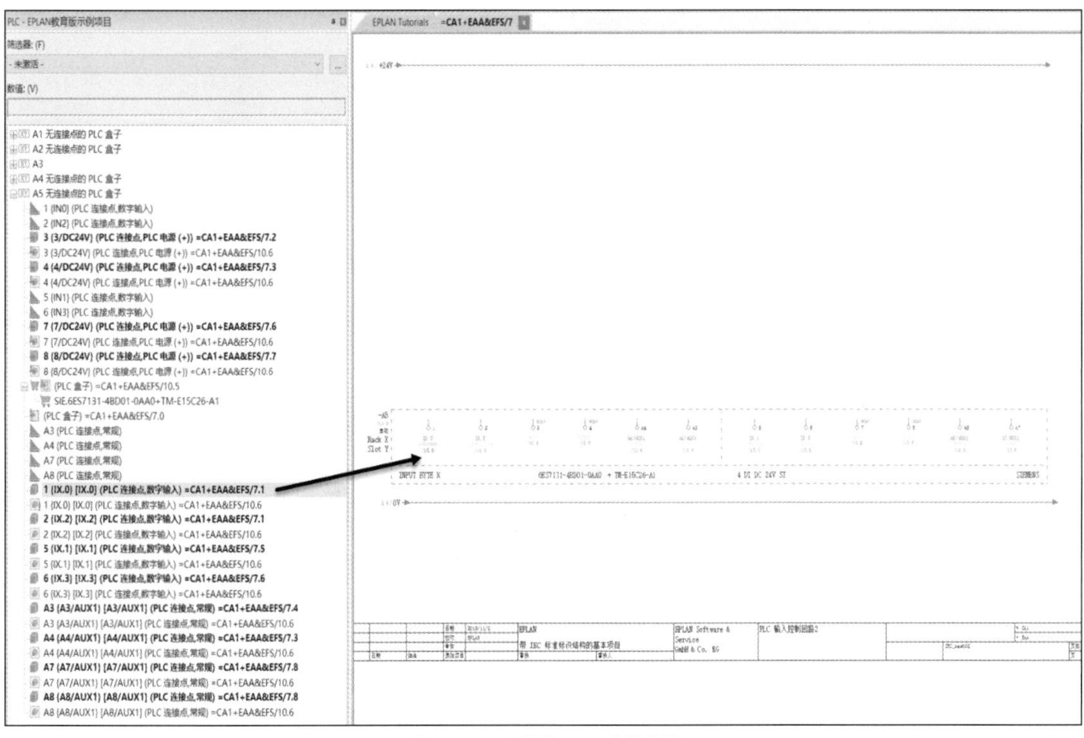

图 9-6　原理图上 PLC 卡的放置

（5）同一块 PLC 输入卡被放置在两种不同展示类型的图纸页上，可以形成关联参考。在原理图上，单击 A5 卡，按“F”键，跳转到总览图，再按“F”键返回原理图。在输入点 IX.0 的功能文本中输入“风机启动”，单击 IX.0，按“F”键跳转到总览图，总览图也会在 E0.0 处显示“风机启动”。

（6）根据设计要求，在 PLC 输入卡上插入传感器等输入设备以丰富原理图的设计。

9.2.2　PLC 重新编址

（1）当前的PLC编址方式是西门子格式。单击【选项】>【设置】>【项目名称】>【设备】>【PLC】，打开“设置：PLC”对话框，在“PLC 相关设置”下拉列表中选择“Allen Bradley PLC-5”，单击“确定”按钮。

（2）单击【项目数据】>【PLC】>【导航器】，打开 PLC 导航器，单击 -A5 卡，单击鼠标右键，在弹出的快捷菜单中选择“编址”命令，弹出“重新确定 PLC 连接点地址”对话框。在“PLC 相关设置”下拉列表中选择“Allen Bradley PLC-5”，选择“数字连接点”、“结果预览”和“应用到整个 CPU”复选框后，单击“确定”按钮，如图 9-7 所示。

（3）系统显示结果预览，这样当发现结果不正确时，就可以结束操作。当在结果预览中检查发现没有错误时，单击“确定”按钮，系统就会对 PLC 卡进行重新编址，并把结果写在项目中，如图 9-8 所示。

重新确定 PLC 连接点地址 *

PLC 相关设置: (P)..

Allen Bradley PLC-5

☑ 数字连接点 (D)

数字起始地址

输入端: (I)[C<d,0,17,2,R>][C<d,0,7,1,G>]/[C<d,0,15,2,O>]

000/00

输出端: (O)[C<d,0,17,2,R>][C<d,0,7,1,G>]/[C<d,0,15,2,O>]

000/00

☐ 模拟连接点 (A)

模拟起始地址

输入端: (N)[C<d,0,17,2,R>][C<d,0,7,1,G>]/[C<d,0,15,2,O>]

输出端: (U)[C<d,0,17,2,R>][C<d,0,7,1,G>]/[C<d,0,15,2,O>]

排序: (S)

根据卡的设备标识符和放置(图形)

☑ 结果预览 (R)

☑ 应用到整个 CPU (L)

确定 取消

图 9-7　PLC 重新编址设置

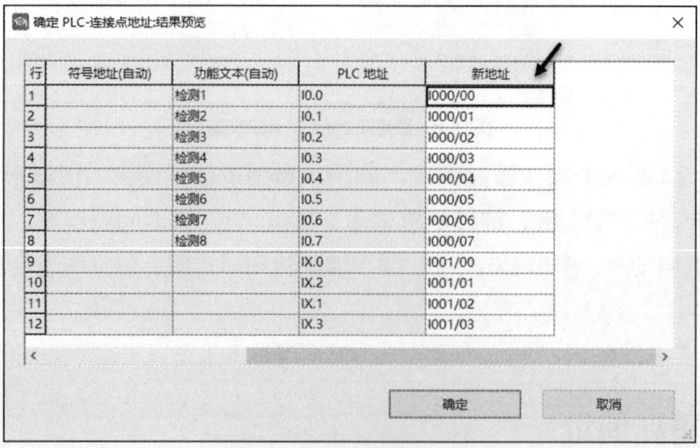

确定 PLC-连接点地址:结果预览

行	符号地址(自动)	功能文本(自动)	PLC 地址	新地址
1		检测1	I0.0	I000/00
2		检测2	I0.1	I000/01
3		检测3	I0.2	I000/02
4		检测4	I0.3	I000/03
5		检测5	I0.4	I000/04
6		检测6	I0.5	I000/05
7		检测7	I0.6	I000/06
8		检测8	I0.7	I000/07
9			IX.0	I001/00
10			IX.2	I001/01
11			IX.1	I001/02
12			IX.3	I001/03

确定 取消

图 9-8　PLC 重新编址结果

9.3 工程上的应用

9.3.1 用 PLC 数据编号

在自动化系统设计中，特别是在汽车行业的自动化系统中，通常需要将 PLC 连接点（输入 / 输出）的端子或设备用与之相连的 PLC 地址进行命名编号，这样方便现场维护的故障查找。

图纸“=CA1+EAA&EFS/6”是一个 PLC 输入控制，PLC 输入端有端子和光栅设备，如图 9-9 左侧所示。

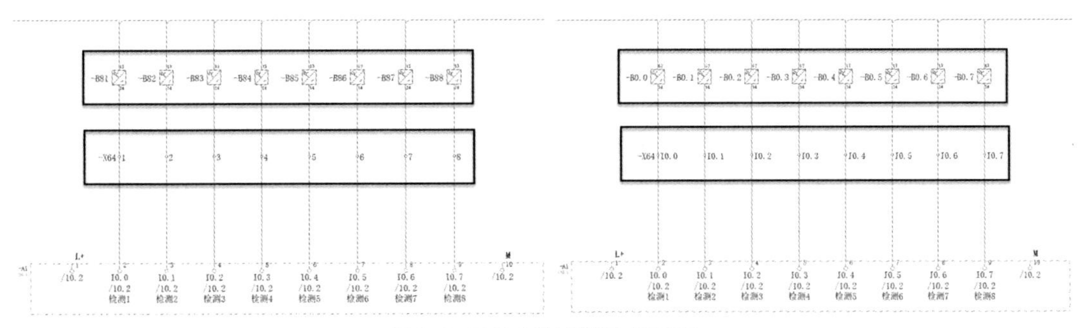

图 9-9　用 PLC 数据编号的前后对比

单击此页，按“Ctrl+A”组合键全选页上的所有对象，单击【项目数据】>【设备】>【用 PLC 数据编号】，弹出“用 PLC 数据编号”对话框，选择“设备”和“端子”，检查预览结果后，单击“确定”按钮，如图 9-9 右侧所示。

9.3.2　导入 / 导出地址 / 分配表

PLC 设计中往往电气硬件设计和 PLC 编程不是同一个设计师完成的，需要应用 PLC 赋值表交换对 PLC 的定义信息。

在 PLC 导航器中，选择一块 PLC 输出卡，执行【项目数据】>【PLC】>【地址 / 分配表】命令，打开“地址 / 分配列表”对话框，可以进行 PLC 地址赋值表的集中编辑和管理，修改 PLC 地址、数据类型、符号地址和功能文本等属性，从而在 PLC 的总览、原理和拓扑图上都得到了修改。

（1）打开项目“EPLAN 教育版示例项目”，打开页 “=CA1+EAA&EFS/6”，双击 -A1 卡，弹出“属性（元件）：PLC 盒子”对话框，单击“PLC 结构数据”标签，单击新建按钮，在弹出的“属性选择”快捷菜单中选择属性“<20253 1CPU：名称 [1]>”，单击“确定”按钮返回到“属性（元件）：PLC 盒子”对话框，在属性“<20253 1CPU：名称 [1]>”中输入“SIE”，单击“确定”按钮关闭对话框。分别在 -A1 卡输入点 “I0.0~I0.7”的功能文本框中输入“检测 1~ 检测 8”，确认当前的 PLC 设置为“SIMATIC S7（I/Q）”，如图 9-10 所示。

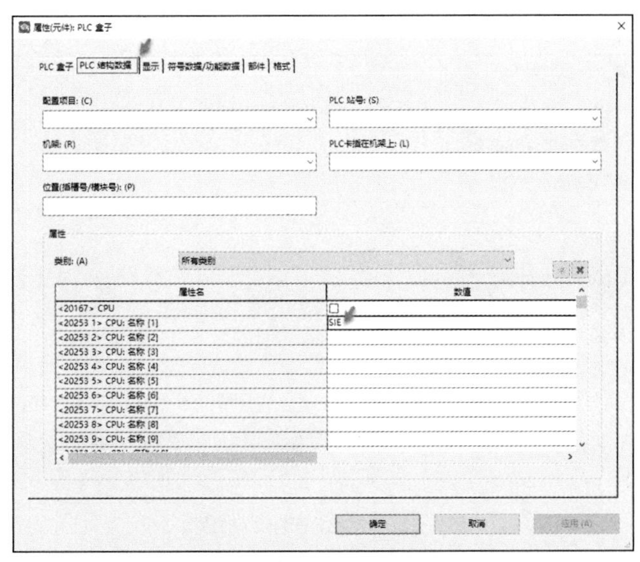

图 9-10　CPU 系统定义

（2）在 PLC 导航器中单击 -A1 卡，单击【项目数据】>【PLC】>【地址 / 分配表】，弹出“地址 / 分配列表”对话框，单击▭，新建一个“西门子”筛选器，使“<20434>CPU（间接的）=SIE”，如图 9-11 所示，激活筛选器，此时显示 CPU 为西门子的输入点信息。

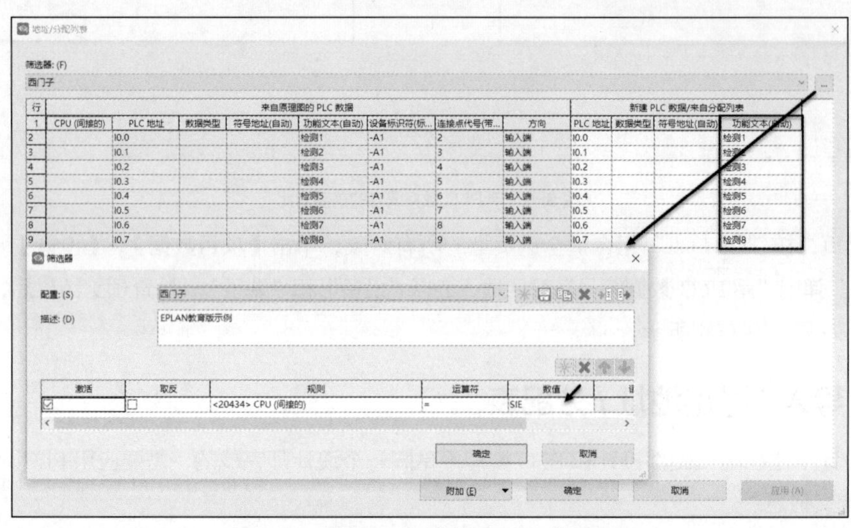

图 9-11 “地址 / 分配列表”对话框及“筛选器”

（3）图 9-11 所示的“地址 / 分配列表”对话框，在对话框右侧的“新建 PLC 数据 / 来自分配列表”下，显示了当前选中的 PLC 输出卡的 PLC 地址、数据类型、符号地址（自动）和功能文本（自动）等属性信息，这些属性都是可以编辑修改的。在此可以方便快速地对这些属性进行集中修改。

（4）在“地址 / 分配列表”对话框下部的“附加”下，可以对 PLC 赋值表（分配列表）进行成批的导入 / 导出，方便电气硬件设计人员与软件编程人员沟通。

单击【附加】>【导出分配列表】，弹出“导出分配列表”对话框，如图 9-12 所示。CPU 类型为 SIE，“PLC 相关设置”选择 SIMATIC S7（I/Q），“语言”选择中文，“文件名”命名为 ZULI.txt，导出文件也可以是标准的 *.sdf、*.asc 和 *.seq 文件，单击“确定”按钮，PLC 赋值表被导出到 ZULI.txt 文件中，并保存到文档的默认路径中。

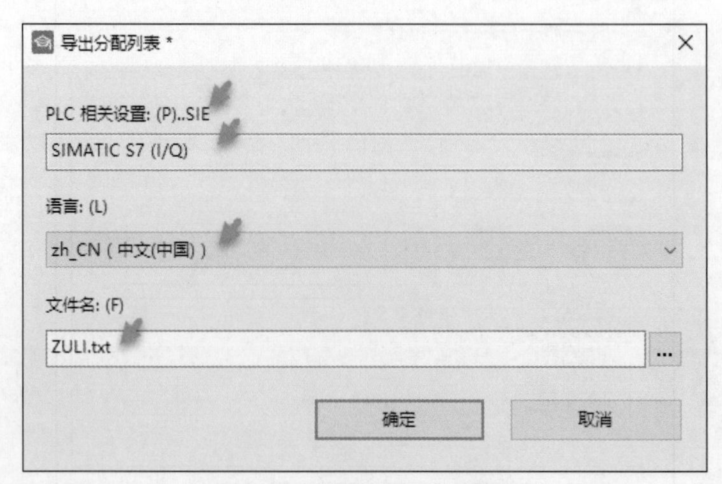

图 9-12 “导出分配列表”对话框

（5）单击【附加】>【设置】，在打开的对话框中检查发现其中的“PLC 相关设置”也为

SIMATIC S7（I/Q）。

（6）用记事本打开 ZULI.txt 文件，如图 9-13 所示，可以在此进行修改。例如，将 PLC 的功能文本改为“检测 11”～“检测 18”，保存此 TXT 文件。

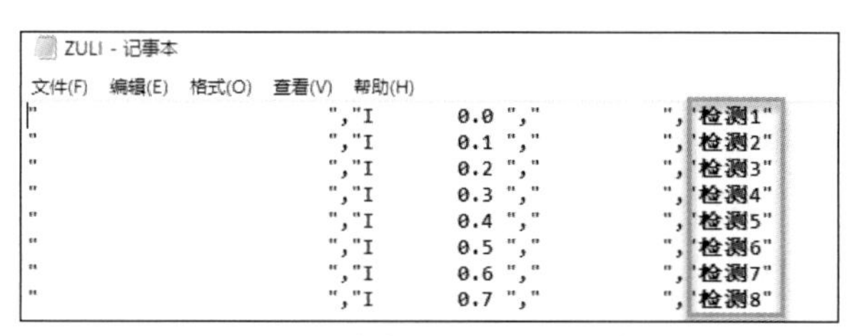

图 9-13　用记事本打开导出的分配列表文件

（7）在“地址 / 分配列表”对话框下部的“附加”下，单击【导入分配列表】>【所显示的 CPU】，弹出“导入 / 同步分配列表”对话框，如图 9-14 所示。CPU 类型为 SIE，“PLC 相关设置”选择 SIMATIC S7（I/Q），“文件名”命名为 ZULI.txt，“语言”选择中文，“参考值”选择地址，单击“确定”按钮，修改后赋值表 ZULI.txt 文件被导入 PLC 输入卡中，如图 9-15 所示。

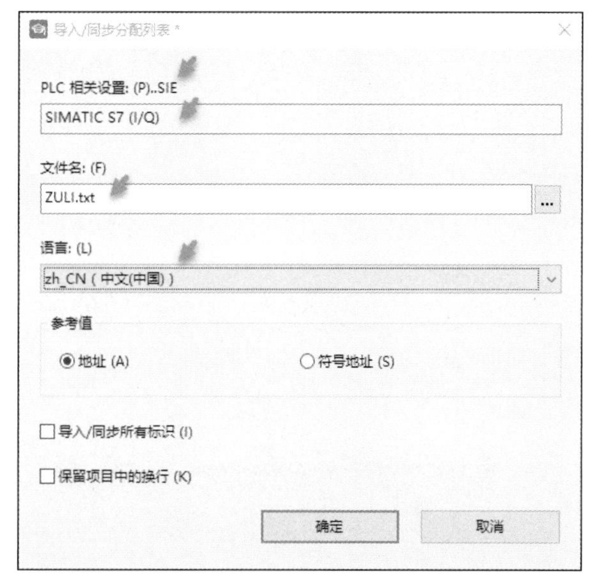

图 9-14　“导入 / 同步分配列表”对话框

（8）在图 9-15 所示的“地址 / 分配列表”对话框中，可以发现 I0.0~I0.7 的功能文本被改为“检测 11”～“检测 18”，说明有修改变化，单击“应用”按钮，修改被记录在 PLC 的输入卡中，从而在整个项目图纸中都得到了更改。

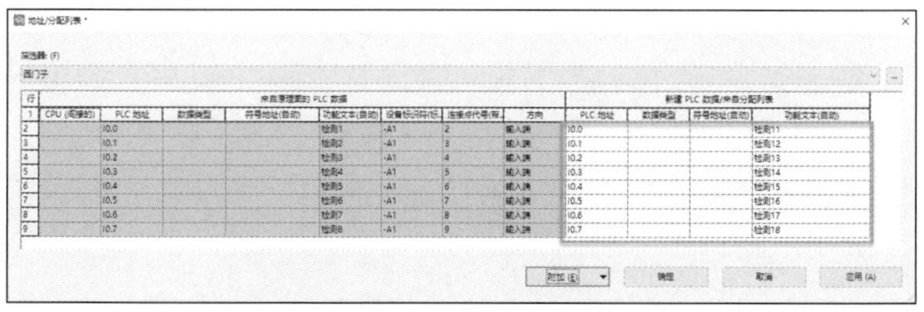

图 9-15　修改后的“地址 / 分配列表”对话框

（9）同时可以到 PLC 导航器中或原理图中观察具体的变化。

思考题

1. 通常 PLC 卡的创建有几种方法？

2. 怎样在 PLC 导航器中正确放置 PLC 卡于原理图上？

3. PLC 内置了哪几个厂商的 PLC 编址方式？可以为 ORMON PLC 定义编址规则吗？

4. 如何在同一项目不同 PLC 系统中使用相同的地址？

5. PLC 导航器有几种视图方式？分别是什么？

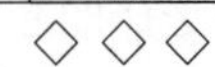

第 10 章
2D 安装板设计

10

本章学习要点

- 安装板的定义。
- 制作安装板的方法。
- 部件在安装板上的放置。
- 安装板的尺寸标注。
- 安装板上嵌入式报表的生成。

10.1 基础知识

10.1.1 安装板概述

电气工程师绘制好原理图，并且为使用的电气符号选择型号后，可以在安装板上对电气设备进行合理的布局，如元件的放置、线槽和导轨的布置、元件的安装尺寸和开孔数据的确定等。用安装板不仅可以完成底板的设计，而且可以实现一个箱体的门板和侧板的布局设计。本章的安装板布局主要是指二维的布局，利用 EPLAN Pro Panel 可以实现三维的安装布局。

在图形编辑器中，安装板可以以纵向或横向的方式画出。安装板是用特殊的黑盒来表示的。其设备名称命名遵循项目结构，具有层级的描述。通常，把放置在安装板上的设备称为“部件放置”。元件的宽度、高度、深度和安装净尺寸可以在部件管理数据库或部件宏中定义。在 2D 安装板布局导航器中通过右键快捷菜单选择“设置”命令来定义部件数据选用的类型，如图 10-1 所示。

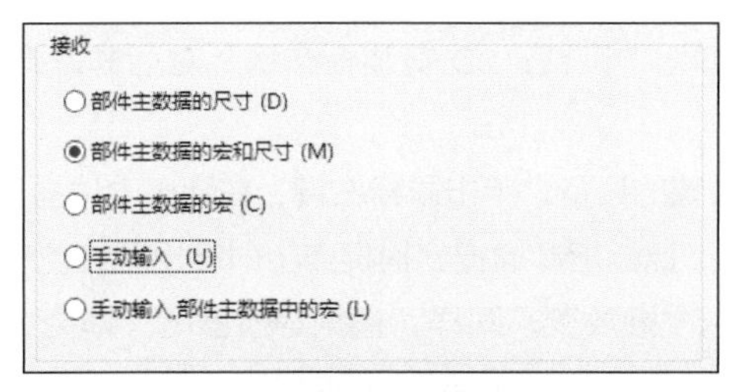

图 10-1　定义部件数据类型

通过【插入】>【设备】进行安装板放置，存储在部件管理库部件“安装”标签下的安装板尺寸被读取，并放置在“安装板布局 < 交互式 >”类型的图纸页上，如图 10-2 所示。

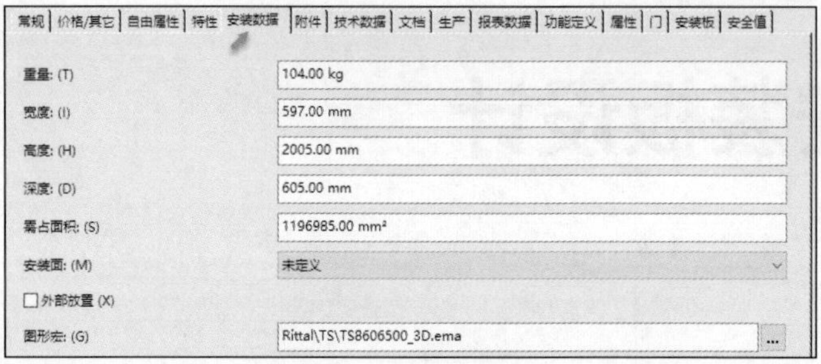

常规 | 价格/其它 | 自由属性 | 特性 | 安装数据 | 附件 | 技术数据 | 文档 | 生产 | 报表数据 | 功能定义 | 属性 | 门 | 安装板 | 安全值

重量: (T)	104.00 kg
宽度: (I)	597.00 mm
高度: (H)	2005.00 mm
深度: (D)	605.00 mm
需占面积: (S)	1196985.00 mm²
安装面: (M)	未定义
□外部放置 (X)	
图形宏: (G)	Rittal\TS\TS8606500_3D.ema

图 10-2　安装板尺寸

单击【插入】>【盒子 / 连接点 / 安装板】>【安装板】，进行安装板放置，可以画一个长方形代表一个安装板，通过安装板属性中的“格式”标签定义安装板的尺寸（宽度和高度），如图 10-3 所示。

安装板 | 显示 | 部件 | 格式

属性	分配
长方形	
起点	
终点	
宽度	800.00 mm
高度	1800.00 mm
角度	0.00°
格式	

图 10-3　手动定义安装板尺寸

10.1.2　部件放置

1. 放置在安装板上

可以把单个部件或多个部件一起放置到安装板上。在放置时，请注意锁定区域，因为锁定区域内不能放置部件。锁定区域通过在 2D 安装板布局导航器右键快捷菜单中选择“锁定区域”手动定义。单个放置时部件根据其在部件管理中的尺寸排列，但不能叠加放置。多个放置时，会根据部件在部件管理中的尺寸以及安装净尺寸，产生间距。

单击【项目数据】>【设备 / 部件】>【2D 安装板布局导航器】，EPLAN 已将选型的设备（具有部件编号的设备）都集中显示在这里。在 2D 安装板布局导航器中单击鼠标右键，在弹出的快捷菜单中选择“设置”命令，弹出“设置：2D 安装板布局”对话框，确认激活想要放置部件尺寸数据类型。

在导航器中选择单个欲放置的设备，单击鼠标右键，在弹出的快捷菜单中选择“放到安装板上”命令，设备系附在鼠标指针上，鼠标指针捕捉到捕捉点上时会出现红色空心正方形，如图 10-4 所示，选择合适的捕捉点，单击鼠标左键放置。同样，根据导航器的“拖拉式”功能，可以选择直接将设备拖放到安装板上。在 2D 安装板布局导航器中，已放置的部件前会显示绿色的勾（√）。

在导航器中选择单个欲放置的设备，拖拉至安装板上，若没有设置“手动输入”则会出现“延伸和间隔”对话框，如图10-5所示，说明此设备虽然有部件编号，但没有尺寸数据，请检查部件管理中该部件是否有尺寸数据。

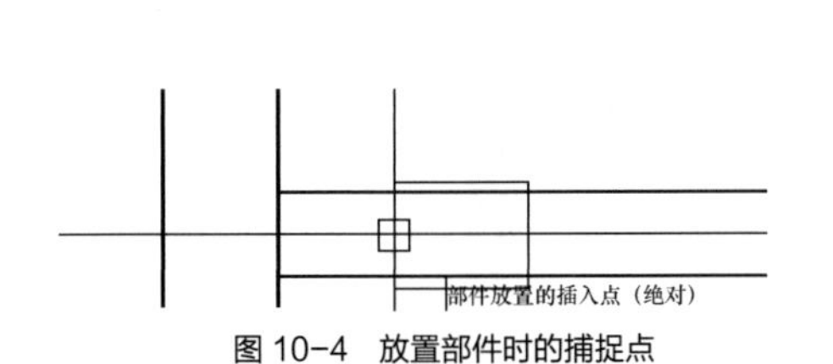

图10-4　放置部件时的捕捉点

图10-5　“延伸和间隔”对话框

在导航器中选择多个欲放置的设备（按“Ctrl”键多选），单击鼠标右键，在弹出的快捷菜单中选择“放到安装板上”命令，设备系附在鼠标指针上，鼠标指针捕捉到捕捉点上时会出现红色空心正方形，选择合适的捕捉点，如图10-6所示，单击鼠标左键一次，放置一个设备，再单击鼠标左键一次，再放置一个设备，直至将设备放置完。

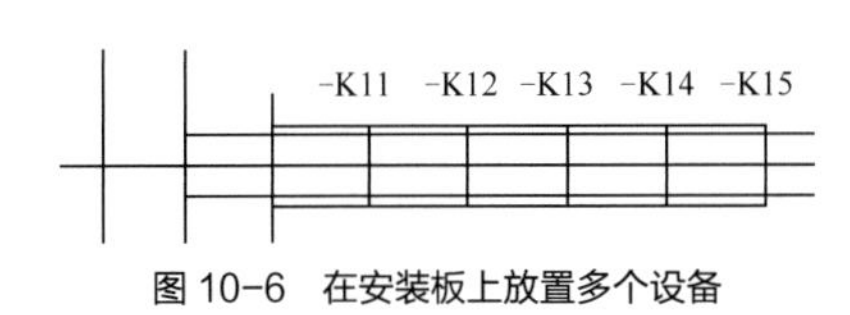

图10-6　在安装板上放置多个设备

在部件管理中部件的“安装数据”选项卡中，有关于安装间隙（宽度、高度和深度）的数据。如图10-7所示，如果在这里设置数据，左、右“安装间隙（宽度方向）”为20 mm，说明将部件放置在安装板上时，有间隙要求。

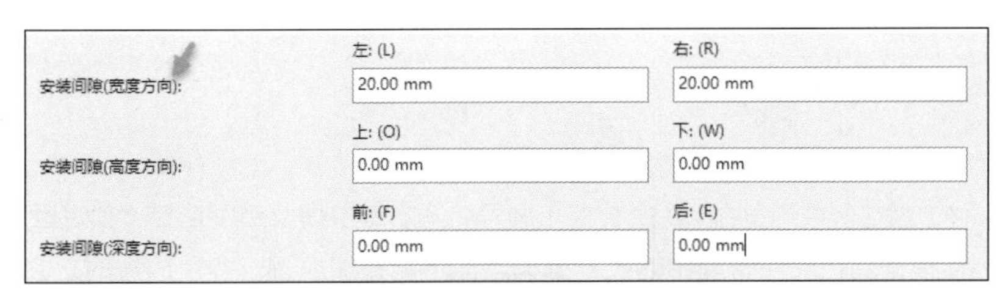

图10-7　部件管理部件安装间隙要求

部件编号为“SIE.3RH2122-1HB40”的接触器规定安装间隙（宽度方向）左、右各预留20 mm，在安装板上放置此部件时，其左、右确实有20 mm的间隙预留，如图10-8所示。

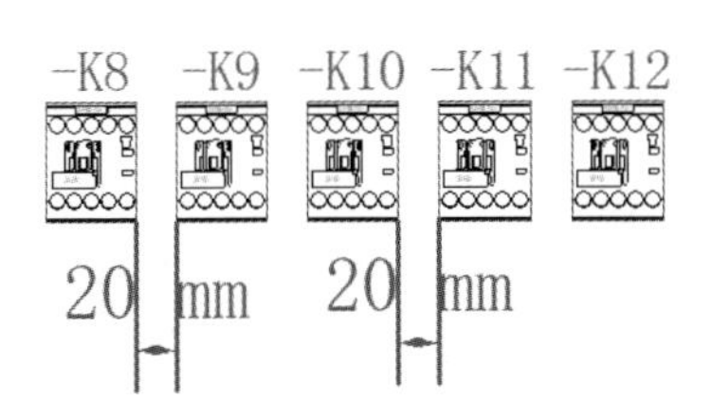

图10-8　有安装间隙要求的部件放置

在导航器中单击鼠标右键，在弹出的快捷菜单中选择“锁定区域”命令，在安装板上画一个区域，代表该区域禁止放入任何设备。电气设计中强电设备和弱电设备的划分可以采用这样的方法，人为限制设备应该放置的区域。当把设备放置在锁定区域时，系统会显示图 10-9 所示的无法执行的提示信息。

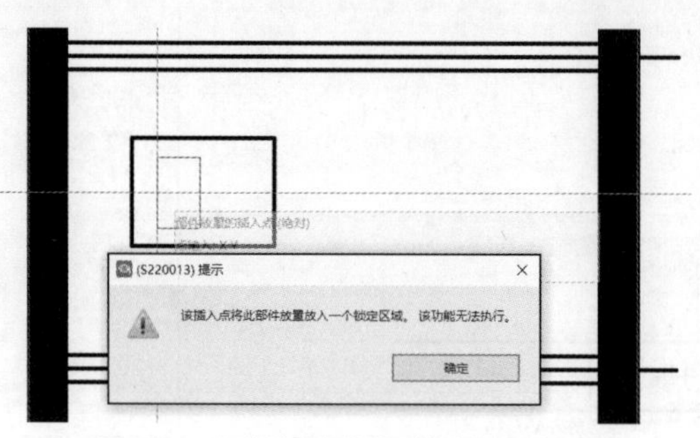

图 10-9　部件放置在锁定区域时的提示信息

2. 放置在安装导轨上

使用安装导轨是工业电气元件的一种安装方式，支持此标准的电气元件在安装时可方便地卡在导轨上而无须用螺丝固定，维护也很方便。常用的导轨宽度是 35 mm。现在，很多的电气元件都采用了这种标准，比如 PLC、断路器、开关、接触器等。

安装导轨在画法上有多种，可以用“直线”“折线”“封闭折线”“长方形”，但不能用“圆”和“椭圆”。

在导航器中选择单个欲放置的设备，单击鼠标右键，在弹出的快捷菜单中选择“放到安装导轨上”命令，如图 10-10 所示，用鼠标左键单击代表安装导轨封闭线的上边缘，移动鼠标，单击封闭线的下边缘，部件被居中放置在安装导轨中。

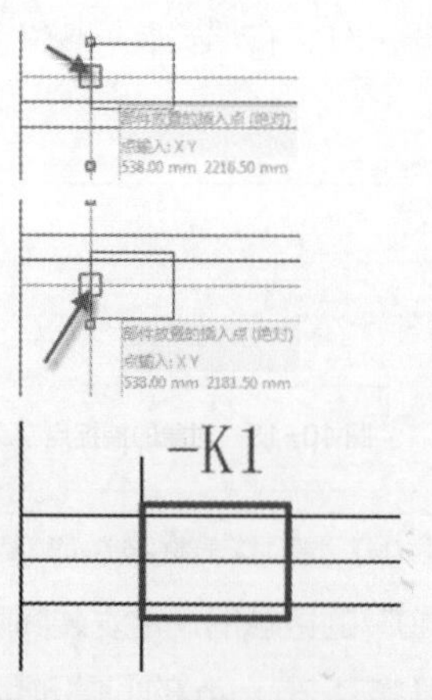

图 10-10　安装导轨上的部件放置

3. 直接放置在安装板上

EPLAN 支持不同的工程设计方法，面向安装板设计就是一种有效的方法。在安装板上先放好设备，然后再考虑将该设备画在图纸上。

在 2D 安装板布局导航器中，单击鼠标右键，在弹出的快捷菜单中选择“新设备”命令，弹出“部件选择 -ESS_part001.mdb”对话框，浏览继电器及接触器，选择部件编号为“ABB.FPH1411001T8220”的继电器，单击“确定”按钮。继电器尺寸系附在鼠标指针上，将其放置在安装板上想要放置的位置，如图 10-11 所示。

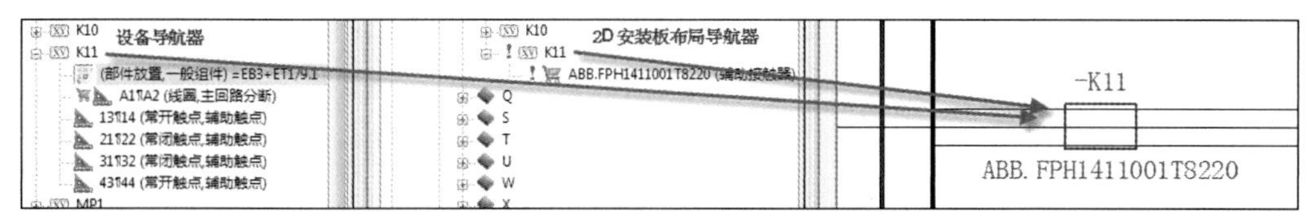

图 10-11　在安装板上直接放置设备

在设备导航器中 -K11 显示部件放置，说明此设备已经放在安装板上，触点显示未放置，是因为还没有放置在原理图上。当设计需要的时候，就可以从设备导航器中将 -K11 的线圈和触点拖放在图纸上了。在 2D 安装板布局导航器中 -K11 前显示红色感叹号，说明有问题存在，因为此设备现在仅仅放在安装板上。

10.1.3　定位与标注

1. 对象捕捉和设计模式

文本、图形和逻辑符号（符号、黑盒等）都有插入点，通过实心正方形小点来显示；而图形元素有元素点（起点、中点和终点），通过空心正方形小点来显示，如图 10-12 所示。

当通过【选项】>【对象捕捉】激活对象捕捉时，这些点就成为捕捉点，在捕捉点上有红色的空心正方形显示，如图 10-13 所示。

当通过【选项】>【设计模式】激活设计模式时，复制一个对象，系统马上显示一个红色空心正方形，如图 10-14 所示，询问选择哪个捕捉点作为粘贴后的插入点，可以选择对象上的任意插入点。这种复制和粘贴方式有助于导轨和线槽的设计。

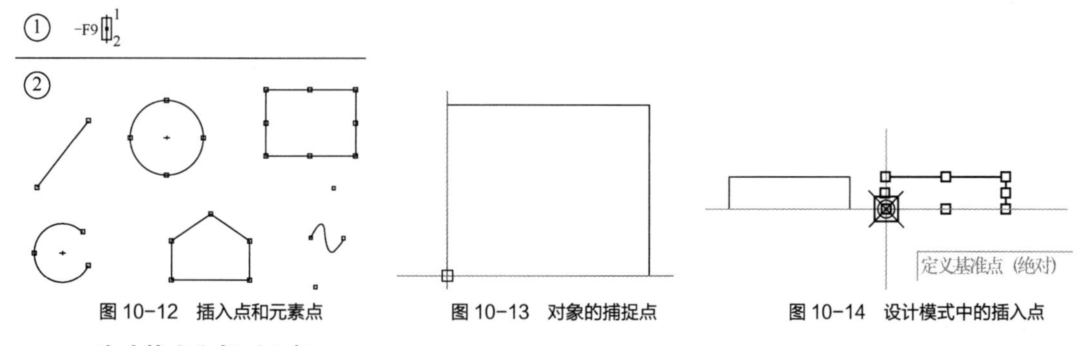

图 10-12　插入点和元素点　　图 10-13　对象的捕捉点　　图 10-14　设计模式中的插入点

2. 移动基点和相对坐标

移动基点功能用来定义新的坐标系的原点。可以通过【选项】>【移动基点】或快捷键“O”键来激活此动作。

原来的坐标系是以图框的左下角为原点的，按下快捷键“O”键，坐标系符号系附在鼠标指针上，单击新坐标系的原点（图中长方形左下角），新的坐标系原点就是长方形左下角顶点，如图 10-15 所示。

相对坐标是相对于光标的坐标参考。可以通过【选项】>【输入相对坐标】或“Shift+R”组合键来激活此动作。

当画出一条直线的时候，确定起点后，按“Shift+R” 组合键弹出图 10-16 所示的“输入相对坐标”对话框，角度输入 0°，长度输入 100 mm（长度是相对于起点的长度），则长度为 100 mm 的直线被绘制出来。

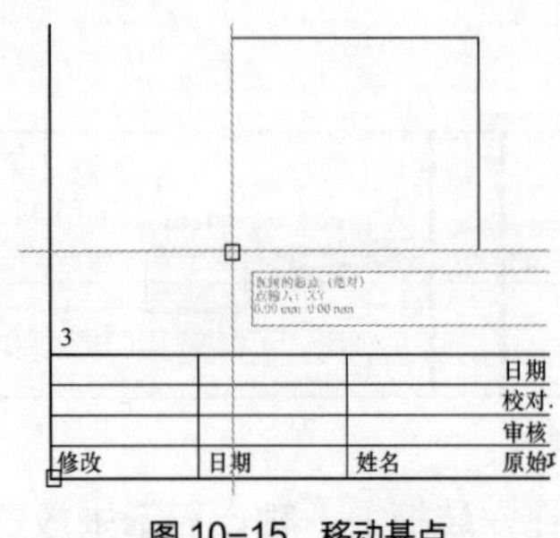

图 10-15　移动基点

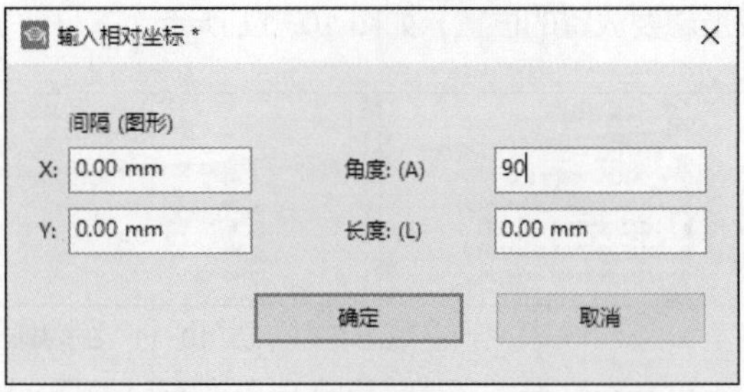

输入相对坐标 *
间隔 (图形)
X: 0.00 mm　角度: (A) 90
Y: 0.00 mm　长度: (L) 0.00 mm
确定　取消

图 10-16　“输入相对坐标”对话框

3. 尺寸标注

为了便于电气工程师设计安装板，EPLAN 提供了尺寸标注功能。可以通过【插入】>【尺寸标注】调用尺寸标注，如图 10-17 所示，尺寸标注包括线性尺寸标注、对齐尺寸标注、连续尺寸标注、增量尺寸标注、基线连续尺寸标注、角度尺寸标注和半径尺寸标注等类型。

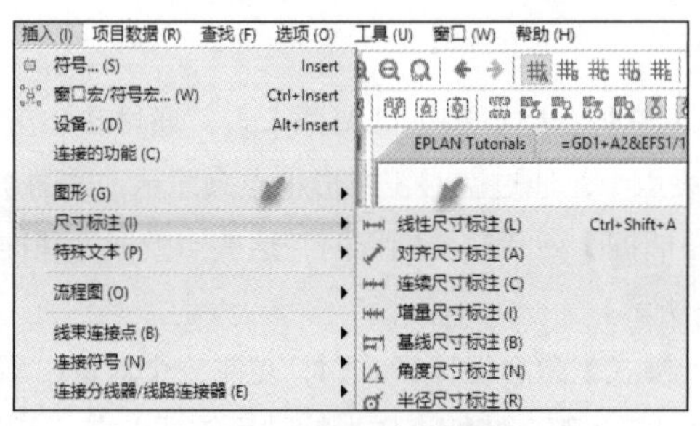

图 10-17　尺寸标注类型

常用命令速查

【项目数据】>【设备 / 部件】>【2D 安装板布局导航器】

【插入】>【盒子 / 连接点 / 安装板】>【安装板】

【选项】>【移动基点】

【选项】>【输入相对坐标】

提示

1. 为了在画图形的时候能够显示输入框输入坐标，需要激活输入框，命令路径为【选项】>【输入框】。

2. 按“O”键，可以快速移动坐标原点。

3. 在安装板设计中打开设计模式，原理图设计中则要关闭设计模式。

10.2 操作步骤

10.2.1 放置安装板

（1）打开项目“EPLAN 教育版示例项目”，新建页 “=CA1+EAA&EFS/12”， 页描述为“安装板布局”，页类型为“〈 8 〉安装板布局（交互式）”，不同于原理图上的 1 ： 1 比例，需要将安装板页的比例进行缩放，页比例改为 1 ： 10，扩大 10 倍，如图 10–18 所示。

（2）打开安装板图纸页，执行【插入】>【盒子 / 连接点 / 安装板】>【安装板】命令，使安装板符号系附在鼠标指针上，单击鼠标左键确定起点，移动鼠标，再次单击左键确定终点，弹出“属性(元件)：安装板”对话框，输入名称“–MP1”，在“格式”标签下输入宽度和高度，分别为 800 mm 和 1 800 mm，如图 10–19 所示。

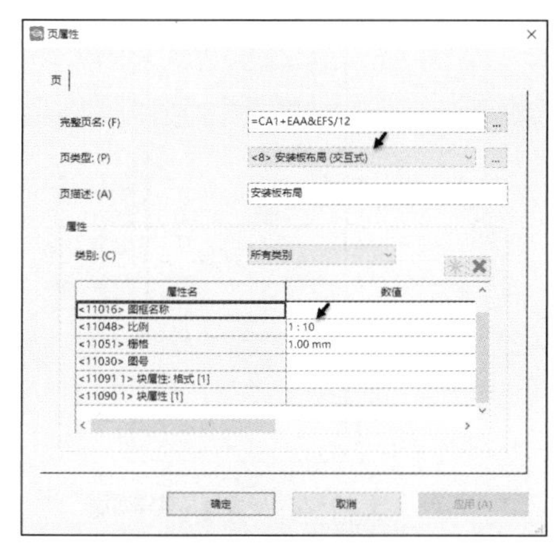

图 10–18　新建页

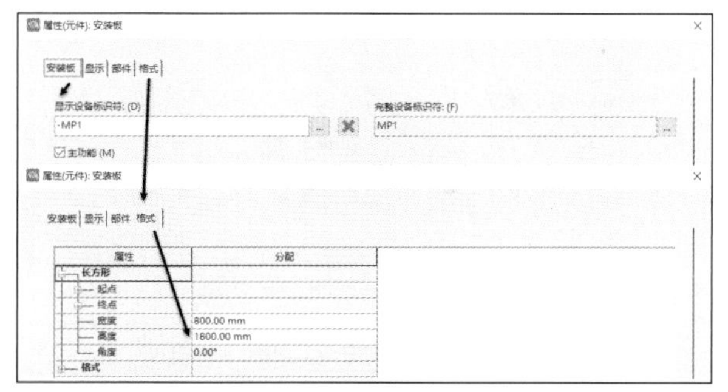

图 10–19　安装板属性设置

10.2.2 定义线槽和导轨

（1）单击【选项】>【对象捕捉】激活捕捉对象，按“O”键（或单击【选项】>【移动基点】），单击安装板的左下角，此点为现在的坐标原点，并显示坐标系，如图 10–20 所示。

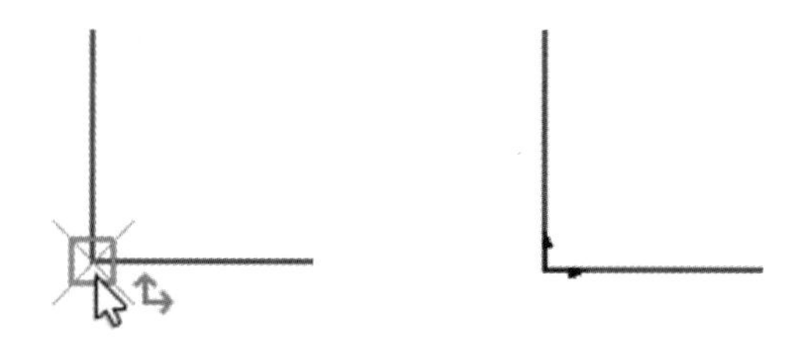

图 10–20　坐标原点移动

（2）单击【插入】>【图形】>【直线】，在输入框中输入 50、空格和 0，按回车键，在弹出的输入框中输入 0、空格和 1 900，按回车键，完成一条距安装板左边缘 50 mm 的垂直线的绘制。

（3）按“O”键取消坐标系，再按“O”键，单击安装板的右下角，此点为现在的坐标原点，并显示坐标系。再次画一条直线，在输入框中输入 –50、空格和 0，按回车键，在弹出的输入框中输入 0、空格和 1 900，按回车键，完成一条距安装板右边缘 50 mm 的垂直线的绘制。

（4）按“O”键取消坐标系，再按“O”键，单击安装板的左上角，此点为现在的坐标原点，并显示坐标系。再次画一条直线，在输入框中输入 0、空格和 0，按回车键，在弹出的输入框中输入 850、空格和 0，按回车键，完成一条与安装板上边缘重合的水平线的绘制。

（5）单击刚才画完的这条直线，此时的坐标原点还在安装板的左上角。按“Ctrl+C”组合键复制，然后按“Ctrl+V”组合键粘贴，按“Shift+R”组合键弹出“输入相对坐标”对话框，输入坐标，如图 10-21 所示，在此直线下方 300 mm 处画一条平行线。

（6）用上述方法画出更多的准确定位的辅助线，便于后面的元件的精确放置。最终的安装板及其辅助线如图 10-22 所示。

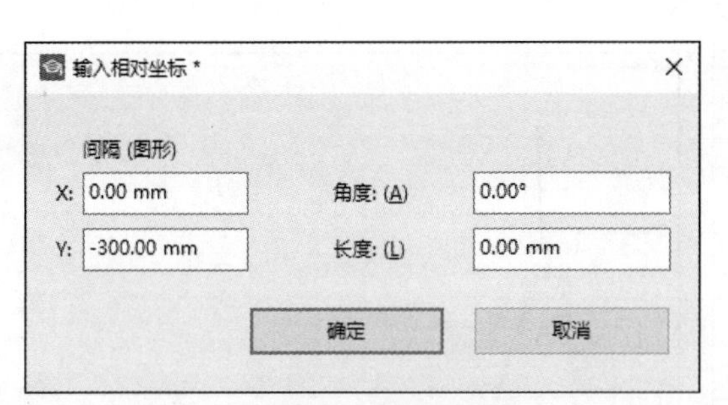

图 10-21　相对坐标输入

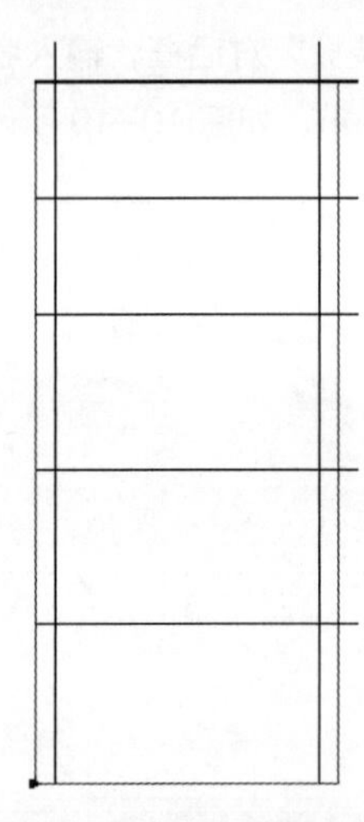

图 10-22　安装板及其辅助线

（7）单击【选项】>【设计模式】激活设计模式，在安装板外侧任意位置画一个长方形，因为要作为水平放置的导轨，所以长方形的高度为 35 mm，宽度不限。选中长方形按“Ctrl+C”组合键，显示红色正方形代表插入点，选择的插入点作为放置安装板上辅助线的对齐点，按“Ctrl+V”组合键移动图形，向安装板左侧垂直辅助线靠近捕捉，出现红色正方形。放置长方形后单击其右侧线移至安装板右侧辅助线，出现红色正方形，单击鼠标左键，如图 10-23 所示。在其他想要放置导轨的地方画出 DIN 导轨。

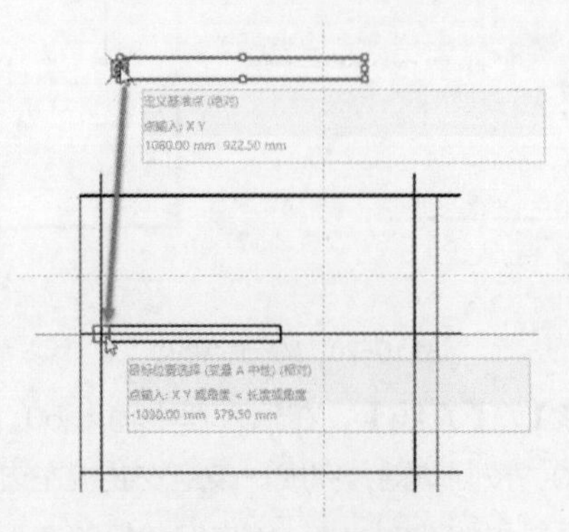

图 10-23　DIN 导轨的画法

（8）上一步中已经画好的长方形因为要作为水平放置的线槽，所以长方形的高度改为 50 mm，宽度不限，长方形属性中选择“填充表面”。按上述方法在想要放置线槽的地方画出线槽。

（9）上一步中已经画好的长方形因为要作为垂直放置的线槽，所以长方形的宽度改为 50 mm，高度不限，长方形属性中选择“填充表面”。按上述方法在想要放置线槽的地方画出线槽。

（10）最终的安装板及其上的导轨和线槽如图 10-24 所示。

（11）在页导航器中选择页“=CA1+EAA&EFS/12”，单击【页】>【页宏】>【创建】，弹出“另存为”对话框，命名为“安装板布局空白页.emp”并存放在宏保存的默认路径中，便于日后的使用。

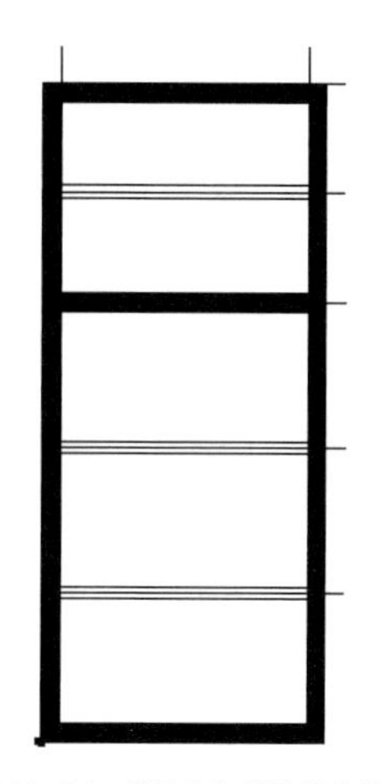

图 10-24　带导轨和线槽的安装板

注意：在安装板设计完成后要及时关闭“设计模式”，否则在原理图设计模式复制的内容来自于设计模式的剪切板内容。

10.2.3　放置部件

（1）单击【项目数据】>【设备 / 部件】>【2D 安装板布局导航器】，打开“2D 安装板布局导航器”，在导航器全部部件中显示了已经选型了的部件，这些部件的状态是“未放置”，如图 10-25 所示。

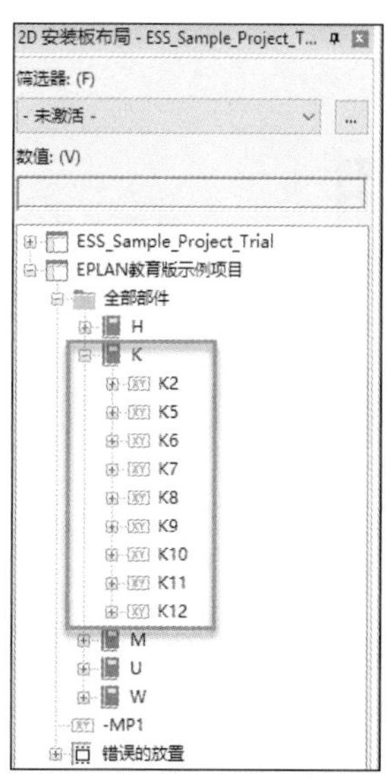

图 10-25　导航器中未放置的部件

（2）按“Ctrl”键单击 -K2、-K5、-K6，通过右键快捷菜单选择“放到安装板上”，选择安装板第一根导轨并捕捉到左侧辅助线出现红色正方形，单击鼠标左键直至放置完成，-K2、-K5、-K6 被紧密放置。

（3）按“Ctrl”键单击 -K8 至 -K12，通过右键快捷菜单选择“放到安装板上”，捕捉到 -K6 右侧出现红色正方形，单击鼠标左键直至放置完成，-K8 至 -K12 被按间隔为 20 mm 的距离放置。

（4）单击 -K7，通过右键快捷菜单选择“放到安装导轨上”，单击第二根导轨上部端线，再单击其下部端线，-K7 被居中放置在 DIN 导轨上。整个安装板布局的结果如图 10-26 所示，导航器中设备前的绿色勾（√）表示设备已经放置在安装板上。

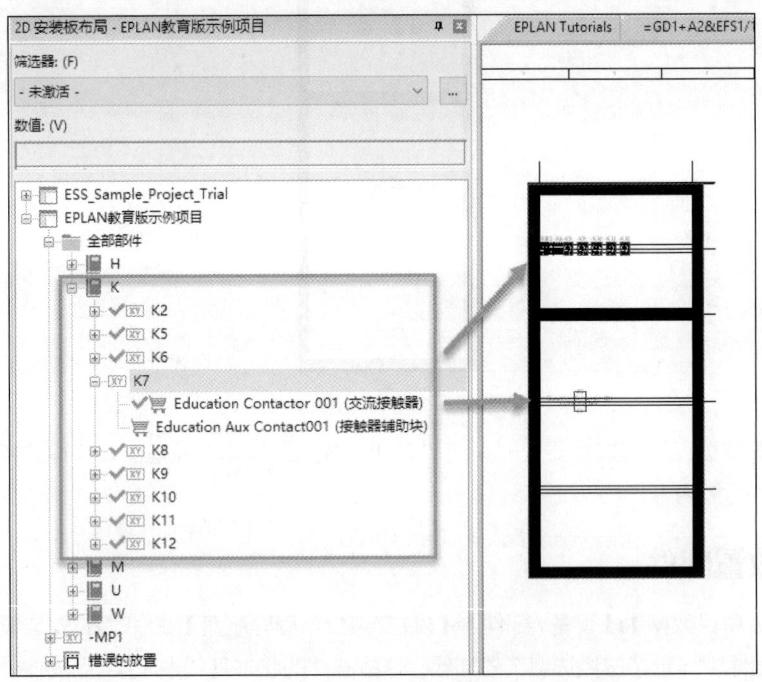

图 10-26　安装板布局结果

10.3　工程上的应用

10.3.1　箱柜设备清单

箱柜设备清单是指安装板上元件信息的统计。嵌入式箱柜设备清单是指在安装板旁边生成一张报表显示安装板上的部件列表。

（1）打开项目“EPLAN 教育版示例项目”，打开已经布局好的页“=CA1+EAA&EFS/12”。

（2）执行【工具】>【报表】>【生成】命令，打开“报表 -EPLAN 教育版示例项目”对话框。在对话框中，单击“设置”下的“输出为页”，弹出“设置：输出为页”对话框。

（3）在“设置：输出为页”对话框中，选择“箱柜设备清单”，单击“表格”标签，弹出“选择表格”对话框，如图 10-27 所示，选择“F18_002.F18”表格，单击“Open”按钮，再单击“确定”按钮。

图 10-27 “选择表格”对话框

（4）回到“报表 -EPLAN 教育版示例项目”对话框，在“报表”标签下，单击“新建”按钮，弹出“确定报表”对话框，如图 10-28 所示。在“输出形式”下拉列表中选择“手动放置”，在“选择报表类型”列表中选择“箱柜设备清单”，选中“当前页”复选框，单击“确定”按钮。

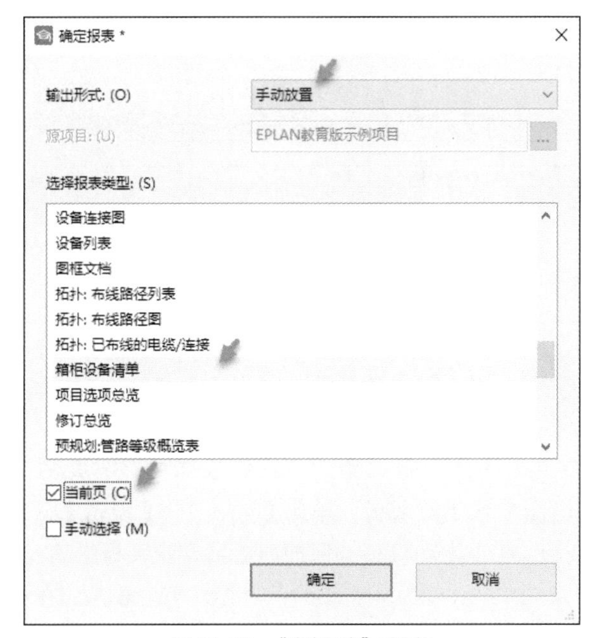

图 10-28 “确定报表”对话框

（5）出现“筛选 / 排序 – 箱柜设备清单”对话框，单击“确定”按钮。

（6）报表系附在鼠标指针上，将报表放置在箱柜旁边，如图 10-29 所示。

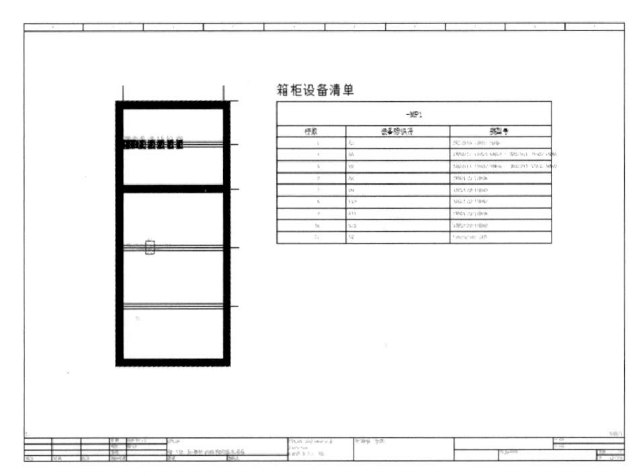

图 10-29 嵌入式箱柜设备清单生成

10.3.2 面向安装板的设计

一般的项目设计从原理图设计开始构建有系统逻辑关联的项目，然后基于原理图设计，安装板布局供生产车间安装指导。但是，由于项目周期的紧迫，需要生产车间先预制安装板，在安装板上摆放元件规划安装板的设计。这种基于安装板的设计在实际工程中时常发生，甚至保持了图纸设计和生产设计并行。

（1）新建项目选择“IEC_tpl001.ept”模板，命名为“基于安装板设计”。

（2）单击【页】>【页宏】>【插入】，弹出“打开”对话框，选择页宏“安装板布局空白页.emp”（这个安装板的宏是在 10.2.2 小节的第 11 步创建的），在“调整结构 - 安装板布局空白页.emp”对话框中去掉“=”和“+”中的数值，单击“确定”按钮，关闭对话框，如图 10-30 所示。

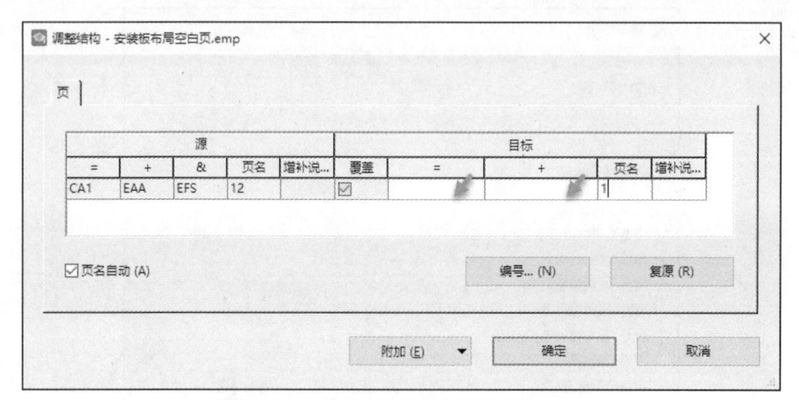

图 10-30 插入“安装板布局空白页”页宏

（3）在页导航器中自动建立一张类型为“安装板布局”、页名为“安装板布局”的图纸，打开此页在图形编辑器中显示安装板。单击【插入】>【设备】，在弹出的部件库中选择“SIE.3RV2011-4AA10-0BA0”电动机过载保护器放置在安装板的第一根导轨上，设备命名为“-Q1”。用同样方法选择“SIE.3RT2015-1BB41-1AA0”接触器放置在安装板的第一根导轨上，设备命名为“-K1”，如图 10-31 所示。

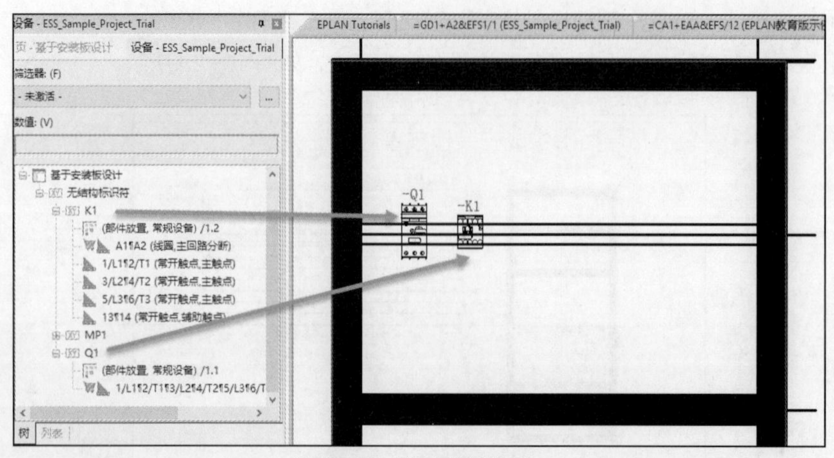

图 10-31 插入安装板的设备

（4）上述当在安装板上放置设备后，-Q1 和 -K1 也在设备导航器中被创建，但此时的设备还仅仅在设备导航器中，并没有放置在原理图中，设备在导航器中的这种状态称为“未放置”，如

图 10-31 左侧设备导航器中的显示。

（5）建立一张空白的原理图，分别单击“-Q1”、“1/L1¶2/T1”、“3/L2¶4/T2”和“5/L3¶6/T3”，通过右键快捷菜单放置到原理图上，或直接拖到原理图上，如图 10-32 所示。

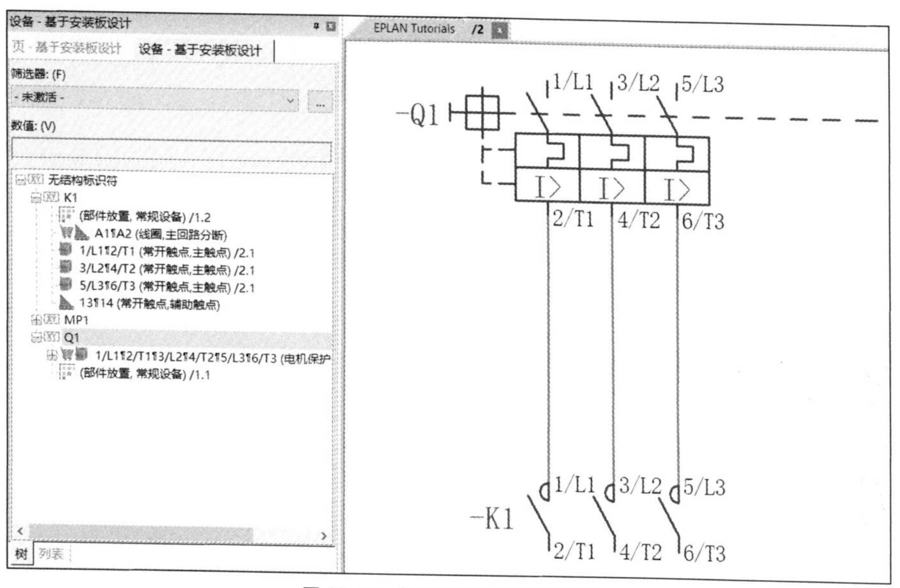

图 10-32 基于导航器的原理图设计

思考题

1. 怎样定义安装板?
2. 什么是部件放置? 设备放到安装板上与放到安装导轨上有什么区别?
3. 什么是设计模式? 为什么执行复制、粘贴后，复制对象和粘贴内容不一致?
4. 在 2D 安装板布局导航器中，若部件前出现红色感叹号，是什么意思?
5. 怎样在安装板布局页上生成安装板放置部件统计报表?

第 11 章 部件管理

11

本章学习要点

- 部件管理的格式及其设置。
- 设备选择及部件功能模板的含义。
- 部件管理的创建方法。
- EPLAN Data Portal 在线部件库。
- 自定义部件库的创建方法。

11.1 基础知识

11.1.1 部件管理

部件管理是EPLAN的主元件库，文件名后缀为".mdb"，是Microsoft Access格式文件。通过【选项】>【设置】>【用户】>【管理】>【部件】指定部件库的类型、名称和存放位置。如图 11-1 所示，从设置中可以看到，部件库既支持 Access 格式，又支持 SQL 的数据格式。

图 11-1 "Access" 默认路径中设置的 "ESS_part001.mdb" 是当前操作的部件库，执行【工具】>【部件】>【管理】时打开的部件库就是主部件库。可以编辑部件主部件库，进行新建、删除、导入 / 导出等操作。

部件选择可以通过以下 3 种方式连接数据库。

（1）通过内部连接到默认的 Access 数据库。

（2）通过内部连接到默认的 SQL 数据库。

（3）通过 API 程序开发连接第三方程序数据库。

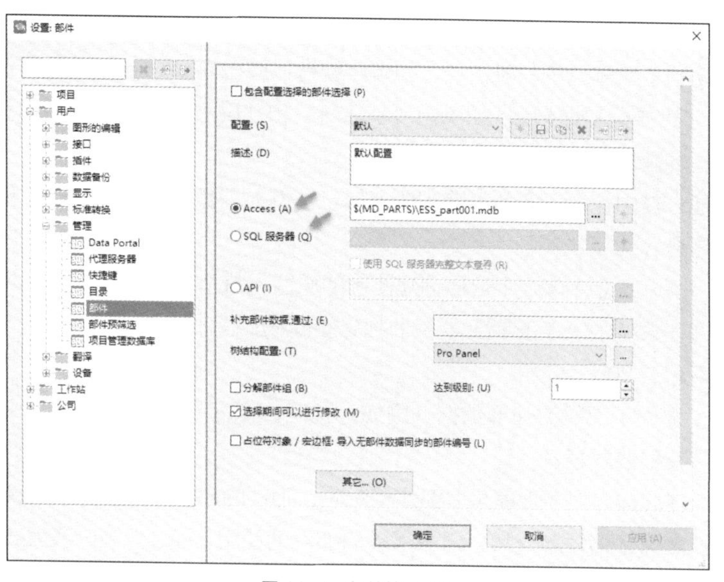

图 11-1　部件管理设置

11.1.2　部件管理主界面

通过【工具】>【部件】>【管理】进入部件管理主界面，如图 11-2 所示。主界面分为 3 个区域，左侧上部为数据查找、筛选区，左侧下部是部件总览区，右侧为数据区。

部件总览区按专业分类定义部件，包含机械、流体和电气工程类，含有部件生产商和供应商信息，也有为 3D 钻孔和布线提供的钻孔排列样式和连接点排列样式以及附件管理信息。

数据查找、筛选区可以自定义筛选规则和支持全文本快速查找功能。

数据区显示的数据与在左侧所选择的部件相对应，数据区本身也被分为若干标签来描述部件的不同功能信息。

右侧数据区下面的“附加”下拉列表含有新建数据库、部件导入 / 导出、翻译及模板处理功能。

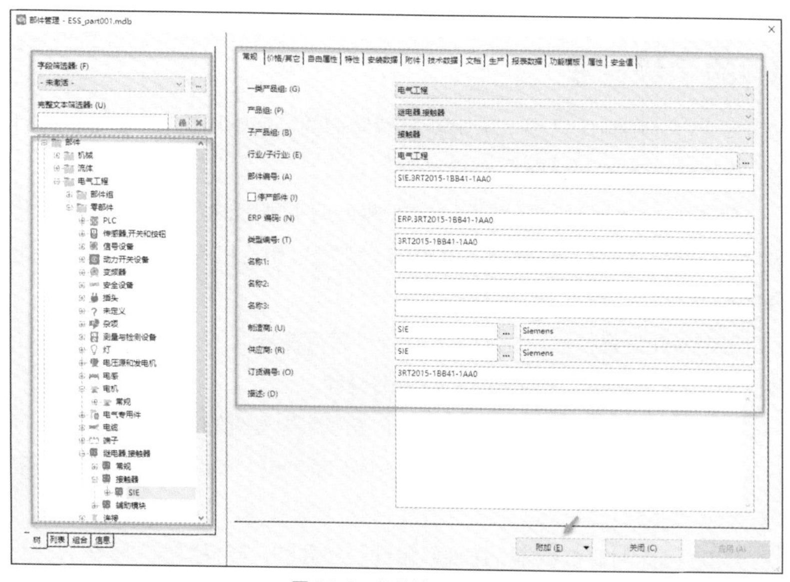

图 11-2　部件管理主界面

下面重点描述部件管理主界面数据区内的各个标签的含义。

- 常规：其中包含了部件的一般信息，如部件编号、ERP 编码、产品组及行业等信息。这里的大部分字段是纯输入的字段。如果在“制造商”和“供应商”组内已经建立好了信息，可以单击…来选择制造商和供应商。
- 价格 / 其他：其中包含了部件采购和认证信息。例如：数量单位、包装、价格以及与产品相关的认证信息。
- 自由属性：可以建立 1 000 个自由创建使用的属性，每个属性包含描述、数值和单位。
- 特性：允许在数值中保存正常部件管理中没有的附加信息，可以创建 100 个特性，每个数值字段最大不超过 200 个字符。
- 安装数据：提供了部件的外形数据。例如：长度、宽度和高度，产品的图片文件和图形宏，部件的安装装配数据等。
- 附件：可以在此建立附件管理与主部件相对应，附件的建立可以在正常的部件下建立。
- 技术数据：定义了部件的分类、标识字母和部件的使用信息。例如：使用寿命、到货周期等信息。特别重要的是宏，其保存了部件的图形符号。
- 文档：可以定义保存 20 个外部文档。
- 生产：定义部件的钻孔加工数据信息。
- 报表数据：在此定义的数据，结合设备列表和条件报表共同使用。在设备列表中按指定要求显示复杂部件的图形化信息。
- 功能模板：这是部件的核心定义，反映了部件的逻辑信息。“常规”标签下描述了这个部件“是什么”，功能模板定义了确实“是什么”。当进行设备选择的时候，EPLAN 比较原理图上符号的功能模板与部件管理中部件的功能模板，如果相匹配，就会为此符号自动选型。
- 属性：此选项卡中，显示产品组特定的特性，可以对产品组选择的部件进行编辑。
- 安全值：定义一个设备的“使用状态”和与之对应的一个固有安全值集。例如：平均无故障时间（Mean Time To Failure，MTTF）、平均故障间隔时间（Mean Time Between Failures，MTBF）等。

11.1.3 部件的 7 级管理

EPLAN 部件管理定义和制作是按 7 级进行有效管理的，通常用于 2D 设计的部件数据包含 1~4 级数据，用于 3D 设计的部件数据包含 5~7 级数据。

1 级数据：一般的技术数据和商务数据，在部件管理主界面的“常规”和“价格 / 其他”标签下，包含部件编号、名称、描述、制造商 / 供应商、订货号和价格等信息，用于创建物料清单 (Bill of Material，BOM)。

2 级数据：用于定义元件是什么，主要定义在部件管理主界面的“功能模板”标签下，包含功能定义、技术参数、电子手册和图片，用于面向对象的设计。

3 级数据：描述了部件的图形符号，通常是标准符号库中没有的符号，用 EPLAN 中宏来描述。在部件管理主界面的“技术数据”标签下的宏中进行管理，包含单线或多线原理图宏，用于面向图形的设计。

4 级数据：用于 2D 设计的安装数据，在部件管理主界面的“安装数据”标签下，包含长度、高度、宽度和用于 2D 安装板上元件的图形宏，适用于二维安装板的设计。

5 级数据：连接点排列样式，定义元件连接点的排列方式，相对于 3D 模型的空间坐标，用于 EPLAN Pro Panel 的自由布线，适用于三维布局和自动布线。

6 级数据：钻孔排列样式，定义元件、线槽和导轨安装的切口类型和大小，用于 EPLAN Pro Panel 的柜体和安装板的加工，并与生产加工设备数据相连。

7 级数据：3D 图形数据，定义了元件与实物相一致的三维模型，在部件管理主界面的“安装数据”标签下的图形宏中定义，适用于三维精美布局。

常用命令速查

【工具】>【部件】>【管理】

【选项】>【设置】>【用户】>【管理】>【部件】

【选项】>【设置】>【用户】>【管理】>【Data Portal】

提示

1. 可以应用 Microsoft Access 和 SQL 数据库作为部件管理。

2. 为了简化数据选择，可以在导航器和部件对话框的树状显示中显示其他信息。通过弹出菜单项“配置显示”打开相应的配置对话框。

3. 将不能再使用的部件定义为停产部件，选中部件管理主界面“常规”选项卡中的“停产部件”复选框。

11.2 操作步骤

11.2.1 接触器创建

（1）通过【工具】>【部件】>【管理】打开部件管理，如图 11-3 所示，展开“电气工程”>“零部件”>“继电器，接触器”，在该选项上单击鼠标右键，在弹出的快捷菜单中单击“新建”按钮，在右侧数据区“常规”标签下的字段中输入以下相关数据。

- 一类产品组：电气工程。
- 产品组：继电器，接触器。
- 子产品组：接触器。
- 行业 / 子行业：电气工程。
- 部件编号：Education Contactor 001。

- ERP 编码：ERP001。
- 类型编号：Contactor 001。
- 名称 1：交流接触器。
- 名称 2：220 V，1 A。
- 名称 3：3NC power Contact+2NO+2NC。
- 制造商：Education。

在“安装数据”标签下的字段中输入以下相关数据。

- 高度：57 mm。
- 宽度：91 mm。

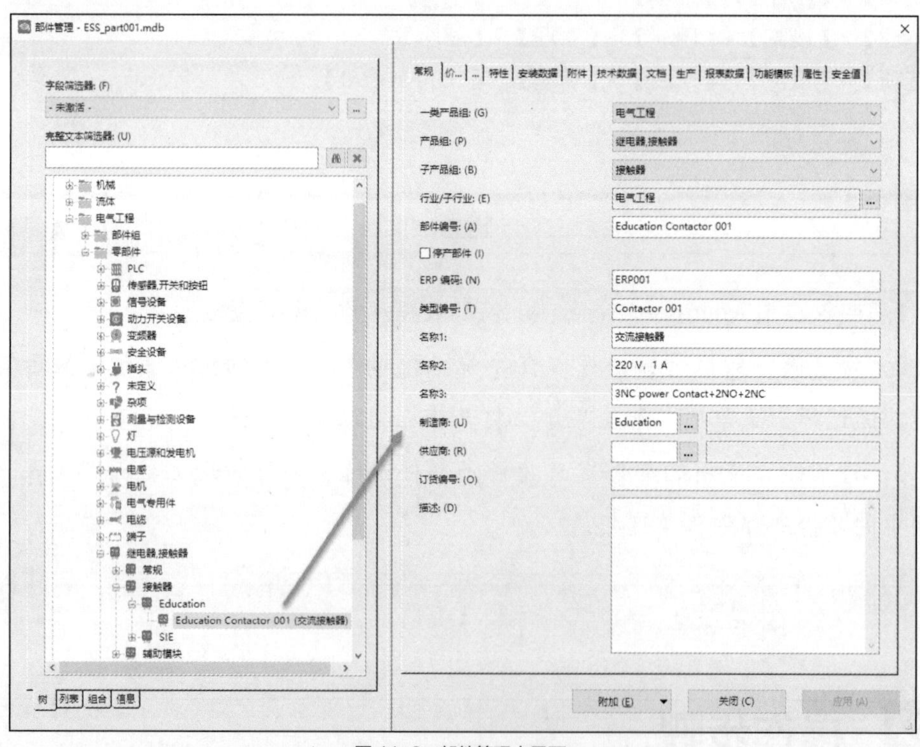

图 11-3　部件管理主界面

（2）当输入完成后，单击“应用”按钮进行保存，单击“确定”按钮，关闭部件管理，系统会弹出图 11-4 所示的提示对话框，说明部件管理中有数据改动，并提示是否要同步项目数据。单击“是”按钮，同步项目数据。

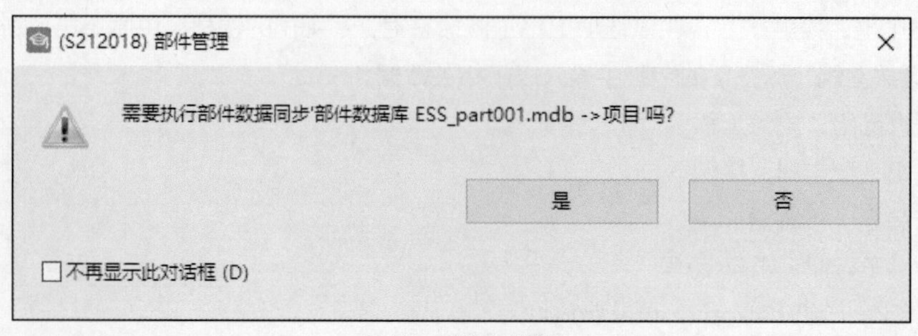

图 11-4　提示对话框

（3）打开项目“EPLAN 教育版示例项目”，打开页 “=CA1+EAA&EFS/4”，双击 -K6 打开“属性（元件）：常规设备”对话框，在部件编号中单击进入部件库选择“Education Contactor 001”，如图 11-5 所示，单击“应用”按钮，部件信息写入项目中。

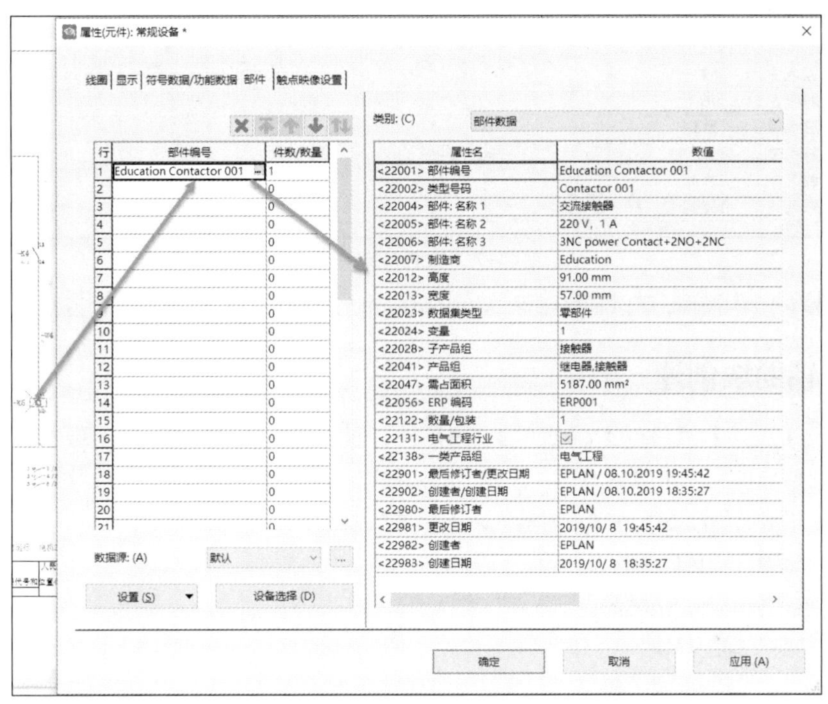

图 11-5　接触器手动选择

（4）单击【插入】>【设备】，进入“部件选择 -ESS_part001.mdb”部件库，选择“Education Contactor 001”，单击“确定”按钮，弹出图 11-6 所示的“插入设备”对话框，说明这个接触器部件没有功能模板。

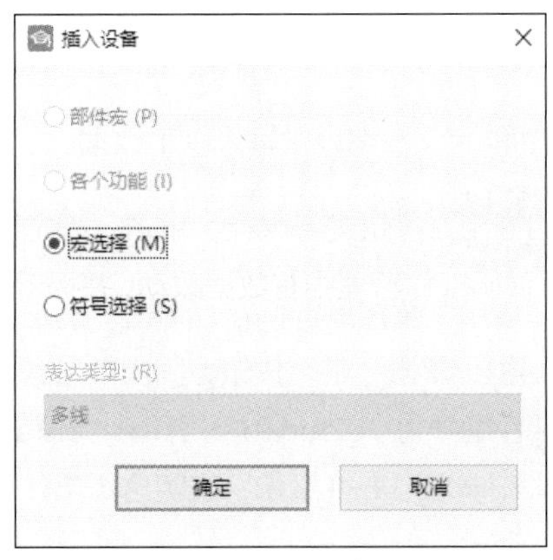

图 11-6　“插入设备”对话框

（5）通过【工具】>【部件】>【管理】打开部件管理，选择“Education Contactor 001”。在 “功能模板”标签下，单击“新建”按钮，进入功能定义库进行功能定义。在“名称 3”中做了描述“3NC power Contact+2NO+2NC”，所以在功能模板上要建立对应的功能，如图 11-7 所示。单击…进入功能定义对话框，“¶”通过“Ctrl+Enter”组合键输入。

常规 | 价格/其它 | 自由属性 | 特性 | 安装数据 | 附件 | 技术数据 | 文档 | 生产 | 报表数据 | 功能模板 | 属性 | 安全值

设备选择(功能模板): (D)

行	功能定义	连接点代号	连接点描述	连接点截面积/...	接线能力	触点/线圈索引	技术参数	功能安
1	线圈,常规	A1¶A2						☐
2	常开触点,主...	1¶2						☐
3	常开触点,主...	3¶4						☐
4	常开触点,主...	5¶6						☐
5	常开触点,辅...	13¶14						☐
6	常闭触点,辅...	21¶22						☐
7	常开触点,辅...	31¶32						☐
8	常闭触点,辅...	43¶44						☐

图 11-7 “功能模板”的设置

（6）重复（4）中操作，可以看到部件“Education Contactor 001”可以作为设备插入原理图中。

11.2.2 辅助块创建

（1）通过【工具】>【部件】>【管理】打开部件管理，展开“电气工程”>“零部件”>“继电器，接触器”，在该选项上单击鼠标右键，在弹出的快捷菜单中单击“新建”命令，新建一个辅助块，在右侧数据区“常规”标签下的字段中输入以下相关数据。

- 一类产品组：电气工程。
- 产品组：继电器，接触器。
- 子产品组：辅助模块。
- 行业 / 子行业：电气工程。
- 部件编号：Education Aux Contact001。
- ERP 编码：ERP002。
- 类型编号：Contact 001。
- 名称 1：接触器辅助块。
- 名称 3：1NO+1NC。
- 制造商：Education。

在“功能模板”标签下的“功能定义”字段中输入以下数据。

- 常开触点，辅助触点 113¶114。
- 常闭触点，辅助触点 121¶122。

（2）当输入完成后，单击“应用”按钮进行保存，单击“确定”按钮，关闭部件管理，同样系统会弹出图 11-4 所示的提示对话框，单击“是”按钮，同步项目数据。

（3）在部件管理中，选择部件编号为“Education Aux Contact001”的部件，在“附件”标签下，选中“部件是附件”复选框，如图 11-8 所示，表明这个部件是个附件，关闭部件管理。

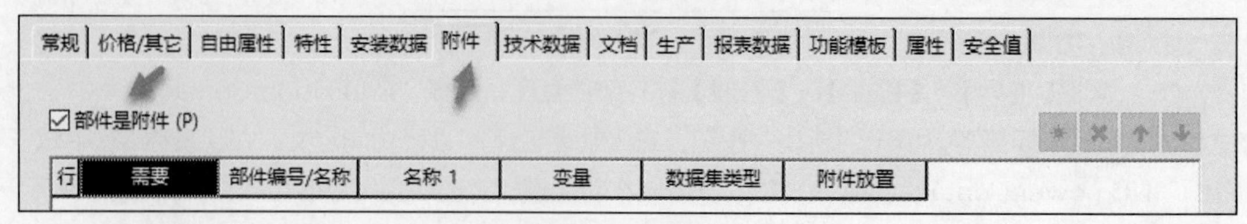

图 11-8 附件定义

（4）在部件管理中选择“Education Contactor 001”，在“附件”标签下，单击“新建”按钮，在“部件编号 / 名称”中进入部件库，选择“Education Aux Contact001”辅助块，如图 11-9 所示。选中“需要”下方的复选框，表明当选择主部件时，一定要配置这个附件；如果未选中“需要”下方的复选框，则表明当选择主部件时，要通过选择选配这个附件。

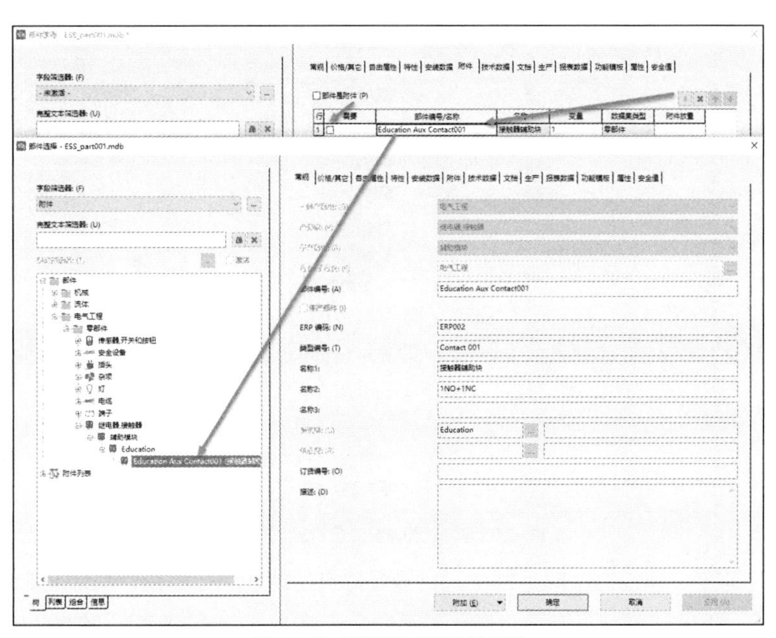

图 11-9　接触器与辅助块的关联

（5）打开项目“EPLAN 教育版示例项目”，打开页 “=CA1+EAA&EFS/6”，插入一个接触器线圈，弹出“属性（元件）：常规设备”对话框，在“部件”标签下选择“设备选择”，进入“设备选择 多线：-K7（线圈，常规）-ESS_part001.mdb”对话框，当单击“Education Contactor 001”主接触器时，发现辅助块也被选择，如图 11-10 所示。

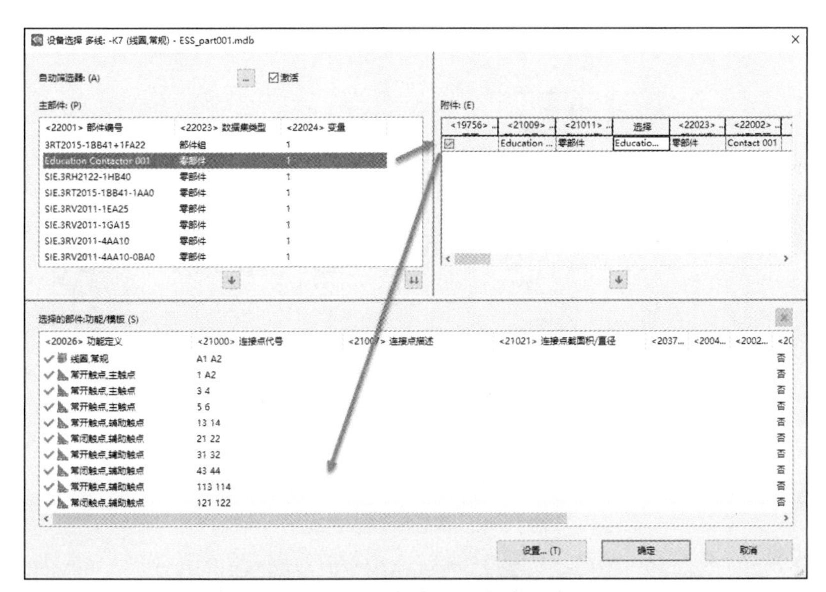

图 11-10　选型时接触器与辅助块的关联

11.2.3 变频器部件创建

（1）打开项目“EPLAN 教育版示例项目”，打开页“=CA1+EAA&EFS/5”，其“页描述”为“变频器控制回路”，框选黑盒 -U2，单击鼠标右键，在弹出的快捷菜单中选择“创建窗口宏 / 符号宏”命令，如图 11-11 所示。

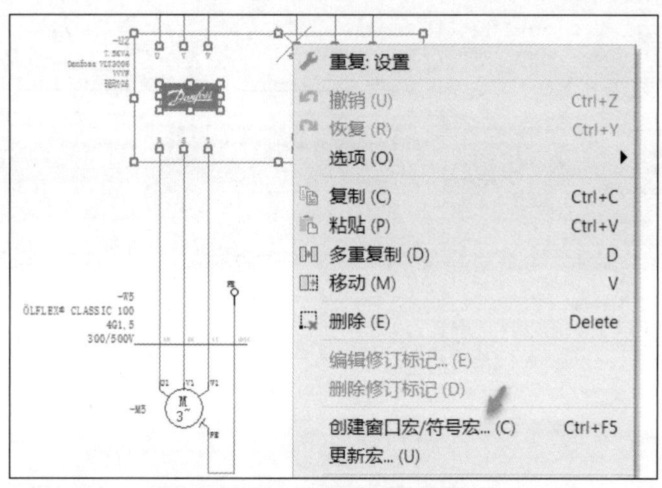

图 11-11　选择“创建窗口宏 / 符号宏”命令

（2）在接下来的“另存为”对话框中，目录保持宏的默认保存路径，文件名命名为“Danfoss VLT 3008.ema”，单击“确定”按钮，关闭对话框。宏被创建并保存在默认的路径中。

（3）双击黑盒 -U2，弹出“属性（元件）：黑盒”对话框，在“符号数据 / 功能数据”标签下，单击“定义”后的...，进入“功能定义”对话框，将功能定义为“变频器，可变”，单击“确定”按钮，回到图 11-12 左侧所示的对话框，单击“应用”按钮进行保存，原来的“黑盒”标签变为“变频器”标签。

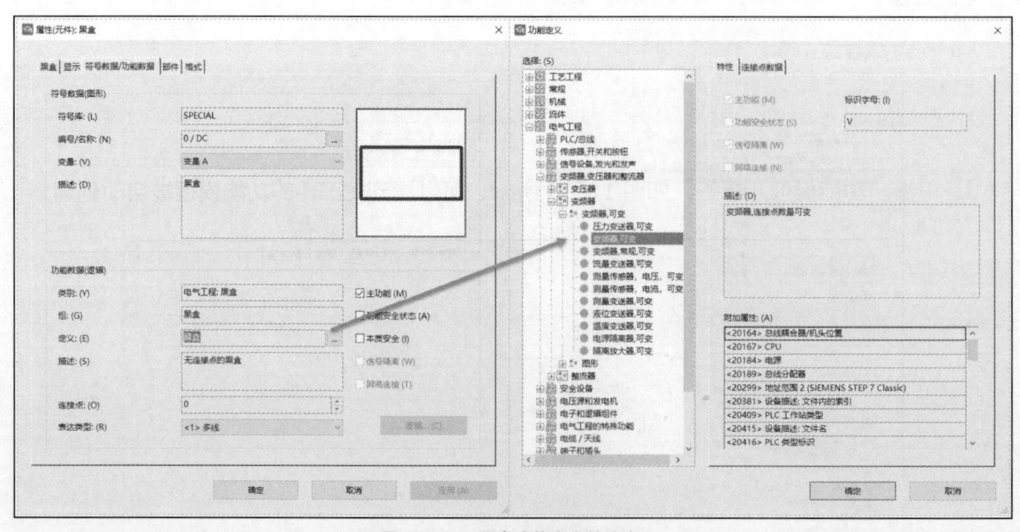

图 11-12　黑盒功能定义的改变

（4）单击“部件”标签，部件编号输入“Dan.VVVF_VLT3008_001”，此部件在部件库中并不存在。单击“确定”按钮，关闭对话框，如图 11-13 所示。

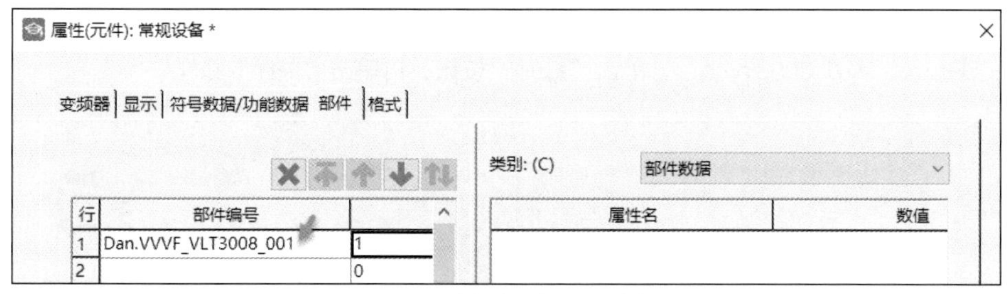

图 11-13　为新建部件分配部件编号

（5）单击黑盒 -U2，单击鼠标右键，在弹出的快捷菜单中选择“生成部件”命令，打开“部件管理 -ESS_part001.mdb”部件库。可以看到此部件被自动归类到“变频器，常规”中，同时在上一步输入的部件编号已写入“部件变化”字段中。在部件管理的“常规”标签下，可以补充输入部件的信息，例如，“类型编号”输入“VLT 3008”，“名称 1”为“变频器”，“名称 2”为“7.5kW”，单击“应用”按钮进行保存，如图 11-14 所示。

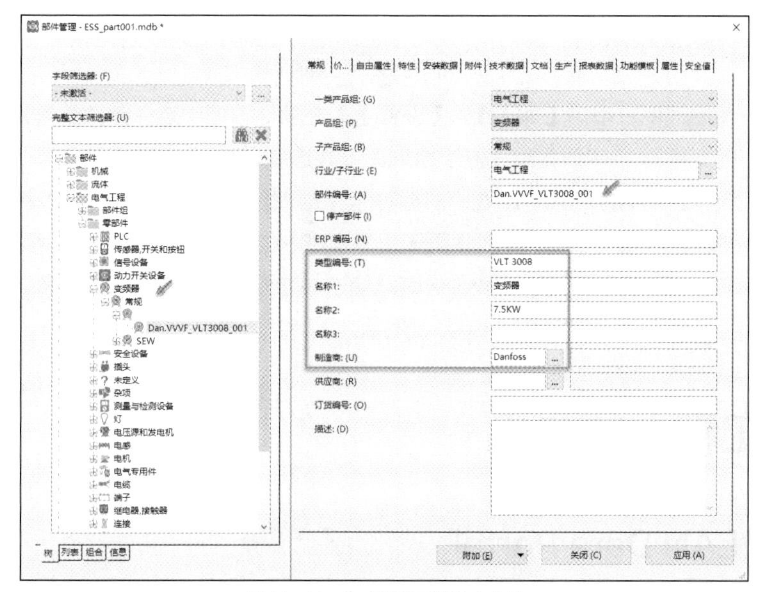

图 11-14　生成部件后的信息完善

（6）单击“功能模板”标签，如图 11-15 所示，可以看到此部件的功能模板被自动创建。

常规 | 价格/其它 | 自由属性 | 特性 | 安装数据 | 附件 | 技术数据 | 文档 | 生产 | 报表数据 | 功能模板 | 属性 | 安全值

设备选择(功能模板): (D)

行	功能定义	连接点代号	连接点描述	连接点截...	接线能力	技术参数	功能安全...	本质安全
1	变频器,可变					7.5KVA	☐	☐
2	设备连接点,2 个连接点	1¶	¶	¶	¶		☐	☐
3	设备连接点,2 个连接点	2¶	¶	¶	¶		☐	☐
4	设备连接点	+24V					☐	☐
5	设备连接点	COM					☐	☐
6	设备连接点	In					☐	☐
7	设备连接点	R					☐	☐
8	设备连接点	S					☐	☐
9	设备连接点	T					☐	☐
10	设备连接点	U					☐	☐
11	设备连接点	V					☐	☐
12	设备连接点	W					☐	☐

图 11-15　生成部件后自动创建的功能模板

（7）单击“技术数据”标签，如图 11-16 所示，单击“宏”后面的...进入“选择宏”对话框，选择宏“Danfoss VLT 3008.ema”，单击“打开”按钮，再单击“关闭”按钮。

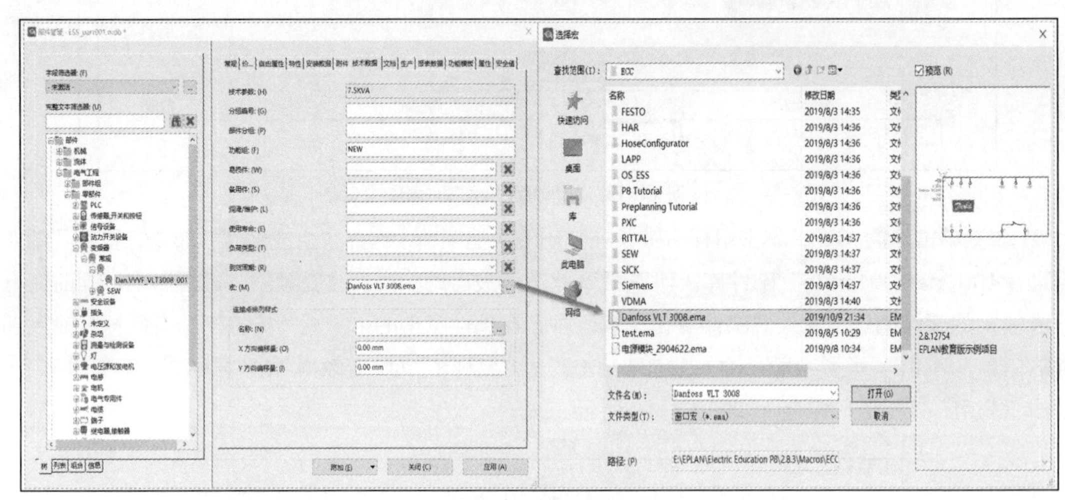

图 11-16　生成部件与宏的关联

（8）打开一页原理图，单击【插入】>【设备】，在部件管理中选择部件编号为“Dan.VVVF_VLT3008_001”的变频器，变频器被放置于原理图上并选型。

这种边设计边创建部件的方法的好处：根据符号在原理图上的使用情况，自动评估并创建功能模板，节省了大量操作时间。此方法特别适用于用黑盒或 PLC 盒子绘制的符号，因为它们使用了大量的设备连接点和 PLC 连接点，通过这种方法可以使这些连接点成批地被建立在部件的功能模板上。

11.3　工程上的应用

11.3.1　EPLAN Data Portal

EPLAN Data Portal 是在线的元件库。在项目设计的各阶段都可以通过它在线访问、浏览、查找和下载所需的部件。目前，EPLAN Data Portal 在线提供世界著名的 280 家生产商 100 多万个元件的信息。这些数据是由生产商提供的，经 EPLAN 制作成符合 EPLAN 标准格式的数据后，发布在服务器上。工程师在设计的时候，可以直接调用在线的部件，包括设备、宏、安装尺寸和 3D 宏，从而减少了自己创建部件所花费的时间。

在 EPLAN Electric P8 教育版的标准安装过程中，EPLAN Data Portal 被自动安装，因而不需要单独安装 EPLAN Data Portal。

只有处于 EPLAN 有效服务期的用户才能注册和登录 EPLAN Dada Portal，下载所需要的部件。非 EPLAN 有效服务期的用户只能浏览部件信息。EPLAN 教育版的用户也只能浏览查看，不能下载。

第一次使用 EPLAN Data Portal 时要创建账号，在通过【选项】>【设置】>【用户】>【Data Portal】打开的对话框中，在右侧“Portal”标签下，输入常用的名称和密码，完成后单击创建账号。

Data Portal 导航器是 EPLAN Data Portal 的主要工作区域，通过【工具】>【Data Portal】打

开 Data Portal 导航器，如图 11-17 所示。

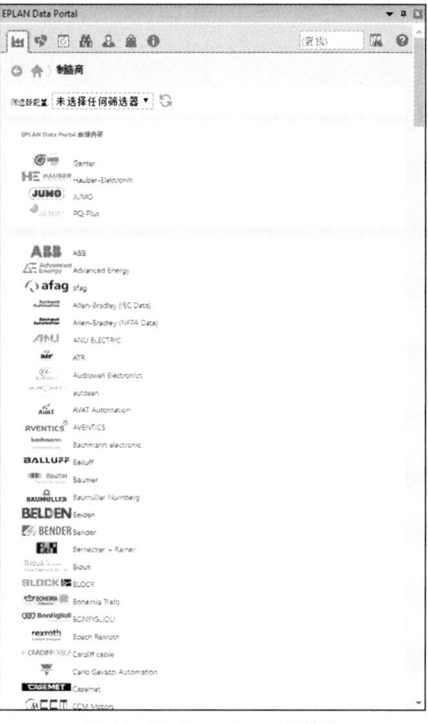

图 11-17　Data Portal 导航器

打开一张原理图，在 Data Portal 中单击“ABB”图标，就可进入 ABB 产品目录，如图 11-18 和图 11-19 所示。

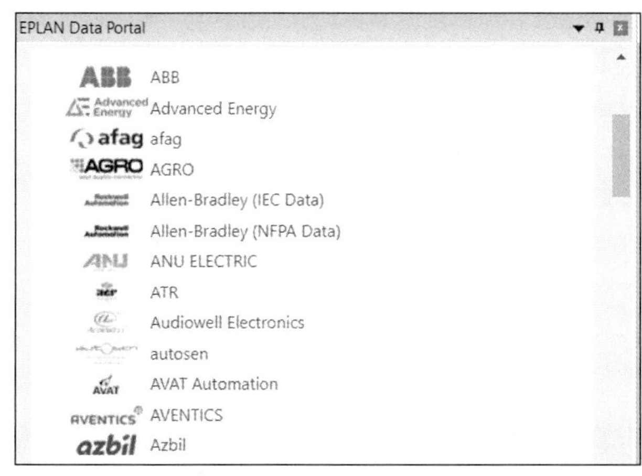

图 11-18　Data Portal 中的制造商

图 11-19　ABB 产品目录

单击“变频器：常规”进入变频器产品页面，选择部件编号为“ABB.ACH550-01-012A-2”的产品，单击进入该变频器的具体产品页面，如图 11-20 所示。

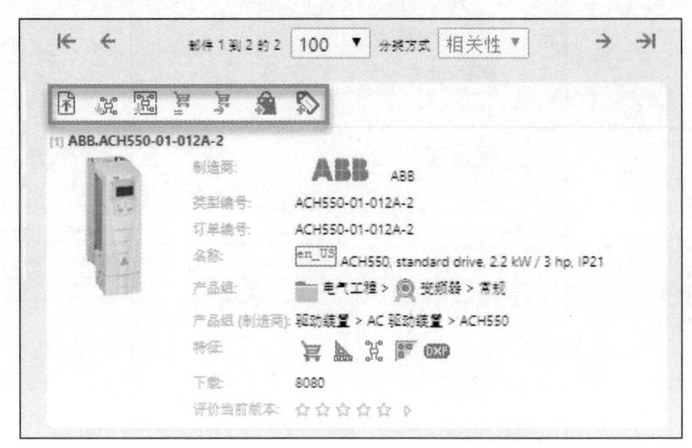

图 11-20　ABB.ACH550-01-012A-2 部件信息

图 11-20 上部的方框中所示图标的含义如下。

- ：回到页首。
- ：在图形编辑器中插入宏。
- ：在图形编辑器中插入部件。
- ：分配部件。
- ：导入部件。
- ：将部件放入购物车。
- ：新标识。

单击 按钮，ACH550 变频器窗口宏系附在鼠标指针上，单击鼠标左键把它放置在原理图上，如图 11-21 所示。

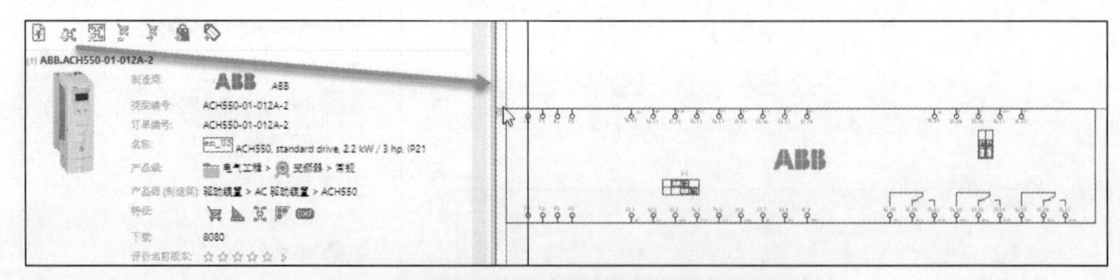

图 11-21　将 ACH550 变频器窗口宏放置在原理图上

单击 按钮，ACH550 变频器产品数据被下载到默认的部件管理库中，同时变频器产品宏系附在鼠标指针上，可以把它作为设备放置在原理图上。

下载的部件数据包括 XML 格式的变频器部件数据、JPG 格式的变频器图片文件、“.ema”格式的窗口宏和 PDF 格式的变频器产品手册，如图 11-22 所示。

单击 按钮，ACH550 变频器产品数据被下载到默认的部件管理库中，并分配部件编号到在图形编辑器选中的符号的“部件”标签下。

单击 按钮，ACH550 变频器产品生产商数据被下载到默认的部件管理库中。

单击 按钮，ACH550 变频器“ABB.ACH550-01-012A-2”产品被放置在购物车中，在购物车中可以成批导入部件和删除部件。

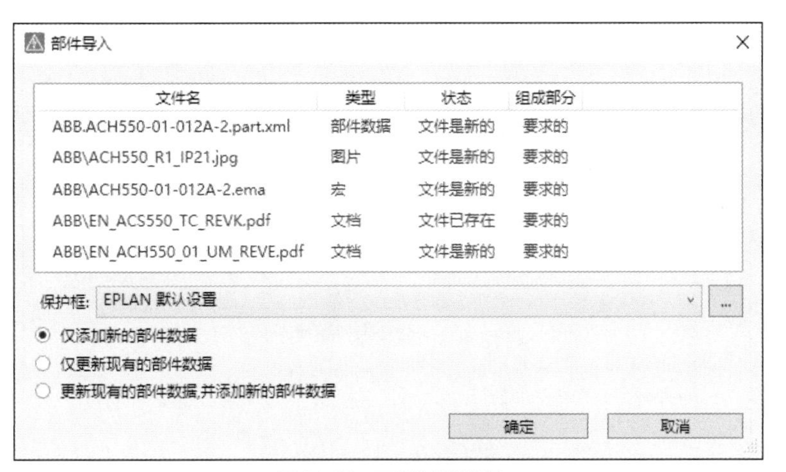

图 11-22　下载的部件数据

11.3.2　利用 Excel 导入 / 导出方法建立部件库

导入 / 导出是 EPLAN 部件管理与外部数据沟通的手段。通过导出的方法，可以将部件管理数据导出为外部第三方数据格式，便于与供应商沟通；通过导入的方法，可以将用户多年积累的元件库或生产商数据传输到 EPLAN 部件管理数据库中进行集中管理和使用。

打开部件管理，单击【附加】>【导出】，弹出 “导出数据集”对话框，如图 11-23 所示。

导出的文件类型有 CSV、文本、XML 和 EDZ 格式文件，可以把所有部件数据导出为一个文件，也可以将一个或多个文件导出为一个单一文件。

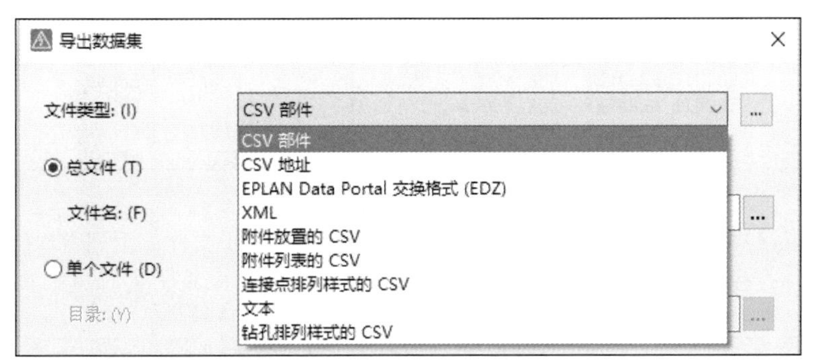

图 11-23　“导出数据集”对话框

“数据集类型”栏描述了各个行业哪些类别的数据可以被导出，通过复选框选择激活，如图 11-24 所示。

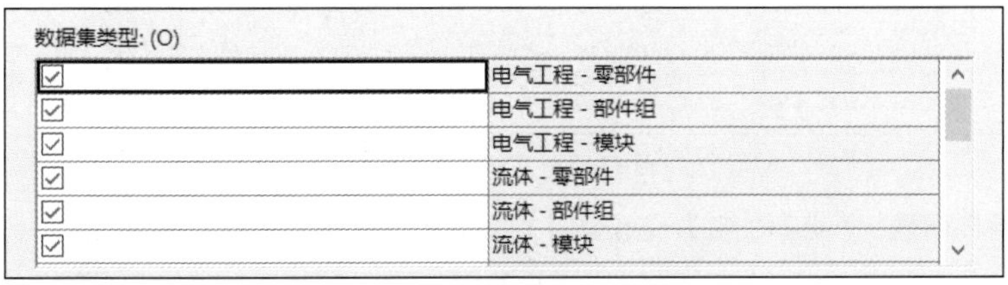

数据集类型: (O)
电气工程 - 零部件
电气工程 - 部件组
电气工程 - 模块
流体 - 零部件
流体 - 部件组
流体 - 模块

图 11-24　部件管理中的数据集类型

“行业”栏中描述了哪些专业的数据可以被导出：电气工程、流体、机械、工艺工程和未定义。通过复选框选择激活，如图 11–25 所示。

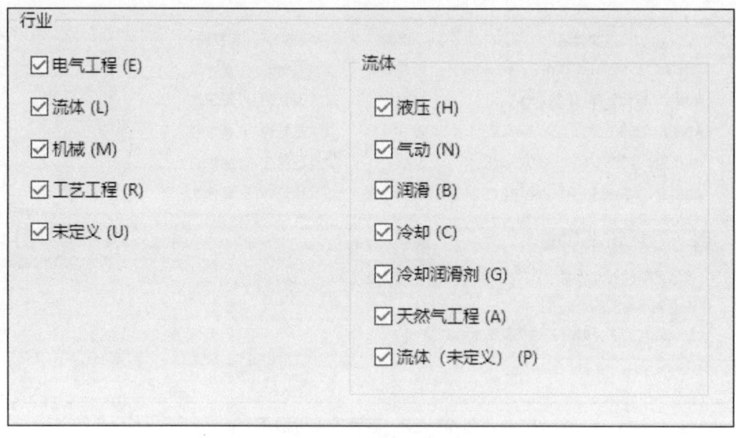

图 11–25　部件管理中的行业

上述所讨论的是导出功能，在 EPLAN 教育版中由于禁止了导出功能，所以在菜单上没有此选项。

下面以一个具体例子来说明导入部件的方法。例子描述了如何将 Excel 格式的部件清单导入 EPLAN 部件管理数据库中。

（1）用 Excel 打开名为“A_List”的部件文件，该文件是 Excel 格式的，是断路器的元件库，如图 11–26 所示。

1	partnumber	Description1	Description2	Descriptior	生产商	Supplier	Width	Height
2	S251S-C1	CIRCUIT BREAKER	1A, 400VAC, 1POLE	IEC	EDU/SH	EPLAN	17.5	90
3	S251S-C4	CIRCUIT BREAKER	4A, 400VAC, 1POLE	IEC	EDU/SH	EPLAN	17.5	90
4	S251S-C4+S2-H11	CIRCUIT BREAKER	4A, 400VAC, 1POLE	IEC	EDU/SH	EPLAN	27	90
5	S251S-C6	CIRCUIT BREAKER	6A, 400VAC, 1POLE	IEC	EDU/SH	EPLAN	17.5	90
6	S251S-C10	CIRCUIT BREAKER	10A, 400VAC, 1POLE	IEC	EDU/SH	EPLAN	17.5	90
7	S251S-C16	CIRCUIT BREAKER	16A, 400VAC, 1POLE	IEC	EDU/SH	EPLAN	17.5	90
8	S251S-C20	CIRCUIT BREAKER	20A, 400VAC, 1POLE	IEC	EDU/SH	EPLAN	17.5	90
9	S251S-C25	CIRCUIT BREAKER	25A, 400VAC, 1POLE	IEC	EDU/SH	EPLAN	17.5	90
10	S251S-C32	CIRCUIT BREAKER	32A, 400VAC, 1POLE	IEC	EDU/SH	EPLAN	17.5	90

图 11–26　Excel 格式元件库

（2）在 Excel 中将 A_List 文件另存为文本（带制表符分隔）文件，用记事本打开该文本文件，如图 11–27 所示。

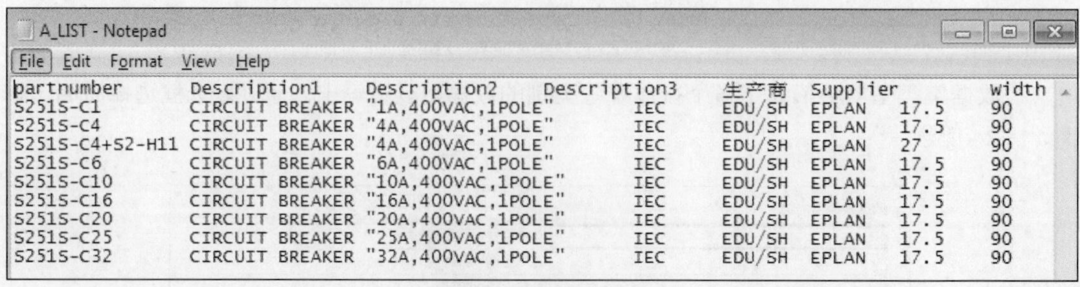
A_LIST - Notepad

File　Edit　Format　View　Help

partnumber	Description1	Description2	Description3	生产商	Supplier		width
S251S-C1	CIRCUIT BREAKER	"1A,400VAC,1POLE"	IEC	EDU/SH	EPLAN	17.5	90
S251S-C4	CIRCUIT BREAKER	"4A,400VAC,1POLE"	IEC	EDU/SH	EPLAN	17.5	90
S251S-C4+S2-H11	CIRCUIT BREAKER	"4A,400VAC,1POLE"	IEC	EDU/SH	EPLAN	27	90
S251S-C6	CIRCUIT BREAKER	"6A,400VAC,1POLE"	IEC	EDU/SH	EPLAN	17.5	90
S251S-C10	CIRCUIT BREAKER	"10A,400VAC,1POLE"	IEC	EDU/SH	EPLAN	17.5	90
S251S-C16	CIRCUIT BREAKER	"16A,400VAC,1POLE"	IEC	EDU/SH	EPLAN	17.5	90
S251S-C20	CIRCUIT BREAKER	"20A,400VAC,1POLE"	IEC	EDU/SH	EPLAN	17.5	90
S251S-C25	CIRCUIT BREAKER	"25A,400VAC,1POLE"	IEC	EDU/SH	EPLAN	17.5	90
S251S-C32	CIRCUIT BREAKER	"32A,400VAC,1POLE"	IEC	EDU/SH	EPLAN	17.5	90

图 11–27　TXT 格式元件库

（3）打开部件管理，单击【附加】>【设置】，打开图 11–28 所示的“设置：部件（用户）”对话框。

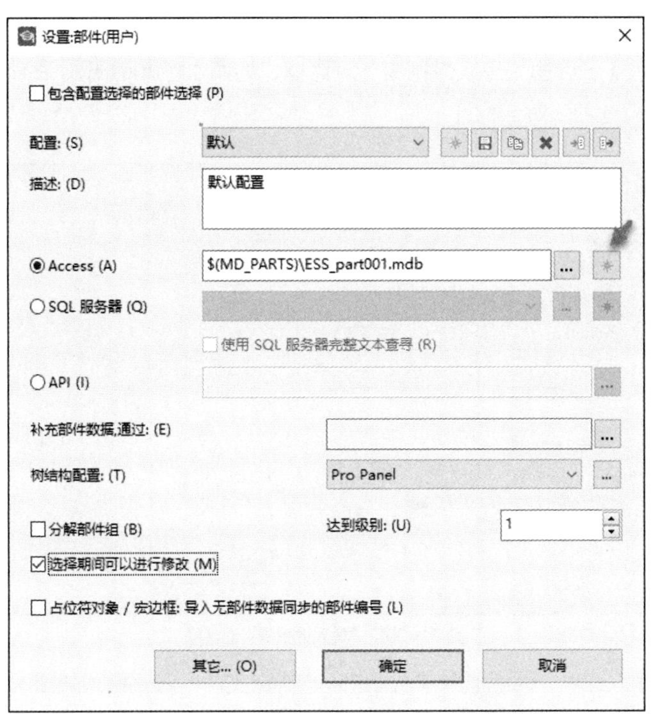

图 11-28 “设置：部件（用户）”对话框

（4）单击“Access”后面的“新建”按钮，弹出“生成新建数据库”对话框，如图 11-29 所示，在“文件名”文本框中输入“Education”后，单击“打开”按钮。回到“设置：部件（用户）”对话框，单击“确定”按钮。

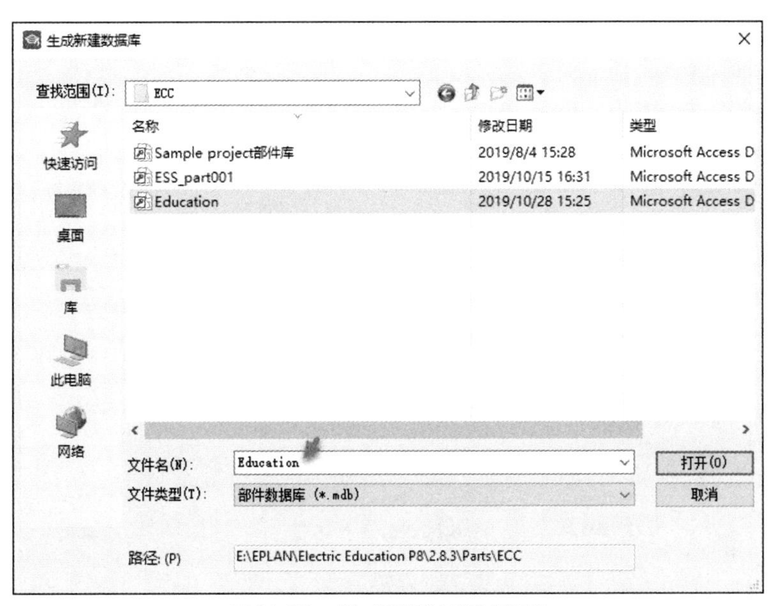

图 11-29 “生成新建数据库”对话框

（5）由于是新建的数据库，在部件管理中没有任何数据，关闭此数据库。

（6）单击【选项】>【设置】>【用户】>【部件】，确认现在打开的是“Education.mdb”数据库，确保导入的部件进入这个库中。

（7）单击【工具】>【部件】>【管理】，打开部件管理，显示打开的是“Education.mdb”。单击【附加】>【导入】，弹出“导入数据集”对话框，如图 11–30 所示。文件类型选择“文本”，单击 进入“文本输入选项”对话框。

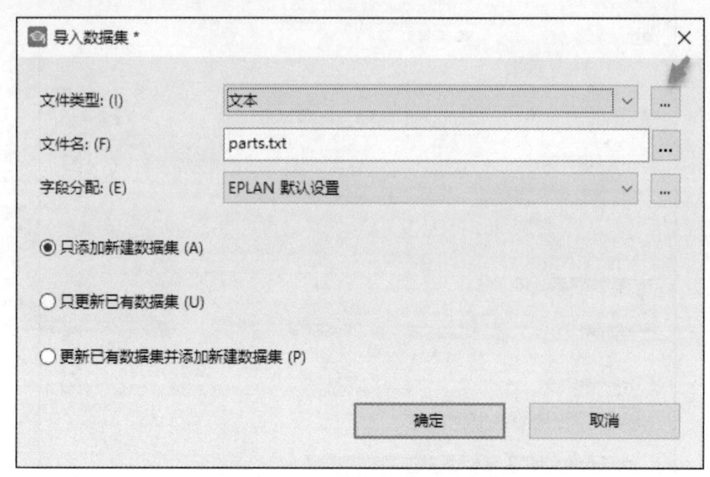

图 11–30 “导入数据集”对话框

（8）在“文本输入选项”对话框中单击 进入“选择文件”对话框，如图 11–31 所示，选择文件“csvimportexport.cfg”，通过右键快捷菜单选择复制和粘贴，并将得到的“csvimportexport -Copy.cfg”文件改名为“educationcsvimportexport.cfg”。“*.cfg”文件是控制文件，在此文件中定义了数据源中每列数据与部件管理内部字段的属性映射关系。EPLAN 根据这种属性映射，将数据源列数据传输到部件属性中。例如，数据源第一例数据是“部件编号”，可以通过控制文件定义，让系统将第一列数据导入部件管理库中的“部件编号”字段内。

图 11–31 “选择文件”对话框

（9）选择“educationcsvimportexportcfg”文件，通过右键快捷菜单打开（该文件可以用记事本打开）。打开的控制文件含有整个 EPLAN 部件管理中字段的代码以及与数据源列的关系。用户想要导入的属性是不同的，可以修改这个控制文件以满足自己的要求。根据此例中的 Excel 文件 A_List 的 8 列数据源代表的意义，修改“educationcsvimportexport.cfg”文件，内容如下所示。

```
separator= ;TAB 分隔符
rowsPerRecord=1 ; 每个行为一个记录
skipLeadIn=1

table=tblPart
partnr=[#1]            ; 源文件第 1 列放入 Part number
description1=[#2]      ; 源文件第 2 列放入 description1
description2=[#3]      ; 源文件第 3 列放入 description2
description3=[#4]      ; 源文件第 4 列放入 description3
manufacturer=[#5]      ; 源文件第 5 列放入 manufacturer
supplier=[#6]          ; 源文件第 6 列放入 supplier
width=[#7]             ; 源文件第 7 列放入 width
height=[#8]            ; 源文件第 8 列放入 height
```

（10）选择修改过的“educationcsvimportexport.cfg”文件，单击“打开”按钮，回到“文本输入选项”对话框，单击“确定”按钮，回到“导入数据集”对话框。

（11）在“导入数据集”对话框中，文件选择 A_List.txt 文件（包含其路径），如图 11-32 所示。

图 11-32 中 3 个单选按钮的含义如下。

“只添加新建数据集”：不考虑现有数据，只补充新的数据集。

“只更新已有数据集”：忽略新的数据集，只更新现存部件的不同数据。

“更新已有数据集并添加新建数据集”：综合以上两种操作。

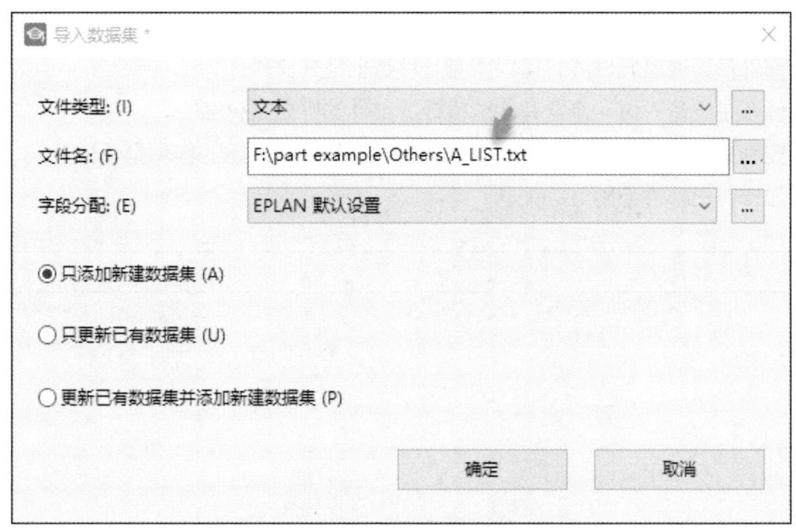

图 11-32　导入数据源文件选择

（12）在“导入数据集”对话框中，选中“只添加新建数据集”单选按钮后单击“确定”按钮，将数据源中的数据导入 “Education.mdb” 部件管理库，如图 11-33 所示。

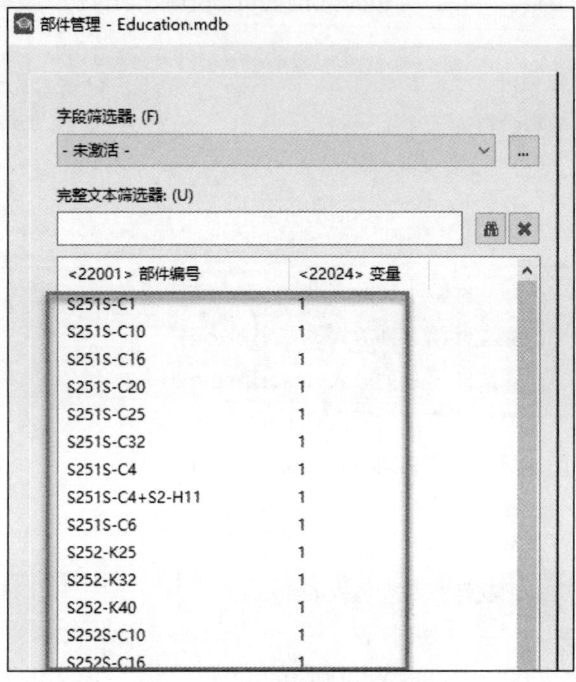

图 11-33　导入部件管理库中的元件

思考题

1. 什么是部件管理？
2. 部件管理就是元件库，可以用哪几种数据格式文件作为部件库？
3. 什么是设备？做一个含有功能模板的部件的好处是什么？
4. 控制文件是什么格式？用什么程序可以打开编辑？它的作用是什么？
5. 怎样做主部件与附件的关联？

◇◇◇

第 12 章

工程报表生成

本章学习要点

- **项目数据输出的一种形式：自动报表生成。**
- **从不同视角来看的报表类型。**
- **自动式和嵌入式报表。**
- **通过标签的方式将报表导出为第三方数据的方法。**

12.1 基础知识

12.1.1 什么是工程报表

报表是将项目数据以一种图形表格的方式输出而生成的一类项目图纸页。电气项目图纸需要将原理图转换成指导项目施工的各类图纸。例如，材料清单主要使用者是采购部门，是项目采购的依据；端子图表和设备接线表是现场施工接线的指导。报表可以是一种文件，用于将项目数据导出到外部的文件，供第三方使用。

从图纸页生成的角度来看，报表分为两类：一类是以整张图纸页的幅面显示的报表，类似原理图的一张图纸；另一类报表是嵌入在某一类图纸页上的，叫作嵌入式报表。工程设计中有许多这样的应用场景：一张安装板图纸，在安装板旁边要画一个元件清单，统计安装板上的元件型号和数量；在描述主电动机控制的一张原理图上，画有端子与电动机相连接，在主电路旁边需要手动放置一个端子图表，显示端子的具体接线情况。这类报表的特点是利用小幅面表格模板生成报表后，手动放置在图纸中，所以叫嵌入式报表。

我们在前面的章节中讨论过页类型，即手动页和自动页页类型。从页类型的角度来看，报表属于自动页。工程报表是图纸的一种形式，是指除了手动页以外的用于指导项目采购、生产制造、安装实施的项目表格。工程报表生成的依据是 EPLAN 系统评估项目中原理图的电气逻辑和项目数据，按照模板的样式，自动生成工程所需要的图纸页。

从数据更新的角度来看，报表又可分为常规报表和冻结式报表。冻结式报表自动生成一次后就被锁定，不能通过手动输入和自动更新进行修改。如果想再次更新冻结式报表，则必须删除原来的表格，再次生成。

表 12-1 列出了 EPLAN 系统提供的工程报表类型。

表 12-1　EPLAN 中工程报表类型

部件列表（*.f01）	部件汇总表（*.f02）	设备列表（*.f03）
表格文档（*.f04）	设备连接图表（*.f05）	目录（*.f06）
电缆连接图表（*.f07）	电缆布线图表（*.f08）	电缆图表（*.f09）
电缆总览（*.f10）	端子连接图表（*.f11）	端子排列图（*.f12）
端子图表（*.f13）	端子排总览（*.f14）	图框文档（*.f15）
电位总览（*.f16）	修订总览（*.f17）	箱柜设备清单（*.f18）
PLC 图表（*.f19）	PLC 卡总览（*.f20）	插头连接图（*.f21）
插头图表（*.f22）	插头总览（*.f23）	结构标识符总览（*.f24）
符号总览（*.f25）	标题页 / 封页（*.f26）	连接列表（*.f27）
项目选项总览（*.f29）	占位符对象总览（*.f30）	制造商 / 供应商列表（*.f31）
拓扑：布线路径列表（*.f34）	拓扑：布线路径图（*.f35）	拓扑：已布线的电缆 / 连接（*.f36）
管道及仪表流程图：管路总览（*.f37）	预规划：结构段总览（*.f38）	预规划：结构段图（*.f39）
预规划：结构段模板总览（*.f42）	预规划：结构段模板设计（*.f43）	部件组总览：结构段模板设计（*.f44）
分散设备清单（*.f45）	导管 / 电线图（*.f46）	切口图例（*.f47）
PLC 地址概览（*.f48）	预规划：管路等级概览表（*.f49）	预规划：介质概览表（*.f51）

12.1.2　报表设置

1. 设置：输出为页

表格（模板）是生成报表的基础。在生成报表之前，要选择生成这类报表的表格模板。通过“设置：输出为页”进行项目设置。这些预定的设置对整个项目的输出有影响。

单击【选项】>【项目（项目名称）】>【报表】>【输出为页】命令，进入设置界面；也可以通过【工具】>【报表】>【生成】命令，弹出“报表”对话框，如图 12-1 所示。在此对话框中，选择“设置”下拉列表中的“输出为页”选项，打开“设置：输出为页”对话框，如图 12-2 所示。

在“表格”列中，可以为不同类型的报表选择不同的模板。单击“表格”列中的下拉箭头，在下拉列表中选择浏览，弹出“选择表格”对话框，从目录中选择想要的表格模板，单击“打开”按钮将模板写入“表格”列中。

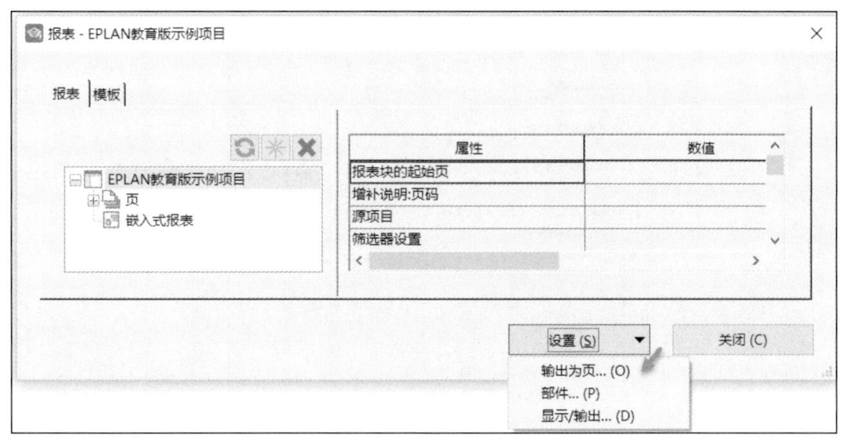

图 12-1 “报表”对话框

设置:输出为页

行	报表类型	表格	页分类	部分输出	合并	报表行的最小...	子页面
1	部件列表	F01_001	总计				☑
2	部件汇总表	F02_001	总计				☑
3	设备列表	F03_001	总计				☑
4	表格文档	F04_001	总计				☑
5	设备连接图	F05_001	总计		☐	1	☑
6	目录	F06_001	总计				☑
7	电缆连接图	F07_001	总计		☐	1	☑
8	电缆布线图		总计				☑
9	电缆图表	F09_004	总计		☐	1	☑

部件列表 DIN A3 水平格式 1 列 56 行

确定　取消

图 12-2 “设置：输出为页”对话框

2. 设置：显示 / 输出

此设置用来指定报表页的显示和输出，通过设置可以实现想要的输出数据和设备标识符在报表上的显示。

选择【选项】>【项目（项目名称）】>【报表】>【显示 / 输出】命令，进入设置界面。也可以通过【工具】>【报表】>【生成】命令，弹出“报表”对话框，在此对话框中，选择“设置”下拉列表中的“显示 / 输出”选项，打开“设置：显示 / 输出”对话框，如图 12-3 所示。“设置：显示 / 输出”对话框中前两个文本框的作用如下。

- “相同文本替换为”文本框：对于相同的文本，如果不希望重复被显示，则用“=”替代。例如，在端子图表中生成了 10 个端子，每个端子的功能文本都相同，可以只显示第 1 个端子的功能文本，由于第 2 ~ 10 个端子与第 1 个端子相同，故用“=”代替。
- “可变数值替换为”文本框：这个设置仅仅在部件汇总表中有效，用于对项目中占位符对象的控制。在部件汇总表中，系统用这个值替代当前的占位符文本。将表格属性“用文本替换变量值 <13108>”激活，才能正确使用此功能。

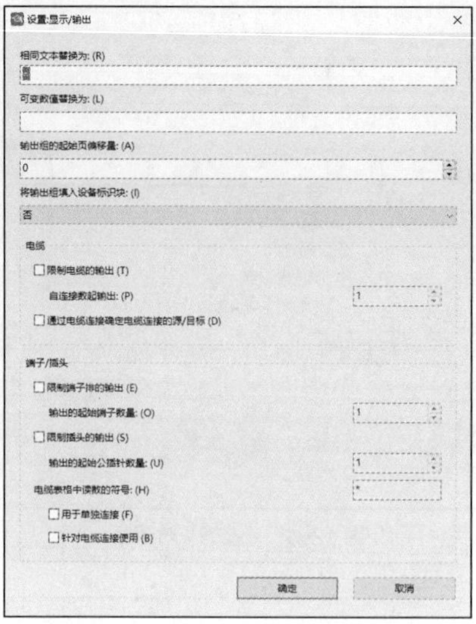

图 12-3 “设置：显示 / 输出”对话框

3. 设置：部件

此设置用来定义在输出项目数据生成报表时如何处理部件。

选择【选项】>【项目（项目名称）】>【报表】>【部件】命令，进入设置界面。也可以通过【工具】>【报表】>【生成】命令，弹出“报表”对话框，在此对话框中，选择“设置”下拉列表中的“部件”选项，打开“设置：部件”对话框，如图 12-4 所示。

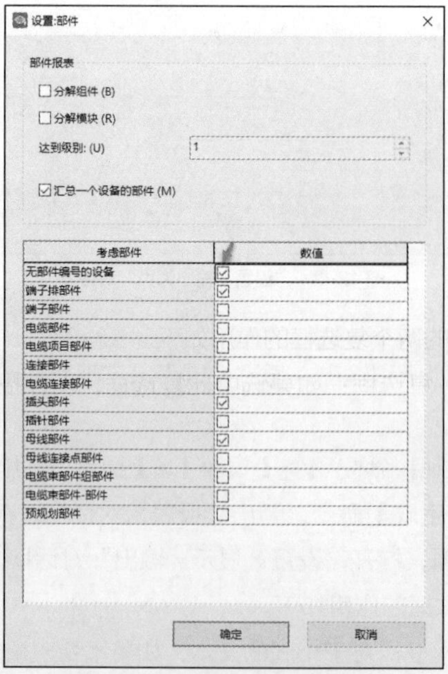

图 12-4 “设置：部件”对话框

“设置：部件”对话框中，“部件报表”栏下 3 个复选框的作用如下。

- “分解组件”“分解模块”复选框：通过“达到级别”的设置，可以定义生成报表时系统分解组件和模块的级别。
- “汇总一个设备的部件”复选框：此设置用于合并多个部件的编号为设备编号进行显示。例如，在“考虑部件”列表中含有多个端子的编号，可以合并为一个编号进行显示。

通过“数值”列中的复选框可以定义报表生成时是否应该包括该类部件。

12.1.3 报表更新

当原理图有修改时，需要对已经生成的报表进行及时更新。选择【工具】>【报表】>【更新】命令以完成项目报表更新。EPLAN是面向对象的操作，通常更新仅仅影响当前打开的报表或者是在页导航器中选择的报表。进行了报表更新操作后，相关的报表被更新。注意选择对象，如果选择的不是报表页或是其中不含有报表，系统会发出错误消息，说明操作的不是报表页。

通过【选项】>【设置】>【用户】>【显示】>【常规】命令打开“设置：常规”对话框，在该对话框中可进行报表的更新设置，如图12-5所示。

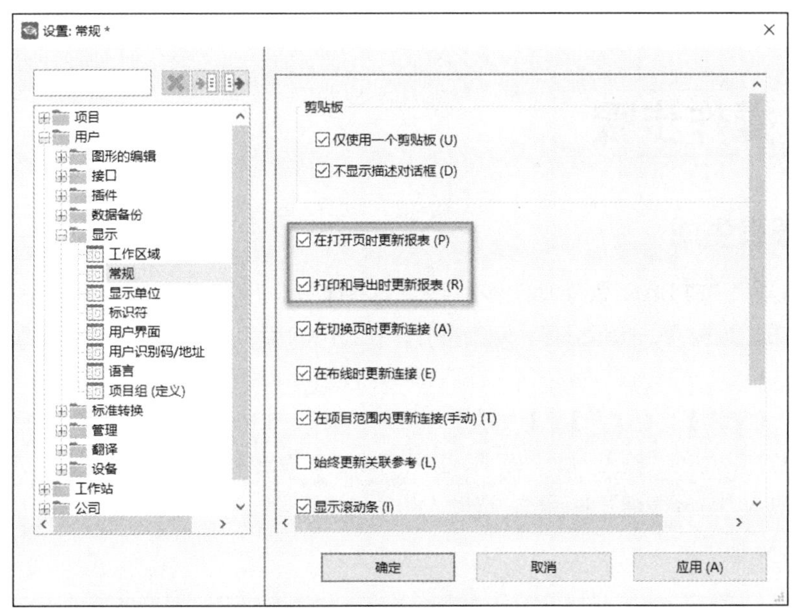

图12-5 “设置：常规”对话框

图12-5中，用方框框起来的两个复选框的作用如下。

- “在打开页时更新报表”复选框：如果选中此复选框，现存报表页在打开时都会自动更新；如果取消选中此复选框，则现存报表页在打开时不自动更新。
- “打印和导出时更新报表”复选框：如果选中此复选框，现存报表页在打印和导出前会进行自动更新；如果在报表中已有模板，则同样进行更新；如果取消选中此复选框，现存报表页在打印和导出前将不进行自动更新。

常用命令速查

【工具】>【报表】>【生成】

【工具】>【报表】>【更新】

【工具】>【制造数据】>【导出/标签】

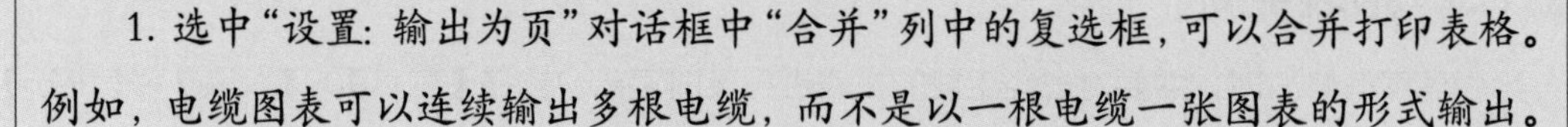

1. 选中“设置：输出为页”对话框中“合并”列中的复选框，可以合并打印表格。例如，电缆图表可以连续输出多根电缆，而不是以一根电缆一张图表的形式输出。

2. 生成报告时，可以指定与“设置：输出为页”对话框中的设置不同的表格。此表单通过“设置 - 设置 -< 报表类型 >”中的“表格（与设置存在偏差）”进行表格模板的选择配置。

12.2 操作步骤

12.2.1 报表生成

（1）打开项目“EPLAN 教育版示例项目”，对原理图上的相关符号进行智能设备选型，例如，原理图上的保险、接触器、指示灯等，双击符号，在弹出的对话框中的“部件”标签下选择“设备选择”。

（2）单击【工具】>【报表】>【生成】，打开“报表 -EPLAN 教育版示例项目”对话框，单击“设置”下拉列表中的“输出为页”选项，打开“设置：输出为页”对话框，通过“部件汇总表”右侧的单元格进入“选择表格”对话框，选择“F02_002.f02”，单击“打开”按钮，再单击“确定”按钮，如图 12-6 所示。

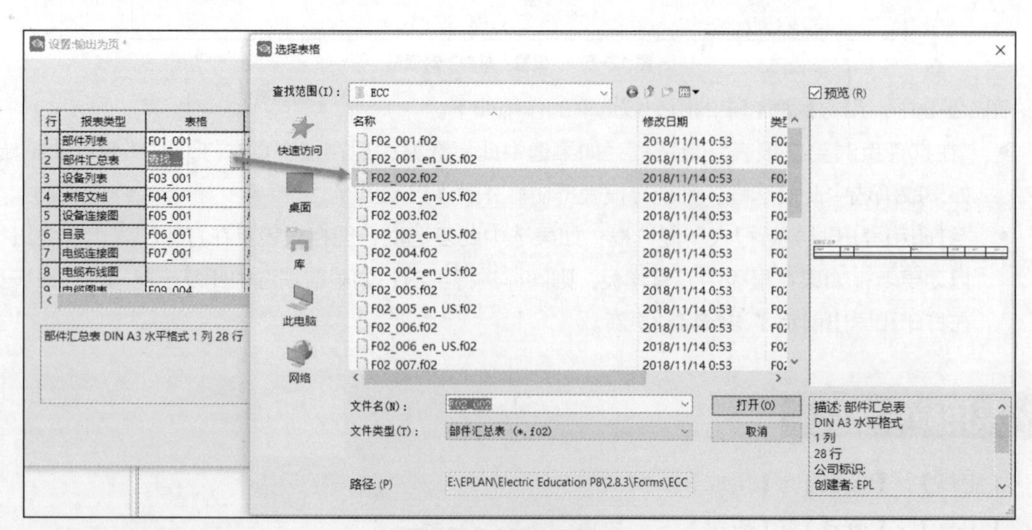

图 12-6　部件汇总表设置

（3）回到“报表 -EPLAN 教育版示例项目”对话框，单击“新建”按钮，弹出“确定报表”对话框，如图 12-7 所示，选择“输出形式”为页，报表类型为“部件汇总表”，单击“确定”按钮。

在接下来的“设置 – 部件汇总表”对话框中单击“确定”按钮。

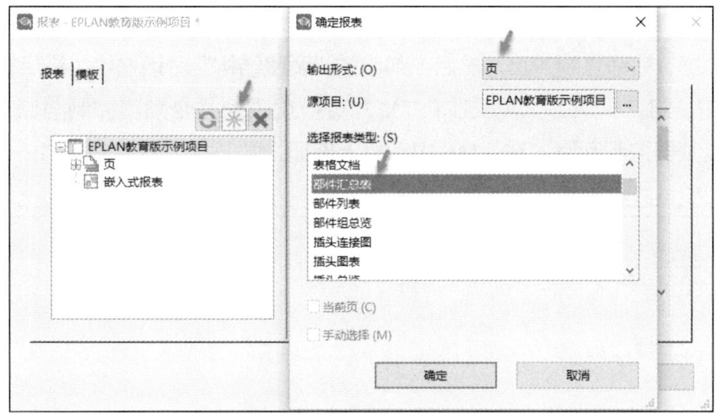

图 12-7 “确定报表”对话框

（4）弹出“部件汇总表（总计）”对话框，页名输入“5”，高层代号选择“REPORT”，单击“确定”按钮，如图 12-8 所示。回到“报表 –EPLAN 教育版示例项目”对话框，单击“关闭”按钮。

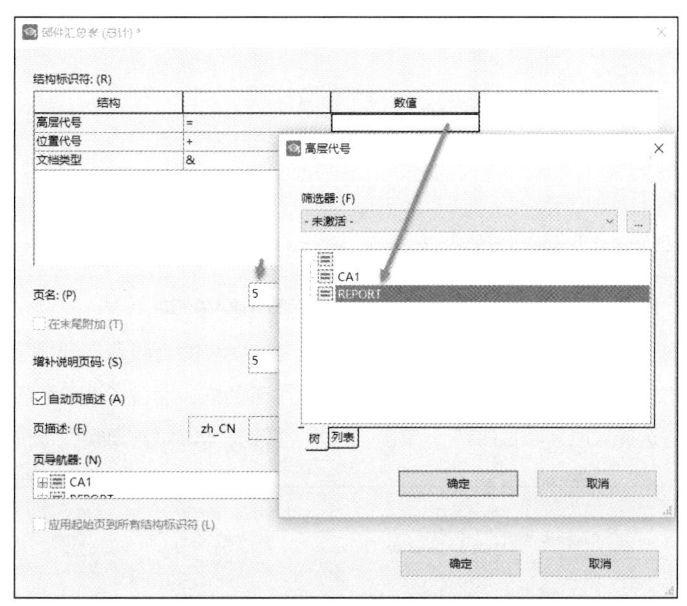

图 12-8 “部件汇总表（总计）”对话框

（5）打开页导航器，双击“=REPORT/5”打开图 12-9 所示的部件汇总表。

部件汇总表　　F02_002

订货编号	数量	名称	类型号	供应商	单价	总价
3SU1401-1BB20-1AA0	5		3SU1401-1BB20-1AA0	SIE	20.00	0.00
3SU1500-0AA10-0AA0	5	指示灯，旋转	3SU1500-0AA10-0AA0	SIE	0.00	0.00
3SU1051-6AA20-0AA0	5		3SU1051-6AA20-0AA0	SIE	0.00	0.00
3RT2015-1BB41-1AA0	3		3RT2015-1BB41-1AA0	SIE	0.00	0.00
3RH2911-1FA22-0MA0	2		3RH2911-1FA22-0MA0	SIE	0.00	0.00
	1	交流接触器	Contactor 001		0.00	0.00
	1	接触器辅助块	Contact 001		0.00	0.00
K19DRS71M4/TF	1	三相电机	K19DRS71M4/TF	SEW	0.00	0.00
	1	变频器	VLT 3008		0.00	0.00

图 12-9 生成的部件汇总表

12.2.2 嵌入式报表生成

（1）打开项目“EPLAN 教育版示例项目”，复制页“=CA1+EAA&EFS/5”，在打开项目的空白处单击鼠标右键，粘贴复制的页。然后在弹出的“调整结构”对话框中，将目标页名改为“11”，单击“确定”按钮。将“=CA1+EAA&EFS/11”页描述改为“变频器控制与嵌入式端子图表”，删除此页右侧的变频器控制回路，在 -M6 电动机上部插入端子排 -X6，如图 12-10 所示。

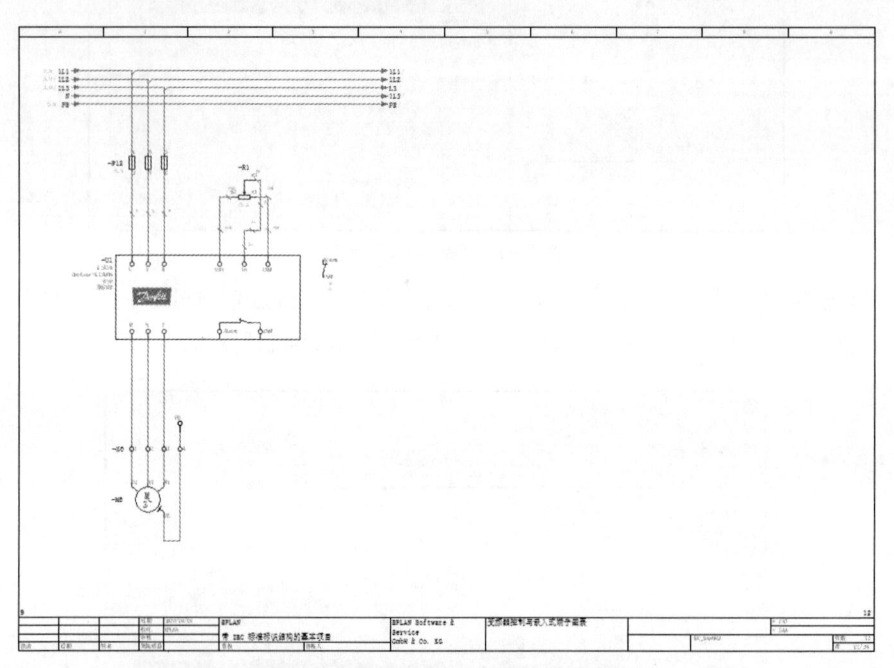

图 12-10 删除变频器控制回路并插入端子排

（2）单击【工具】>【报表】>【生成】，打开“报表 -EPLAN 教育版示例项目”对话框，单击“设置”下拉列表中的“输出为页”选项，打开“设置：输出为页”对话框，通过“端子图表”右侧的单元格进入“选择表格”对话框，选择“F13_002.f13”，单击“打开”按钮，再单击“确定”按钮，如图 12-11 所示。

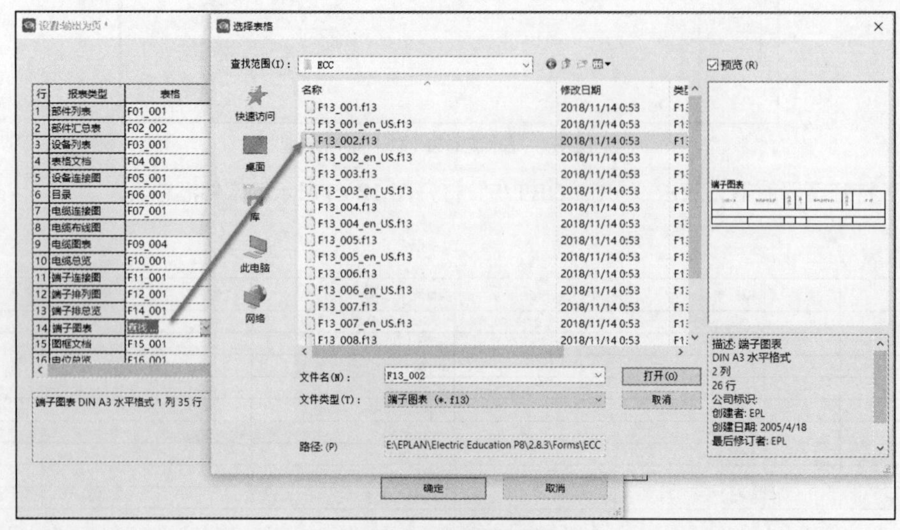

图 12-11 端子图表设置

（3）回到“报表 -EPLAN 教育版示例项目”对话框，单击“新建”按钮，弹出“确定表格”对话框。选择“输出形式”为手动放置，报表类型为“端子图表”，选中“当前页”和“手动选择”复选框，单击“确定”按钮，如图 12-12 所示。

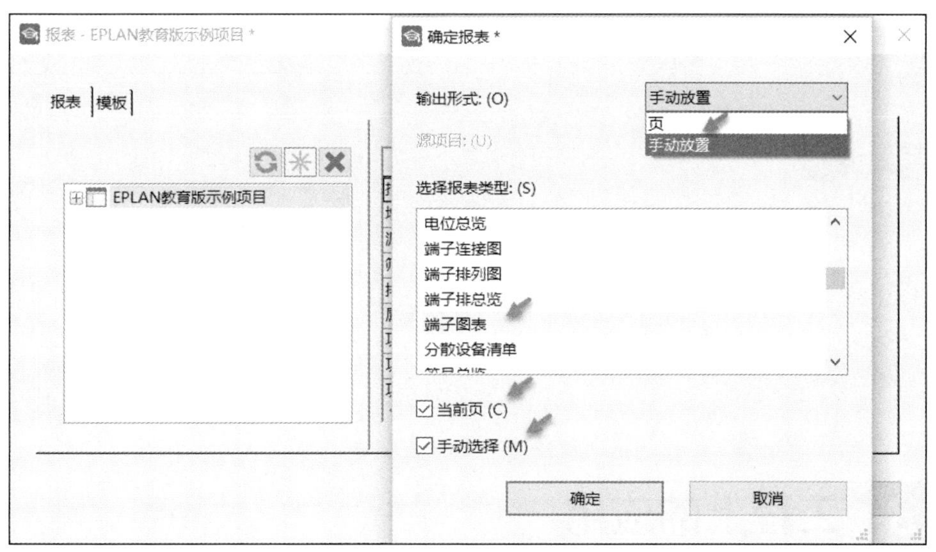

图 12-12　选择端子图表

（4）在接下来的“手动选择”对话框中，单击 -X6，再单击➔按钮，将其移至右侧，单击“确定”按钮，如图 12-13 所示。

图 12-13　“手动选择”对话框

（5）来到“设置 - 端子图表”对话框，单击“确定”按钮。端子图表系附在鼠标指针上，把它放置在页“=CA1+EAA&EFS/11”的右侧，嵌入式端子图表被生成，如图 12-14 所示。

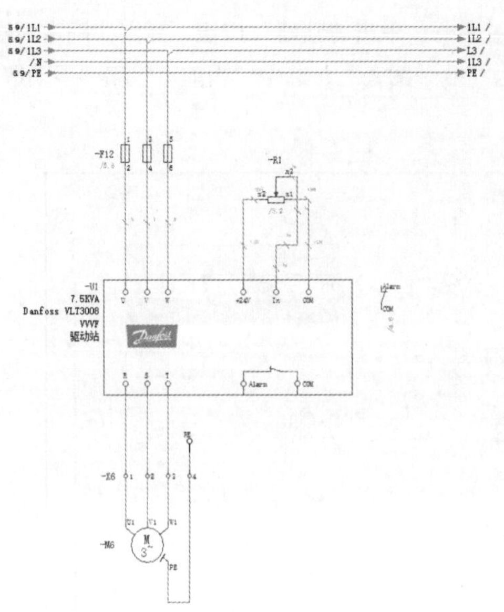

端子图表

功能文本	目标说明依据	连接点	端子	目标说明依据	连接点	页/列
-X6						
	-M6	U1	1	-U1	R	=CA1+EAA&EFS/11.1
	-M6	V1	2	-U1	S	=CA1+EAA&EFS/11.1
	-M6	W1	3	-U1	T	=CA1+EAA&EFS/11.1
	-M6	PE	4	PE		=CA1+EAA&EFS/11.1

图 12-14　嵌入式端子图表

12.3 工程上的应用

12.3.1 BOM 导出 Excel 格式

部件列表（Parts List）是 EPLAN Electric P8 教育版内部的报表，在项目设计的过程中需要将其导出为第三方格式的文件（如 *.txt、*.xls、*.xml 等格式），便于交流和沟通。

本实例的任务是将图 12-15 所示样式的 EPLAN 部件列表导出为 Excel 文件格式。

图 12-15 所示表格中表头与占位符属性的对应关系如下。

- 部件编号：<117> 部件数据 / <22001> 部件编号。
- 数量：<10001> 部件参考 / <20499> 总量（件数）。
- 名称：<117> 部件数据 / <22004> 名称 1。
- 类型号码：<117> 部件数据 / <22002> T 类型号码。
- 制造商：<117> 部件数据 / <22007> 制造商。
- DT：<7> 设备 / <20008> 设备标识符（标识性，无项目结构）。

部件列表　F01_001 - Edu

部件编号	数量	说明/名称	类型编号	生产商	DT（Device Tag）
PXC.2908653	1	[illegible]	[illegible]	PXC	-A4
SIE.3SU1401-1BB20-1AA0	1	指示灯附件	3SU1401-1BB20-1AA0	SIE	-H1
SIE.3SU1500-0AA10-0AA0	1	指示灯附件	3SU1500-0AA10-0AA0	SIE	-H1
SIE.3SU1051-6AA20-0AA0	1	指示灯（红色）	3SU1051-6AA20-0AA0	SIE	-H1
SIE.3SU1401-1BB20-1AA0	1	指示灯附件	3SU1401-1BB20-1AA0	SIE	-H2
SIE.3SU1500-0AA10-0AA0	1	指示灯附件	3SU1500-0AA10-0AA0	SIE	-H2
SIE.3SU1051-6AA20-0AA0	1	指示灯（红色）	3SU1051-6AA20-0AA0	SIE	-H2
SIE.3SU1401-1BB20-1AA0	1	指示灯附件	3SU1401-1BB20-1AA0	SIE	-H3
SIE.3SU1500-0AA10-0AA0	1	指示灯附件	3SU1500-0AA10-0AA0	SIE	-H3
SIE.3SU1051-6AA20-0AA0	1	指示灯（红色）	3SU1051-6AA20-0AA0	SIE	-H3
SIE.3SU1401-1BB20-1AA0	1	指示灯附件	3SU1401-1BB20-1AA0	SIE	-H4
SIE.3SU1500-0AA10-0AA0	1	指示灯附件	3SU1500-0AA10-0AA0	SIE	-H4
SIE.3SU1051-6AA20-0AA0	1	指示灯（红色）	3SU1051-6AA20-0AA0	SIE	-H4
SEW.K19DRS71M4/TF	1	三相电机	[illegible]	SEW	-M2
Dan.VVVF_VLT3008_001	1	变频器	VLT 3008		-U2

图 12-15　EPLAN 部件列表

（1）选择【工具】>【制造数据】>【导出 / 标签】命令，弹出“导出制造数据 / 输出标签”对话框。

（2）在图 12-16 所示的“导出制造数据 / 输出标签”对话框中，单击[...]进入“设置：制造数

据导出 / 标签”对话框。

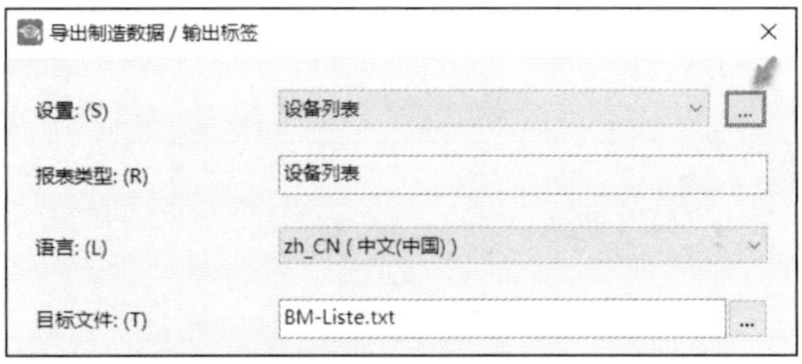

图 12-16 “导出制造数据 / 输出标签”对话框

（3）在“设置：制造数据导出 / 标签”对话框中，单击“新建”按钮，进入“报表类型”对话框，选择“部件列表”，如图 12-17 所示，单击“确定”按钮，进入“新配置”对话框。

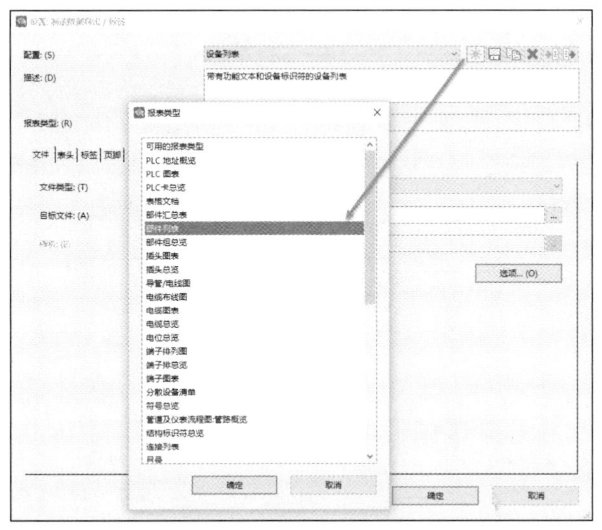

图 12-17 选择“部件列表”

（4）如图 12-18 所示，在“新配置”对话框的“名称”文本框中输入“BOM to Excel”，在“描述”文本框中输入“将 EPLAN 部件列表导出 Excel 格式”，单击“确定”按钮，回到“设置：制造数据导出 / 标签”对话框。

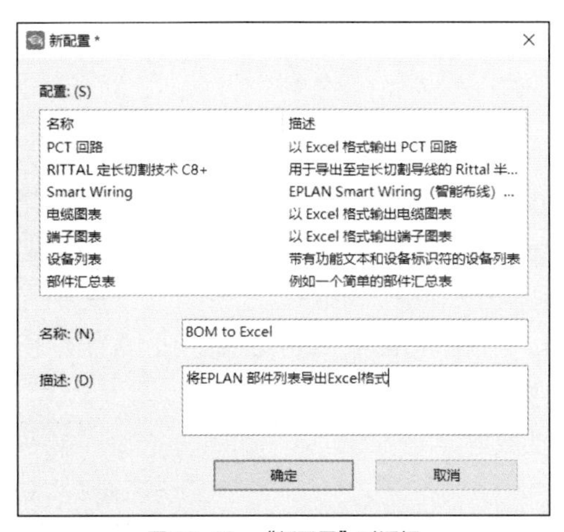

图 12-18 “新配置”对话框

（5）在“设置：制造数据导出 / 标签”对话框中单击“文件”标签，文件类型选择 Excel，目标文件命名为“BOM 材料表”，其后缀为“.xls”，并将其保存在默认的文件路径中。单击“模板”文本框后面的…，如图 12-19 所示。

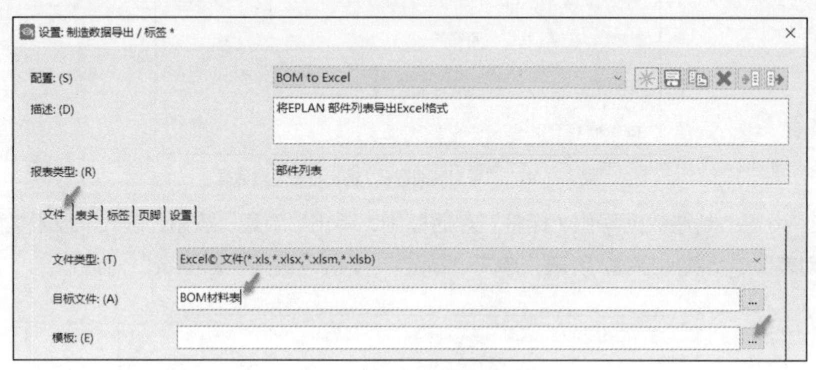

图 12-19　导出文件设置

（6）在“打开”对话框中，选择“Template_EditPropertiesExternal”，单击鼠标右键，在弹出的快捷菜单中选择“复制”命令，然后粘贴改名为“BOM_Template_EditPropertiesExternal”，如图 12-20 所示。

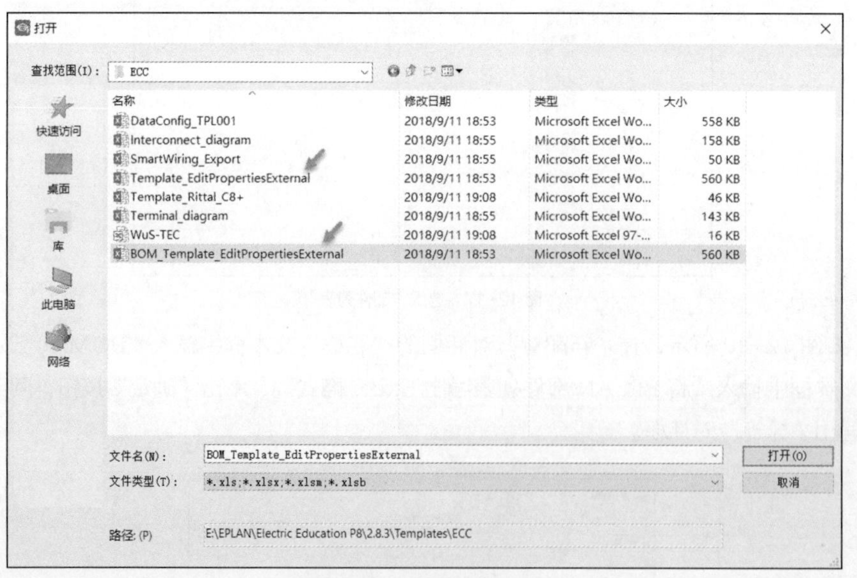

图 12-20　“打开”对话框

（7）选中“BOM_Template_EditPropertiesExternal”文件，单击鼠标右键，在弹出的快捷菜单中选择用 Excel 打开。按图 12-21 所示定义模板，完毕后保存文档，关闭 Excel。单击“打开”按钮，回到“设置：制造数据导出 / 标签”对话框。

#H#、#HD#、#F#、###、#ID#、#RO#、#RW# 等是 EPLAN 在 Excel 的语法，具体说明如下。

- #H#：表头区域（表头）。
- #HD#：自动增加表头数据。
- #F#：页脚。
- ###：数据区域。

- #ID#：属性标识符。
- #RO#：只读格式属性。
- #RW#：可读写格式属性。

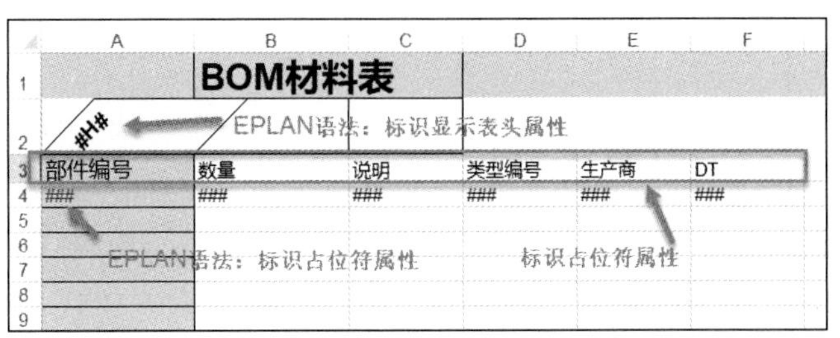

图 12-21 Excel 模板制作

（8）在“设置：制造数据导出 / 标签”对话框中单击“表头”标签，双击“项目属性”，选择“项目属性（项目名称）”，如图 12-22 所示，单击“确定”按钮，回到“设置：标签”对话框。

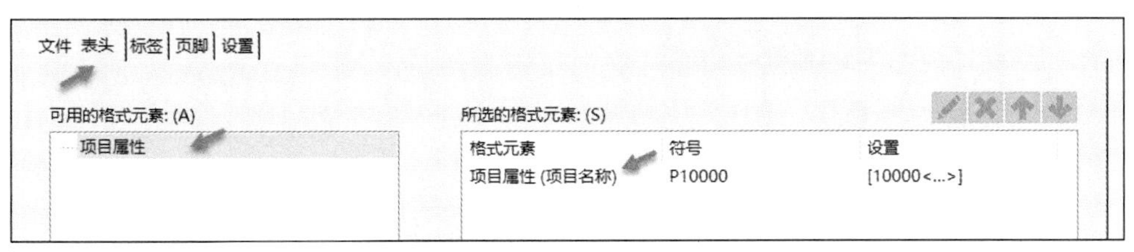

图 12-22 “表头”设置

（9）在“设置：制造数据导出 / 标签”对话框中选择“标签”标签，如图 12-23 所示，在“可用的格式元素”列表中通过双击选择相应属性，可以按下面列举的属性选择。单击“确定”按钮，回到“设置：制造数据导出 / 标签”对话框。

- 部件编号：<117> 部件 / <22001> 部件编号。
- 数量：<10001> 部件参考数据 / <20499> 总量（件数）。
- 说明：<117> 部件 / <22004> 部件：名称 1。
- 类型编号：<117> 部件 / <22002> 类型号码。
- 生产商：<117> 部件 / <22007> 制造商。
- DT：<7> 设备 / <20008> 设备标识符（无项目结构）。

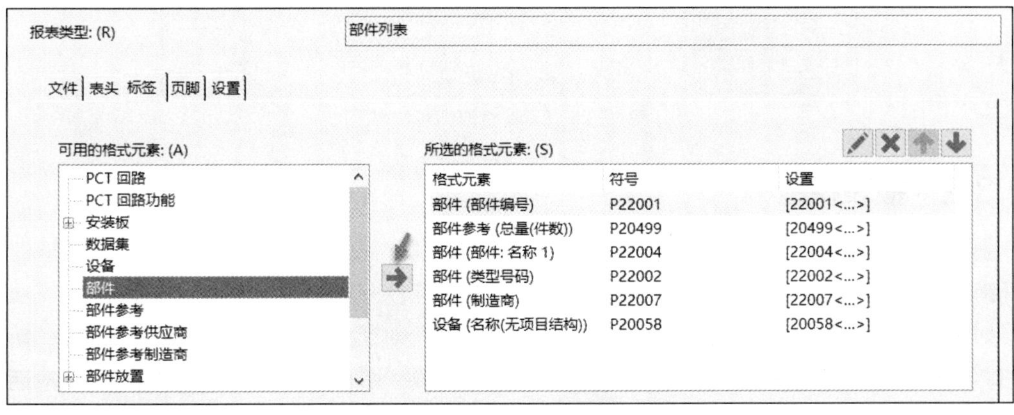

图 12-23 “标签”设置

（10）在“设置：制造数据导出 / 标签”对话框中选择“页脚”和“设置”标签进行必要的设置。单击“确定”按钮，回到“导出制造数据 / 输出标签”对话框，选中“导出并启动应用程序”单选按钮和“应用到整个项目”复选框，如图 12-24 所示，单击“确定”按钮，关闭对话框。

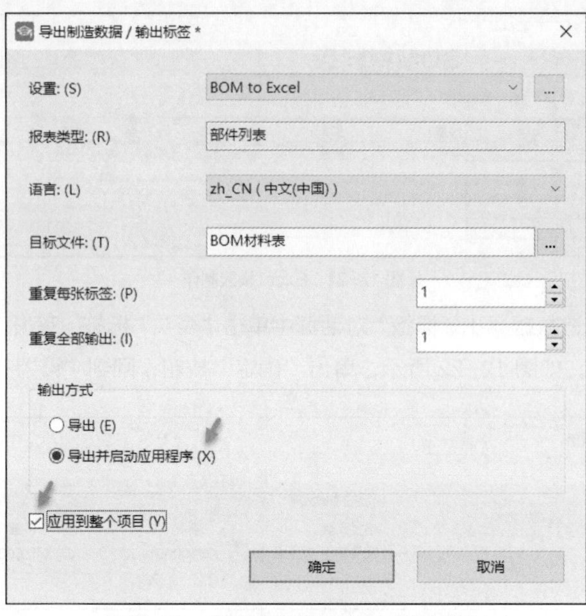

图 12-24 “导出制造数据 / 输出标签”对话框

（11）系统生成 Excel 格式的 BOM 表，如图 12-25 所示。

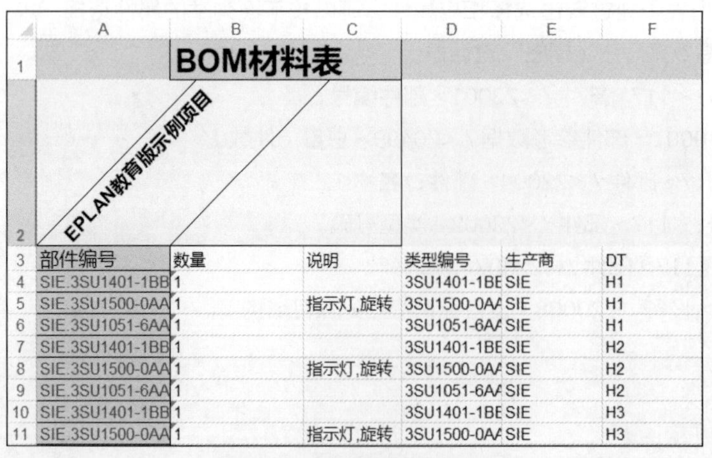

	A	B	C	D	E	F
1		BOM材料表				
2	EPLAN教育版示例项目					
3	部件编号	数量	说明	类型编号	生产商	DT
4	SIE.3SU1401-1BB	1		3SU1401-1BE	SIE	H1
5	SIE.3SU1500-0AA	1	指示灯,旋转	3SU1500-0AA	SIE	H1
6	SIE.3SU1051-6AA	1		3SU1051-6AA	SIE	H1
7	SIE.3SU1401-1BB	1		3SU1401-1BE	SIE	H2
8	SIE.3SU1500-0AA	1	指示灯,旋转	3SU1500-0AA	SIE	H2
9	SIE.3SU1051-6AA	1		3SU1051-6AA	SIE	H2
10	SIE.3SU1401-1BB	1		3SU1401-1BE	SIE	H3
11	SIE.3SU1500-0AA	1	指示灯,旋转	3SU1500-0AA	SIE	H3

图 12-25 Excel 格式的 BOM 表

12.3.2 报表模板

上述各类工程报表的生成都是手动生成的。但在实际项目设计时，当项目经过检查被确认没有设计错误存在的时候，通常需要自动生成项目所需的所有工程报表，即“一键式”生成。

如图 12-26 所示，在“报表 -EPLAN 教育版示例项目”对话框中的“模板”标签下，单击“新建”按钮，弹出“确定报表”对话框，选择一种报表类型，例如端子图表。进入“设置：端子图表”对话框，进行必要设置。进入“端子图表”对话框，在这里可以调整项目结构标识符，进行页名和页描述输入。

与上一节手动生成报表不同的是，此时没有立即生成报表，而是将端子图表模板和与之相关的设置保存在“模板”标签中。

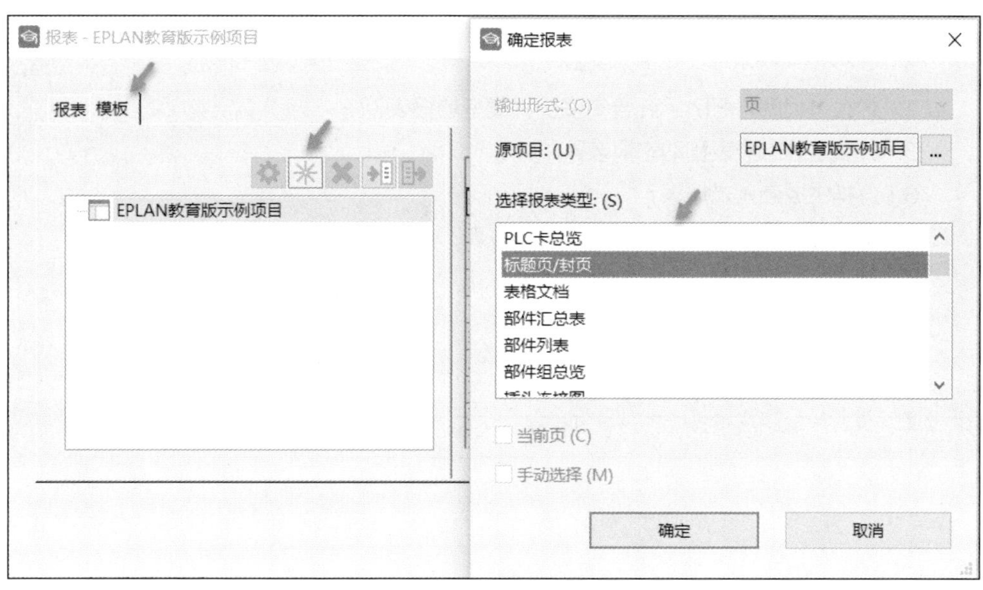

图 12-26　报表模板设置

端子图表的设置被保存在模板中，因为有很多种类型的模板要生成，所以可以为模板起一个描述性的名字，如图 12-27 所示。可以修改模板的设置，例如，筛选器和排序的设置。

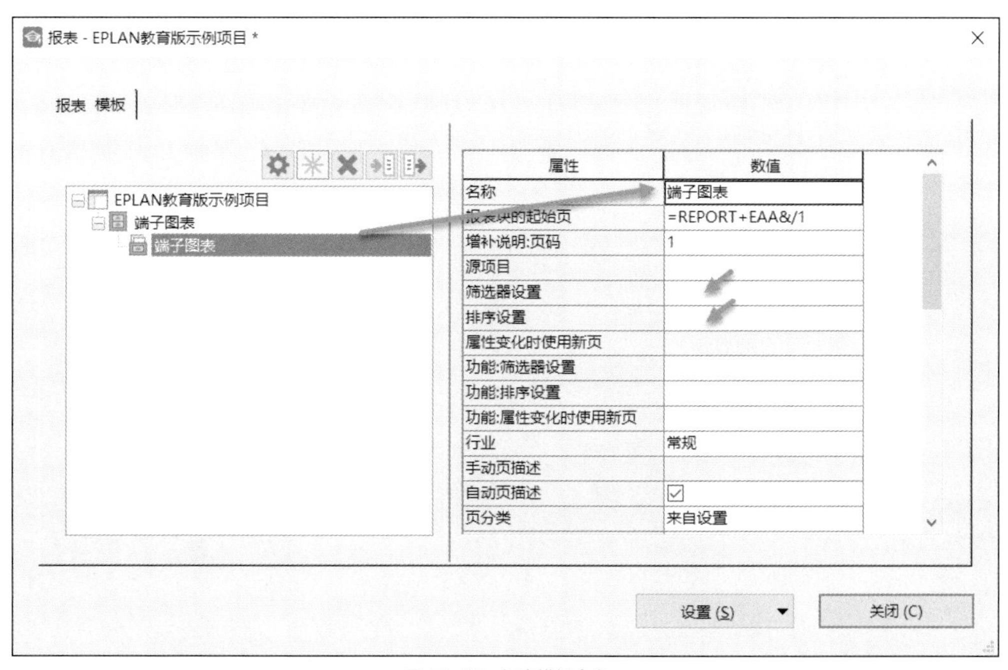

图 12-27　报表模板命名

至此完成了一种类型的报表模板建立。用同样的方法，可以选择其他类型的报表，建立项目所需的报表模板。当报表模板建立完成后，单击【工具】>【报表】>【生成项目报表】，整个项目的报表被快速批量生成。

思考题

1. 什么是报表？ EPLAN 含有多少种类型的报表？
2. 什么是静态报表和动态报表？
3. 怎样生成嵌入式报表？
4. 报表更新的含义是什么？怎样更新报表？
5. 怎样生成不含电缆数据的部件列表？
6. 如何将 BOM 清单导出为 Excel 格式？
7. 如何设置才能生成连续电缆输出的电缆图表？

第 13 章 ISO/IEC 81346 标准

本章学习要点

- 了解 ISO 和 IEC 国际化标准组织。
- 系统思考的方法。
- IEC 中的对象。
- IEC 中的方面（Aspect）。
- 标识系统。

ISO/IEC 81346 是关于《工业系统、装置和设备以及工业产品结构原理和参考代号》的系列标准，发布于 2009 年。该标准的第 1 部分（ISO/IEC 81346-1）定义了一般原则，第 2 部分（ISO/IEC 81346-2）定义了对象分类和类别编码。IEC 和 ISO 最近修改和更新的标准版本（ISO/IEC 81346:2019），可适用于更广泛的行业，并为用户提供在创建参考名称时应用更详细分类的选项。

13.1 工程中的“通用语言”

现代设计朝着机电一体化的方向发展，机电仪及工艺的控制更加密不可分。因为，无论面向机器设计或面向工厂生产线设计，通常是以工艺专业为牵头，以机械、电气、仪表的联合为一体的多专业的协同设计。项目设计中，面对复杂的系统，各个专业沟通密切，电话、E-mail、项目会议，沟通的方式和方法应有尽有，但是还是存在歧义，不理解或职责不清，沟通耗费了时间和成本。因此，在项目设计中，需要工艺设计人员和机电仪设计人员间进行高效的沟通，说同一种语言进行交流，这种工程中的“通用语言”，即指“技术通用语言”。

电气工程设计的发起往往源于市场上客户的实际需求，企业的销售人员与客户沟通确认需求，反复沟通，在订单还没有签订前的报价阶段，工程师进行概念设计。当订单签订后，进行项目详细设计阶段。在详细设计阶段，利用先进的技术，机械、电气、仪表进行联合的跨专业的协同设计。当设计完成时，项目移交到生产车间。生产车间基于图纸进行钣金加工、钻孔信息加工、安装板布局、元件摆放。利用接线表的线缆长度进行线缆加工、切割、终端处理、打印线号、套线鼻子等，最后进行元件的接线。电控柜安装完成，经过调试测试后，交付给最终客户，进入运行和维护阶段。这个销售－基础设计－详细设计－制造－装配－交付－运营－维护的过程是一个典型的工程设计流程，我们把这个流程定义为价值链。使每个环节间数据能够平滑链接传递，减少停滞时间，即各个部门间的数据有效传递，减少从销售到维护的时间，就是将这个价值链进行增值的过程。在这个价值增值的工程中，全体工程人员同样需要用“技术通用语言”进行高效沟通。

13.2 ISO/IEC 81346 标准中的术语

ISO/IEC 81346 标准的第 1 部分和第 2 部分，定义了关于系统、对象和视野等一系列术语和定义。深刻理解这些术语和定义，有助于工程设计人员更好地把标准应用到具体的工程项目设计中。

1. 对象（Object）

术语对象的定义非常笼统，图 13-1 就可作为一个对象，对象服从于系统整个生命周期中的活动。

大多数对象都具有有形的物理存在（例如变压器、灯、阀和建筑物），然而，有一些物体并不存在，而是为了不同的目的存在，例如：

- 一个对象仅通过其子对象的存在而存在，因此考虑到的对象是为结构化目的（即系统）而定义的；
- 用于识别一组信息。

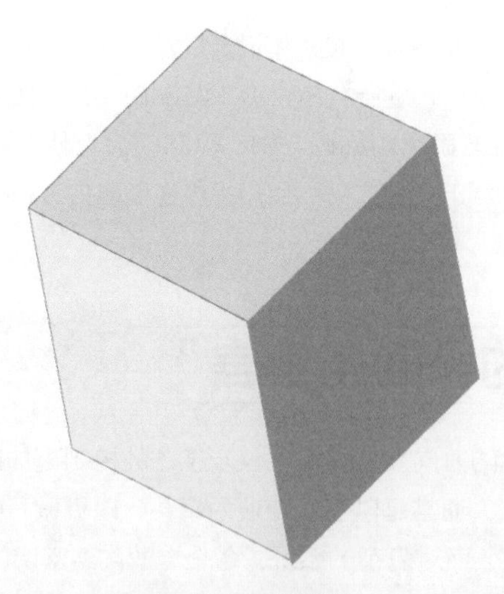

图 13-1 对象举例

2. 方面（Aspect）

如果要研究一个对象的内部对象或这个对象与其他对象的相互关系，从不同的视图查看这些对象是很有用的。就 ISO/IEC 81346 标准而言，这些观点称为方面。

方面就像对象上的过滤器，如图 13-2 所示，ISO/IEC 81346 标准涉及的方面主要如下：

- 一个对象打算做什么或者它实际做什么——功能方面；
- 这意味着一个对象做了它打算做的事情——产品方面；
- 目标的预期或实际空间——位置方面。

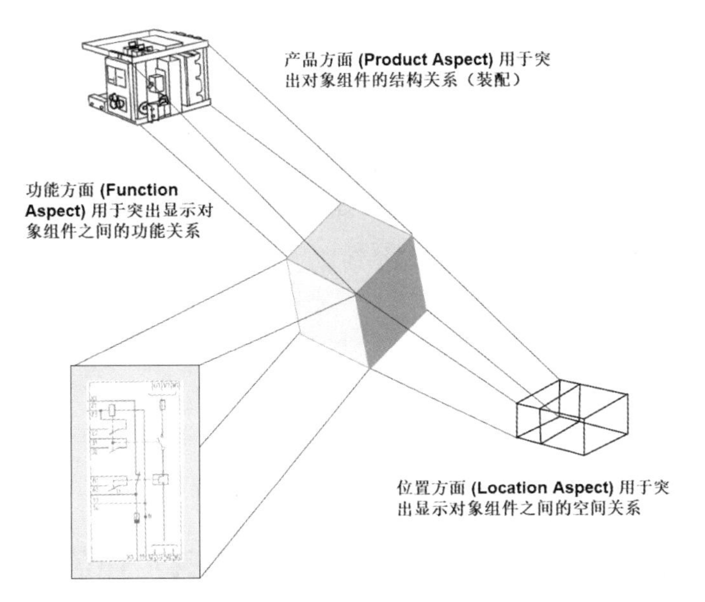

图 13-2 对象的方面

3. 技术系统（Technical System）

技术系统是一组为特定目的共同工作的组件。技术系统是一个过程的“基础设施”，该过程包括许多活动，如烹饪、筛选、运输、焊接和驾驶，以实现预期的结果。技术系统的组件是流程动态活动的静态前提。

技术系统可以作为完整的组装系统交付。但是，技术系统的部件可以单独交付，也可以作为组装件交付。

在结构化的上下文中，技术系统被视为一个对象，其组件被视为物理子对象。

4. 结构（Structuring）

为了有效地指定、设计、制造、维修或操作系统，系统和有关系统的信息通常分为若干部分。每一部分都可以进一步划分。这种对部分的连续细分和这些部分的组织被称为“结构”。

结构用于以下 4 个方面：

- 有关系统的信息组织，即如何在不同的文档和 / 或信息之间分发信息（参见 IEC 62023）；
- 每个文件中内容的组织（参见 IEC 61082-1）；
- 系统信息中的导航；
- 参考名称的构造。

5. 功能（Function）

技术系统的目的是执行一个技术过程，通过考虑特定参数，将输入量（能量、信息、物质）加工成输出量（能量、信息、物质）。

在 ISO/IEC 81346 标准中，“功能”表示一个对象的任务，而不知道或不考虑其实现。这样的对象可以是所讨论的技术系统的一部分，并且在以后的规划中与其他结构相关联。

6. 产品和组件（Products and Components）

产品通常被定义为过程的结果。过程的结果通常是以下 3 种：

- 拟出售（如现货产品）；
- 待交付（按双方约定）；

- 在另一个过程中被用作一个成分，作为输入或工具。

因此，无论可交付成果是什么，任何可交付成果都是一种产品。因此，一个技术系统或工厂可以被视为一个产品，因为它们是一个过程的结果，而且也是交付的。

7. 位置（Location）

就 ISO/IEC 81346 标准而言，位置表示由对象构成的空间（例如建筑结构内的房间或区域、控制装置结构内安装框架的槽、机器结构内的板表面）。这样的对象可以是设计的技术系统的一部分，并且在以后的规划中，与其他结构相关联。

当谈到对象在结构上的位置时，对象内部定义的空间是指对象本身在系统中所占的空间。在对象上应用位置方面的结果是其内部的面向位置的结构。

位置可以包含任意数量的组件。

13.3 ISO/IEC 81346 标准的核心应用

ISO/IEC 81346-1/2 的范围涉及技术系统中对象的识别，建立了具有定义的目标类别及其相关字母代码的分类方案，主要用于参考名称和通用类型的名称。分类方案被广泛使用，它适用于各技术专业和各个行业的对象。

13.3.1 系统

任何事物都可以被认为是一个系统，例如在标准中定义的“烹饪、筛选、运输、焊接和驾驶”系统，日常生活和工作中经常遇到的生产系统、交通系统、电力系统、计算机系统、教育系统、医疗系统、企业管理系统等。

系统与系统之间，系统中元素或对象按一定方式相互联系。它们之间的相关性可以用 3 种方法进行描述，即部分关联、类型关联和实用关联。

（1）部分关联用来将任何系统细分为多个部分，被视为系统元素，这使复杂系统可以无限细分，是 ISO/IEC81346 标准第 1 部分的内容。

（2）类型关联用于创建系统类，以方便识别系统，并防止信息“野化”，是 ISO/IEC81346 标准第 2 部分的内容。

（3）实用关联假定系统被定义成部分关联，然后处理系统之间的集成。

13.3.2 方面

图 13-2 所示的对象，用正方体标识系统中的对象，用正方体的一个面来描述方面，每个面代表了不同的视角，ISO/IEC 81346-1 应用方面的概念并用以下符号进行分类和标识不同的对象的技术信息，表达清晰易懂。

- =：功能（方面）。
- +：位置（方面）。
- -：产品（方面）。

我们可以从日常生活中了解方面（Aspect）技术，例如，城市地铁线路图显示了你可能使用的不同线路以及换乘点，但地铁线路图并不能告诉你车站的实际地理位置。关键是，地铁线路图在一个特定方面向你显示某些信息，如果你需要其他信息，例如关于车站位置的信息，你必须在另一个方面（例如在高德地图中）寻求这些信息。

这个原理同样适用于使用 ISO/IEC 81346 创建任何技术系统的“地图”。但这将不是一个真正的“地图”，而是一个实际的系统或项目，一种技术清晰的概述，使工程设计人员能够在技术系统甚至是非常复杂的技术系统中得到导航。

图 13-3 所示是一个实际工程案例。机器人单元代表一个系统，系统包含许多不同的对象。

例如，一个物体是控制灯。对待控制灯这个对象，必须考虑 3 个方面：功能（=）、位置（+）和产品（-）。要使控制灯能够在系统内识别，需要做出更多的定义。

- 功能方面（=）：控制灯的用途或功能是什么？
- 位置方面（+）：控制灯在哪里？
- 产品方面（-）：控制灯是由什么组成的？

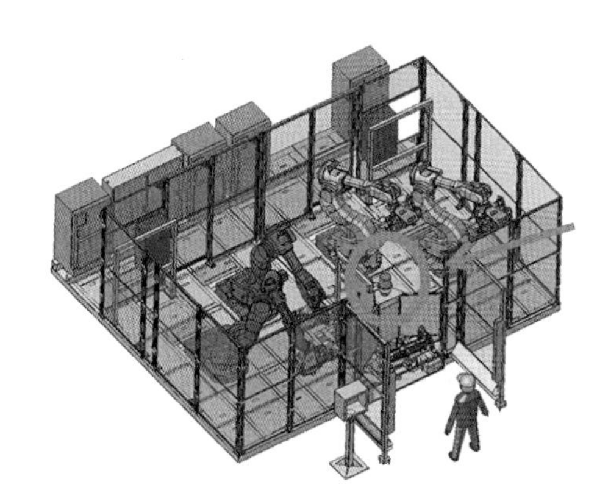

图 13-3　实际工程中的对象方面

13.3.3　结构化

上述功能、产品和位置方面的标识是必要的，几乎适用于对象（工厂、系统、设备等）的每个生命周期阶段。因此，应将其视为主要方面，用于结构构建。或将对象按其功能、产品和位置进行有效拆分，这个过程称为结构化。

结构化遵循的原则：

- 技术系统的结构化应以应用对象方面的概念、选区关系为基础；
- 应按照自上而下或自下而上的方法逐步建立结构。

通常自上而下的方法的步骤如下：

（1）选择一个对象；

（2）选择适当的方面（Aspect）；

（3）确定所选方面中的子对象（如果有）。

对于建立的每个子对象，重复以上步骤，并视需要多次重复。

通常自下而上的方法的步骤如下：

（1）选择一个要使用的方面（Aspect）；

（2）选择要一起考虑的对象；

（3）建立一个上级对象，所选对象是所选方面（Aspect）的组成部分。

对于建立的每个上级对象，重复以上步骤，并视需要重复多次。

在结构化的过程中，有两种不同的结构建立：产品导向和功能导向结构。

产品导向结构基于使用中间或最终组件实现、构建或交付系统的方式。它显示了在不考虑这些对象可能的功能和 / 或位置方面的情况下，系统在产品方面细分为组成对象。

功能导向结构基于系统的目的，它显示了在功能方面将系统细分为组成对象，而不考虑这些对象的可能位置和 / 或产品方面。

13.3.4 分类和标识

在系统设计中，需要标识系统及其元素。可以通过命名系统来实现，但随着复杂性的增加，需要系统及其元素的特定标识符。通常，在实际工程中，除了特殊说明外，系统和系统元素及其相关模型根本没有被标记，或者没有为携带一系列信息而创建的某种标签号或标识。这样的标签号很少符合国际规则，而是公司特定的。

ISO/IEC 81346 标准系列是为系统及其元素创建明确标识符的唯一国际标准。其范围非常明确，它定义了参考命名系统（Reference Designation System，RDS）的规则，其中输出是参考命名（Reference Designation，RD）。

13.4 电气设计中应用的 ISO/IEC 81346 标准

图 13-4 概括了参考命名标准的范围及其演化的进程。ISO/IEC 81346 标准系列为能够明确识别系统和系统元素的参考命名系统（RDS）提供了原则和规则，主要包括以下 3 个方面。

（1）根据系统设计的不同方面，系统及其元素按组合层次结构进行结构化。应用 4 个基本方面描述系统结构，即功能（=）、产品（-）、位置（+）和类型（%）。

（2）结构中的所有子系统和系统元素都使用一个由字母代码表示的简单功能分类方案进行分类。

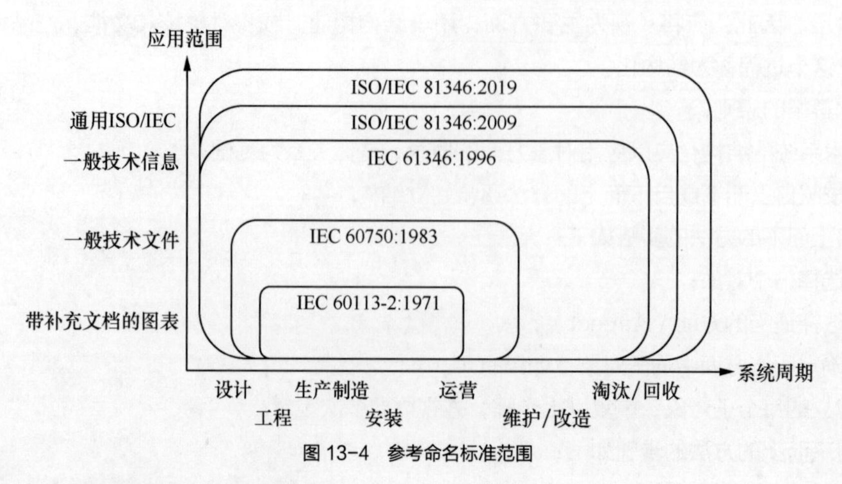

图 13-4 参考命名标准范围

（3）所有子系统和系统元素都编号。

通过组合结构、分类和编号，可以为系统的每个元素分配一个参考名称（RD），作为系统生命周期中关联对象之间的同步点。

电气设计中应该参考的ISO/IEC 81346标准如下（仅供参考）。

（1）ISO/IEC 81346-1（2019）：《工业系统，装置和设备以及工业产品.结构原理和参考代号.第1部分：一般原理》。

（2）ISO/IEC 81346-2（2019）：《工业系统，装置和设备以及工业产品.结构原理和参考代号.第2部分：对象分类和类别编码》。

（3）ISO/TS 81346-3（2012）：《工业系统，装置和设备以及工业产品结构原理和参考代号.第3部分：参考命名系统应用规则》。

（4）ISO/TS 81346-10（2015）：《工业系统，装置和设备以及工业产品.结构原理和参考代号.第10部分：电厂》。

（5）ISO/TS 81346-12（2018）：《工业系统，装置和设备以及工业产品.结构原理和参考代号.第12部分：建筑工程和建筑服务》。

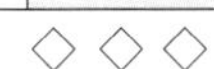

思考题

1. 如何理解ISO/IEC 81346标准中的对象和方面？

2. 工程中对系统进行有效标识的意义是什么?

3. 如何对工程中的对象按功能进行拆分?

4. 什么是“按生产制造的设计”，什么是“按功能导向的设计”？二者的工程意义是什么?

◇◇◇

第 14 章 工程项目示例分析

14

扫一扫
看视频讲解

本章学习要点

- 工程视野中的 EPLAN 项目设计。
- 原理图的清晰表达。
- 项目规则配置。
- 报表模板。

本章以 EPLAN 教育版中自带的“ESS_Sample_Project_Trial”项目为蓝本，描述了应用 EPLAN 进行项目设计的过程，介绍了从最初的规划、标准使用、模板规则配置到具体图纸实现和生产数据准备所应使用的方法和注意事项。

14.1 项目背景

本套图纸是一台研磨机系统的电气设计。研磨机的功能如图 14-1 所示，工件通过“给料”传送带传输工件，进入“加工”传送带进行工件的研磨加工，然后经过“预备”传送带进行工件的缓冲。根据客户的需要决定后续增加“转向”传送带和“出料”传送带。

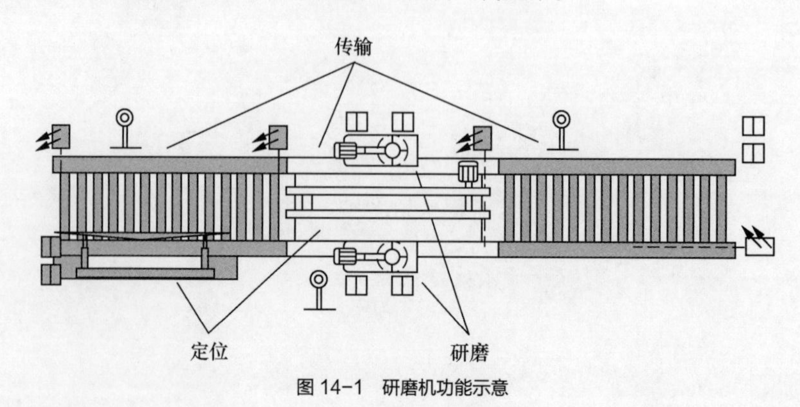

图 14-1 研磨机功能示意

14.2 项目结构

项目中的页结构既遵循 ISO/IEC 81346-1 中关于页结构的规定，又考虑了 IEC 61355 标准中关于文档类型的结构。研磨机的项目结构如图 14-2 所示，采用结构为“高层代号、位置代号和文档类型”。

图 14-2　项目结构

项目中没有使用“功能分配”（==），因为这是一个独立的机器设计，而非工厂或生产线的设计，项目中所有的元件结构应该与之保持一致，故未使用。

项目结构高层代号用于代表机器设备的每个功能，例如传送功能、研磨功能。图 14-3 显示了基于研磨机功能划分的项目高层代号的管理和定义。

图 14-3　结构标识符管理：高层代号

项目中没有使用“安装地点”（++），因为对于此机器而言，项目中部件没有属于不同的地点，项目中所有的部件也都未使用。

项目中“位置代号”（+）用于将多个功能合并到同一个区域，便于在项目中使用单一的结构文档。项目中页“&ADB1/2”描述了如何定义项目的“位置代号”，如图 14-4 所示。此页图纸划分为“A、B、C”3 行和“0、1、3、4”4 列，机器设备规划到哪个区域，坐标就是位置代号。图中“给料”工作站位于“B1”区域，其位置代号就是“B1”。

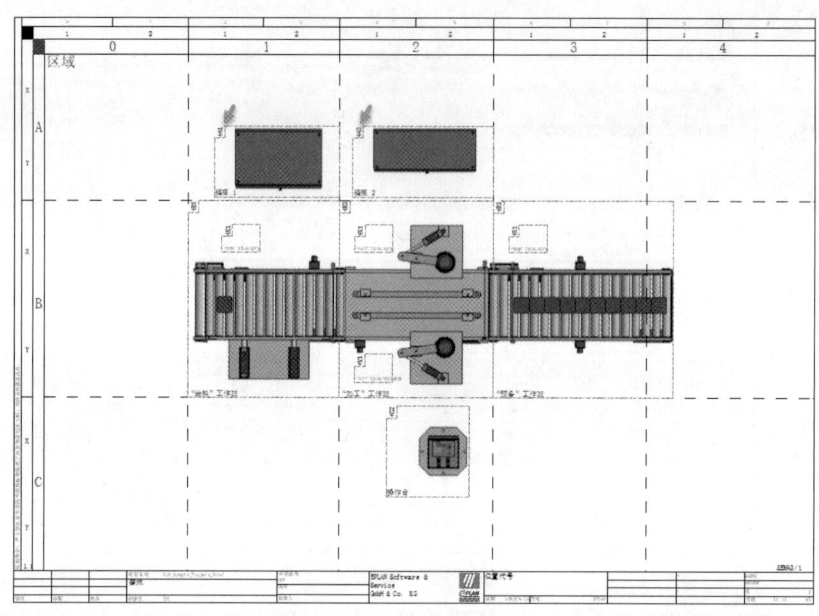

图 14-4　位置代号定义

这种位置代号的定义和划分是 EPLAN 结构标识符管理的依据，图 14-5 显示了研磨机项目“结构标识符管理”下“位置代号”的管理和定义。

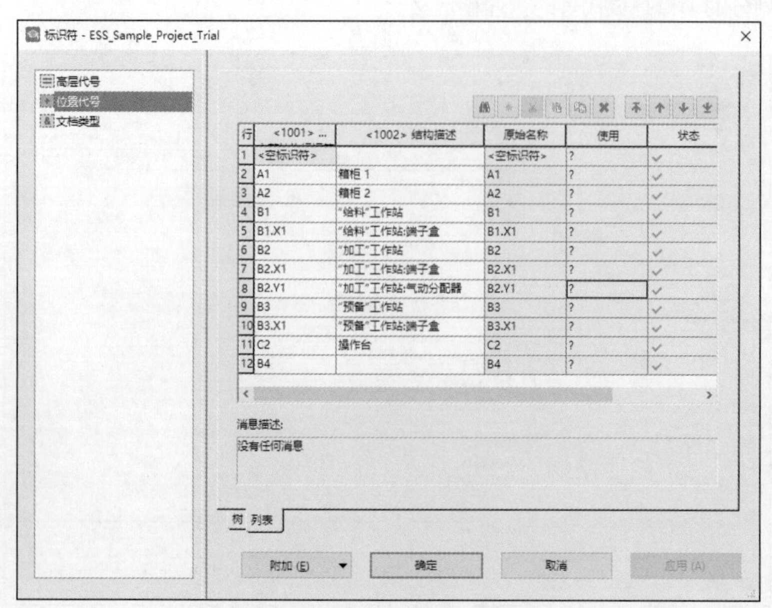

图 14-5　结构标识符管理：位置代号

文档类型按 IEC 61355 标准进行管理，图 14-6 显示了研磨机项目“结构标识符管理”下“文档类型”的管理和定义。

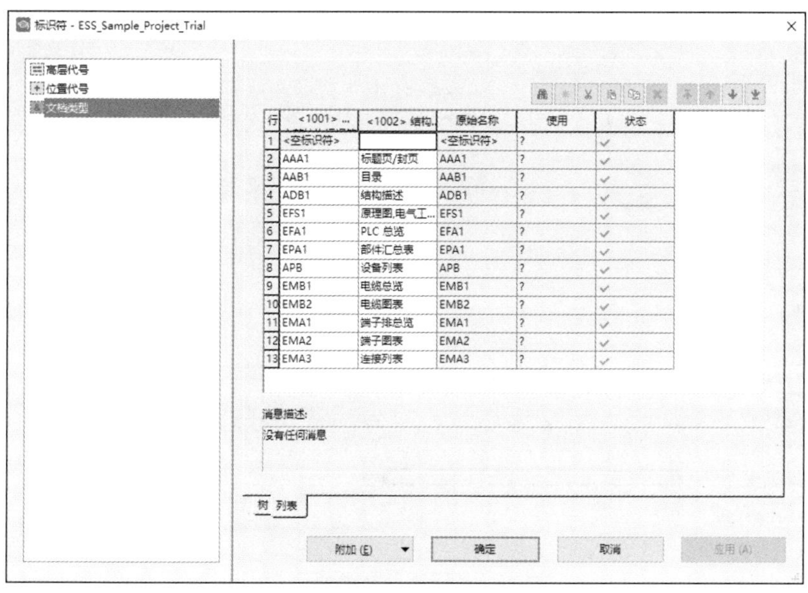

图 14-6　结构标识符管理：文档类型

14.3 设备结构标识符

项目中设备的标识根据 ISO/IEC 81346-2 标准的要求进行。规定一个标识带有两个标识字母，第一个字母表示主类别，描述了对象的目的或任务；第二个字母表示子类别，描述了对象的详细信息或用途。分类不仅适用于电气，也适合流体、机械等其他学科。

示例 1：电磁线圈（见图 14-7）。

主类别 Q：控制能量、信号、介质流切换或改变。

子类别 A：切换或改变电路。

示例 2：气路消音器（见图 14-8）。

主类别 R：对运动的限制或稳定；或能量流、信息流、介质流。

子类别 P：绝缘噪声的屏蔽和隔离。

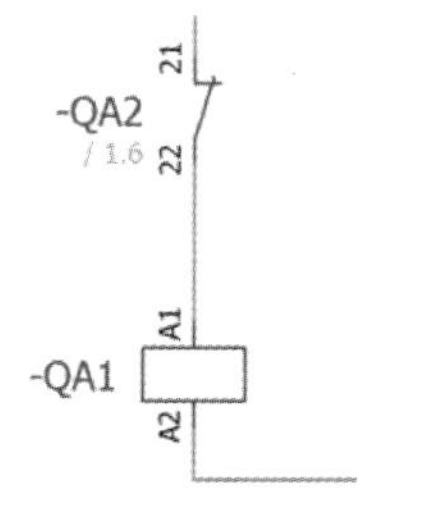

图 14-7　继电器符号

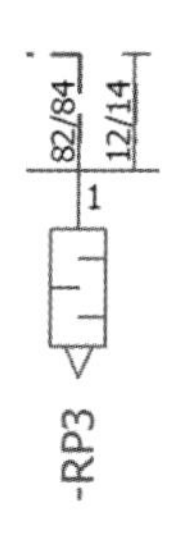

图 14-8　消音器符号

研磨机项目设备标识符管理主标识字母集采用 IEC 81346 标准，子类标识字母采用 IEC 81346-2 标准，如图 14-9 所示。

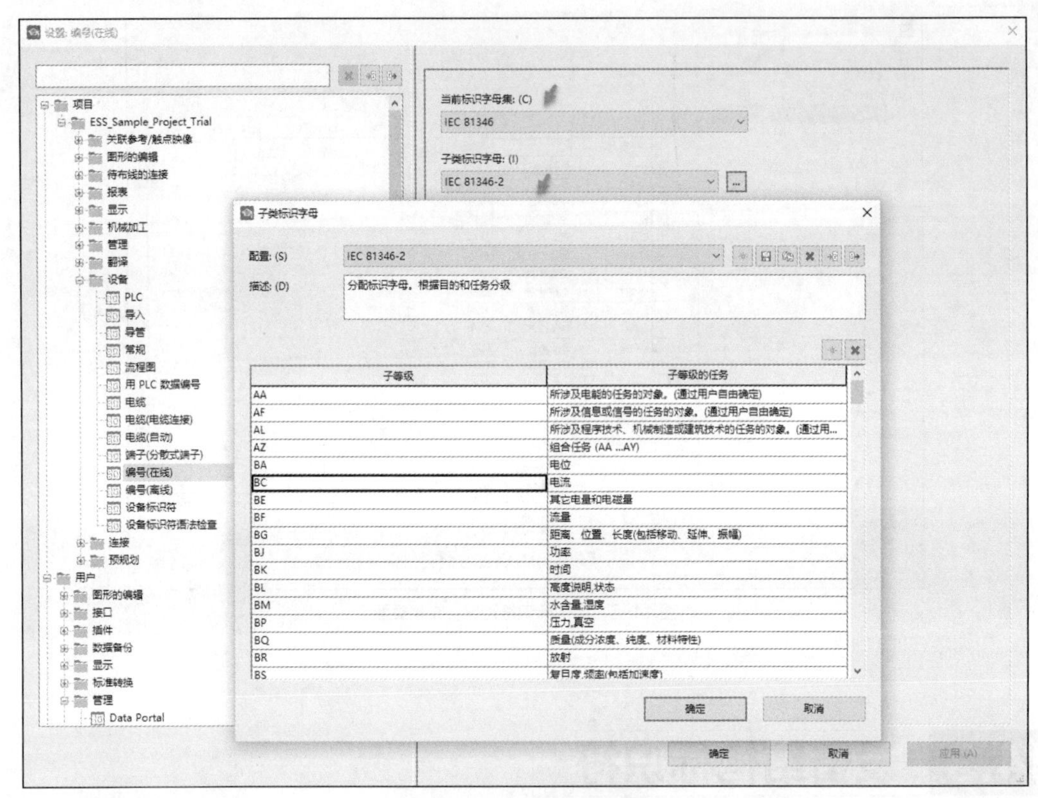

图 14-9　项目标识字母集设置

14.4 项目图纸

原理图设计的过程中将 EPLAN 的功能和特点与实际的电路图纸表达结合在一起，用标准的规范进行合理清晰表达。本项目中利用了 EPLAN 软件的很多功能，例如标准的 IEC 符号、连接、端子、插针、电缆、电位、文本对齐框、关联参考、PLC 盒子、位置盒、黑盒、通信总线等。

1. 结构盒的应用

在做原理图的时候，应该考虑将当前页包含最多的结构作为页结构。因为，即使在同一页，设备也有不同的结构。因此可以将位于不同功能或者不同安装位置下的元件，用结构盒来描述。图 14-10 中，3 个红色框中的电路分别代表 3 个不同的功能，由于都在同一页中进行表达，因此使用结构盒来对其位置进行区分。

2. 项目结构嵌套

在原理图中使用了项目结构嵌套。隶属于不同结构的设备，因为项目结构嵌套，使其可以表达在同一页图纸中。页“=MA1+A1&EFS1/1”的电路如图 14-11 所示，图中 +B1 代表相应功能下电机的安装位置，+X1 代表现场端子箱的安装位置。

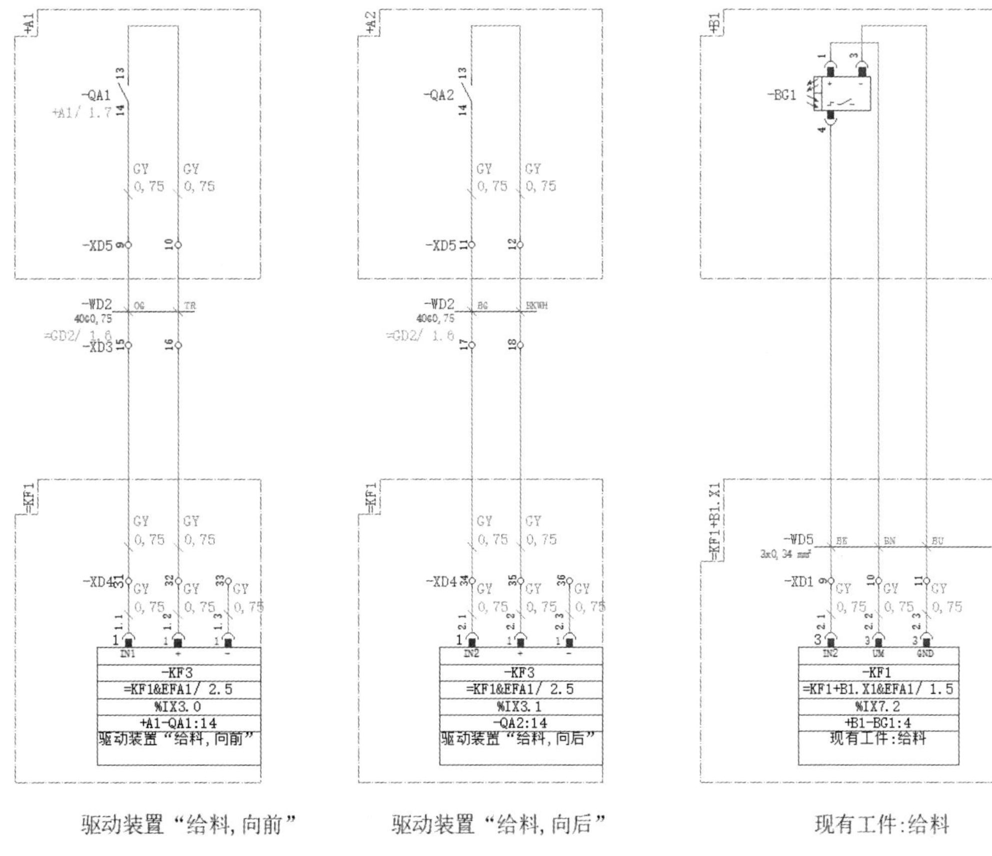

图 14-10 结构盒的应用

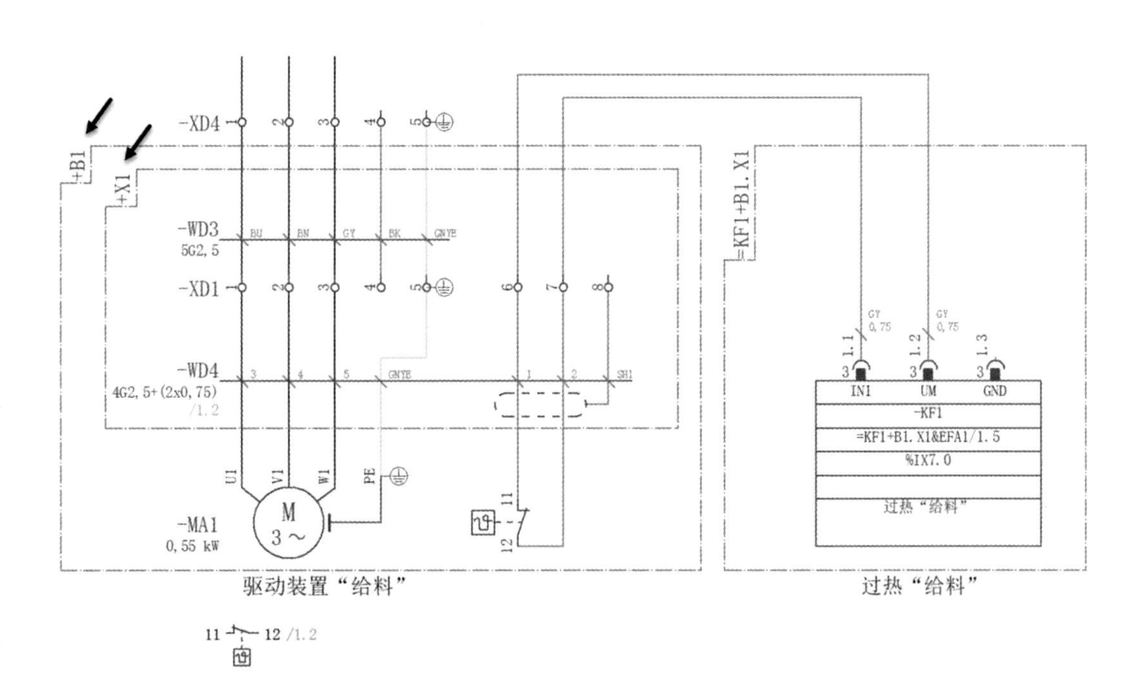

图 14-11 项目结构嵌套

3. 功能导向设计

页“=MA1+A1&EFS1/1”的电路描述了传送带主驱动的控制，如图 14-12 所示。与传统的电气“面向生产”的制图画法——把所有的电动机都画在一张图纸上不同，这里是将主驱动和控制画在一起，这是面向功能的画法。当客户不需要这个功能的时候，这张图纸就会消失。

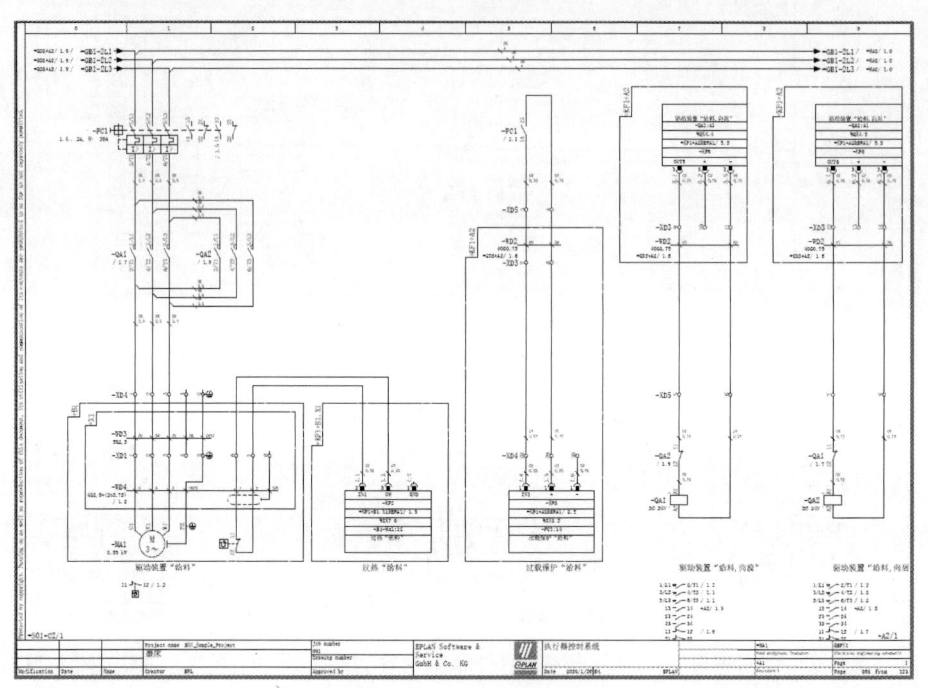

图 14-12 面向功能的画法

4. PE 端子

页“=MA1+A1&EFS1/1”的电路中，PE 端子表达如图 14-13 所示。为了明确地标识 PE 端子，在项目中 PE 图形显示在 PE 端子上，而不是用文本描述“PE”。这样的好处是 PE 端子还可以参与端子的连续编号。根据《机械电气安全 机械电气设备 第一部分 通用要求》标准（IEC 60204-1），PE 端子被清晰地表达出来。

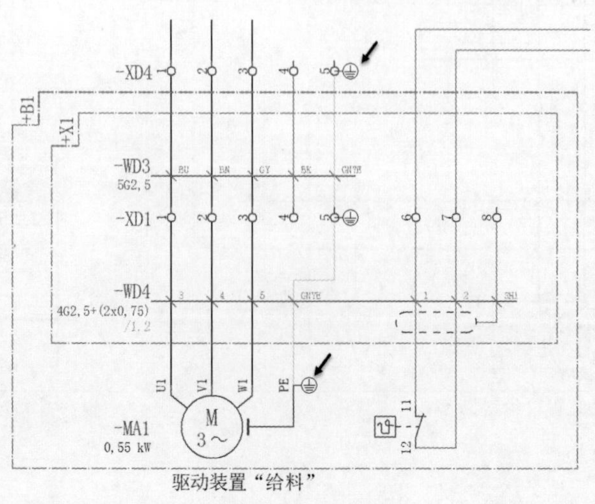

图 14-13 PE 端子

5. 连接编号

项目设计中没有被定义为电缆连接的连接，都用连接定义点定义。可以定义连接的编号、颜色和截面积。在连接编号规则中自定义了“ESS SAMPLE PROJECT”的规则。连接编号的显示如图 14-14 所示。

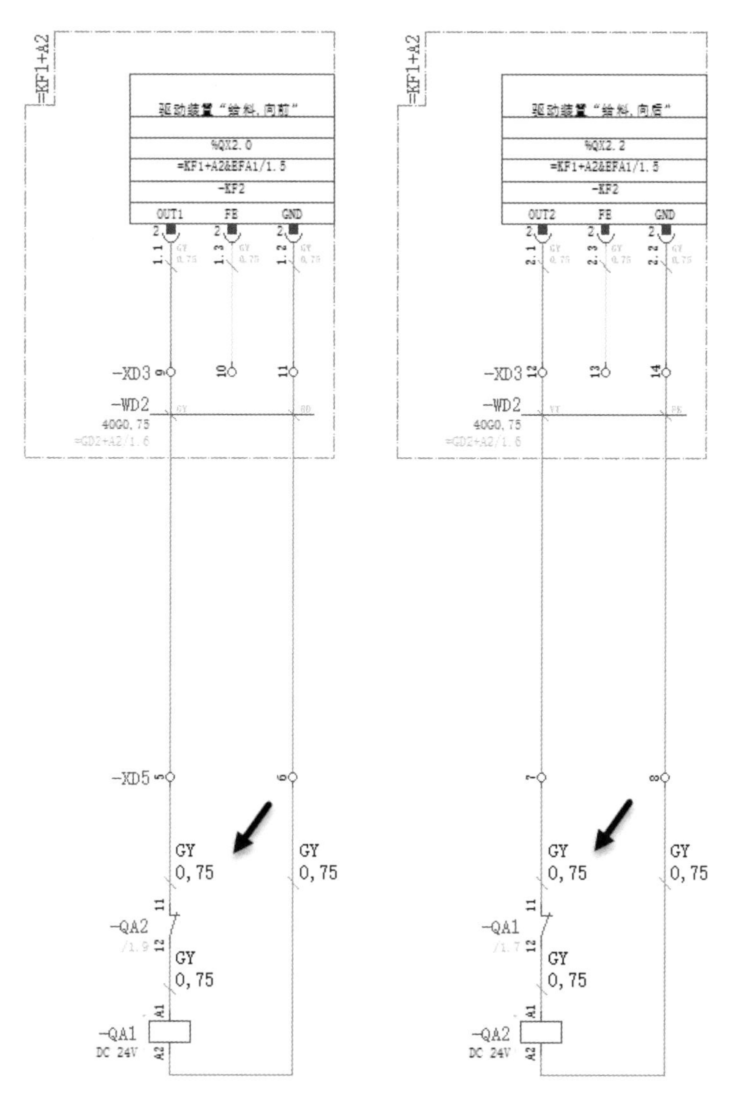

图 14-14 连接编号

14.5 项目规则配置

1. 项目属性

为了快速输入客户及项目属性信息，在项目属性中自定义了“ESS_Coversheet”和“ESS_TechnicalData”两个类别，如图 14-15 所示。

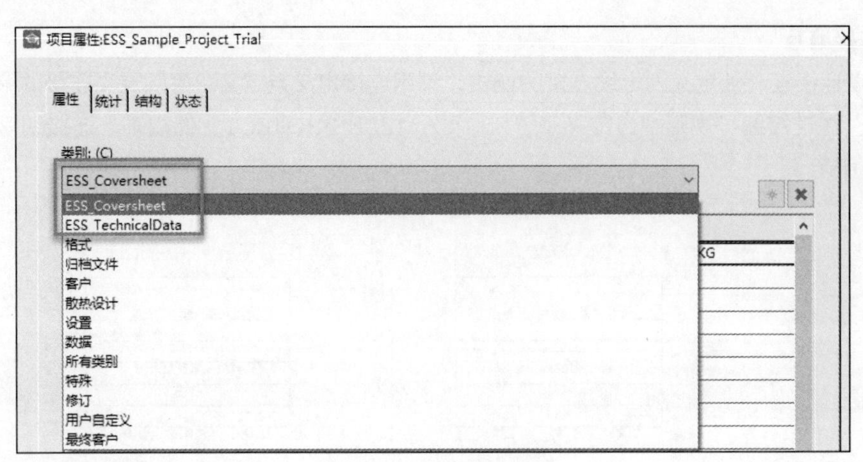

图 14-15　自定义属性类别

2. 页导航器的显示

页导航器中，高层代号、位置代号、文档类型可以以不同的方式显示。显示的配置取决于用户的定义。如图 14-16 所示，根据页导航器中显示的顺序，文档类型显示在最后位置。这样在项目设计使用时，便于找到所需要的高层代号和位置代号。

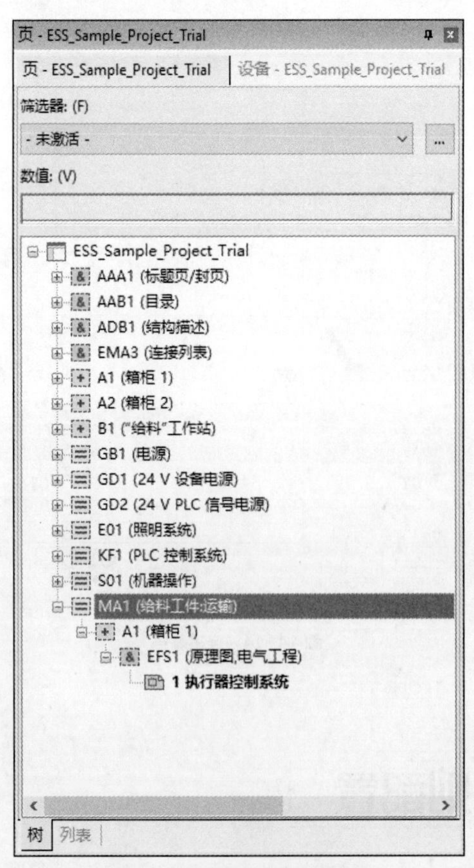

图 14-16　页导航器自定义显示

3. 属性排列

项目中可定义个性化的属性排列配置。如图 14-17 所示，其显示了电缆的属性排列配置。

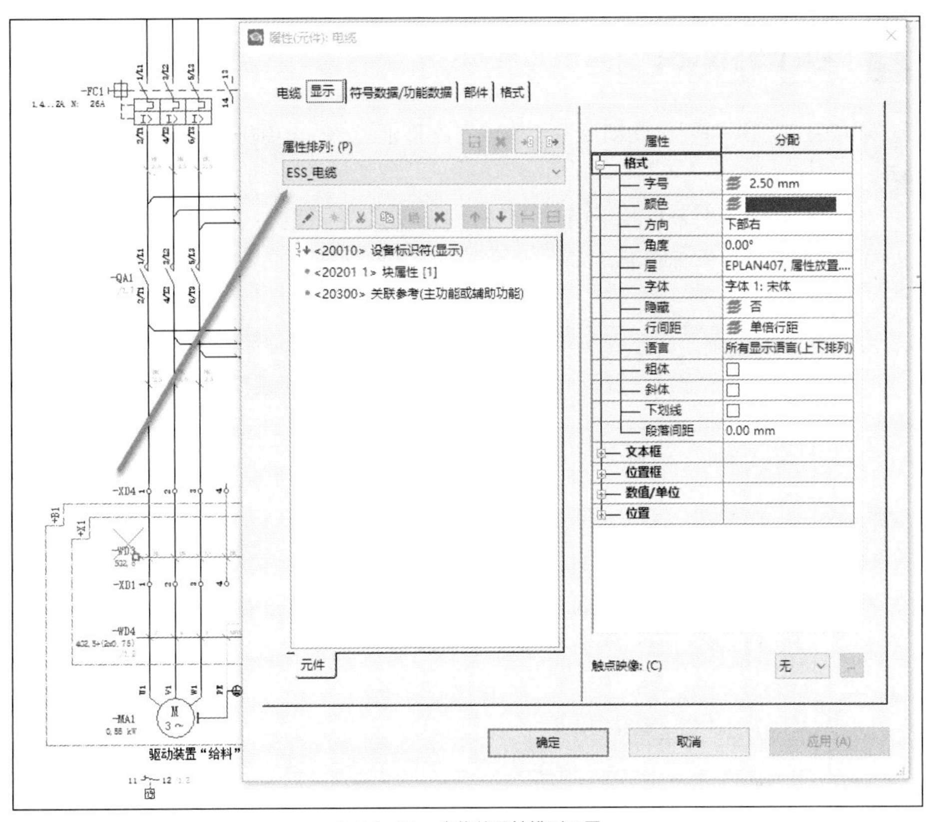

图 14-17　电缆的属性排列配置

4. 项目检查

本项目中自定义了项目检查规则“ESS SAMPLE PROJECT”，对电气、流体工程项目进行检查。检查的消息分为提示、警告、错误 3 种。检查的类型分为不检查、离线、在线 / 离线和防止出错 4 种。项目检查规则如图 14-18 所示。

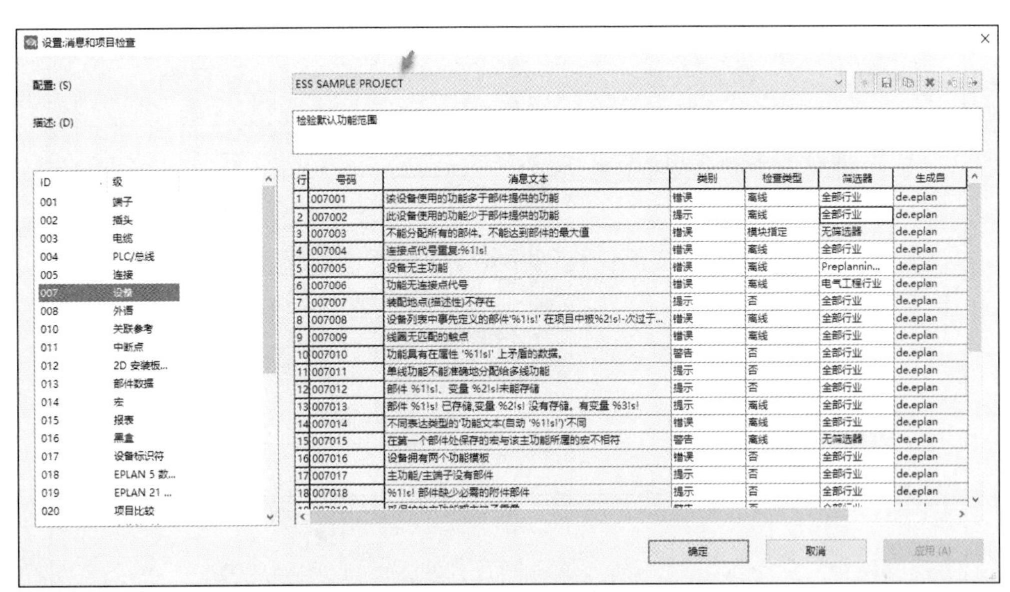

图 14-18　项目检查规则

14.6 项目报表

根据实际项目的工程需要，此项目主要生成了部件汇总表、电缆图表、电缆总览、端子图表和连接列表等。

图 14-19 的安全规则报表是基于模板“F26_005.f26”生成的，用于呈现通用安全规范，该报表可以切换 19 种不同语言进行显示。

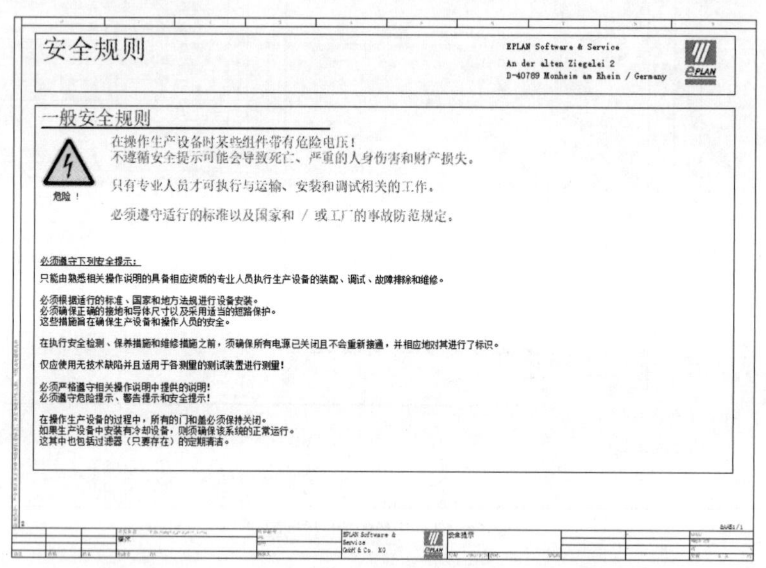

图 14-19 安全规则报表

为了达到“一键式”生成项目的所有报表的目的，此项目定义了报表模板，如图 14-20 所示。这样，在设计完原理图并按项目检查没有错误后，自动生成项目的工程报表。

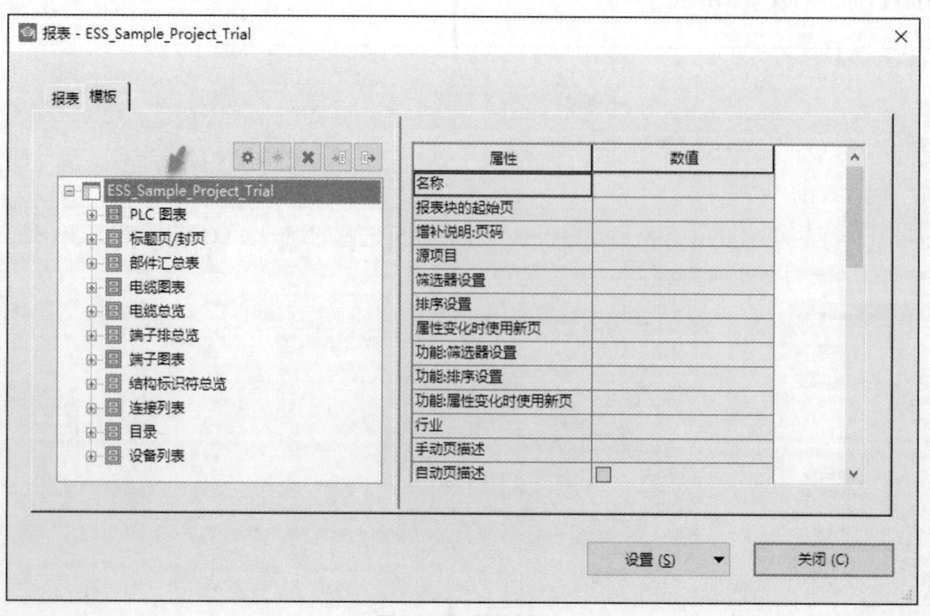

图 14-20 报表模板

14.7 EPLAN 项目设计所遵循的步骤

第一次应用 EPLAN 设计工程项目时，因为没有符合本作业个性化的项目模板，所以应该选用 EPLAN 的“*.ept”模板，EPLAN 含有 4 大标准（IEC、GB、GOST 和 NFPA）的此模板。除此之外，在项目的设计过程中还应该考虑以下步骤的要求。

（1）定义项目结构

项目结构应该遵循工艺人员或机械人员定义好的工艺和设备设计对象（工厂总貌、生产线、工艺段、机器结构等）的层级结构。也可以按电气工程的视野由电气设计人员进行重新定义、完善或添加。这是 ISO/IEC 81346-1 标准的要求。

（2）定义文档结构

定义文档的表达类型和归属，这是 IEC 61355 标准的要求。

（3）定义设备标识字母集

定义设备标识的主标识字母集和子标识字母集，这是 ISO/IEC 81346-2 标准的要求。

（4）设备命名

设备命名基本遵循项目结构，但是要考虑到特殊性。通常考虑的范围包括常规设备、端子排、插针、PLC、电缆、中断点、母线、黑盒等设备。

（5）主数据制作

主数据包括符号、表格、图框、部件库和翻译库。符号基本采用 EPLAN 内置的 4 大标准符号库。用户可以建立一个本企业惯用的符号库，但数量不要过多。如果要丰富企业电路，鼓励用 EPLAN 的宏进行创建，因为它调用标准符号。可以利用标准图框更改定制为企业所用的图框。表格和部件库的定制比较重要，所以单独处理。

（6）表格定制

表格的定制需要与设计过程中所应有的属性协调一致，要保持与企业多年来形成的风格一致，要有效地指导生产制造。常用的表格模板定制包括封页、目录表、部件汇总表（BOM）、端子图表、电缆图表和接线表等。

（7）统一部件管理

结合 EPLAN Data Portal 在线元件库和企业多年来积累的元件库进行有效整合，统一部件管理。

（8）设计规则

包括设计过程中应用的工作区域、快捷键、导航器中筛选器的规则、PLC 编址规则、线号命名规则、错误检查规则、项目压缩规则等。

（9）创建报表模板

报表模板将项目中要生成的各类表格模板定制在一起，完成“一键式”生成项目的工程报表。

（10）创建项目模板

删除项目中的原理图页及不必要的图纸，保留项目的框架和规则，创建项目模板和基本项目模板，为后续的项目设计提供模板，统一设计风格和标准。

通过上述步骤的有效实施，完成第一个 EPLAN 项目设计，建立了项目模板和相关主数据及各种规则，实现了项目设计的初级标准化。

思考题

1. 什么是项目结构？怎样定义项目结构？
2. 利用 EPLAN 常用功能表达原理图设计，你用了 EPLAN 哪些功能？
3. 怎样将配置的规则保存在项目模板中以便下次使用？

第 15 章 宏项目管理

本章学习要点

- 宏的概念。
- 宏项目。
- 宏的类型、窗口宏和页面宏。
- 宏变量和宏值集。
- 自动化出图基础。

原理图项目中存在大量的标准电路，当新建一个项目时，是从头画起，还是利用以前的部分标准电路和方案进行快速设计，甚至自动出图，减少重复设计时间？答案当然是后者，因为 EPLAN 中的宏和宏项目为此提供了可能。本章将讨论宏的概念、宏的类型、宏值集以及用宏项目创建和快速管理宏。

15.1 基础知识

15.1.1 宏的概念

宏就是经常重复使用的部分电路和典型电路方案，相当于 CAD 中“块”的概念。在日常的设计工作中大量创建和应用宏，会带来以下优势。

（1）将某些原理图部分电路以某一典型名称保存，便于日后使用。

（2）原理图中的某些部分图形相同且经常使用，在设计中重复使用的时候，仅仅是数据和部件要做修改。

（3）将典型方案和变量、技术数据和部件的数值存放在一起，以免在调用时花费较多时间进行修改。

（4）快速保存和生成典型电路。

EPLAN 中有 3 种类型的宏，即窗口宏、符号宏和页面宏。

窗口宏是最小的部分标准电路，它可以包含一个区域或页上的单线或多线设备、对象等。窗口宏的文件扩展名为“.ema”。窗口宏可以是一整页的标准电路，但最大不超过一个页面。为了便于管理，推荐用窗口宏来创建宏。

符号宏与窗口宏类似，只是文件扩展名不同，符号宏的文件扩展名为“.ems”。利用符号宏可以将一个标准电路作为符号进行管理。之所以有符号宏的概念，是为了延续老用户的使用习惯，因为在 EPLAN 老版本的产品中有符号宏的叫法。符号宏与窗口宏类似，可以是一整页的标准电路，但最大不超过一个页面。

页面宏包含一页或一页以上的项目图纸，其文件扩展名为“.emp”。

15.1.2 宏项目

EPLAN 中存在宏项目和原理图项目两种类型。通过设置“项目类型 <10902>”为“宏项目”来创建一个宏项目，如图 15-1 所示。

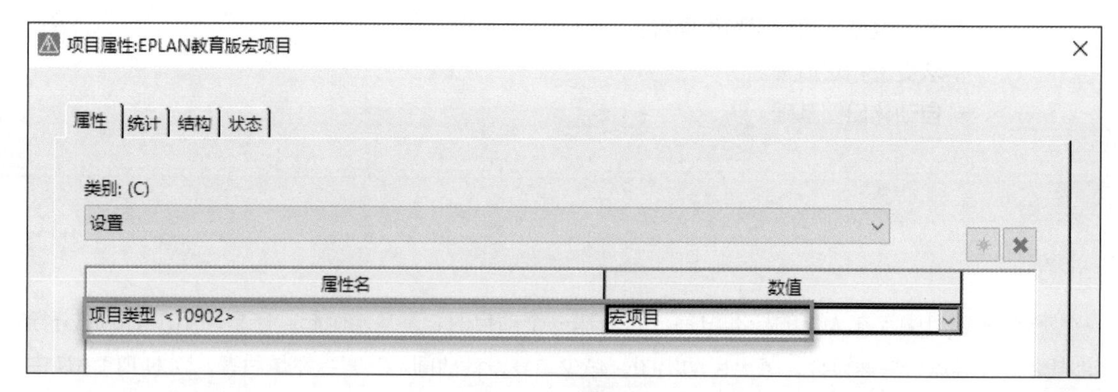

图 15-1　创建宏项目

在宏项目中创建宏，用宏边框给宏命名，便于将来自动生成宏。宏边框只有在宏项目中才能被编辑，而在常规的原理图项目中，宏边框是不能被编辑的。

在宏项目中，默认情况下，插入的宏边框是不显示的。这是由层管理决定的。此时“EPLAN308 层:符号图形 . 宏 . 宏边框”中的“可见”默认是隐藏的，因此需要设置为打开。可以通过【选项】>【层管理】中“图形符号”>“宏边框”下的 EPLAN308 激活宏边框显示。

在原理图项目中，当插入宏后，也可以显示宏边框。可以通过【选项】>【设置】>【项目（项目名称）】>【图形的编辑】>【常规】，激活“带宏边框插入”显示宏边框。

可以通过【插入】>【盒子 / 连接点 / 安装板】>【宏边框】为标准电路插入宏边框，如图 15-2 所示。

在弹出的对话框中，为宏命名，指定使用类型、名称及存放路径、表达类型、变量、版本、源参考和描述。

关于宏边框，应该注意以下 3 点。

（1）宏边框内不能再套用宏边框。

（2）页面宏没有宏边框，所有宏名称、源、版本和描述信息都存储在页属性中。

（3）没有删除宏边框的命令，可以在项目压缩中配置删除宏边框。

宏项目中有大量的套有宏边框的电路。这些电路都在这个项目中集中管理，需要将具体的宏保存在硬盘或服务器上，以便于统一使用。通过【项目数据】>【宏】>【自动生成】将宏从宏项目中传输到外部硬盘或服务器上。

通过上述操作，宏项目中套有宏边框的窗口宏、符号宏以及在页属性上定义的页宏成批自动被创建，并集中传输到指定位置，以方便各设计师使用。

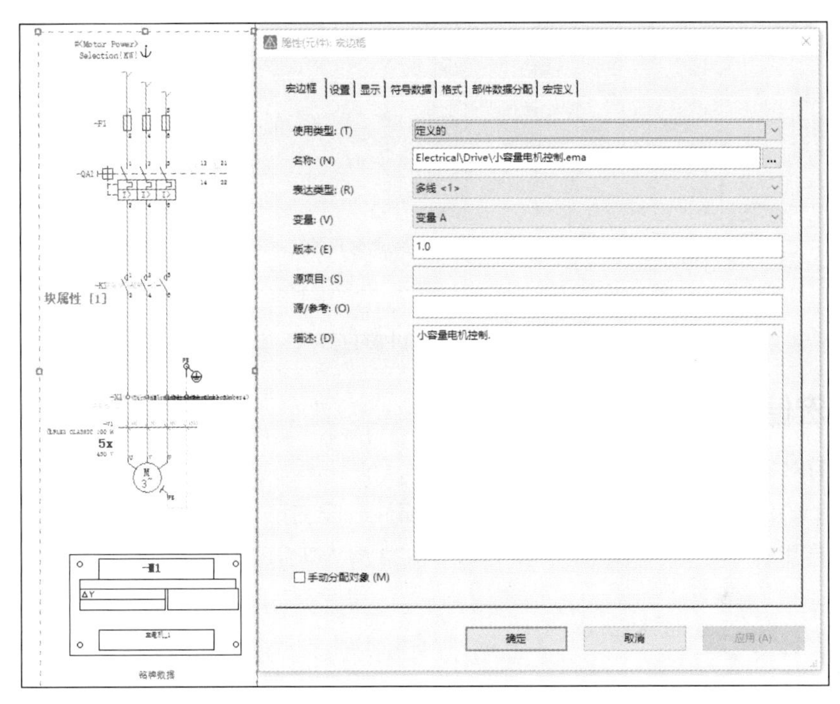

图 15-2　宏边框插入

15.1.3　宏变量

一个宏文件中可以保存多个标准电路，每个电路称为一个变量。EPLAN 中一个宏包含 26 个变量。符号中有 8 个变量，变量间的关系是通过旋转和镜像产生的。与符号变量不同的是，宏变量间的关系绝非像旋转那样简单，因为代表不同的电路，所以变量间的电路表达有所不同。电机保护可以命名一个宏文件，在传统的电机保护中，其变量可以是“直接启动”、“正反转启动”、“小容量电机保护”和“大容量电机保护”。同样在“电动机保护”这个宏下，可以做多个变量，包含电动机保护的多个实用电路。本章在操作步骤中，会用电机控制这个典型电路详细说明宏变量。

通常一个宏文件中含有 A~Z 的 26 个变量。

宏值集是宏的特殊功能，可以使宏变得更加“智能”。通常在窗口宏中赋予了这些附加的功能，使项目的设计更为快速和智能化。在宏中（部分或标准的电路）已经包含了许多属性，如技术参数、部件编号等，但是在宏中还可以再定义一套附加的属性集，称为宏值集。以“电动机保护”窗口宏为例，当放置“电动机保护”的具体电路时，希望根据电动机的容量进行不同选择。因为电动机容量不同，短路保护、过载保护和电缆的大小将有所不同。这时，会出现一个“选择值集”对话框，可以在此根据电动机容量进行保护选择，如图 15-3 所示。这些标准的电路和值集是经过预先配置和测试的，保证没有错误的发生。

宏值集是用特殊的符号来标识的，即占位符对象。

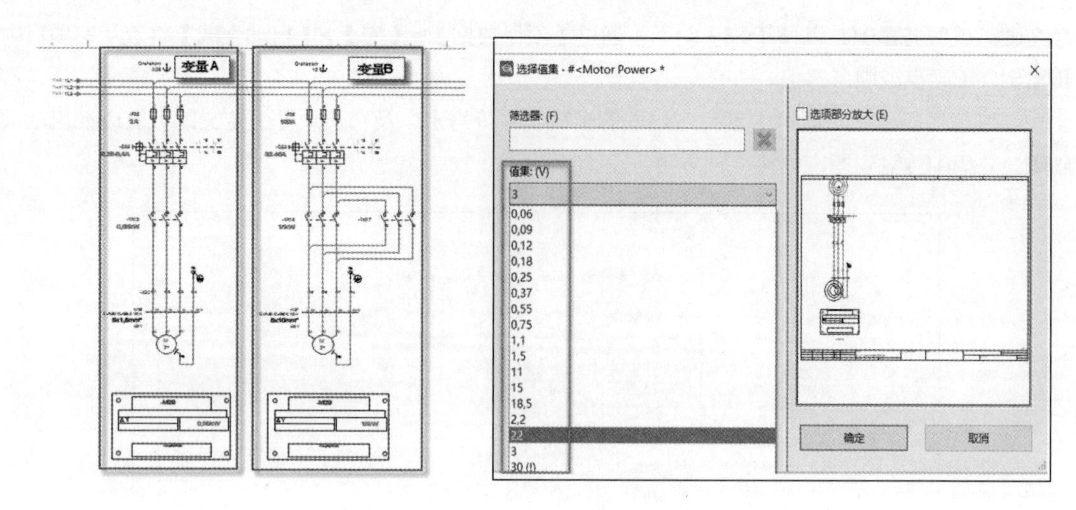

图 15-3　电动机保护电路中的不同变量和值集

15.1.4　宏值集

1. 占位符对象

占位符对象可被分配多个对象，并为对象的属性分配变量。如图 15-4 所示，占位符对象在 EPLAN 中用专用的“锚”符号表示，并在 EPLAN322 层“符号图形 . 宏 . 占位符对象”上进行管理。

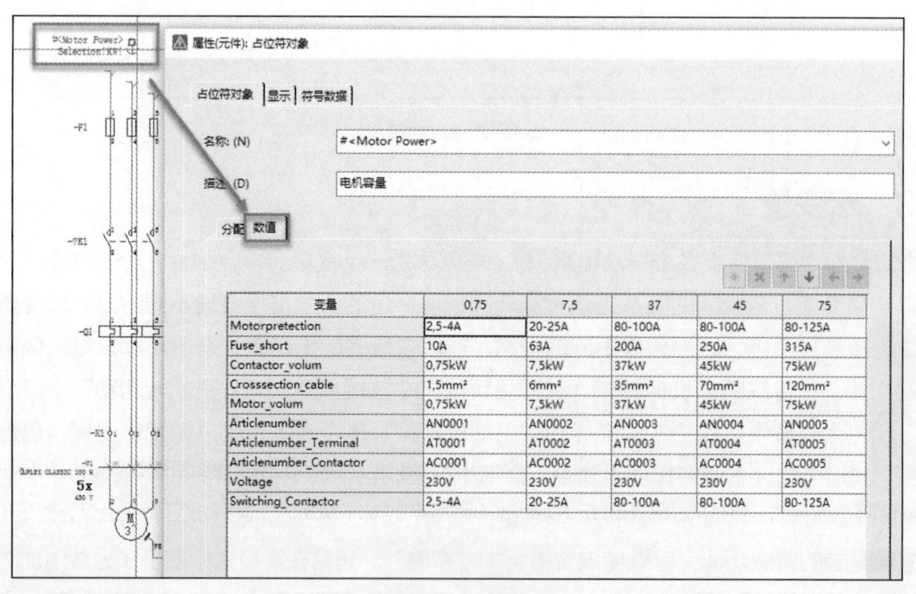

变量	0,75	7,5	37	45	75
Motorpretection	2,5-4A	20-25A	80-100A	80-100A	80-125A
Fuse_short	10A	63A	200A	250A	315A
Contactor_volum	0,75kW	7,5kW	37kW	45kW	75kW
Crosssection_cable	1,5mm²	6mm²	35mm²	70mm²	120mm²
Motor_volum	0,75kW	7,5kW	37kW	45kW	75kW
Articlenumber	AN0001	AN0002	AN0003	AN0004	AN0005
Articlenumber_Terminal	AT0001	AT0002	AT0003	AT0004	AT0005
Articlenumber_Contactor	AC0001	AC0002	AC0003	AC0004	AC0005
Voltage	230V	230V	230V	230V	230V
Switching_Contactor	2,5-4A	20-25A	80-100A	80-100A	80-125A

图 15-4　占位符对象

选择想要赋予值集的宏，通过【插入】>【占位符对象】插入占位符对象。

2. 值集

值集是保存在窗口宏内所选择对象变量数值的集合，通过“占位符对象”标签下的“数值”标签卡进行创建、编辑和管理。除了设备应有的属性，它还保存了实际值或变量的数值。如图 15-4 所示，图中数值描述了选择一个电机容量时，要根据容量的不同，在 5 个变量中进行选择：“0.75kW”、“7.5kW”、“37kW”、“45kW”和“75kW”。根据不同容量的选择，电机保护控制回路中的短路保险、主接触器类型、过热保护、电缆类型、端子部件编号都会得到相应的改变。

常用命令速查

【项目】>【属性】>【项目类型】

【插入】>【盒子 / 连接点 / 安装板】>【宏边框】

【插入】>【占位符对象】

【项目数据】>【宏】>【导航器】

【项目数据】>【宏】>【自动生成】

提示

1. 宏导航器可以作为 Tab“书签”显示。

2. 在原理图项目设计中，如果插入的宏后要显示宏边框，可通过【选项】>【设置】>【项目名称】>【图形的编辑】>【常规】>【带宏边框插入】来实现。

3. 在宏项目设计中，如果要使插入的宏边框显示，可通过【选项】>【层管理】>【符号图形】>【宏】>【宏边框】>【EPLAN308】来实现。

15.2 操作步骤

在做好以下操作之前，请注意阅读本章提示中关于宏边框显示的设置。

15.2.1 基于原理图项目创建宏

（1）打开项目“ESS_Sample_Project_Trial”，打开页“=GD2+A2&EFS1/1”，图纸在图形编辑器中被打开，选择“-TB1”，单击鼠标左键选择起始点，按住鼠标左键移动选择终止点，将TB1框选，松开鼠标左键，单击鼠标右键，弹出快捷菜单，选择“创建窗口宏 / 符号宏”命令，如图 15-5 所示。

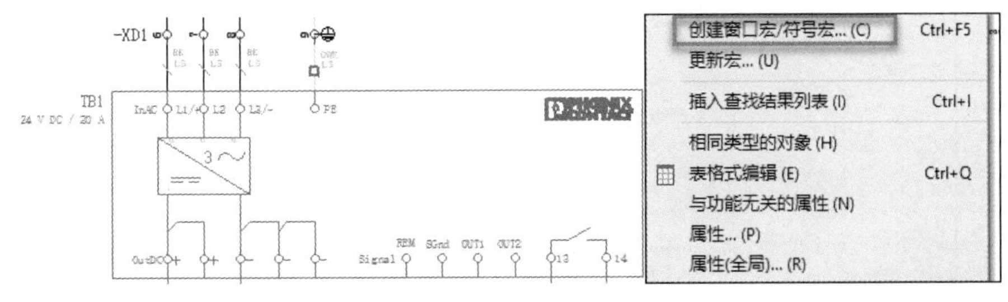

图 15-5 创建窗口宏

（2）在弹出的“另存为”对话框中，单击“文件名”后的□，进入下一个“另存为”对话框。在路径目录中单击鼠标右键，再单击“恢复为默认值”命令，使创建的宏能够保存在默认的安装路径中。在“文件名”文本框中输入“电源模块 _2904622.ema”，保存类型选择窗口宏，单击“保存”按钮，再单击“确定”按钮，如图 15-6 所示。

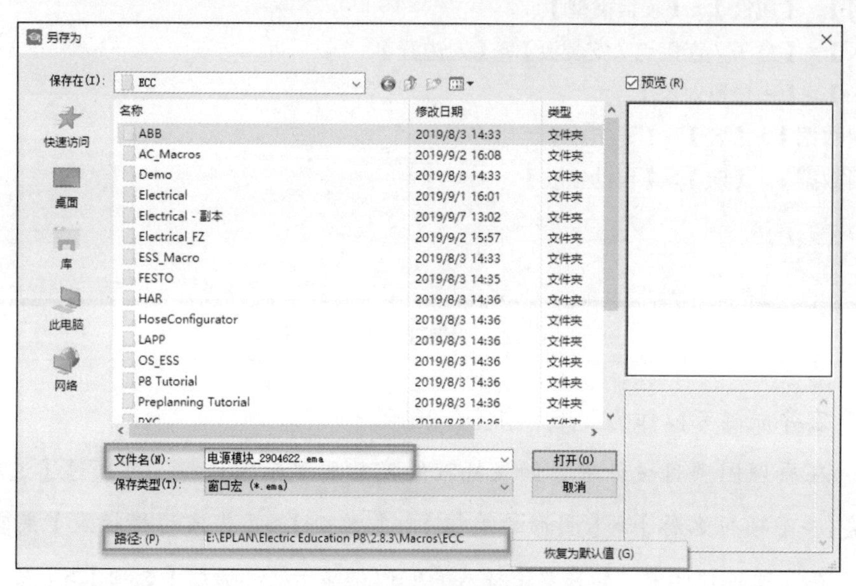

图 15-6 窗口宏名称和路径

（3）新创建的“电源模块 _2904622.ema”窗口宏被保存在硬盘上宏的默认路径中。

（4）打开一个原理图项目，建立一个新的原理图页。单击【插入】>【窗口宏 / 符号宏】，或在图纸上单击右键，在弹出的快捷菜单中选择“插入窗口宏 / 符号宏”命令，弹出“选择宏”对话框，选择“电源模块 _2904622.ema”，同时在预览窗口可以看到这个电源符号，如图 15-7 所示。单击“打开”按钮，将此窗口宏放置在原理图上。

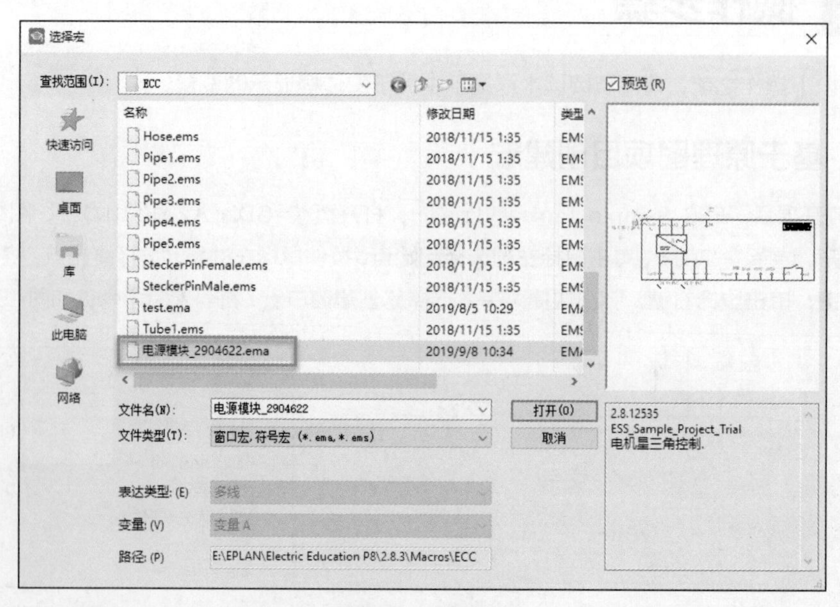

图 15-7 宏的选择

15.2.2 基于宏项目创建宏和宏变量

（1）新创建一个宏项目“EPLAN 教育版宏项目示例 1”，需特别注意的是：在项目属性中“项目类型”选择“宏项目”。

（2）新建一张原理图页，在页描述中输入“小容量电机控制”，结合前面的练习，画出与页描述一致的电机控制电路。选择整个电机控制电路，单击【插入】>【盒子 / 连接点 / 安装板】>【宏边框】，插入宏边框，如图 15-8 所示。

（3）双击宏边框，弹出“属性（元件：宏边框）”对话框，输入以下关于宏命名的一些相关信息，如图 15-9 所示。

- 使用类型：定义的。
- 名称：Electrical\Drive\ 小容量电机控制 .ema。
- 表达类型：多线。
- 变量：A。
- 版本：1.0。
- 描述：小容量电机控制。

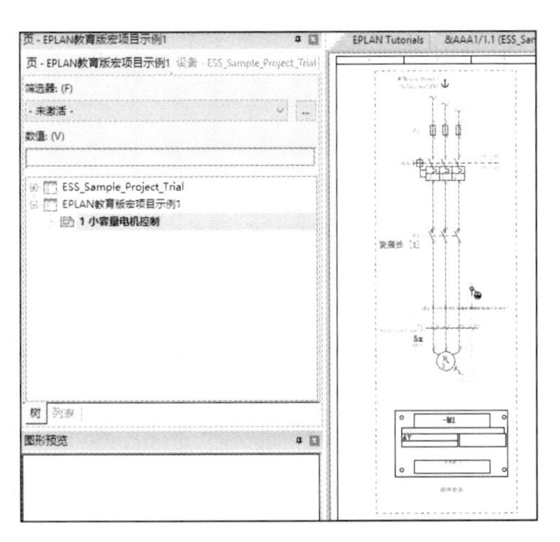

图 15-8　插入宏边框

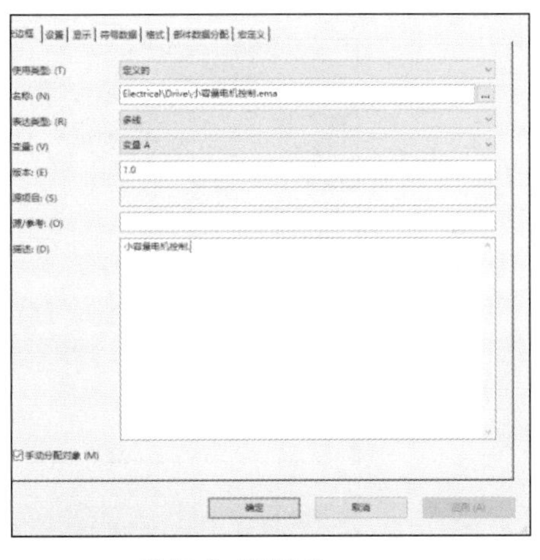
图 15-9　宏的命名

（4）同理，建立一张“大容量电机控制”原理图页，画出与页描述一致的电机控制电路，双击宏边框，弹出“属性（元件：宏边框）”对话框，输入以下关于宏命名的一些相关信息。

- 使用类型：定义的。
- 名称：Electrical\Drive\ 大容量电机控制 .ema。
- 表达类型：多线。
- 变量：A。
- 版本：1.0。
- 描述：大容量电机控制。

（5）同理，建立一张“电机正反转控制”原理图页，画出与页描述一致的电机控制电路，双击宏边框，弹出“属性（元件：宏边框）”对话框，输入以下关于宏命名的一些相关信息。

- 使用类型：定义的。
- 名称：Electrical\Drive\ 电机正反转控制 .ema。

- 表达类型：多线。
- 变量：A。
- 版本：1.0。
- 描述：电机正反转控制。

（6）同理，建立一张“电机星三角控制”原理图页，画出与页描述一致的电机控制电路，双击宏边框，弹出“属性（元件：宏边框）”对话框，输入以下关于宏命名的一些相关信息。

- 使用类型：定义的。
- 名称：Electrical\Drive\ 电机星三角控制 .ema。
- 表达类型：多线。
- 变量：A。
- 版本：1.0。
- 描述：电机星三角控制。

（7）最后在“EPLAN 教育版宏项目示例 1”完成电机控制的 4 种不同的典型方案（分别是“小容量电机控制”、“大容量电机控制”、“电机正反转控制”和“电机星三角控制”），并分别创建了 4 个窗口宏，如图 15-10 所示。

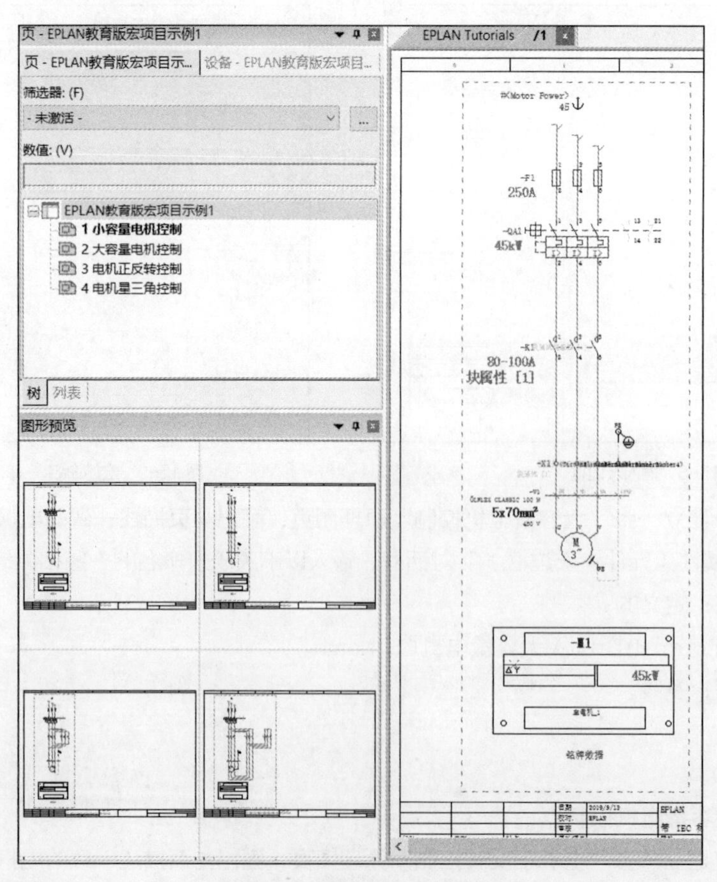

图 15-10 电机控制的 4 个窗口宏

（8）在页导航器中，单击“EPLAN 教育版宏项目示例 1”项目，再单击【项目数据】>【宏】>【自动生成】，弹出“自动生成宏”对话框，单击“确定”按钮。在宏项目中带有宏边框并命名的宏被创建在硬盘上宏默认保存路径中。

（9）单击【插入】>【窗口宏/符号宏】，或单击图纸，在右键快捷菜单中选择“插入窗口宏/符号宏”命令，弹出“选择宏”对话框，可以看到在宏项目中创建的4个宏，可以选择其中一个宏放置在原理图中，如图 15-11 所示。

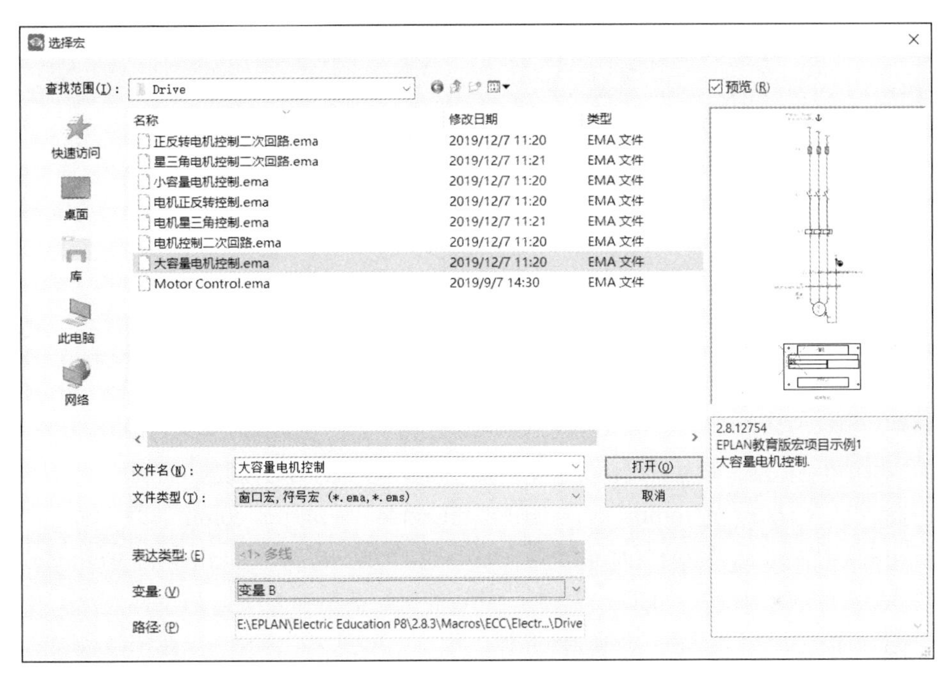

图 15-11 选择宏放置于原理图中

15.2.3 宏值集创建

（1）当选择一个电机控制方案后，希望电机控制回路的保护能根据电机的容量自动匹配，即电机容量确定后，电机主回路的短路保护、过载保护、电缆型号、端子类型数值得以固定。为了实现这个功能，首先在 Excel 中准备一张变量和值集表，如图 15-12 所示。

	A	B	C	D	E	F	G
1	变量	0,75	7,5	37	45	75	Selection!KW!
2	Motorpretection	2,5-4A	20-25A	80-100A	80-100A	80-125A	
3	Fuse_short	10A	63A	200A	250A	315A	
4	Contactor_volum	0,75kW	7,5kW	37kW	45kW	75kW	
5	Crosssection_cable	1,5mm^2	6mm^2	35mm^2	70mm^2	120mm^2	
6	Motor_volum	0,75kW	7,5kW	37kW	45kW	75kW	
7	Articlenumber	AN0001	AN0002	AN0003	AN0004	AN0005	
8	Articlenumber_Terminal	AT0001	AT0002	AT0003	AT0004	AT0005	
9	Articlenumber_Contactor	AC0001	AC0002	AC0003	AC0004	AC0005	
10	Voltage	230V	230V	230V	230V	230V	
11	Switching_Contactor	2,5-4A	20-25A	80-100A	80-100A	80-125A	

图 15-12 电机控制保护变量和值集表

（2）打开“EPLAN 教育版宏项目示例 1”项目中的“小容量电机控制”图纸，单击【插入】>【占位符对象】，单击鼠标左键选择起始点，按住鼠标左键并移动鼠标，选择鼠标终止点框选整个电路，弹出“属性（元件）：占位符对象”对话框，如图 15-13 所示。

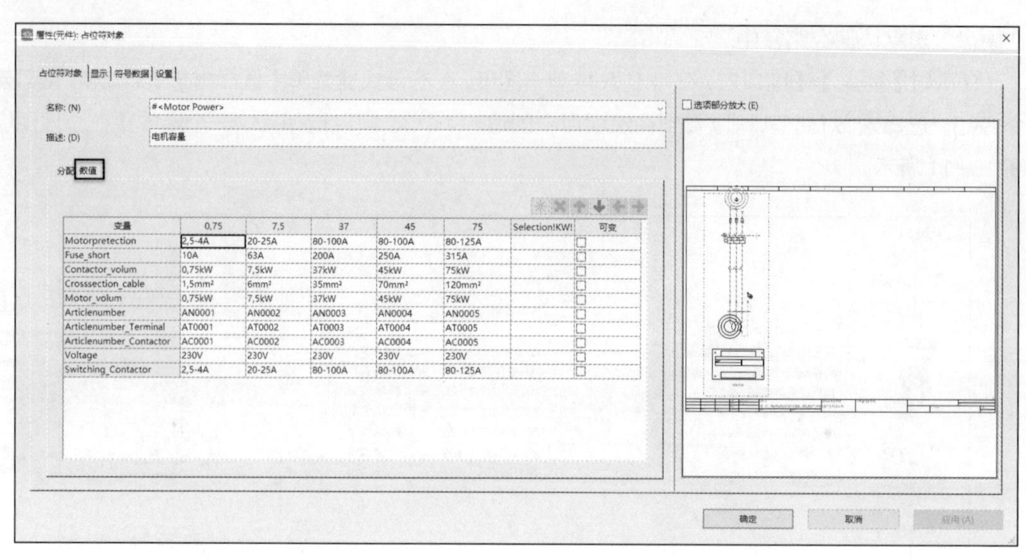

图 15-13 “属性（元件）：占位符对象”对话框

（3）在“名称”文本框中输入“#<Motor Power>”，在“描述”文本框中输入“电机容量”。单击“数值”标签，再单击空白处，通过右键快捷菜单选择“新变量”命令，分别建立“Motorpretection”“Fuse_short”“Contactor_volum”“Crosssection_cable”“Motor_volum”“Articlenumber”“Articlenumber_Terminal”“Articlenumber_Contactor”“Voltage”“Switching_Contactor”变量。

（4）单击“数值”标签，再单击空白处，通过右键快捷菜单选择“新值集”命令，分别建立“0.75”“7.5”“37”“45”“75”“Selection!kW!”值集。也可以在“数值”标签下建立好变量和值集，将 Excel 中的数据复制粘贴到“数值”标签下。

（5）建立占位符变量与宏中元件属性的关联，在示例中关联关系如表 15-1 所示。

表 15-1 关联关系

元件属性	变量
M1 用户增补说明 1［1］	Motorpretection
F1 技术参数	Fuse_short
QA1 技术参数	Contactor_volum
W1 电缆 / 导管：截面积 / 直径	Crosssection_cable
M1 技术参数	Motor_volum
M1 部件编号［1］	Articlenumber
X1 部件编号［1］	Articlenumber_Terminal
K1 部件编号［1］	Articlenumber_Contactor
X1 用户增补说明［1］	Voltage
K1 技术参数	Switching_Contactor

（6）单击“分配”标签，单击“三相电机 = +-M1：U”，单击“新建”按钮添加属性，分别添加“技术参数”、“用户增补说明 1［1］”和“部件编号［1］”属性，如图 15-14 所示。

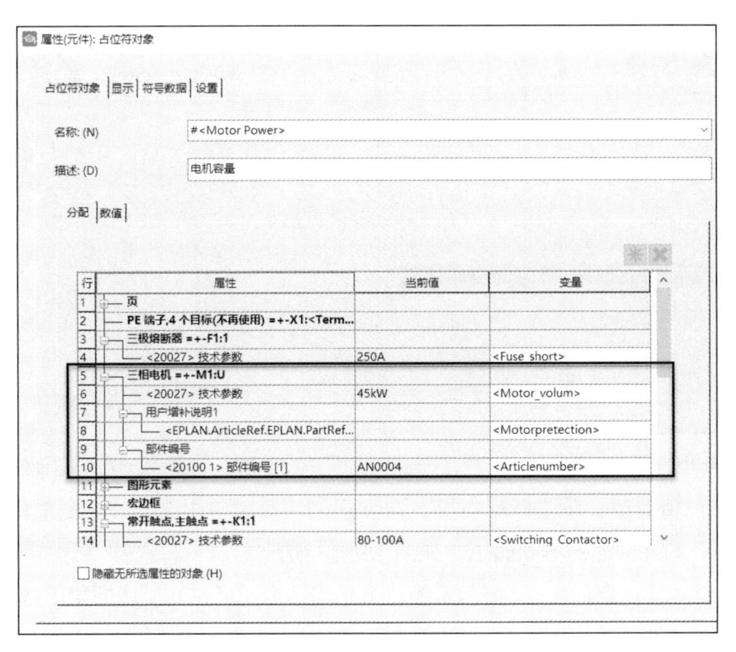

图 15-14 添加属性

（7）单击“三相电机 = + –M1：U”下“技术参数”对应的“变量”空白处，单击鼠标右键，在弹出的快捷菜单中选择“选择变量”命令，如图 15-15 所示。

图 15-15 选择“选择变量”命令

（8）弹出“选择变量”对话框，选择“Motor_volum”，单击“确定”按钮，如图 15-16 所示，建立了变量与 M1 元件属性“技术参数”的关联。同样对于 M1 而言，建立了变量“Motorpretection”和“Articlenumber”分别与属性“用户增补说明 1 [1] ”和“部件编号 [1] ”的关联。

（9）用类似的方法，建立表 15-1 中变量和对应属性的相互关联。

（10）在页导航器中，单击“EPLAN 教育版宏项目示例 1”项目，单击【项目数据】>【宏】>【自动生成】，弹出“自动生成宏”对话框，单击“确定”按钮。在宏项目中带有宏边框并命名的宏被创建在硬盘上宏默认保存路径中，这次的更新含有占位符变量。通常占位符对象用“锚”符号显示，如图 15-17 所示。

图 15-16　选择变量

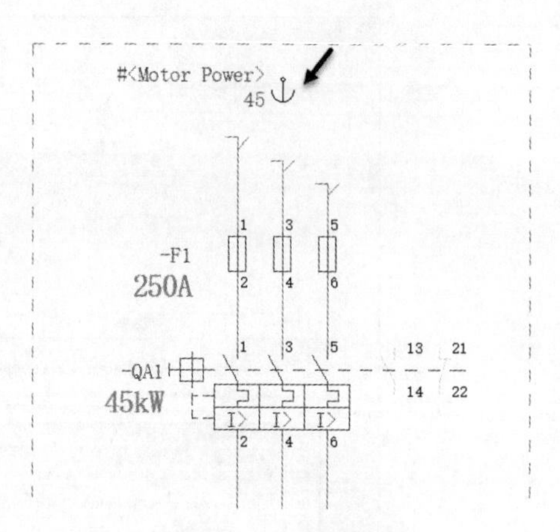

图 15-17　占位符对象

（11）单击占位符对象，单击鼠标右键，在弹出的快捷菜单中选择“分配值集”命令，在打开的对话框中可以选择刚才创建的不同值集，如图 15-18 所示。

（12）单击【插入】>【窗口宏 / 符号宏】，或单击图纸，通过右键快捷菜单选择“插入窗口宏 / 符号宏”命令，弹出“选择宏”对话框，选择“小容量电机控制 .ema”，放置在原理图上，也会弹出图 15-18 所示对话框，在设计过程中根据不同需求选择电机的容量。

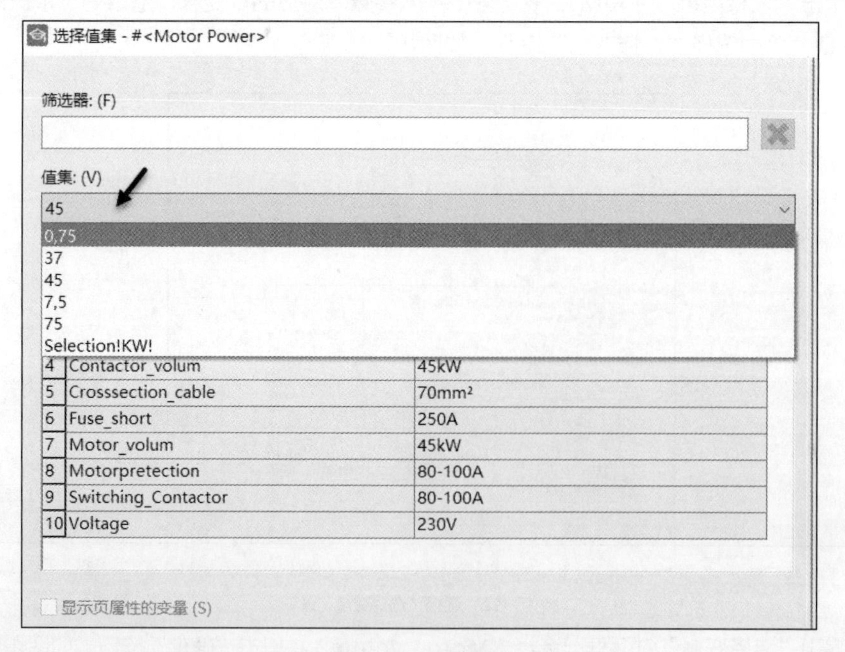

图 15-18　选择值集

15.3 工程上的应用

15.3.1 宏项目结构和宏的自动命名

通常在实际工程中要有序地管理宏。宏的创建不是在原理图项目中提取典型的电路，然后通过右键快捷菜单创建窗口宏，而是在宏项目中集中管理和创建宏。建议应用宏项目进行创建、管理和修改。因为在原理图中截取电路进行创建的方法无法有效管理宏的修改问题。

宏项目可以看成企业产品标准化和结构化的成果，即把产品的功能有效地拆分为模块，用电气的视野表达成典型的电路。在应用 EPLAN 的初始阶段，企业的标准化还没有开始，一般是建立几个实际的原理图项目，通过原理图项目的积累，形成企业标准的宏项目。因而，一开始通过新建立一个宏项目并不是唯一的方法，可以把一个或几个完整的原理图项目中的典型电路划分出来，去掉无关的电路，再把原理图项目变为宏项目。这样，就能免去创建典型电路的时间。

通过对宏项目的结构进行定义，对宏进行按类别的划分和管理。通常，在项目的结构标识符管理中，按以下规则建立项目结构管理。

- == ：宏类型 . 行业。
- ++ ：功能 . 子功能。
- & ：表达类型。
- # ：宏名称。
- = ：高层代号（选用）。
- + ：位置代号（选用）。
- / ：宏变量（A~Z）。

通过【项目数据】>【结构标识符管理】，建立表 15-2 所示的宏项目管理层级。EPLAN 的结构标识符管理如图 15-19 所示。

表 15-2　宏项目管理层级

项目层级	完整结构标识符	结构描述
= =	Electrical	电气工程
+ +	Drive	驱动
&	Multiline	原理图
#	Motor Control	电机控制

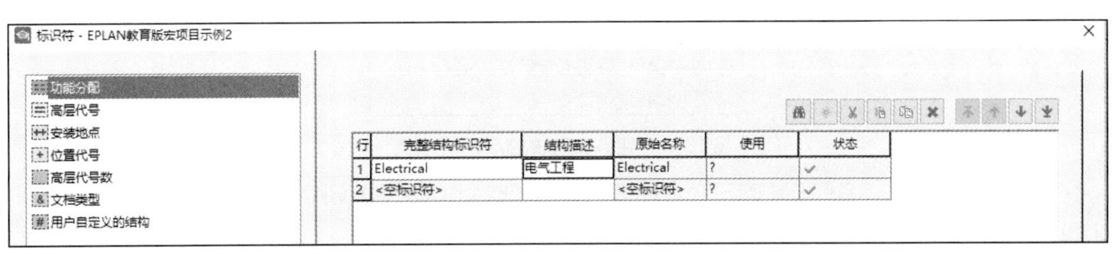

图 15-19　结构标识符管理

在宏项目“EPLAN 教育版宏项目示例 2”新建一页原理图，命名完整的页名时，在“完整页名”对话框中选择“= =”、“+ +”、“&”和“#”的意义，分别是“Electrical”、“Drive”、“Multiline”和“Motor Control”。建立 4 张图纸并命名，得到 4 张完整命名的图纸。

==Electrical++Drive&Multiline#Motor Control/A

==Electrical++Drive&Multiline#Motor Control/B

==Electrical++Drive&Multiline#Motor Control/C

==Electrical++Drive&Multiline#Motor Control/D

其中，A、B、C、D 是输入到“页名”中的，页描述中分别输入“小容量电机控制”、“大容量电机控制”“电机正反转控制”和“电机星三角控制”，并分别完成相应电路的绘制，如图 15-20 所示。

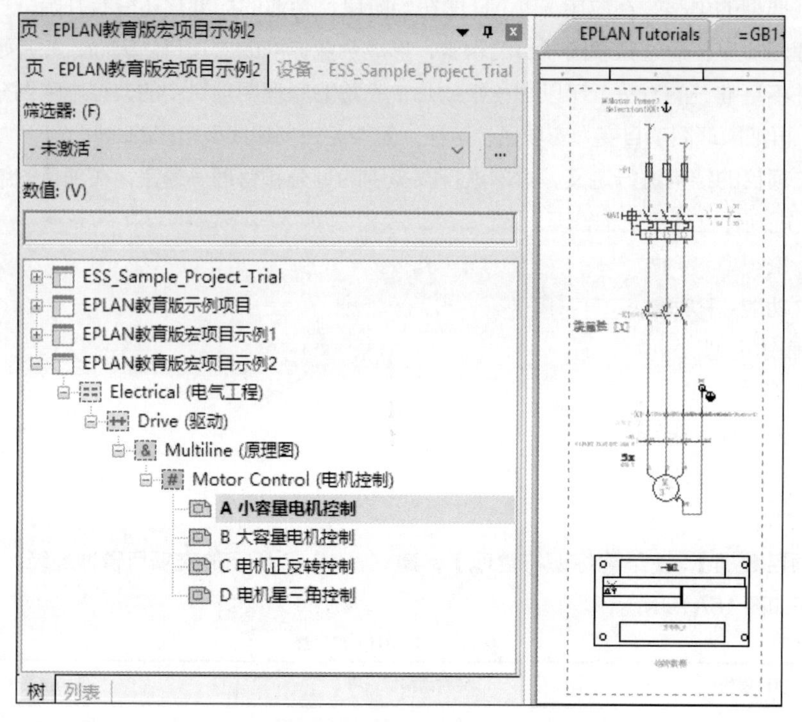

图 15-20　宏命名及制作

单击宏边框，再单击鼠标右键，在弹出的快捷菜单中选择“将页结构传递给窗口宏的宏边框（.ema）”命令，如图 15-21 所示。图 15-21 显示的命令是用脚本开发的，不在 EPLAN Electric P8 的常规范围内。

将页结构传递给窗口宏的宏边框 (.ema)
将页结构传递给符号宏的宏边框 (.ems)
将页结构传递给页宏 (.emp)

图 15-21　用脚本开发的自动宏命名工具

双击宏边框，在“名称”中宏已经自动被命名为“Electrical\Drive\Motor Control.ema”，其中包含宏存放的路径，如图 15-22 所示。

属性(元件): 宏边框

宏边框 | 设置 | 显示 | 符号数据 | 格式 | 部件数据分配 | 宏定义

使用类型: (T)	定义的
名称: (N)	Electrical\Drive\Motor Control.ema
表达类型: (R)	多线
变量: (V)	变量 A
版本: (E)	2019-09-07 13:27:18
源项目: (S)	
源/参考: (O)	
描述: (D)	小容量电机控制.

图 15-22　含有宏路径的自动宏命名

应用此方法进行宏的管理和命名的好处是对宏进行层次结构化管理，使页导航器结构、宏导航器结构及最终生成到硬盘上的宏文件结构保持一致，如图 15-23 所示。

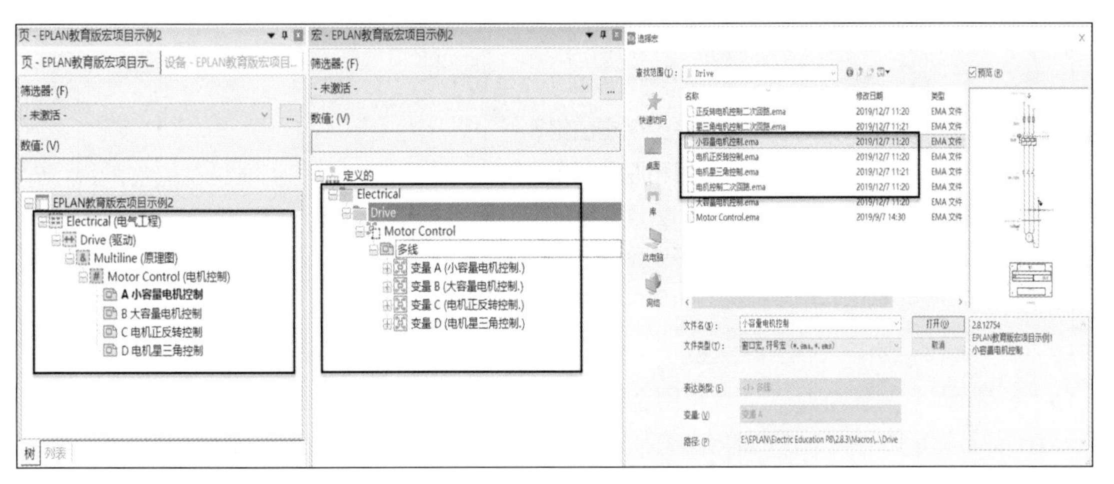

图 15-23　宏管理的一致性

15.3.2　宏的版本控制

在宏边框中有版本字段对宏的版本进行标识，建议使用这个字段对宏实现宏的版本控制。在原理图设计过程中，经常调用宏写入原理图项目中。但是，在修改或更新宏项目中的宏时，宏的版本有变化，需要判断原理图中用的宏是否与宏项目中的版本保持一致。

单击【项目】>【消息】>【执行项目检查】，弹出“执行项目检查”对话框，单击设置规则默认后的[...]，进入“设置：消息和项目检查”对话框，在左侧列表中选择“014 宏”，在右侧列表选择“014003 参考的宏边框上指定的版本与宏文件中版本 (%1!s!) 不一致”，检查类型为“离线”，如图 15-24 所示。

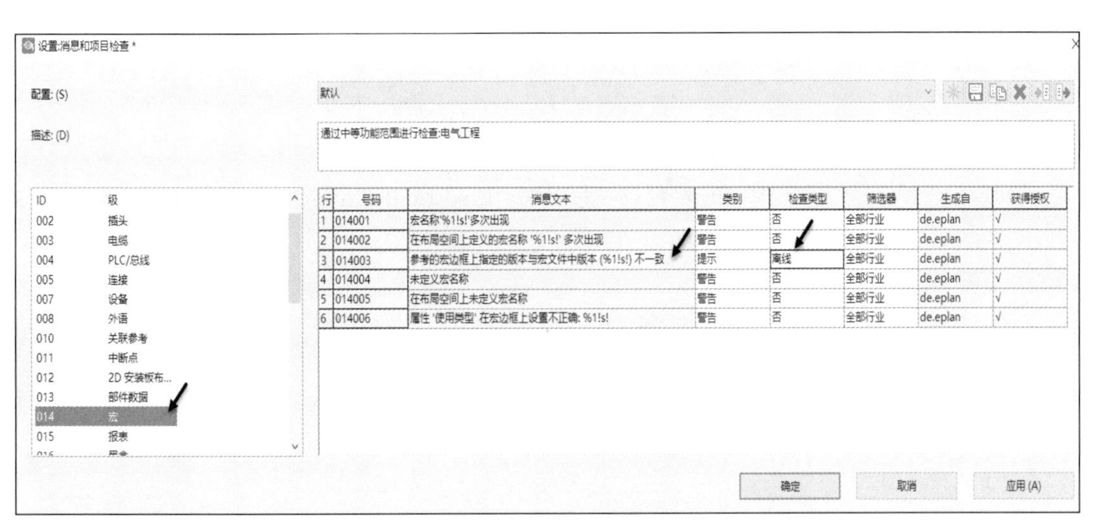

图 15-24　宏版本检查的设置

在执行完这个检查后，当宏项目中宏的版本与保存在硬盘上宏文件的版本不一致时，会在“消息管理 - 项目名字”中显示错误代码和名称。

思考题

1. 什么是宏？有几种类型的宏？有多少个变量？
2. 什么是宏值集？可以做多少个宏值集？
3. 怎样在视觉上区别宏项目和原理图项目？
4. 为了便于宏的快速创建和管理，应该在哪里创建宏？
5. 宏项目创建和管理宏的好处是什么？
6. 宏边框的作用是什么？如何快速删除宏边框？

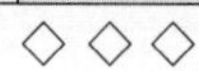

第 16 章 EPLAN Cogineer

16

扫一扫
看视频讲解

本章学习要点

- EPLAN Cogineer 自动生成项目图纸文档的机制。
- Designer 规划方案和规则。
- Builder 定义配置器生成项目。
- Cogineer 中的配置变量。
- Cogineer 中的语法公式。
- 工程设计中工程师的角色。

16.1 基础知识

16.1.1 Cogineer

Cogineer 是 EPLAN 平台的一个插件组件，用来进一步实现企业标准化和自动化的工程设计流程和数据。基于预定义的部分典型电路（宏）、值集和规则，可以为产品创建配置器。利用形式多样的特定于项目信息和产品组合的配置器，自动生成项目图纸。Cogineer 现可以为 EPLAN Electric P8 或 EPLAN Fluid 生成项目图纸文档。

项目图纸文档所需的所有数据都存储在宏项目中，同时还包括用户在 Cogineer 中创建的所有元素。宏项目是一个库文件，利用它可以创建宏 Typical、Typical 组和配置器。

宏 Typical 用于组织和管理所需要的宏，并映射要配置的产品的一部分。Typical 组用于对部分功能进行分组。配置器用于指定产品必需的组件组成和组件的可选择性。

由宏、宏 Typical、Typical 组和配置器构成企业的产品库是产品机电一体化配置的基础和起点。因而，在 Cogineer 中包含两个角色：产品设计师（Designer）和项目创建者（Project Builder）。产品设计师使用 Cogineer 来定义公司的电气 / 流体工程图纸设计标准和配置器，项目创建者使用 Cogineer 根据预定义的配置器和标准为项目自动生成图纸。

16.1.2 Designer

在 Designer 中用户可以定义和编辑基于规则、产品组合的方案，配置配置器。这些配置器供

Project Builder 工程师在生成项目时调用。可以形象地比喻 Designer 相当于企业的富有经验的设计师，其熟悉企业的业务流程及产品的方案和组合，熟悉标准化和模块化的搭建，是产品或项目的搭建者。而Project Builder可以根据订单要求和技术规范，在搭建好的配置器中选择菜单和输入参数，生产产品或项目图纸，根据表单设计，是项目的生成创建者。

图 16-1 所示是 Congineer 中 Designer 的用户界面。这个界面是结构化的，只需简单配置，就能定义和配置配置器所需的所有元素。左侧包含一个侧边栏，其中显示当前打开的库中存在的所有宏 Typical、Typical 组和配置器。可以在所有可用元素之间导航，也可以在 3 个选项卡中创建新元素。

中间是工作区。工作区的上部显示了属于当前打开的元素的所有配置变量，它是一个总览，显示了定义和添加的变量元素，而这些变量元素可以在工作区的下部使用。单击特定元素可显示详细信息或对其进行编辑，用户能够一眼看到它们的用法、依赖关系和进一步的信息。

如果选择侧边栏中“Typical 组”和“配置器”选项卡，在右侧就会显示一个导航器。从中可以获得要在工作区中添加的宏 Typical、Typical 组，在这里可以找到通过侧边栏创建的所有元素。

一旦选择了要编辑的元素，就隐藏侧边栏或导航器以扩大工作区。要执行此操作，请单击用户界面左下角或右下角的<或>按钮。

图 16-1 Designer 用户界面

用户可以在 Designer 中创建宏 Typical、Typical 组和配置器，并指定它们的使用规则。

宏 Typical 是一种包含有关各种项目结构和相关用法信息的组织结构。每个宏 Typical 映射要配置的产品的一部分。它可以表示产品功能或工艺技术的组合，例如，一个传送带系统，一个注塑机系统或仪表回路。不管怎样，它们都包含技术任务，如机器拓扑或 PLC 控制，我们在宏项目中创建的不同电机控制方案就是要完成的不同技术任务或活动。

Typical 组是一种对单个产品功能进行分组的组织元素。它包含与要配置的产品有关系的所有宏 Typical 或 Typical 组。在这种情况下，产品代表了一种高级的关系集。在一个典型的 Typical 组中，可以了解各个产品功能之间的逻辑关系，例如传送带产品输入传输系统和紧急停车系统之间的逻辑关系。此外，在 Typical 组可以通过使用配置变量，定义在 Project Builder 中用户经常使用的配置器用户界面。

配置器完全映射要配置的产品的所有可能变量。它包含在 Project Builder 中配置的所有的宏 Typical 和 Typical 组。只有通过将元素添加到配置器中，才能在 Project Builder 中使用它们。

16.1.3 Project Builder

在 Project Builder 中，可以配置在 Designer 中定义的配置器。根据配置器和它所基于的规则集，只需几步就可以为不同的产品类型自动生成项目图纸和文档。

Project Builder 的主要作用是配置配置器。如图 16-2 所示，配置器类似一个友好的用户界面，描述了一个产品或项目基于流程和订单的可选择参数和规则的用户界面。配置配置器的前提是首先要打开一个宏项目，因为宏项目中保存了产品或项目的标准方案，然后在 Project Builder 中打开一个目标项目，即将要自动生成的项目。这时，在 Designer 中定义的配置器被显示出来，选择一个想要自动生成项目的配置器。随后，配置在配置器中含有的宏 Typical 和 Typical 组。在这种情况下，始终必须配置所需产品类型的所需元素。通过这种方式，用户可以逐个地生成项目图纸和文档。配置完所有的宏 Typical 并生成项目后，可以在 EPLAN 平台中查看完整的项目文档，也可以像通常一样编辑和修改项目文档。

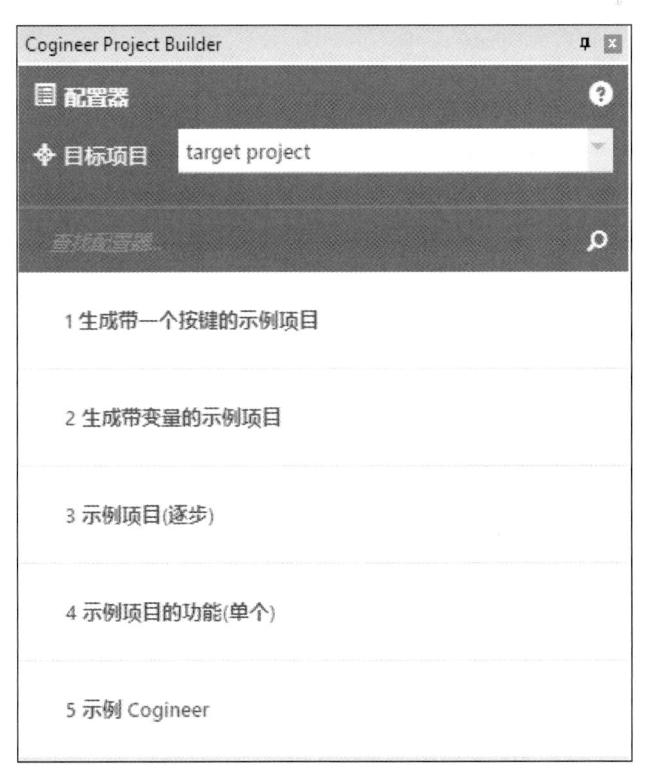

图 16-2 Project Builder 中的配置器

在 Project Builder 中，配置配置器的过程大致如下。

（1）在目标项目中通过下拉列表选择已经在页导航器中打开的项目作为目标项目，所有可用的配置器都列在输入字段下面。

（2）选择要配置的配置器，配置器的名称显示为标题，配置器中含有的宏 Typical 都列在其下面。

（3）选择要配置的宏 Typical，宏 Typical 中含有的所有配置变量和每个宏变量的配置变量都被显示。

根据在 Designer 中如何定义配置器变量，可以有不同的选项 [（4）或（5）或（6）]。

（4）输入配置变量的值。在生成项目文档过程中，引用宏变量的值将被替换为配置变量的值。

（5）指定生成项目文档时是否考虑宏。为此，在 Designer 中，需在相应宏的名称下选中或取消选中“源自宏”复选框，如图 16-3 所示，在生成项目文档过程中，将考虑选中复选框的所有宏。

（6）输入宏所需的结构标识符。生成项目文档后，可以生成带有结构的图纸页，并在 EPLAN 平台的页导航器中找到结构标识符。

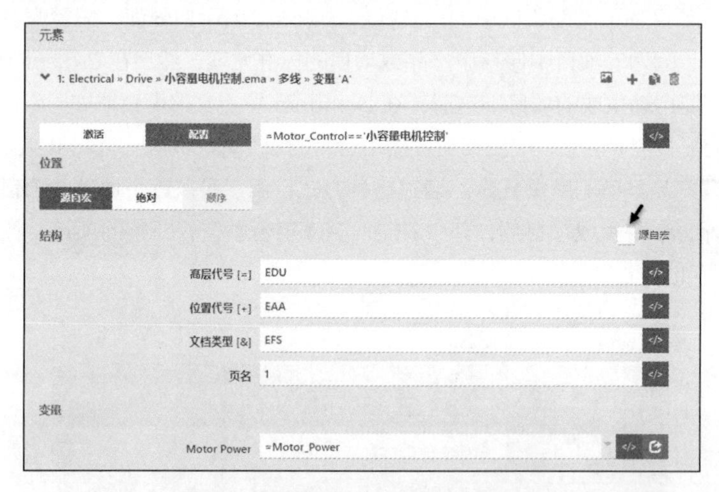

图 16-3　Designer 中的“源自宏”复选框

（7）单击“生成”按钮。

基于宏 Typical，重复步骤（3）~（7），配置想要配置实现的产品和项目变量方案。

16.1.4　配置变量

配置变量是可用于计算特定值的变量，通过一个简单的公式来完成，可以在公式中定义多个依赖项。使用公式可以计算下列值。

- 使用配置选项定义宏 Typical 和 Typical 组中宏的状态，根据计算结果决定在 Project Builder 中自动生成项目文档所需要的宏或宏 Typical。
- 计算宏绝对定位的 X 和 Y 坐标。
- 结构标识符的值。
- 宏变量的值。

配置变量在 Project Builder 中显示为项目生成者（通常是工程师）的附加输入字段。如果想让项目生成者更改特定值，就必须使用配置变量。在生成项目文档期间，引用的值将被配置变量的值替换。

在 Designer 设计中，可以应用的配置变量类型如表 16-1 所示。

表 16-1 配置变量类型

配置变量类型	含义	举例
Integer	整数值	1、2、3
Double	浮点数	3.456
String	字符串	EDUCATION
Boolean	布尔逻辑	是或否

公式中可以使用表 16-2 所示运算符。

表 16-2 运算符类型

<table>
<tr><th>运算符</th><th>含义</th><th>数据类型</th><th>举例</th></tr>
<tr><td>+、−、*、/</td><td>算术计算</td><td>整数、双精度</td><td>=V1*V2</td></tr>
<tr><td>'...'</td><td>文字</td><td>字符串</td><td>='EDUCATION'</td></tr>
<tr><td>+</td><td>串的连接</td><td>字符串</td><td>='EPLAN'+'EDUCATION'</td></tr>
<tr><td>==、!=、<、<=、>、>=</td><td>比较运算符</td><td>整数、双精度</td><td>=V1<=V2</td></tr>
<tr><td>not、and、 or、 xor</td><td>逻辑运算符</td><td>布尔</td><td>=(V1<=V2) and (V1>=V3)</td></tr>
<tr><td>&&、||</td><td>逻辑运算符和、或的替代符号</td><td>布尔</td><td>=(V1<=V2) && (V1>=V3)</td></tr>
<tr><td>if Condition then Value1 else Value2
end if
or
Condition?Value1:Value2</td><td>条件值</td><td>所有</td><td>=if V1==0 then V2 else
V3 end if
or
=V1==0?V2:V3</td></tr>
</table>

Cogineer 支持表 16-2 所示的输入公式。输入“=”后，所有可用的配置变量及其显示的名称都将显示在下拉列表中，可以使用组合键“Ctrl+Spacebar”随时激活该功能。列表在输入时自动过滤。如果配置变量存在预定义值，则只要输入运算符“==”或“!=”，就会显示这些值。

举例如下。

=V1== 预定值或 =V1!= 预定值

注意：

- 每个公式必须以“=”开始，例如“=E100”。
- 可以在宏 Typical 和 Typical 组中使用配置变量。
- 公式中括号的使用遵循一般数学规则。括号中的表达式首先计算，然后进一步处理结果。

常用命令速查

【工具】>【Congineer】>【Designer Advanced】

【工具】>【Congineer】>【Project Builder Advanced】

提示

1. 按住鼠标左键，单击“移动配置变量”按钮 ⇅ 上下移动，可以对配置变量进行排序。

2. 在编辑宏 Typical 中宏的顺序时，可以通过向上或向下“拖拉”的方式排序。

3. 当宏的占位符以“#< 名称 >”格式命名时，在 Designer 中这个“名称”自动转换为变量名称。

4. 宏的占位符名称显示在 Designer 变量扩展视图中，可用的值集显示在下拉列表中。

5. 在 Designer 中可输入空白处输入“=”，自动显示变量列表。

16.2 操作步骤

16.2.1 电机控制自动生成配置

（1）将项目“EPLAN 教育版示例项目”中的页“&EAA/4”上的电机控制电路提取到宏项目“EPLAN 教育版宏项目示例 1”。在宏项目中分别建立了第 5、6、7 三页，分别命名为“二次控制电路 1（正常）”、“二次控制电路 2（正反转）”和“二次控制电路 3（星三角）”。在这 3 页中分别建立 3 个电机控制二次回路的宏，分别命名为“电机控制二次回路 .ema”、“正反转电机控制二次回路 .ema”和“星三角电机控制二次回路 .ema”，用以丰富“EPLAN 教育版宏项目示例 1”宏项目，如图 16-4 所示。

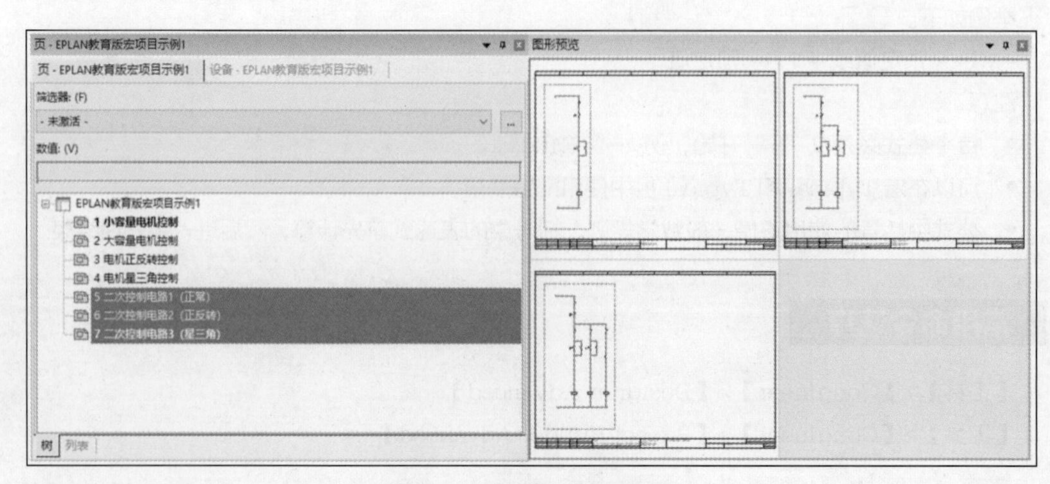

图 16-4 电机控制二次回路宏电路

（2）单击【工具】>【Cogineer】>【Designer】，进入Desinger界面。

（3）单击Designer侧边栏中的“设置”按钮，弹出“设置”对话框，选择项目结构，本示例项目采用“高层代号 =”、“位置代号 +”和“文档类型 &”结构标识，如图16-5所示。

图16-5　项目结构设置

（4）单击Designer侧边栏中的“宏Typical”标签，在“新宏Typical的名称”文本框中输入“电机控制”后，单击“+ 创建宏Typical”按钮，如图16-6所示。

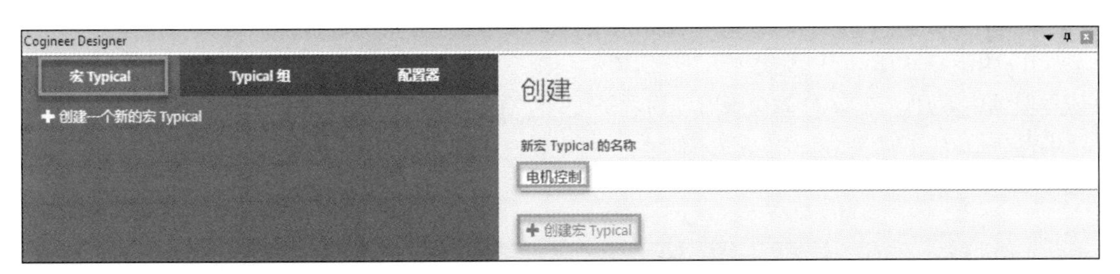

图16-6　宏Typical创建

（5）“宏Typical”标签下显示创建的宏Typical名称，右侧显示“电机控制”的配置变量，在“名称”文本框中输入“Motor_Control”，在“类型”下拉列表中选择“String”，如图16-7所示。

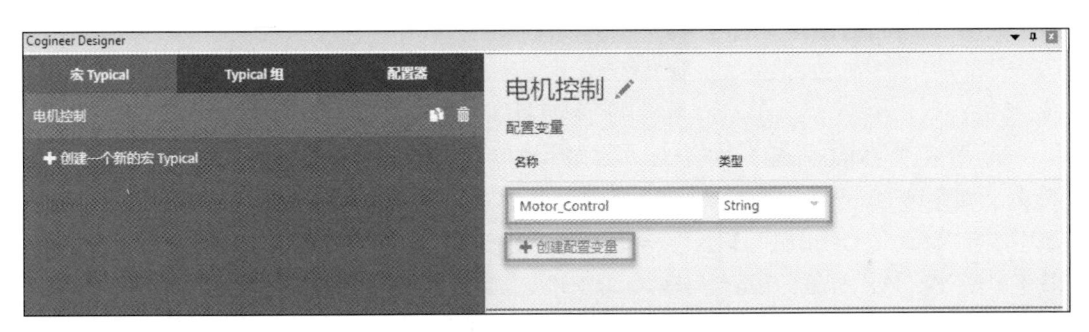

图16-7　创建配置变量

（6）界面变成图16-8所示，在“显示名称”文本框中输入“选择电机控制方式”。

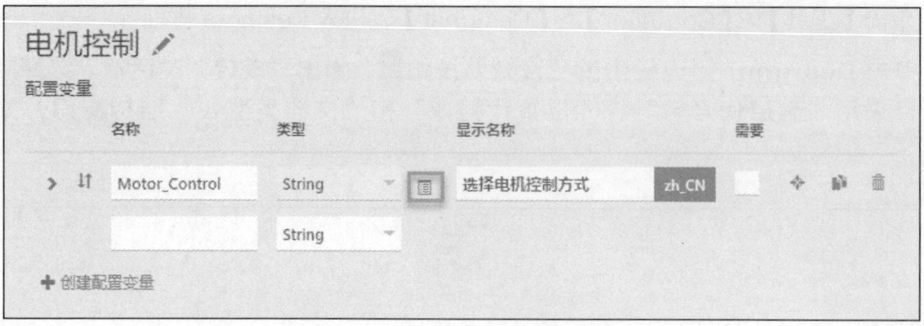

图 16-8　配置变量显示名称设置

（7）单击“编辑预定义值列表”按钮，在弹出的列表中单击“编辑”命令，输入“小容量电机控制”，单击“保存”按钮。同样，分别输入“大容量电机控制”、“电机正反转控制”和“电机星三角控制”并保存后，建立了配置变量“Motor_Control”的 4 个预定义值，如图 16-9 所示。

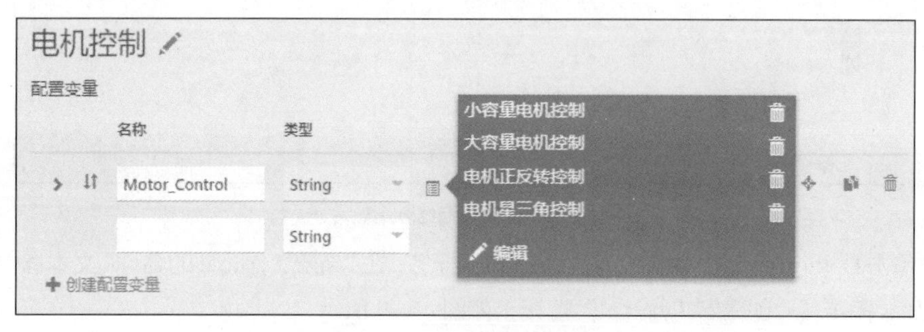

图 16-9　配置变量的预定义值

（8）单击 Designer 中的按钮，仅仅显示右侧界面栏。单击【项目数据】>【宏】>【导航器】，在宏导航器中展开“EPLAN 教育版宏项目示例 1\ 定义的 \Electrical\Drive\ 小容量电机”，单击选中“小容量电机”。单击 Designer 右侧中的“+ 添加宏”按钮，把宏从宏项目中添加到 Cogineer 中，如图 16-10 所示。

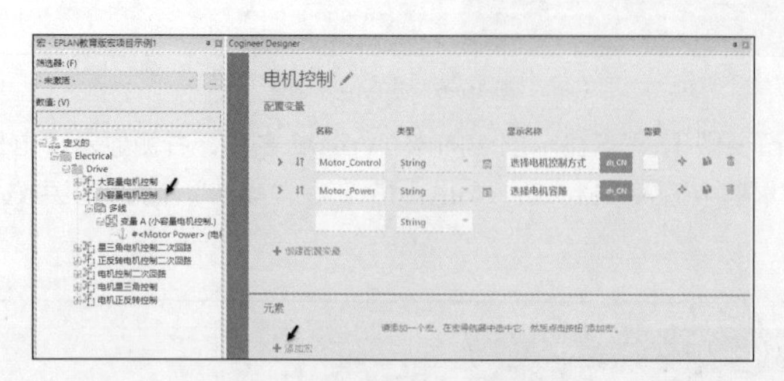

图 16-10　添加宏到 Cogineer 中

（9）单击“1:Electrical » Drive » 小容量电机控制 .ema » 多线 » 变量 'A'”前面的按钮，展开宏，如图 16-11 所示，单击“配置”标签，并在其后面的文本框中输入“=”，在弹出的配置变量中选择“Motor_Control”，输入“= =”，在弹出的预定义值中选择“小容量电机控制”；在“位置”标签下单击“源自宏”标签，高层代号输入“EDU”，位置代号输入“EAA”，文档类型输入“EFS”，页名输入“1”。

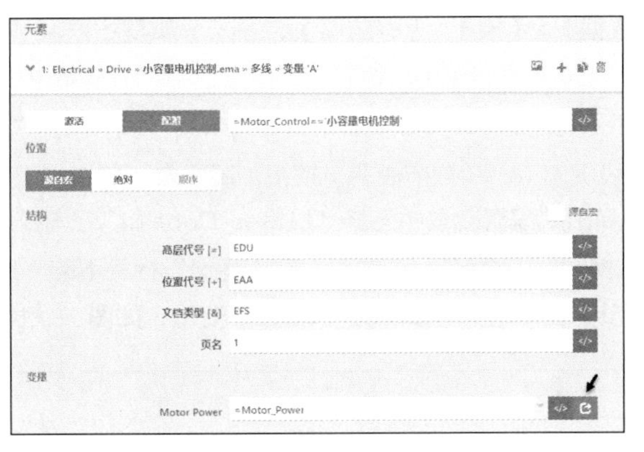

图 16-11　小容量电机控制宏的配置

“变量”标签下的“Motor Power”是调用这个宏的占位符名称，单击其后面的“生成配置变量”按钮，系统自动在“电机控制”宏 Typical 中创建一个“Motor_Power”的配置变量，选择类型为“String”，显示名称为“选择电机容量”，注意这个配置变量是通过宏的占位符建立的，如图 16-12 所示。同时，在“Motor Power”后自动连接一个“Motor_Power”的配置变量。

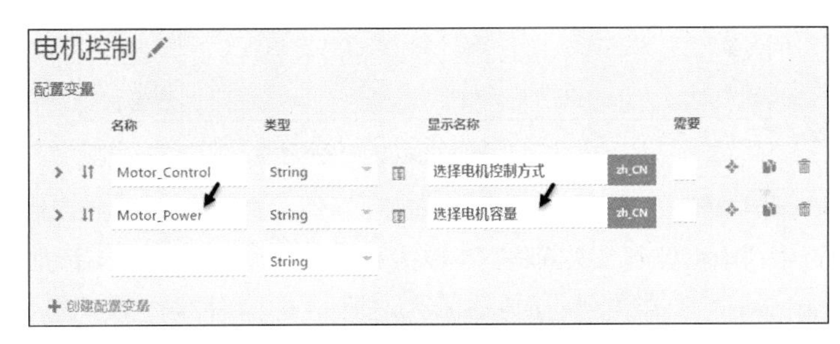

图 16-12　通过宏占位符建立配置变量

（10）在宏导航器中展开“EPLAN 教育版宏项目示例 1\ 定义的 \Electrical\Drive\ 电机控制二次回路”，单击选中“电机控制二次回路”。单击 Designer 右侧中的“+ 添加宏”按钮，把宏从宏项目中添加到 Cogineer 中。单击“2:Electrical » Drive » 电机控制二次回路 .ema » 多线 » 变量 'A'”前面的 › 按钮，展开宏，单击“配置”标签，并在其后面的文本框中输入“=”，在弹出的配置变量中选择“Motor_Control”，输入“= =”，在弹出的预定义值中选择“小容量电机控制”。在“位置”标签下，单击“源自宏”标签，页名输入“2”，如图 16-13 所示。

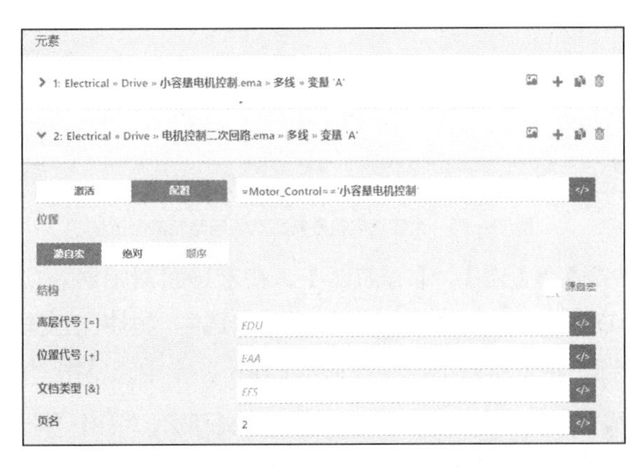

图 16-13　小容量电机控制二次回路宏的配置

（11）单击【项目数据】>【宏】>【导航器】，在宏导航器中展开“EPLAN 教育版宏项目示例 1\ 定义的 \Electrical\Drive\ 大容量电机控制”，单击选中“大容量电机控制”。单击 Designer 右侧中的“+ 添加宏”按钮，把宏从宏项目中添加到 Cogineer 中。单击“3:Electrical » Drive » 大容量电机控制 .ema » 多线 » 变量 'A'”前面的 › 按钮，展开宏，单击“配置”标签，并在其后面的文本框中输入“=”，在弹出的配置变量中选择“Motor_Control”，输入“= =”，在弹出的预定义值中选择“大容量电机控制”。页名输入“1”。在“变量”标签下的“Motor Power”后面的文本框中输入“=”，在变量列表中选择“Motor_Power”变量，如图 16-14 所示。

图 16-14　大容量电机控制宏的配置

（12）在宏导航器中展开“EPLAN 教育版宏项目示例 1\ 定义的 \Electrical\Drive\ 电机控制二次回路”，单击选中“电机控制二次回路”。单击 Designer 右侧中的“+ 添加宏”按钮，把宏从宏项目中添加到 Cogineer 中。单击“4:Electrical » Drive » 电机控制二次回路 .ema » 多线 » 变量 'A'”前面的 › 按钮，展开宏，单击“配置”标签，并在其后面的文本框中输入“=”，在弹出的配置变量中选择“Motor_Control”，输入“= =”，在弹出的预定义值中选择“大容量电机控制”。在“位置”标签下，单击“源自宏”标签，页名输入“2”，如图 16-15 所示。

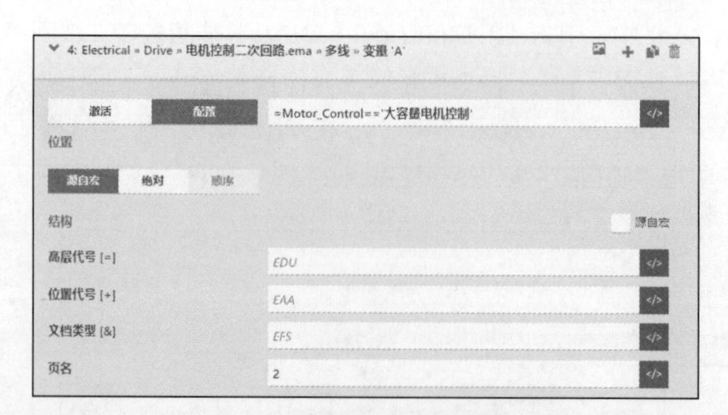

图 16-15　大容量电机控制二次回电路宏的配置

（13）单击【项目数据】>【宏】>【导航器】，在宏导航器中展开“EPLAN 教育版宏项目示例 1\ 定义的 \Electrical\Drive\ 电机正反转控制”，单击选中“电机正反转控制”。单击 Designer 右侧中的“+ 添加宏”按钮，把宏从宏项目中添加到 Cogineer 中。单击“5:Electrical » Drive » 电机正反转控制 .ema » 多线 » 变量 'A'”前面的 › 按钮，展开宏，单击“配置”标签，并在其后面的文本框中输入“=”，在弹出的配置变量中选择“Motor_Control”，输入“= =”，在弹出的预定义值中选择“电机正反转控制”。页名输入“1”。在“变量”标签下的“Motor Power”后面的文本框中输入“=”，在变量列表中选择“Motor_Power”变量，如图 16-16 所示。

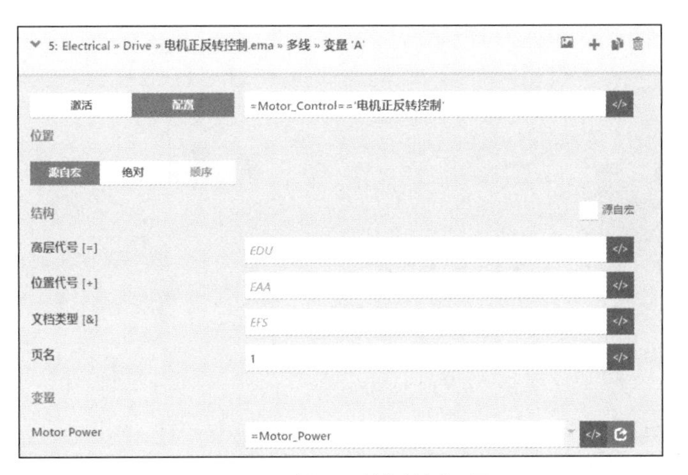

图 16-16　电机正反转控制宏的配置

（14）在宏导航器中展开“EPLAN 教育版宏项目示例 1\ 定义的 \Electrical\Drive\ 正反转电机控制二次回路”，单击选中“正反转电机控制二次回路”。单击 Designer 右侧中的“+ 添加宏”按钮，把宏从宏项目中添加到 Cogineer 中。单击“6:Electrical » Drive » 正反转电机控制二次回路 .ema » 多线 » 变量 'A'”前面的 › 按钮，展开宏，单击“配置”标签，并在其后面的文本框中输入“=”，在弹出的配置变量中选择“Motor_Control”，输入“= =”，在弹出的预定义值中选择“电机正反转控制”。在“位置”标签下，单击“源自宏”标签，页名输入“2”，如图 16-17 所示。

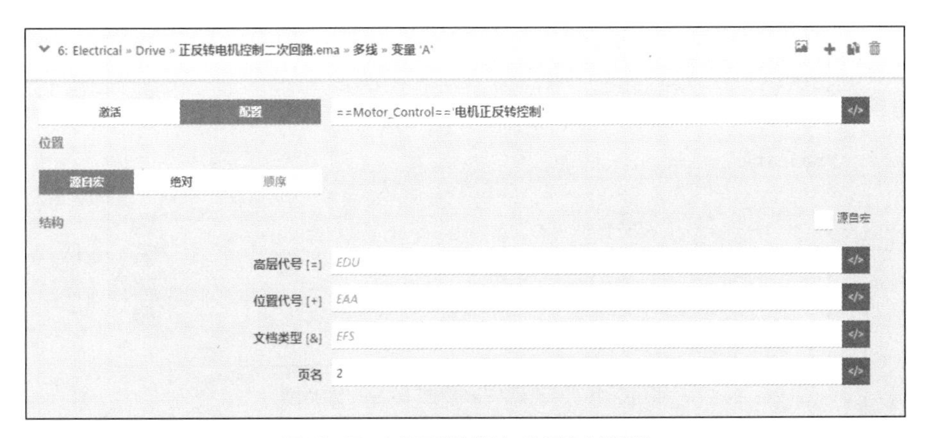

图 16-17　电机正反转控制二次回路宏的配置

（15）单击【项目数据】>【宏】>【导航器】，在宏导航器中展开“EPLAN 教育版宏项目示例 1\ 定义的 \Electrical\Drive\ 电机星三角控制”，单击选中“电机星三角控制”。单击 Designer 右侧中的“+ 添加宏”按钮，把宏从宏项目中添加到 Cogineer 中。单击“7:Electrical » Drive » 电机星三角控制 .ema » 多线 » 变量 'A'”前面的 › 按钮，展开宏，单击“配置”标签，并在其后面的文本框中输入“=”，在弹出的配置变量中选择“Motor_Control”，输入“= =”，在弹出的预定义值中选择“电机星三角控制”。页名输入“1”。在“变量”标签下的“Motor

Power”后面的文本框中输入“=”，在变量列表中选择“Motor_Power”变量，如图 16-18 所示。

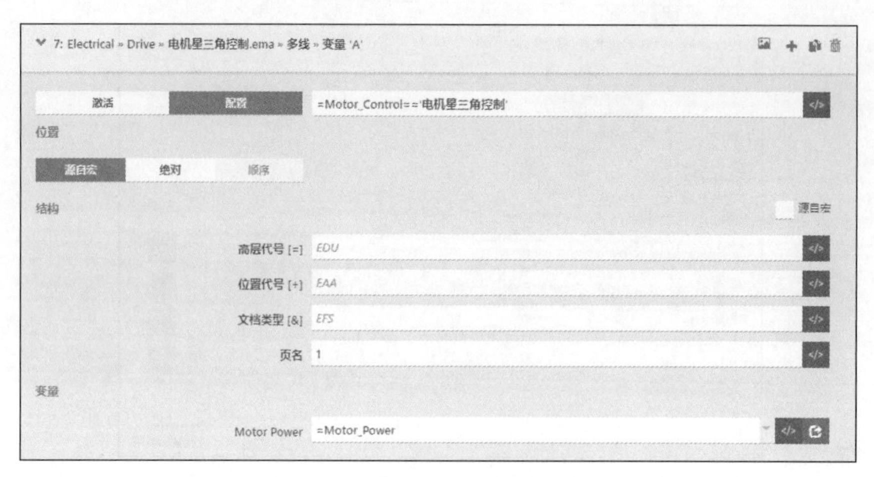

图 16-18　电机星 / 三角控制宏的配置

（16）在宏导航器中展开“EPLAN 教育版宏项目示例 1\ 定义的 \Electrical\Drive\ 星三角电机控制二次回路”，单击选中“星三角电机控制二次回路”。单击 Designer 右侧中的“+ 添加宏”按钮，把宏从宏项目中添加到 Cogineer 中。单击“8:Electrical » Drive » 星三角电机控制二次回路 .ema » 多线 » 变量 'A'”前面的 › 按钮，展开宏，单击“配置”标签，并在其后面的文本框中输入“=”，在弹出的配置变量中选择“Motor_Control”，输入“= =”，在弹出的预定义值中选择“电机星三角控制”。在“位置”标签下，单击“源自宏”标签，页名输入“2”，如图 16-19 所示。

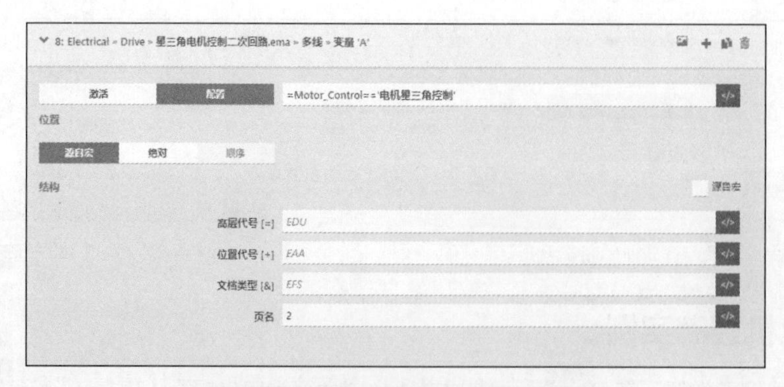

图 16-19　电机星 / 三角控制二次回路宏的配置

（17）单击 Designer 侧边栏中的“配置器”标签，在右侧“新配置的名称”文本框中输入“电机设计系统”后，单击“+ 创建配置器”按钮，如图 16-20 所示。

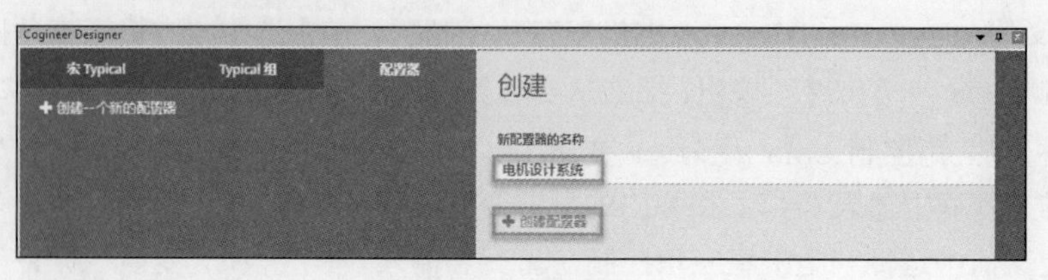

图 16-20　配置器创建

（18）新建的配置器名称在“配置器”标签下显示。在“查找”下的宏 Typical 中显示了已经创建的宏 Typical“电机控制”，单击“电机控制”按鼠标左键拖拉到 Designer 中间栏，如图 16-21 所示。

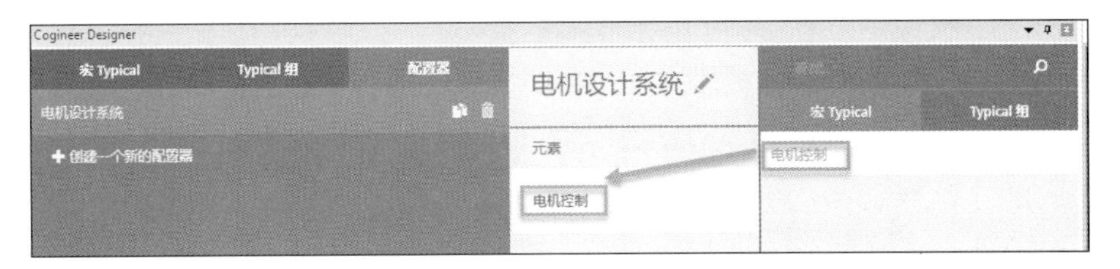

图 16-21 配置器与宏 Typical 的关联

（19）在页导航器中确保“EPLAN 教育版宏项目示例 1”和“EPLAN 教育版目标生成项目”打开，单击选择“EPLAN 教育版宏项目示例 1”。单击【工具】>【Cogineer】>【Project Builder】进入项目生成器界面，在“目标项目”下拉列表中选择“EPLAN 教育版目标生成项目”，在其下面显示“电机设计系统”配置器名称，单击配置器名称，显示“电机控制”宏 Typical，如图 16-22 所示。

（20）单击“电机控制”进入 Builer 界面，通过下拉列表选择电机的控制方式和电机容量，最后单击“生成”按钮，如图 16-23 所示，自动生成原理图图纸到“EPLAN 教育版目标生成项目”。

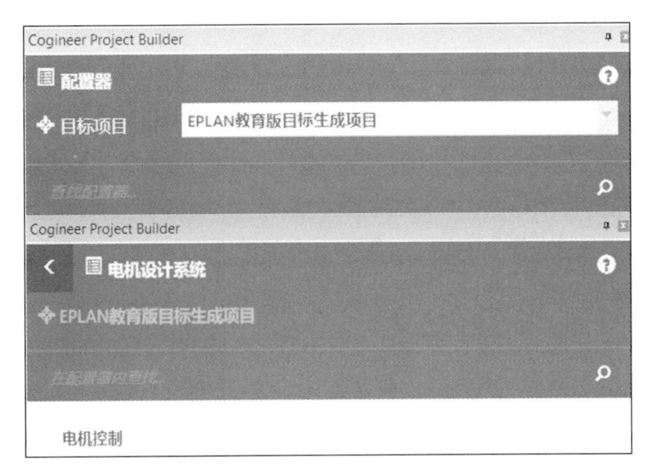

图 16-22 Project Builder 中的配置器和宏 Typical

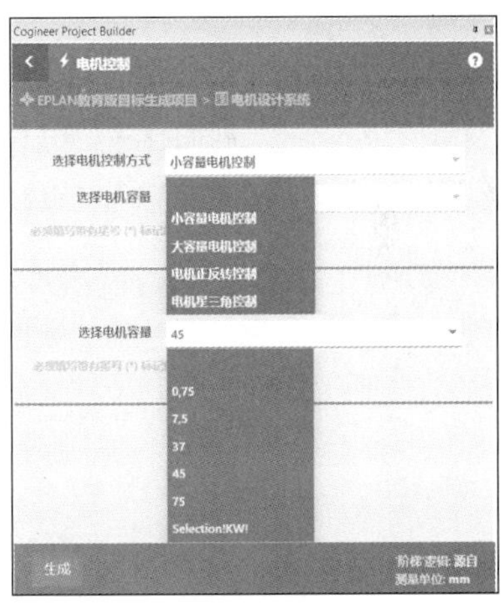

图 16-23 自动生成图纸的相关设置

16.2.2 电机控制实例

（1）与上述例子类似，在 Designer 中建立一个“大容量电机控制（重复）”宏 Typical。

（2）在“大容量电机控制（重复）”宏 Typical 中建立一个配置变量，名称为“Number_Motorcircuit”，类型为“Integer”，显示名称为“电机回路数”。

（3）单击【项目数据】>【宏】>【导航器】，在宏导航器中展开“EPLAN 教育版宏项目示例 1\定义的 \Electrical\Drive\ 大容量电机控制”，单击选中“大容量电机控制”。单击 Designer 右侧中的“+ 添加宏”按钮，把宏从宏项目中添加到 Cogineer 中。

单击“1:Electrical » Drive » 大容量电机控制 .ema » 多线 » 变量 'A'”前面的 › 按钮，展开宏，单击“配置”标签，并在其后面的文本框中输入“=”，在弹出的配置变量中选择“Number_Motorcircuit”，输入“>= 1”。

在“位置”标签下，单击“绝对”标签，输入 44.00 mm（x 轴）和 68.00 mm（y 轴），X 和 Y 的值是宏的基准点坐标，回到宏项目，单击“大容量电机控制.ema”宏边框，弹出“属性（元件）：宏边框”对话框，在“设置”标签下可以看到基准点坐标，如图 16-24 所示。另外，可以测量本宏边框的宽度为 88 mm。

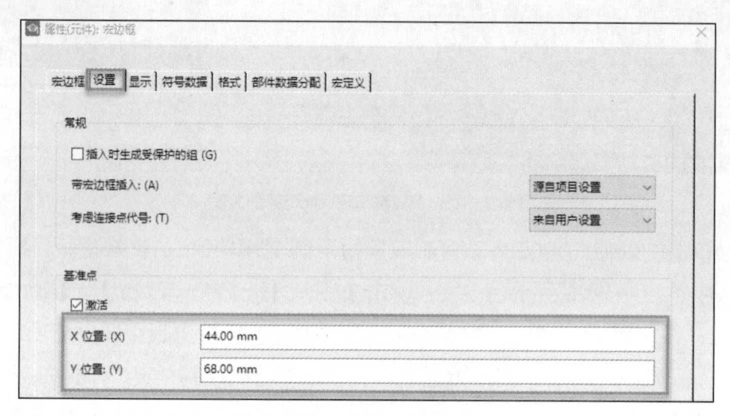

图 16-24 宏基准点坐标

在“结构”标签下，高层代号输入“EDU”，位置代号输入“EAA”，文件代号输入“EFS”，页名输入“3”。

在“变量”标签下，单击“Motor Power”后面的“生成配置变量”按钮，在空白处立即显示“=Motor_Power”，同时在界面上部自动创建一个名为“Motor_Power”的变量，补充信息类型选择“String”，显示名称输入“电机功率”，如图 16-25 所示。

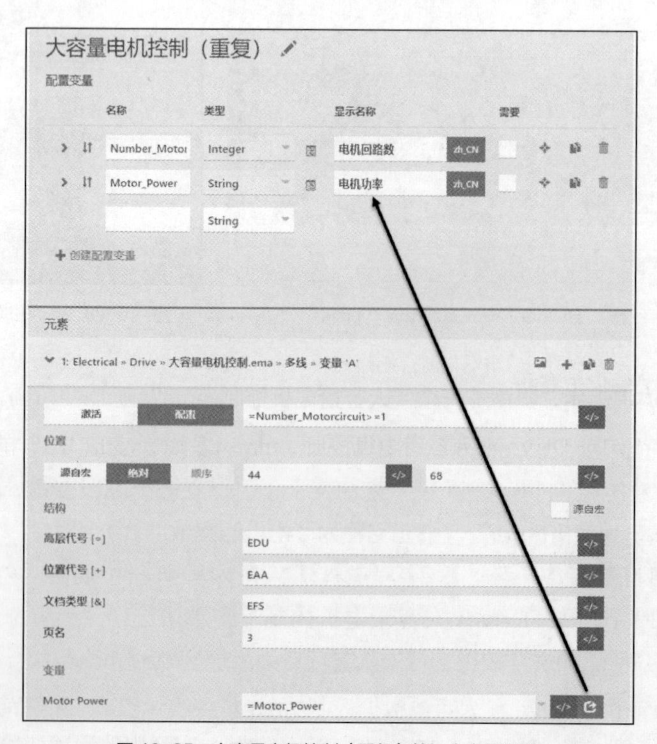

图 16-25 大容量电机控制（重复）第一个宏的配置

（4）重复（3）中操作，再添加一个“大容量电机控制 .ema”到 Designer 右侧。

单击“2:Electrical » Drive » 大容量电机控制 .ema » 多线 » 变量 'A'”前面的 › 按钮，展开宏，单击“配置”标签，并在其后面的文本框中输入“=”，在弹出的配置变量中选择“Number_Motorcircuit ”，输入“> = 2”。

在“位置”标签下，单击“绝对”标签，输入 132 mm（x 轴）和 68 mm（y 轴），X 的值是放置的第一个宏的 X 坐标加上一个宏边框的宽度，Y 的值保持不变。

在“变量”标签下，在“Motor Power”后面的文本框中输入“=”，在弹出的配置变量中选择“Motorr_Power”变量，如图 16-26 所示。

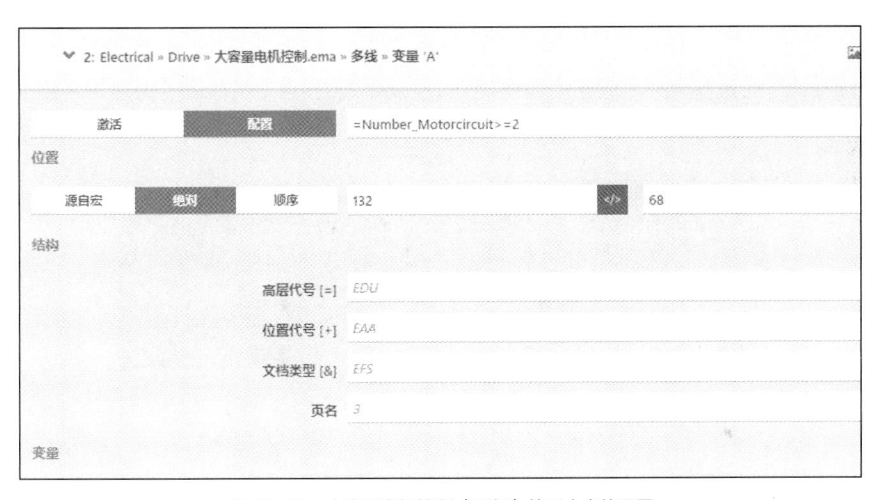

图 16-26　大容量电机控制（重复）第二个宏的配置

（5）重复（3）中操作，再添加一个“大容量电机控制 .ema”到 Designer 右侧。

单击“3:Electrical » Drive » 大容量电机控制 .ema » 多线 » 变量 'A'”前面的 › 按钮，展开宏，单击“配置”标签，并在其后面的文本框中输入“=”，在弹出的配置变量中选择“Number_Motorcircuit”，输入“> = 3”。

在“位置”标签下，单击“绝对”标签，输入 220 mm（x 轴）和 68 mm（y 轴），X 的值是放置的第一个宏的 X 坐标加上两个宏边框的宽度，Y 的值保持不变。

在“变量”标签下，在“Motor Power”后面的文本框中输入“=”，在弹出的配置变量中选择“Motor_Power”变量。

（6）重复（3）中操作，再添加一个“大容量电机控制 .ema”到 Designer 右侧。

单击“4:Electrical » Drive » 大容量电机控制 .ema » 多线 » 变量 'A'”前面的 › 按钮，展开宏，单击“配置”标签，并在其后面的文本框中输入“=”，在弹出的配置变量中选择“Number_Motorcircuit”，输入“> = 4”。

在“位置”标签下，单击“绝对”标签，输入 308 mm（x 轴）和 68 mm（y 轴），X 的值是放置的第一个宏的 X 坐标加上 3 个宏边框的宽度，Y 的值保持不变。

在“变量”标签下，在“Motor Power”后面的文本框中输入“=”，在弹出的配置变量中选择“Motor_Power”变量。

（7）单击 Designer 左侧“配置器”标签下的“电机设计系统”配置器，在右侧的“查找”中单击宏 Typical 中的“大容量电机控制（重复）”，按住鼠标左键拖拉到 Designer 中间栏，如图 16-27 所示。

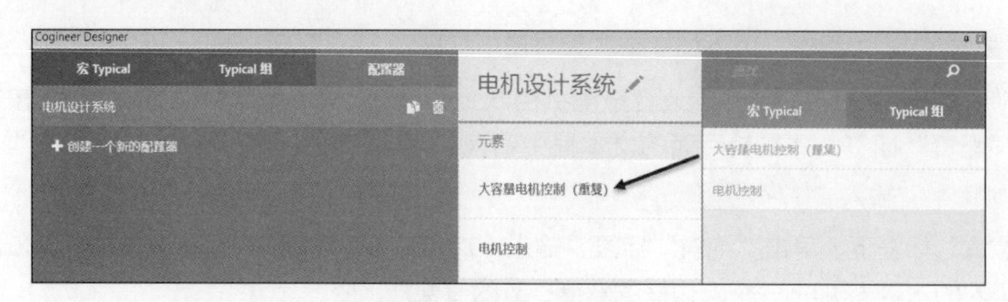

图 16-27 配置器内容添加

（8）在页导航器中确保“EPLAN 教育版宏项目示例 1”和“EPLAN 教育版目标生成项目”打开，单击选择“EPLAN 教育版宏项目示例 1”。单击【工具】>【Cogineer】>【Project Builder】进入项目生成器界面，在“目标项目”下拉列表中选择“EPLAN 教育版目标生成项目”，在其下面显示“电机设计系统”配置器名称，单击配置器名称，显示“大容量电机控制（重复）”和“电机控制”宏 Typical，如图 16-28 所示。

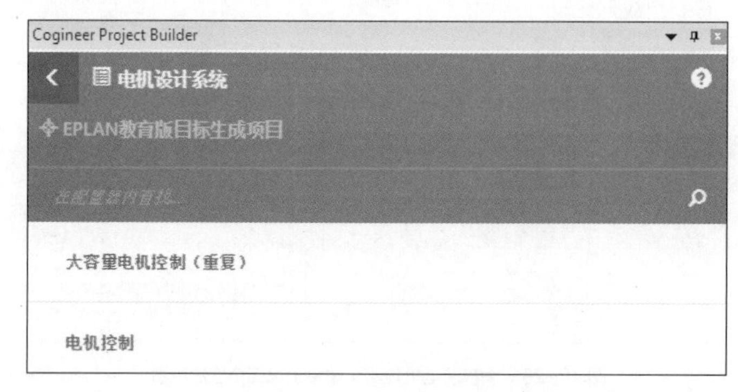

图 16-28 Project Bulider 新增界面

（9）单击 “大容量电机控制（重复）”配置器，进入配置界面，可以根据需要灵活配置参数。电机回路数中输入“4”，电机功率选择“45”，单击“生成”按钮，如图 16-29 所示，自动生成项目图纸。打开“EPLAN 教育版目标生成项目”中的“=EDU+EAA&EFS/3”页，可以看到有 4 个大容量电机控制回路生成。

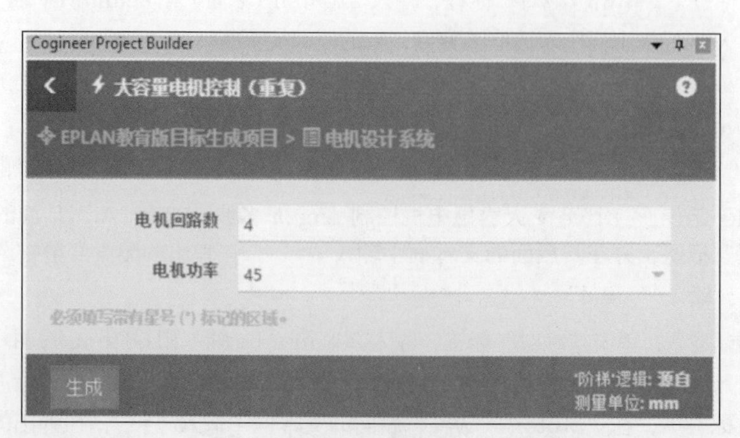

图 16-29 配置界面

本示例中用一个配置变量——电机回路数来控制电机控制回路的生成，实际是解决自动生成的重复问题，在 EPLAN Cogineer 的商业版中用“实例”的概念解决这个问题。

16.3 工程上的应用

16.3.1 结构清晰的产品库

实际设计中用好 EPLAN Cogineer 完成参数配置以实现自动化出图的基础是将产品按功能进行拆分和实现模块化，建立便于配置的结构清晰的产品数据。在这种情况下，必须考虑产品的差异，差异性直接影响模块化的粒度。如果系列产品没有任何差异，那么低粒度就足以实现模块化；如果有很大的差异，就需要很高的模块化粒度。

使用宏项目创建库，库包含模块化形式的产品项目文档所需的所有宏。当所有宏都以模块化形式可用时，可以通过定义宏 Typical、Typical 组、依赖项和交叉关系来开始定义配置器的规则。为此，可以使用配置变量和简单的公式语言。除了宏，规则也存储在库中。通过这些规则，企业可以确定工程师在项目生成器中具有哪些配置可能性。

当定义好库后，必须发布和共享库，以便企业组织中的所有用户都可以在项目生成器中访问它。如果没有发布和共享，库仅对有权访问 Designer 的用户可见。

基于基本项目创建宏项目而不是模板。其优点是基本项目中存在数据连接和产品的电气表达。因此，数据总是按照企业产品定义的方式来表示。项目模板包含参考数据，而参考数据可以在不同的项目或不同的工作站中以不同的方式表示。

企业电气设计要达到自动化出图的目标，必须经历 EPLAN 基础应用、标准化数据建立、产品的结构化路径，而产品结构化的结果就是以电气视野审视和表达的宏项目库。

16.3.2 形式多样的配置器

企业在实施 EPLAN 标准化、结构化后，形成以功能导向的电气宏项目，从电气电路的视野描述产品的功能。结合产品的组合规则和参数变化，形成了产品配置器。

图 16-30 所示的驱动装置设计配置器描述了一个驱动装置的设计界面，项目创建者只需要进行简单的输入和下拉列表选择，单击按钮就可以自动生成原理图图纸。

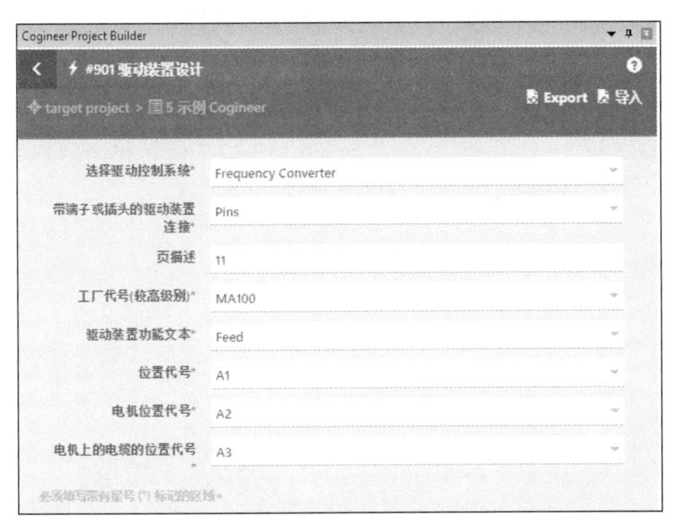

图 16-30　驱动装置设计配置器

图 16-31 所示的传送带系统配置器描述了传送带控制的设计界面，项目创建者只需要进行简单的选择即可。

尽管是自动生成电气图纸，但是一个好的产品配置器界面的术语描述应该贴合前端的销售术语和产品术语。

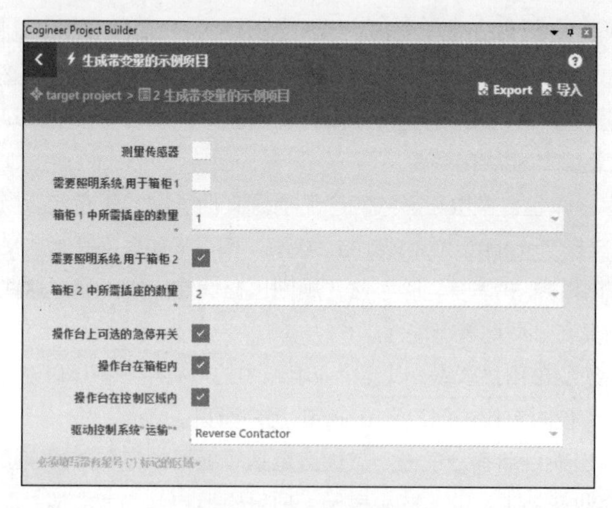

图 16-31 传送带系统配置器

思考题

1. 什么是 EPLAN Cogineer？如何理解 Designer 和 Project Builder？

2. Designer 中宏 Typical、Typical 组和配置器各起什么作用？三者是什么样的关系？

3. EPLAN Cogineer 有哪几种类型的运算符可供使用？

4. EPLAN Cogineer 公式中支持哪些类型的计算？

5. 怎样理解 Designer 中的配置变量？配置变量怎样与宏值集关联？

附录 EPLAN 平台快捷键

命令	快捷键
定义窗口（选择区域）	空格键
跳转到已标记元素的元素点	[Tab]
插入符号：切换变量	[Tab]、[Ctrl] + 鼠标旋转
在 3D 安装布局导航器中切换基准点	[A]
创建宏	[B]
多重复制窗口（选择区域）	[D]
插入椭圆	[E]
查找功能：跳至配对物	[F]
组合元素	[G]
导入安装导轨的长度	[H]
显示 / 不显示插入点	[I]
将安装导轨放置在中间	[J]
插入圆	[K]
插入折线	[L]
插入窗口宏 / 符号宏	[M]
跳到下一个功能（在放置和分配功能时）	[N]
打开 / 关闭移动基点	[O]
输入坐标	[P]
逻辑捕捉开 / 关	[Q]
插入长方形	[R]
设置增量	[S]
插入文本	[T]
显示 / 隐藏元素	[U]
移动	[V]
激活正交功能	[x]、[X]
添加宏：将光标置于水平起始位置上	[X]
激活正交功能	[y]、[Y]
添加宏：将光标置于垂直起始位置上	[Y]

续表

命令	快捷键
打开缩放	[Z]
在水平 / 垂直方向激活 / 取消正交功能，取消已打开的正交功能	[<]、[>]
调用上下文相关帮助	[F1]、[Ctrl] + [F1]
调用编辑模式（在特定表格中显示，如多语言输入对话框）	[F2]
直接编辑（临时）	[F2]
插入角（右下）	[F3]
插入角（左下）	[F4]
更新视图（重新绘制）	[F5]、[Ctrl] + [Enter]
插入角（左上）	[F6]
插入 T 节点（向下）	[F7]
插入 T 节点（向上）	[F8]
插入 T 节点（向右）	[F9]
插入 T 节点（向左）	[F10]
打开 / 关闭页导航器	[F12]
插入符号	[Insert]
删除窗口（选择区域）的内容	[Delete]
将光标移动到屏幕左边框	[Home]
将光标移动到屏幕右边框	[End]
后一页	[Page Down]
前一页	[Page Up]
在栅格内跳转	箭头键
取消操作	[Esc]
跳转到位于同一高度 / 同一路径的元素点	[Shift] + [Alt] + 箭头键
插入设备连接点	[Shift] + [F3]
插入中断点	[Shift] + [F4]
插入电缆定义	[Shift] + [F5]
插入屏蔽	[Shift] + [F6]
插入连接定义点	[Shift] + [F7]
插入跳线（十字型连接）	[Shift] + [F8]
插入黑盒	[Shift] + [F11]
图片部分向左推移	[Shift] + 箭头键（向左箭头）
激活 / 取消正交功能	[Shift] + [<]
图片部分向右推移	[Shift] + 箭头键（向右箭头）
图片部分向上推移	[Shift] + 箭头键（向上箭头）

续表

命令	快捷键
图片部分向下推移	[Shift] + 箭头键（向下箭头）
输入相对坐标	[Shift] + [R]
跳转到元素点	[Shift] + [Ctrl] + 箭头键
插入宏：切换表达类型	[Shift] + [Tab]
跳转到屏幕下边框	[Ctrl] + [End]
跳转到屏幕上边框	[Ctrl] + [Home]
插入换行	[Ctrl] + [Enter]
从关联参考跳转至配对物	[Ctrl] + 鼠标单击、[Ctrl] + 空格键
全选	[Ctrl] + [A]
移动属性文本	[Ctrl] + [B]
复制元素到 EPLAN 剪贴板	[Ctrl] + [C]
编辑对象的属性	[Ctrl] + [D]
调用查找功能	[Ctrl] + [F]
通过中心插入圆弧	[Ctrl] + [G]
将元素插入查找结果列表	[Ctrl] + [I]
转到（图形）	[Ctrl] + [J]
标记页	[Ctrl] + [M]
创建页	[Ctrl] + [N]
打印项目	[Ctrl] + [P]
打开 / 关闭图形编辑	[Ctrl] + [Q]
旋转图形	[Ctrl] + [R]
插入路径功能文本	[Ctrl] + [T]
从 EPLAN 剪贴板中插入元素	[Ctrl] + [V]
在 3D 安装布局导航器中设置部件放置选项	[Ctrl] + [W]
剪切元素并复制到 EPLAN 剪贴板中	[Ctrl] + [X]、[Shift] + [Delete]
恢复最后一步	[Ctrl] + [Y]
撤销最后一步	[Ctrl] + [Z]、[Alt] + [Backspace]
插入线	[Ctrl] + [F2]
关闭图形的编辑	[Ctrl] + [F4]
创建窗口宏 / 符号宏	[Ctrl] + [F5]
切换已作为选项卡固定的窗口，例如图形编辑器、导航器等	[Ctrl] + [F6]
切换可固定窗口中叠放的用于图形编辑器、导航器等的选项卡	[Ctrl] + [F7]
创建页宏	[Ctrl] + [F10]
插入结构盒	[Ctrl] + [F11]

续表

命令	快捷键
在已打开的窗口，如图形编辑器、导航器等之间转换	[Ctrl] + [F12]
向左跳转到下一个插入点	[Ctrl] + 箭头键（向左箭头）
向右跳转到下一个插入点	[Ctrl] + 箭头键（向右箭头）
向上跳转到下一个插入点	[Ctrl] + 箭头键（向上箭头）
向下跳转到下一个插入点	[Ctrl] + 箭头键（向下箭头）
插入线性尺寸标注	[Ctrl] + [Shift] + [A]
全局编辑：编辑报表中的项目数据	[Ctrl] + [Shift] + [D]
打开 / 关闭消息管理	[Ctrl] + [Shift] + [E]
查找功能：跳转到下一条记录	[Ctrl] + [Shift] + [F]
打开 / 关闭 2D 安装板布局导航器	[Ctrl] + [Shift] + [M]
更改 3D 宏的旋转角度	[Ctrl] + [Shift] + [R]
中断连接	[Ctrl] + [Shift] + [U]
查找功能：跳转到上一条记录	[Ctrl] + [Shift] + [V]
打开 / 关闭栅格显示	[Ctrl] + [Shift] + [F6]
显示整页	[Alt] + [3]
退出 EPLAN	[Alt] + [F4]
查找功能：跳转至下一个关联参考功能，向前	[Alt] + [Page Down]
查找功能：跳转至下一个关联参考功能，向后	[Alt] + [Page Up]
插入设备	[Alt] + [Insert]
删除放置	[Alt] + [Delete]
跳转到左侧同一高度的插入点	[Alt] + 箭头键（向左箭头）
跳转到右侧同一高度的插入点	[Alt] + 箭头键（向右箭头）
跳转到上方同一路径中的插入点	[Alt] + 箭头键（向上箭头）
跳转到下方同一路径中的插入点	[Alt] + 箭头键（向下箭头）
跳转到下一个位置的元素点，此点也可是元素的终点	[Alt] + [Home]